ΣBEST シグマベスト

今日からスタート高校入試

理科

文英堂

この本の特長

1 思い立ったその日が高校入試対策のスタート！

「そろそろ受験勉強始めなきゃ！」
そう思ってこの本を手に取ったその日が，あなたの受験勉強のスタートです。この本は，いつから始めても，そのときどきの使い方で効率的に学習できるようにつくられています。計画を立てて，志望校合格を目指してがんばりましょう。この本では，あなたのスケジューリング（計画の立て方）もサポートしています。

2 段階を追った構成で，合格まで着実にステップアップ！

この本は，近年の入試問題を分析し，中学３年間の学習内容を，短期間で復習できるようコンパクトに編集しているので，効率よく学習できます。また，大きく３つのステップに分けて構成しているので，段階を追って無理なく着実に実力アップができます。

この本の構成

Step 1 要点をおさえる！［学習項目別］

まずは学習項目別の章立てで，今まで学んだ内容を復習しましょう。

ポイント整理

入試必出のポイントを簡潔にまとめています。

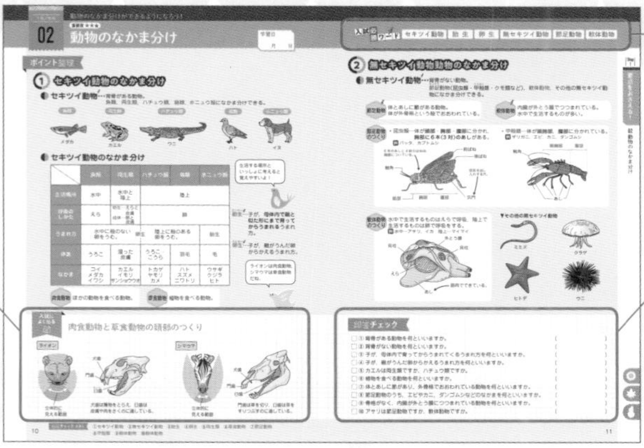

入試必勝ワード

本文にピンマークをつけた入試に出る重要用語です。必ずチェックしましょう。

入試によく出る内容

入試に出やすい図表や計算，実験・観察の手順をまとめました。

即答チェック

基本的な問題を集めました。「ポイント整理」の内容を確認しましょう。

トレーニングテスト

実際に出題された入試問題から良問を集めました。「ポイント整理」をふまえて，実際に解いてみましょう。

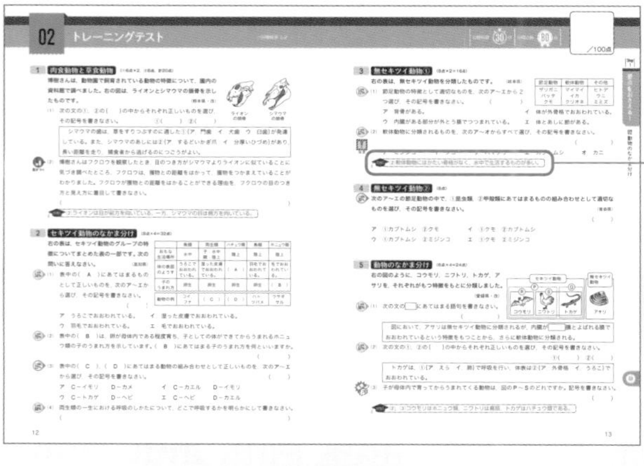

HINT

問題を解くためのヒントです。わからないときは，ここを見ましょう。

ポイントチェック

これまでに学んだ事項を再チェックするコーナーです。

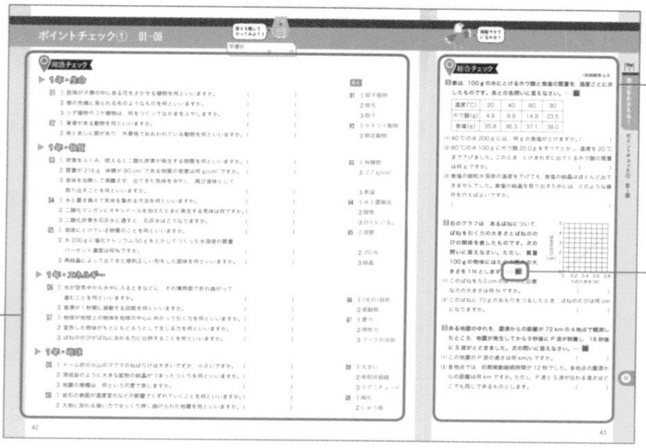

総合チェック

実戦に近い問題で確認しましょう。

ふりかえりマーク

>>> 01 はふりかえりマークです。参照単元を記載していますので，必要に応じてその単元に戻って再確認しましょう。

用語チェック

一問一答形式の問題で確認しましょう。

Step 2 総合力をつける！［出題形式別］

出題形式別に分類した入試の過去問で構成されています。
高校入試に向けて実戦的な力を養いましょう。

総合力をつける！

出題形式別にトレーニングすることで，ニガテな問題をなくして，さらに得点アップを目指しましょう。

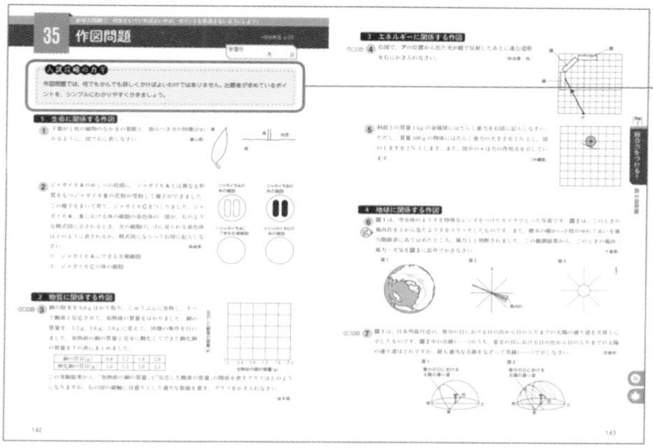

入試攻略のカギ

それぞれの出題形式を攻略するためのポイントを集めました。問題を解く前に読んでおきましょう。

Step 3 入試にそなえる！［入試模擬テスト］

入試模擬テストが２回分ついています。
入試前に取り組んで，力試しをしましょう。

シリーズ全教科をそろえて，
高校入試本番のつもりで取り組んでみるのもオススメ！

くわしい「解答・解説」

問題の解き方，考え方，注意点などをくわしくていねいに説明しています。間違えたところは，解説をじっくり読んで理解しましょう。取り外して使用できます。

ふろく「入試直前チェックブック」

巻頭の入試直前チェックブックに，入試によく出る用語や化学式などをまとめました。
スキマ時間に，試験会場で，いつでもどこでも重要事項がチェックできますので，大いに活用してください。

この本の使い方（スケジューリングのススメ）

今日からあなたの受験勉強がスタートします。志望校合格に向けて，計画を立てましょう。
はじめにがんばりすぎて息切れ…なんてことにならないよう，決まったペースでコツコツ続けることが大切です。「スタートが遅れた！どうしよう！」…そんな人は，問題をスキップしても OK ！
この本では，使用時期に合わせて３つの学習コースをご用意しています。

あなたはどのコース？

①１学期・夏休みから始めるあなたは
→ とことんコース

②２学期から始めるあなたは
→ これからコース

③冬休み・３学期から始めるあなたは
→ おいそぎコース

見開きの右ページに，とことん・これから・おいそぎのマークをつけてあります。あなたの学習コースに合ったペースで取り組みましょう。計画的に取り組むことで，合格力を身につけることができます。
必ずやり通して，入試本番は自信をもって臨んでください！

	とことん	これから	おいそぎ
Step 1 要点をおさえる！			
ポイント整理	●	●	●
即答チェック	●	●	●
トレーニングテスト	●		
ポイントチェック	●		
Step 2 総合力をつける！	●	●	
Step 3 入試にそなえる！	●	●	●

アイコンの一覧

重要：必ず押さえておきたい問題です。

差がつく：少し難しい問題です。マスターすることでライバルに差をつけることができます。

注意：ミスしやすい問題です。注意して解きましょう。

正答率80%・正答率40%：各都道府県で公表されている問題ごとの正答率です。青色は 50% 以上（必ず押さえるべき落とせない問題），赤色は 50% 未満（受験生が間違えやすい，差をつけられる問題）を示しています。

思考力・判断力・表現力：「思考力」「判断力」「表現力」の強化に適した問題です。

もくじ

重要度★★★

植物の特徴となかま分け

学習日
月　日

ポイント整理

① 花のつくり

- **種子《しゅし》植物**…種子をつくる植物。被《ひ》子植物と裸《ら》子植物に分けられる。

被子植物の花のつくり

被子植物
胚珠《はいしゅ》が子房《しぼう》の中にある花をさかせる植物。受粉すると**胚珠**が**種子**になり，**子房**が**果実**になる。
花には，花弁《かべん》が1枚1枚離れた**離弁花**と花弁がくっついている**合弁花**がある。
例 アブラナ，エンドウ，カボチャ，ムラサキツユクサ

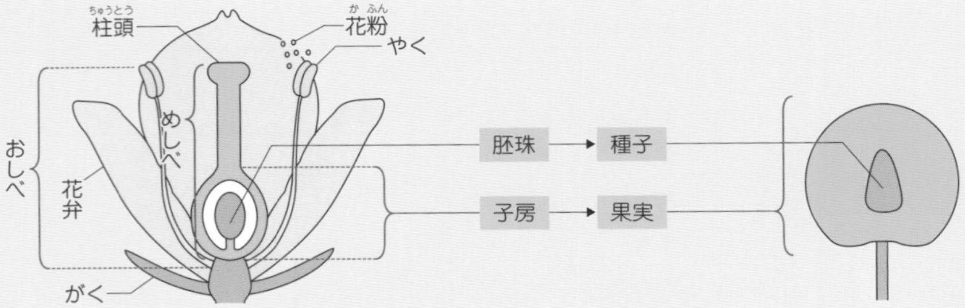

大切
受粉《じゅふん》とは，花粉がめしべの柱頭につくこと。

裸子植物の花のつくり（マツ）

裸子植物
子房がなく，胚珠がむき出しの花をさかせる植物。
例 マツ，スギ，イチョウ，ソテツ

裸子植物の花のつくりで出題されるのは，90％以上がマツの花のつくりだよ。

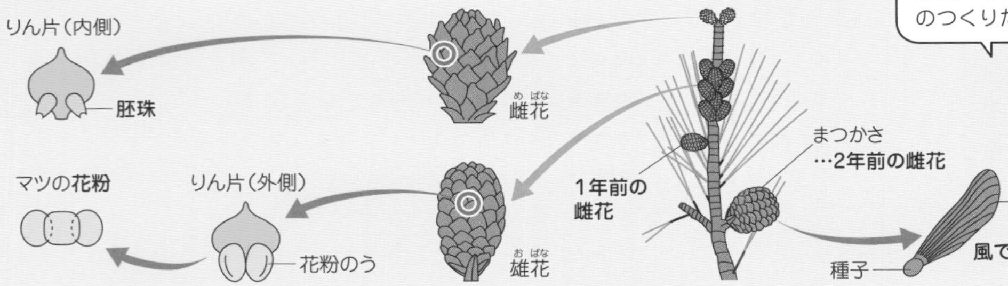

入試によく出る観察

ルーペの使い方

ポイント：ルーペは目に近づけて持つ。

・観察物が動かせるとき

観察物を前後に動かして，ピントを合わせる。

・観察物が動かせないとき

観察物に自分が近づいたり離れたりして，ピントを合わせる。

即答チェック の答え　①種子植物　②胚珠　③子房　④雌花　⑤被子植物　⑥単子葉類　⑦双子葉類　⑧胞子　⑨シダ植物

入試必勝ワード　被子植物　胚珠　子房　裸子植物　網状脈　平行脈　胞子

② 植物のなかま分け

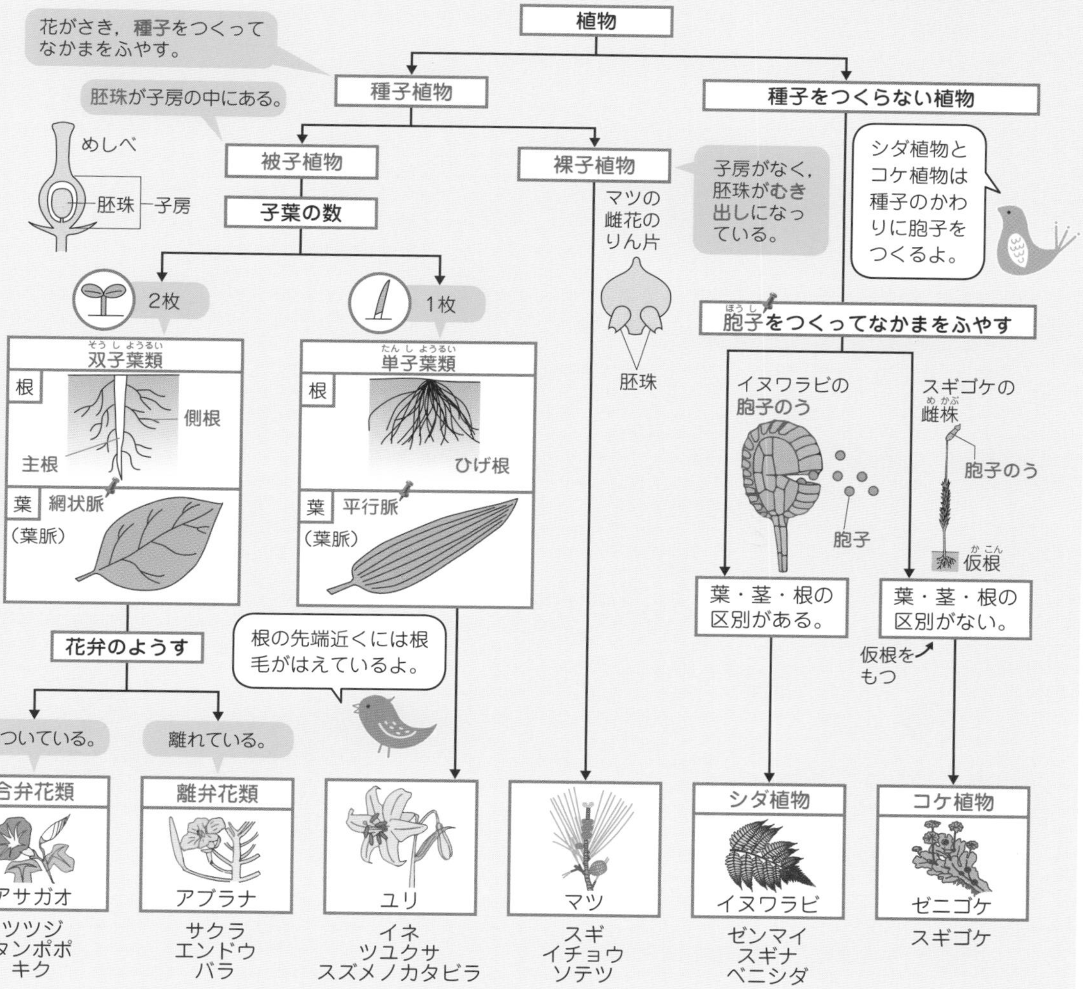

即答チェック

- □ ① 種子でなかまをふやす植物を何といいますか。〔　　　〕
- □ ② 被子植物の花で，種子になる部分を何といいますか。〔　　　〕
- □ ③ 被子植物の花で，果実になる部分を何といいますか。〔　　　〕
- □ ④ マツの花で，胚珠のついたりん片があるのは雄花，雌花のどちらですか。〔　　　〕
- □ ⑤ アブラナは被子植物ですか，裸子植物ですか。〔　　　〕
- □ ⑥ 太い根がなく，たくさんの細い根が広がっている植物は単子葉類，双子葉類のどちらですか。〔　　　〕
- □ ⑦ 葉脈が網目状になった葉をつける植物は単子葉類，双子葉類のどちらですか。〔　　　〕
- □ ⑧ シダ植物やコケ植物は，何をつくってなかまをふやしますか。〔　　　〕
- □ ⑨ イヌワラビはシダ植物ですか，コケ植物ですか。〔　　　〕

01 トレーニングテスト

→別冊解答 p.2

1 植物の花のつくり① (9点)

正答率88% 下図は，ツツジの花を分解し，それぞれの部分をスケッチしたものです。めしべはどれですか。図のア〜エから選び，その記号を書きなさい。

〈栃木県〉(　　　)

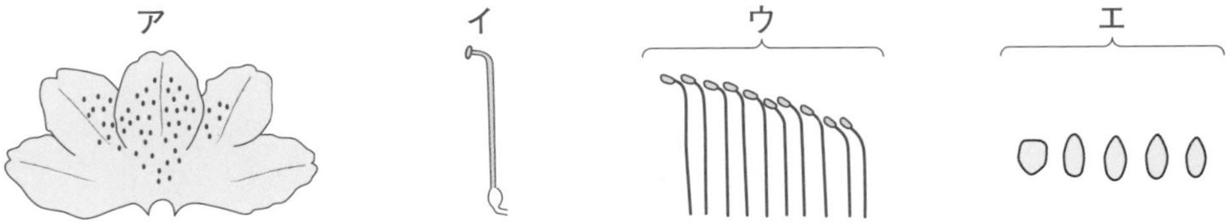

2 植物の花のつくり② (9点×4=36点)

マツの花のつくりを調べるため，次の観察を行いました。これについて，あとの問いに答えなさい。

〈千葉県〉

観察 図のA，Bそれぞれの花からピンセットでりん片をはぎ取り双眼実体顕微鏡で観察した。Aのりん片を見ると，種子になる部分はむき出しになっていた。Bのりん片を見ると，Xの袋の中に，小さな粒がたくさんあった。

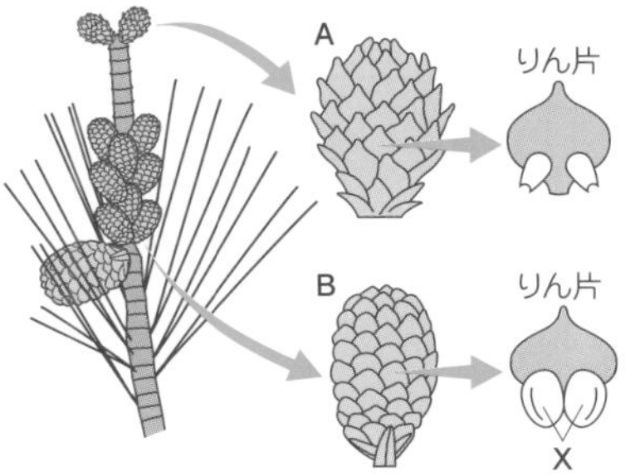

(1) 下線部について，Xの袋と小さな粒をそれぞれ何といいますか。名前を書きなさい。

正答率46% Xの袋(　　　　　)　正答率62% 小さな粒(　　　　　)

(2) 次の文章は，マツの花の観察からわかることについて述べたものです。文章中の〔ア〕，〔イ〕にあてはまることばを，それぞれ書きなさい。 正答率67% ア(　　　　　)　正答率83% イ(　　　　　)

> マツの雌花には〔　ア　〕がなく，種子になる部分はむき出しになっていた。このように，種子になる部分が〔　ア　〕につつまれていない植物を〔　イ　〕植物という。

HINT (1) Aは雌花，Bは雄花である。

3 植物の花・葉・根のつくり (9点×2=18点)

被子植物であるアブラナについて，次の問いに答えなさい。〈高知県〉

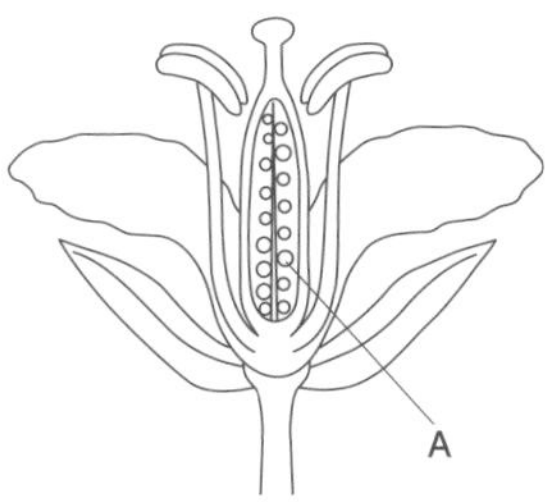

正答率67% (1) 図は，アブラナの花の断面を模式的に表したものです。図中のAで示した部分は，受粉後，種子になります。この部分の名前を書きなさい。

(　　　　　)

正答率51% (2) アブラナの葉と根のつくりについて述べた文として正しいものを，次のア〜エから選び，その記号を書きなさい。

(　　　)

ア　葉脈は網目状で，根はひげ根である。　イ　葉脈は網目状で，根は主根と側根からなる。

ウ　葉脈は平行で，根はひげ根である。　エ　葉脈は平行で，根は主根と側根からなる。

4 植物のなかま分け

（(1)(2)9点×2，(3)完答9点，(4)完答10点，計37点）

植物の分類に関する次の文を読み，あとの問いに答えなさい。ただし，文中と図１の X には，同じ語があてはまります。

〈和歌山県〉

５種類の植物（ゼニゴケ，イヌワラビ，マツ，ツユクサ，アブラナ）をそれぞれの特徴をもとに分類した（**図１**）。

植物は種子をつくらない植物と，種子をつくる植物に分類することができる。

種子をつくらない植物は，葉，茎，根のようすなどからコケ植物と X 植物に分類することができる。コケ植物にあたるのがゼニゴケであり，X 植物にあたるのがイヌワラビである。

図１　植物の分類

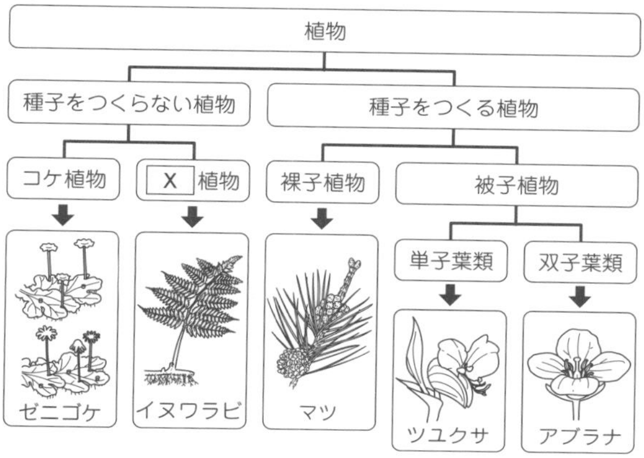

種子をつくる植物は，胚珠の状態から①裸子植物と被子植物に分類することができる。裸子植物にあたるのがマツである。

被子植物は，芽生えのようすから，②単子葉類と③双子葉類に分類することができる。単子葉類にあたるのがツユクサであり，双子葉類にあたるのがアブラナである。

(1)　文中および**図１**の X にあてはまる適切な語を書きなさい。（　　　　）

(2)　下線部①について，裸子植物を次の**ア**～**エ**からすべて選び，その記号を書きなさい。（　　　　）

ア　アサガオ　　**イ**　イチョウ　　**ウ**　イネ　　**エ**　スギ

重要 (3)　下線部②について，**図２**は，単子葉類のつくりを模式的に表そうとしたものです。葉脈と根のようすはどのようになっているか，それぞれ特徴がわかるように，次の図の□に実線（――）でかき入れなさい。

図２　単子葉類のつくり

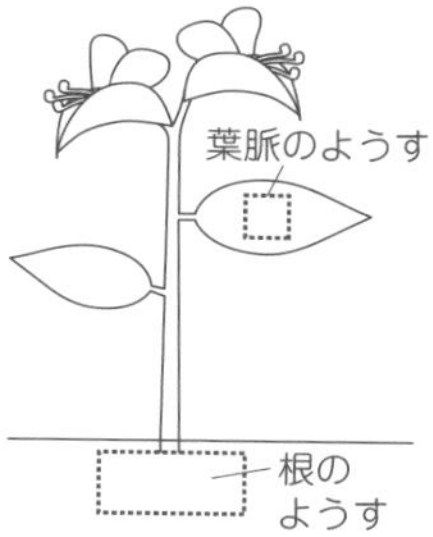

葉脈のようす

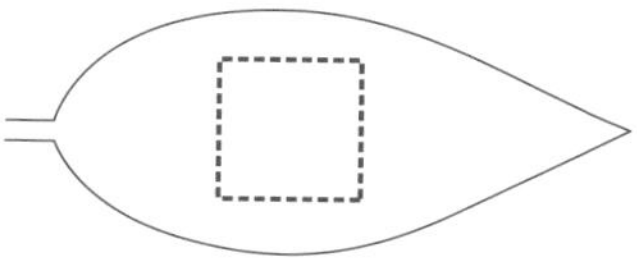

根のようす

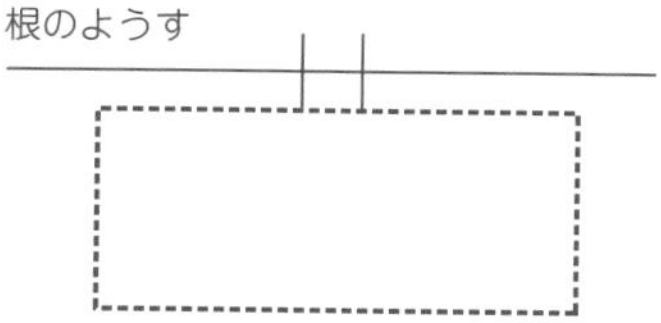

差がつく (4)　下線部③について，双子葉類は花のつくりによって，離弁花類と合弁花類の２つに分類することができます。離弁花類の植物を，次の**ア**～**エ**からすべて選び，その記号を書きなさい。また，離弁花類の特徴として，花のどの部分がどのようなつくりになっているか，簡潔に書きなさい。

記号（　　　　）

特徴（　　　　　　　　　　　　）

ア　アブラナ　　**イ**　サクラ　　**ウ**　タンポポ　　**エ**　ツツジ

02

動物のなかま分けができるようになろう！

重要度★★★

動物のなかま分け

学習日　　月　　日

ポイント整理

① セキツイ動物のなかま分け

セキツイ動物…背骨がある動物。
魚類，両生類，ハチュウ類，鳥類，ホニュウ類になかま分けできる。

セキツイ動物のなかま分け

<table>
<tr><th></th><th>魚類</th><th>両生類</th><th>ハチュウ類</th><th>鳥類</th><th>ホニュウ類</th></tr>
<tr><td>生活場所</td><td>水中</td><td>水中と陸上</td><td colspan="3">陸上</td></tr>
<tr><td>呼吸のしかた</td><td>えら</td><td>幼生…えらと皮膚《ひふ》
成体…肺と皮膚</td><td colspan="3">肺</td></tr>
<tr><td>うまれ方</td><td colspan="2">水中に殻のない卵をうむ。</td><td colspan="2">陸上に殻のある卵をうむ。</td><td>胎生</td></tr>
<tr><td></td><td colspan="4">卵生</td><td></td></tr>
<tr><td>体表</td><td>うろこ</td><td>湿った皮膚</td><td>うろこ・こうら</td><td>羽毛</td><td>毛</td></tr>
<tr><td>なかま</td><td>コイ
メダカ
イワシ</td><td>カエル
イモリ
サンショウウオ</td><td>トカゲ
ヤモリ
カメ</td><td>ハト
スズメ
ニワトリ</td><td>ウサギ
クジラ
ヒト</td></tr>
</table>

生活する場所といっしょに考えると覚えやすいよ！

胎生《たいせい》…子が，**母体内で親と似た形にまで育ってからうまれる**うまれ方。

卵生《らんせい》…子が，親がうんだ卵からかえるうまれ方。

ライオンは肉食動物，シマウマは草食動物だね。

肉食動物 ほかの動物を食べる動物。

草食動物 植物を食べる動物。

入試によく出る図

肉食動物と草食動物の頭部のつくり

ライオン

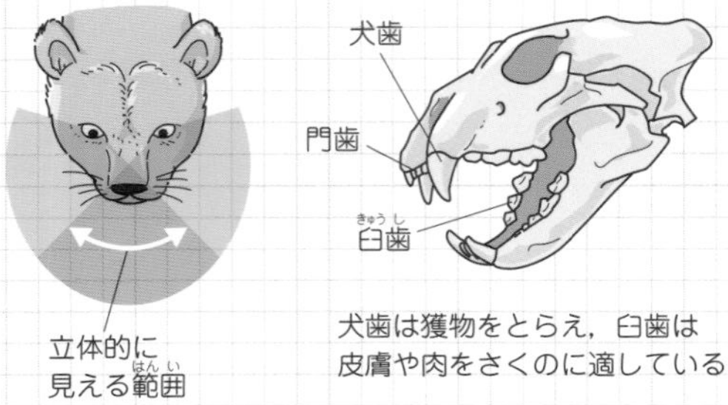

犬歯は獲物をとらえ，臼歯は皮膚や肉をさくのに適している。

シマウマ

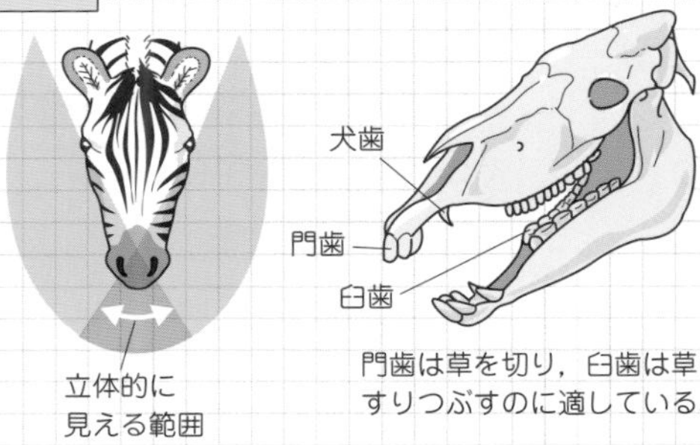

門歯は草を切り，臼歯は草をすりつぶすのに適している。

即答チェック の答え　①セキツイ動物　②無セキツイ動物　③胎生　④卵生　⑤両生類　⑥草食動物　⑦節足動物　⑧甲殻類　⑨軟体動物　⑩軟体動物

入試必勝ワード セキツイ動物 | 胎 生 | 卵 生 | 無セキツイ動物 | 節足動物 | 軟体動物

② 無セキツイ動物動物のなかま分け

無セキツイ動物…背骨がない動物。

節足《せっそく》動物（昆虫類・甲殻《こうかく》類・クモ類など），軟体動物，その他の無セキツイ動物になかま分けできる。

節足動物 体とあしに節がある動物。体が外骨格という殻でおおわれている。

軟体動物 内臓が外とう膜でつつまれている。水中で生活するものが多い。

節足動物のつくり

・昆虫類…体が**頭部**・**胸部**・**腹部**に分かれ，**胸部に6本（3対）のあし**がある。

例 バッタ，カブトムシ

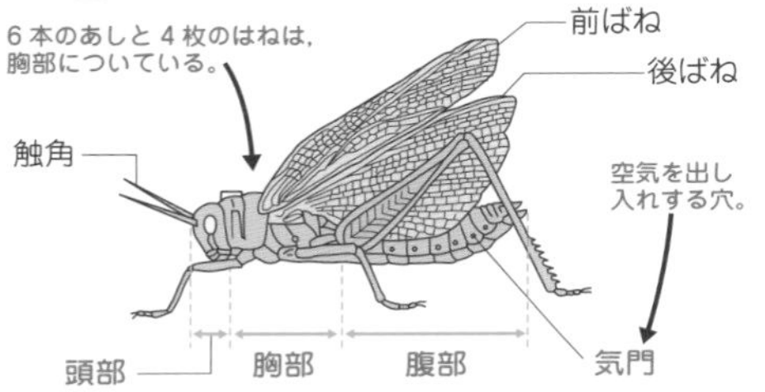

・甲殻類…体が**頭胸部**，**腹部**に分かれている。

例 ザリガニ，エビ，カニ，ダンゴムシ

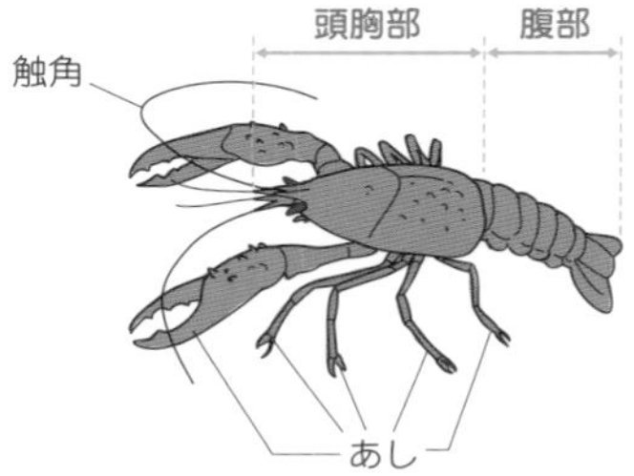

軟体動物のつくり 水中で生活するものはえらで呼吸，陸上で生活するものは肺で呼吸をする。

例 水中…アサリ，イカ　陸上…マイマイ

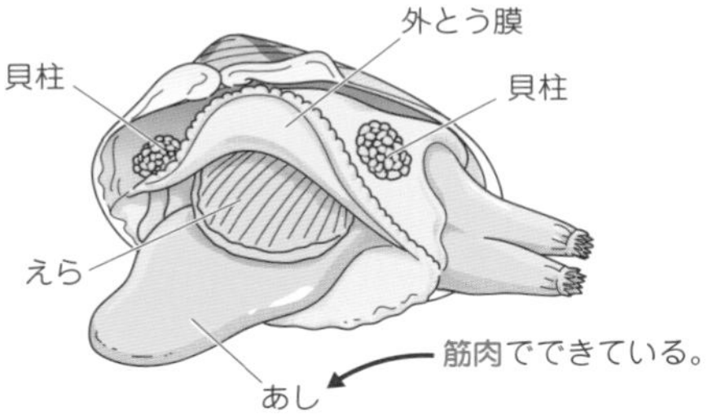

▼その他の無セキツイ動物

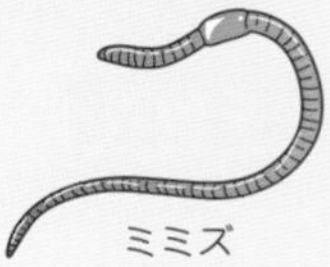
ミミズ

クラゲ

ヒトデ

ウニ

即答チェック

☐ ① 背骨がある動物を何といいますか。〔　　　　〕
☐ ② 背骨がない動物を何といいますか。〔　　　　〕
☐ ③ 子が，母体内で育ってからうまれてくるうまれ方を何といいますか。〔　　　　〕
☐ ④ 子が，親がうんだ卵からかえるうまれ方を何といいますか。〔　　　　〕
☐ ⑤ カエルは両生類ですか，ハチュウ類ですか。〔　　　　〕
☐ ⑥ 植物を食べる動物を何といいますか。〔　　　　〕
☐ ⑦ 体とあしに節があり，外骨格でおおわれている動物を何といいますか。〔　　　　〕
☐ ⑧ 節足動物のうち，エビやカニ，ダンゴムシなどのなかまを何といいますか。〔　　　　〕
☐ ⑨ 骨格がなく，内臓が外とう膜につつまれている動物を何といいますか。〔　　　　〕
☐ ⑩ アサリは節足動物ですか，軟体動物ですか。〔　　　　〕

02 トレーニングテスト

→別冊解答 p.2

1 肉食動物と草食動物 （⑴6点×2，⑵8点，計20点）

博樹さんは，動物園で飼育されている動物の特徴について，園内の資料館で調べました。右の図は，ライオンとシマウマの頭骨を示したものです。 〈熊本県・改〉

ライオンの頭骨

シマウマの頭骨

⑴ 次の文の①，②の｛　　｝の中からそれぞれ正しいものを選び，その記号を書きなさい。　①（　　　）　②（　　　）

> シマウマの歯は，草をすりつぶすのに適した①｛ア．門歯　イ．犬歯　ウ．臼歯｝が発達している。また，シマウマのあしには②｛ア．するどいかぎ爪　イ．分厚いひづめ｝があり，長い距離を走り，捕食者から逃げるのにつごうがよい。

差がつく ⑵ 博樹さんはフクロウを観察したとき，目のつき方がシマウマよりライオンに似ていることに気づき調べたところ，フクロウは，獲物との距離をはかって，獲物をつかまえていることがわかりました。フクロウが獲物との距離をはかることができる理由を，フクロウの目のつき方と見え方に着目して書きなさい。

（　　　　　　　　　　　　　　　　　　　　　　　　　　　　　　　　　　　）

HINT ⑵ライオンは目が前方を向いている。一方，シマウマの目は側方を向いている。

2 セキツイ動物のなかま分け （8点×4＝32点）

右の表は，セキツイ動物のグループの特徴についてまとめた表の一部です。次の問いに答えなさい。 〈高知県〉

	魚類	両生類	ハチュウ類	鳥類	ホニュウ類
おもな生活場所	水中	子：水中 親：陸上	陸上	陸上	陸上
体の表面のようす	うろこでおおわれている。	湿った皮膚でおおわれている。	（　A　）	羽毛でおおわれている。	毛でおおわれている。
子のうまれ方	卵生	卵生	卵生	卵生	（　B　）
動物の例	コイ，フナ	（　C　）	（　D　）	ハト，ツバメ	ウサギ，サル

正答率54% ⑴ 表中の（　A　）にあてはまるものとして正しいものを，次のア～エから選び，その記号を書きなさい。　（　　　）

ア　うろこでおおわれている。　　イ　湿った皮膚でおおわれている。

ウ　羽毛でおおわれている。　　エ　毛でおおわれている。

正答率75% ⑵ 表中の（　B　）は，卵が母体内である程度育ち，子としての体ができてからうまれるホニュウ類の子のうまれ方を示しています。（　B　）にあてはまる子のうまれ方を何といいますか。

（　　　　）

正答率23% ⑶ 表中の（　C　），（　D　）にあてはまる動物の組み合わせとして正しいものを，次のア～エから選び，その記号を書きなさい。　（　　　）

ア　C－イモリ　D－カメ　　イ　C－カエル　D－イモリ

ウ　C－トカゲ　D－ヘビ　　エ　C－ヘビ　D－カエル

正答率68% ⑷ 両生類の一生における呼吸のしかたについて，どこで呼吸するかを明らかにして書きなさい。

（　　　　　　　　　　　　　　　　　　　　　　　　　　　　　　　　　　　）

3 無セキツイ動物① (8点×2＝16点)

右の表は，無セキツイ動物を分類したものです。 〈岐阜県〉

節足動物	軟体動物	その他
ザリガニ	マイマイ	ヒトデ
バッタ	イカ	ウニ
クモ	クリオネ	ミミズ

正答率77%
(1) 節足動物の特徴として適切なものを，次の**ア**～**エ**から2つ選び，その記号を書きなさい。 (　　　　)

ア　背骨がある。　**イ**　体が外骨格でおおわれている。
ウ　内臓がある部分が外とう膜でつつまれている。　**エ**　体とあしに節がある。

正答率67%
(2) 軟体動物に分類されるものを，次の**ア**～**オ**からすべて選び，その記号を書きなさい。 (　　　　)

注意

ア　ミジンコ　**イ**　タコ　**ウ**　ハマグリ　**エ**　カブトムシ　**オ**　カニ

HINT (2)軟体動物にはかたい骨格がなく，水中で生活するものが多い。

4 無セキツイ動物② (8点)

正答率30%
次のア～エの節足動物の中で，①昆虫類，②甲殻類にあてはまるものの組み合わせとして適切なものを選び，その記号を書きなさい。 〈青森県〉

(　　　)

ア　①カブトムシ　②クモ　**イ**　①クモ　②カブトムシ
ウ　①カブトムシ　②ミジンコ　**エ**　①クモ　②ミジンコ

5 動物のなかま分け (6点×4＝24点)

右の図のように，コウモリ，ニワトリ，トカゲ，アサリを，それぞれがもつ特徴をもとに分類しました。 〈愛媛県・改〉

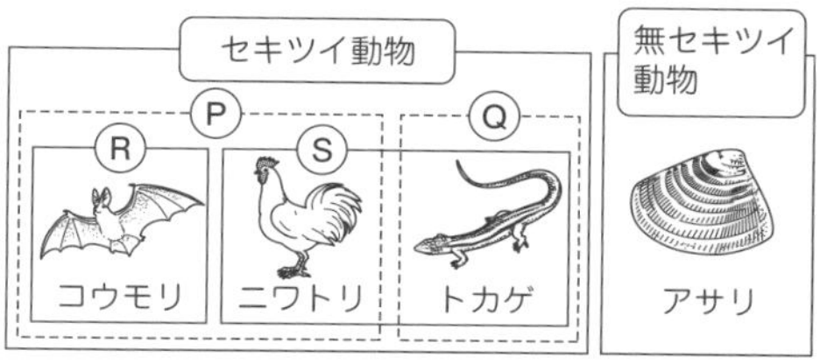

正答率66%
(1) 次の文の□にあてはまる語句を書きなさい。 (　　　　)

> 図において，アサリは無セキツイ動物に分類されるが，内臓が□膜とよばれる膜でおおわれているという特徴をもつことから，さらに軟体動物に分類される。

正答率67%
(2) 次の文の①，②の{　　}の中からそれぞれ正しいものを選び，その記号を書きなさい。

①(　　　)　②(　　　)

> トカゲは，①{ア．えら　イ．肺}で呼吸を行い，体表は②{ア．外骨格　イ．うろこ}でおおわれている。

重要
(3) 子が母体内で育ってからうまれてくる動物は，図の**P**～**S**のどれですか。記号を書きなさい。 (　　　)

HINT (2)，(3)コウモリはホニュウ類，ニワトリは鳥類，トカゲはハチュウ類である。

温度変化のグラフから読み取れることをマスターしよう！

03 物質のすがた

重要度★★★

学習日　　月　　日

ポイント整理

① いろいろな物質

有機物《ゆうきぶつ》と無機物《むきぶつ》

有機物　炭素をふくみ，燃えると二酸化炭素が発生する物質。
※多くは水素もふくみ，燃えると水蒸気も発生する。

無機物　有機物以外の物質。
注意：炭素や一酸化炭素は無機物に分類される。

金属《きんぞく》と非金属《ひきんぞく》

金属
- みがくと金属光沢が見られる。
- 電気や熱を通しやすい。
- たたいて広げたり，引っぱってのばしたりできる。

非金属　金属以外の物質。

白い粉末の区別

	水にとけるか	加熱時のようす
食塩	とける	燃えない
砂糖	とける	燃える
デンプン	とけない	燃える

※物質によって，色やにおい，手ざわり，水へのとけ方，加熱時のようすなどの性質が異なる。

物質の分類

	有機物	無機物
金属		金，銀，銅，水銀，鉄，亜鉛，アルミニウム
非金属	ロウ，プラスチック，砂糖，木，エタノール	食塩，ガラス，水，炭素←電気を通す。

質量と密度《みつど》

質量　てんびんではかる物質そのものの量。

密度　物質 1 cm^3 あたりの質量。

※物質の密度は，物質の種類によって決まっているので，物質を見分ける方法の1つとなる。

大切

$$\text{密度}\,〔g/cm^3〕=\frac{\text{物質の質量}〔g〕}{\text{物質の体積}〔cm^3〕}$$

▼いろいろな物質の密度（20 ℃のときの値）

物質	密度〔g/cm^3〕	物質	密度〔g/cm^3〕
金	19.30	水銀	13.55
銅	8.96	エタノール	0.79
アルミニウム	2.70	二酸化炭素	0.00184
塩化ナトリウム	2.17	酸素	0.00133

入試によく出る実験　水とエタノールの混合物の蒸留

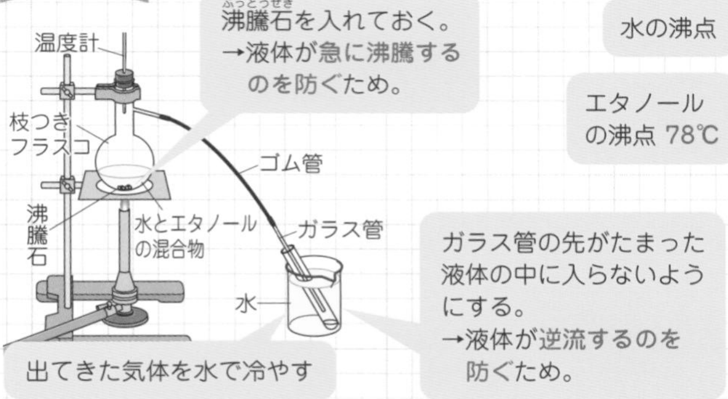

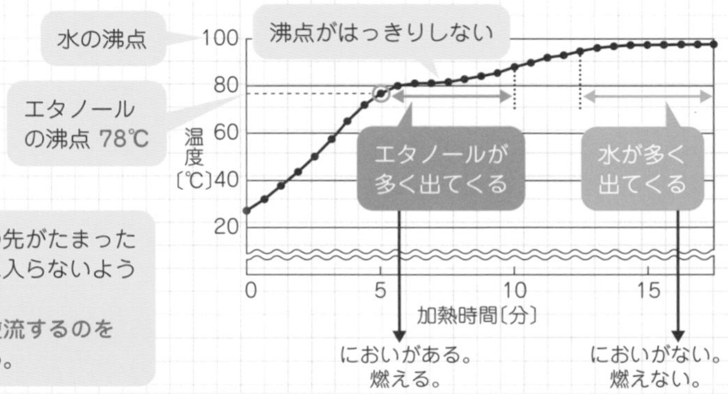

② 物質の状態変化

◐ **状態《じょうたい》変化**…物質が温度変化によって，固体，液体，気体と，そのすがた（状態）を変える変化のこと。**全体の質量は変化しないが，体積が変化する**ので，密度も変化する。

注意
状態が変わるだけで，ほかの物質に変化するわけではない。

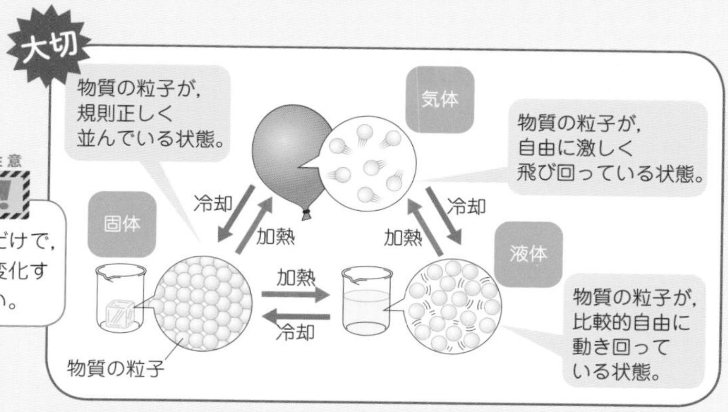

融点《ゆうてん》 固体がとけて液体に変化するときの温度。液体が固体になるときの温度も同じ。
・融点では，固体と液体が共存している。

沸点《ふってん》 液体が沸騰《ふっとう》して気体に変化するときの温度。
・沸点では，液体と気体が共存している。

・融点と沸点は物質によって決まっている。
例 水の融点は 0 ℃，沸点は 100 ℃

◐ 物質を加熱したときの温度変化と状態変化

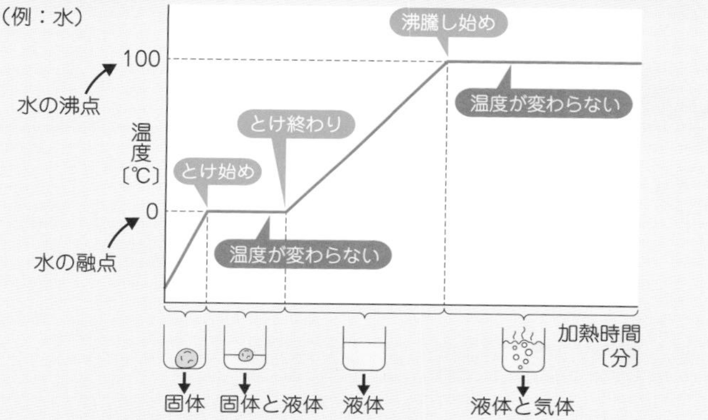

▼水とエタノールの温度変化

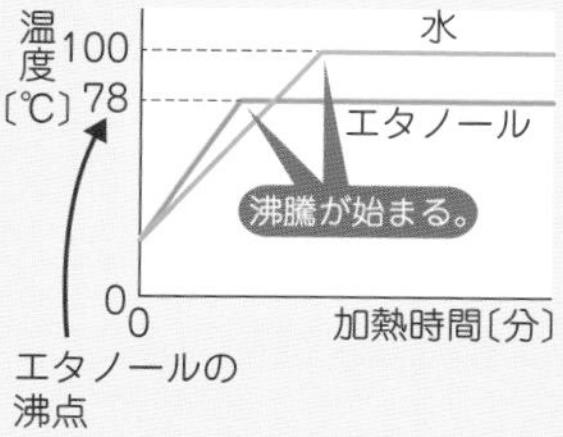

▼パルミチン酸の温度変化

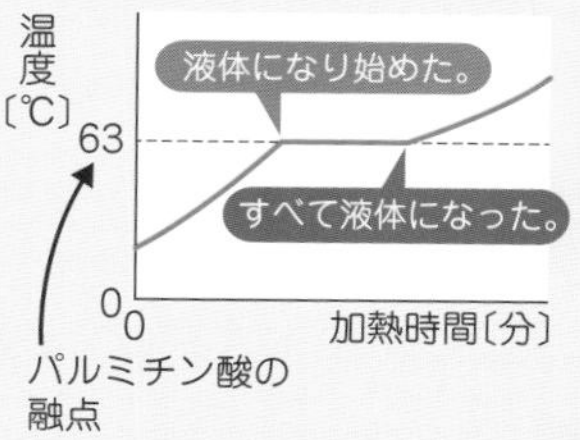

◐ **蒸留《じょうりゅう》**…液体を加熱して沸騰させ，出てきた気体を冷やして，再び液体として取り出すこと。
蒸留を利用すると，混合物中の物質の沸点のちがいから，物質を分離することができる。

即答チェック

- □ ① 炭素をふくみ，燃えると二酸化炭素が発生する物質を何といいますか。〔　　　　〕
- □ ② ロウ，食塩，木，水銀のうち，非金属の無機物はどれですか。〔　　　　〕
- □ ③ プラスチックは有機物ですか，無機物ですか。〔　　　　〕
- □ ④ 質量が 10 g，体積が 2 cm^3 の物質の密度は何 g/cm^3 ですか。〔　　　　〕
- □ ⑤ 密度が 6 g/cm^3 の物質 3 cm^3 の質量は何 g ですか。〔　　　　〕
- □ ⑥ 物質が固体・液体・気体とすがたを変えることを何といいますか。〔　　　　〕
- □ ⑦ 固体がとけて液体に変化するときの温度を何といいますか。〔　　　　〕
- □ ⑧ 液体が沸騰して気体に変化するときの温度を何といいますか。〔　　　　〕
- □ ⑨ 液体を加熱して沸騰させ，出てきた気体を冷やし，再び液体として取り出すことを何といいますか。〔　　　　〕

03 トレーニングテスト

→別冊解答 p.3

1 いろいろな物質 (9点×3＝27点)

３種類の白い粉末状の物質Ａ，Ｂ，Ｃは，砂糖，食塩，デンプンのいずれかです。Ａ，Ｂ，Ｃを見分けるために，次の実験①，②を順に行いました。あとの問いに答えなさい。 〈栃木県・改〉

① Ａ，Ｂ，Ｃをそれぞれ１ｇはかり，べつべつの試験管に入れ，それぞれ５ cm^3 の水を加えてよく混ぜた。Ａ，Ｂは完全にとけたが，Ｃの粉末は試験管に残っていた。

② Ａ，Ｂ，Ｃの粉末をそれぞれ燃焼さじにのせ，ガスバーナーで加熱した。その結果，Ａはほとんど変化が見られなかった。ＢとＣは燃焼したため，それぞれ石灰水の入った集気びんに入れた。燃焼後の集気びんを振ると，どちらも石灰水が白くにごったので，二酸化炭素が発生したと確認できた。

差がつく (1) Ｂはどの物質ですか。次のア～ウから選び，その記号を書きなさい。 (　　)

ア 砂糖　　イ 食塩　　ウ デンプン

重要 (2) ＢやＣのように，燃焼して二酸化炭素が発生する物質を何といいますか。 (　　　　)

正答率20% (3) (2)でできているものを，次のア～オからすべて選び，記号を書きなさい。 (　　　　)

ア アルミニウムはく　　イ ペットボトル　　ウ ろうそく

エ スチールウール　　オ ガラスびん

2 物質の質量・体積と密度 ((1)(2)(4)9点×3，(3)10点，計37点)

大介さんは，１円硬貨がアルミニウムでできていることを知り，アルミニウムの密度を調べるために，次のような実験を行いました。あとの問いに答えなさい。 〈宮崎県〉

実験 ① １円硬貨 40 枚の質量をはかった。

② 水の入ったメスシリンダーに１円硬貨を１枚ずつ沈めた。１円硬貨を 40 枚沈めて，ふえた体積をはかった。

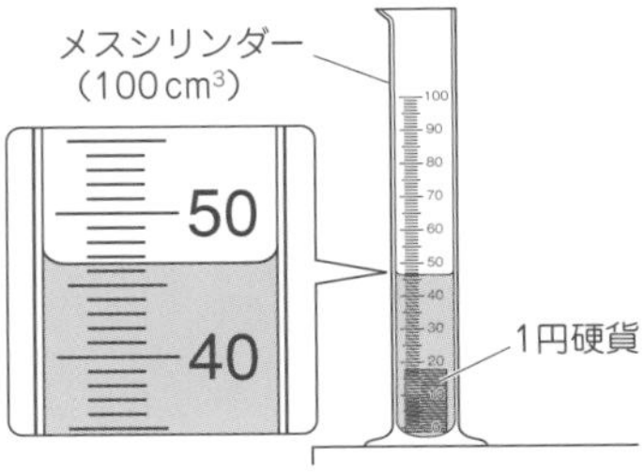

正答率69% 注意 (1) １円硬貨を 40 枚沈める途中で液面を見ると，図のようになっていました。図のときの目盛りを読み取りなさい。 (　　　　)

正答率43% (2) 実験の①で，１円硬貨 40 枚の質量は 40 ｇでした。また，実験の②で，１円硬貨 40 枚でふえた体積は 14.8 cm^3 でした。アルミニウムの密度を求めなさい。ただし，答えは，小数第２位を四捨五入して求めなさい。 (　　　　)

正答率64% (3) 下線部に関して，水の中で１円硬貨が沈む理由を，簡潔に書きなさい。

(　　　　　　　　　　)

正答率41% 差がつく (4) 大介さんは，５円硬貨が，銅と亜鉛でできた黄銅であることを知りました。そこで，銅でできたおもりと５円硬貨の密度の大きさを比較することによって，銅と亜鉛の密度の大小関係がわかると考え，次のようにまとめました。（ ａ ），（ ｂ ）に入る適切な言葉の組み合わせを，あとのア～エから１つ選び，記号で答えなさい。 (　　)

〔まとめ〕 銅でできたおもりと 5 円硬貨を同じ質量にして体積をくらべると，5 円硬貨の体積のほうが大きくなった。これより，銅でできたおもりの密度の大きさと 5 円硬貨の密度の大きさは，（　a　）のほうが大きいことがわかり，銅の密度の大きさと亜鉛の密度の大きさは，（　b　）のほうが大きいことがわかる。

ア　a：銅でできたおもり　b：銅　　イ　a：銅でできたおもり　b：亜鉛

ウ　a：5 円硬貨　b：銅　　エ　a：5 円硬貨　b：亜鉛

3　蒸留と密度 (9点×4＝36点)

次の実験について，あとの問いに答えなさい。　〈福島県〉

実験 1　水とエタノールの混合物 30 cm^3 を枝つきフラスコの中に入れ，**図 1** のような装置を用いて加熱した。しばらくすると，混合物から出た蒸気が冷やされて，試験管 A に液体がたまり始めたので，この液体を 5 本の試験管 A～E に，試験管 A から順に約 5 cm^3 ずつ集めた。**図 2** のグラフは，加熱を始めてから試験管 E に液体が集まるまでの温度変化を示したものである。

図 1

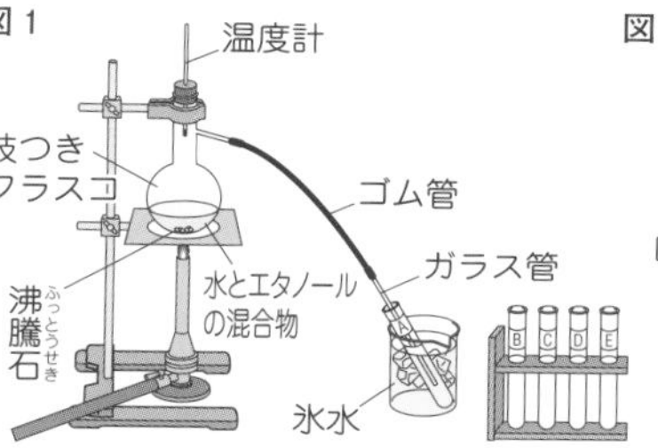

図 2

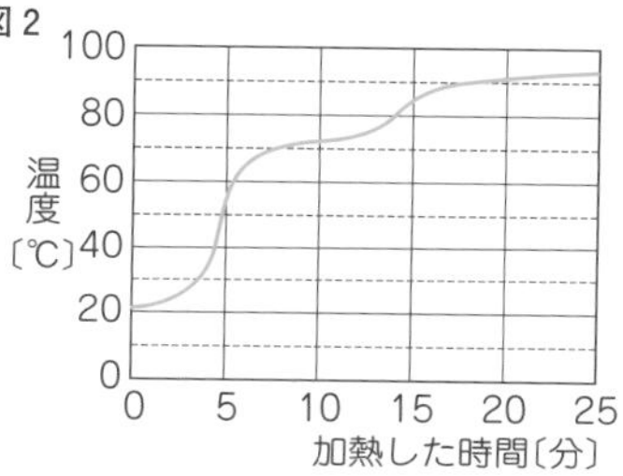

実験 2　試験管 A～E に集めたそれぞれの液体について，におい，プラスチック片を入れたときの浮き沈み，ろ紙にしみこませて火をつけたときのようすを調べ，右の表に示した。

	試験管 A	試験管 B	試験管 C	試験管 D	試験管 E
におい	有	有	有	有	無
プラスチック片の浮き沈み	沈んだ	沈んだ	沈んだ	浮いた	浮いた
火をつけたときのようす	よく燃えた	よく燃えた	よく燃えた	燃えたがすぐ消えた	燃えなかった

正答率 37%　(1)　**実験 1** で，それぞれの試験管にたまった液体が枝つきフラスコへ逆流するのを防ぐには，どのようなことに注意すればよいですか。「ガラス管の先が，」の書き出しに続けて書きなさい。
（ガラス管の先が，　　　　　　　　　　　　　　　　　　　　）

正答率 63%　(2)　**実験 1** で，試験管 A に液体がたまり始めたのは，加熱を始めてから何分後ですか。最も適当なものを，次の**ア**～**オ**から 1 つ選び，その記号を書きなさい。　（　　　）

ア　0～5 分後　　**イ**　5～10 分後　　**ウ**　10～15 分後

エ　15～20 分後　　**オ**　20～25 分後

正答率 23%　(3)　試験管 C，D，E に集めた液体の密度を，それぞれ c，d，e〔g/cm^3〕とすると，これらの関係はどのようになりますか。c と d については次の**ア**～**ウ**から，d と e については次の**エ**～**カ**からそれぞれ 1 つずつ選び，その記号を書きなさい。　c と d（　　　）　d と e（　　　）

ア　$c < d$　　**イ**　$c = d$　　**ウ**　$c > d$　　**エ**　$d < e$　　**オ**　$d = e$　　**カ**　$d > e$

04

それぞれの気体のつくり方・集め方・特徴を理解しよう！

重要度★★★

気体の性質

学習日　月　日

ポイント整理

① 気体の集め方と性質の調べ方

◐ 気体の集め方

気体が水にとけやすいかどうか，空気より密度が大きいかどうかに着目して次の３つの集め方を使い分ける。

①水上置換《ちかん》法

②下方置換法

③上方置換法

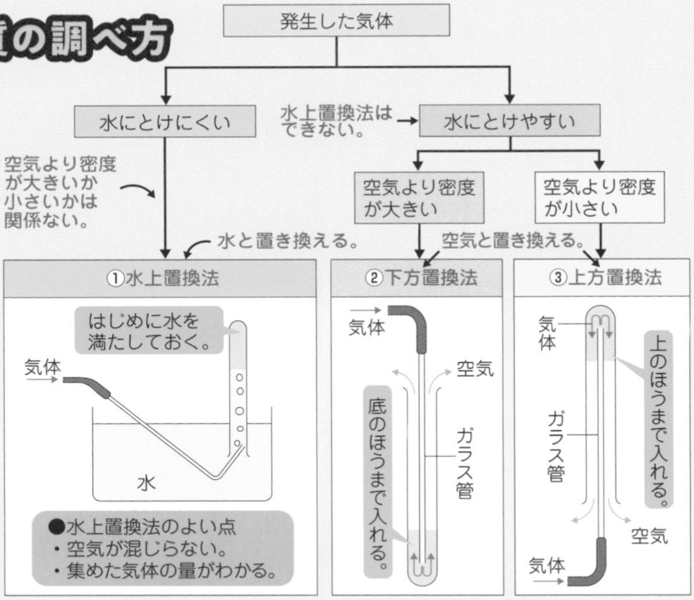

◐ 気体の性質の調べ方

①**においの調べ方**…手であおぐようにしてにおいをかぐ。

②**性質の調べ方の例**…水でぬらしたリトマス紙を，気体にふれさせる。

② いろいろな気体

◐ 空気…体積の割合で，窒素《ちっそ》が約 78%，酸素《さんそ》が約 21%，その他が約 1%（二酸化炭素 0.04%をふくむ）。

酸素

①**つくり方**…二酸化マンガンにうすい過酸化《かさんか》水素水《すいそすい》（オキシドール）を加える。

②**集め方**…水上置換法で集める。

③**調べ方**…火のついた線香を入れると，線香が炎を上げて激しく燃える。

④**性質**

- 無色・無臭である。
- 水にとけにくい→水上置換法で集める。
- 空気より少し密度が大きい。
- ものを燃やすはたらき（助燃性《じょねんせい》）がある。
- 酸素自体は燃えない。

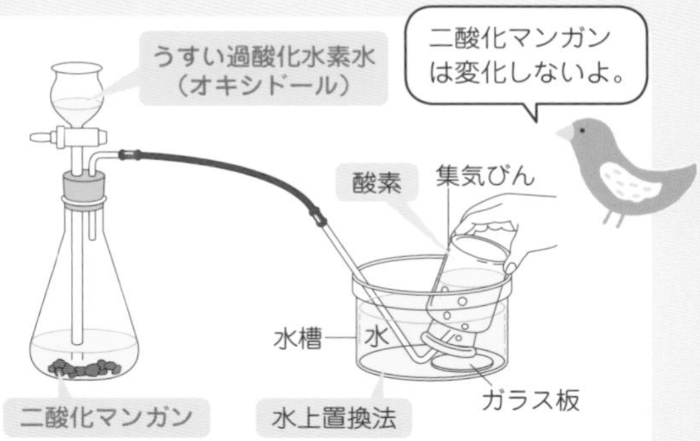

入試によく出る実験

アンモニアの噴水《ふんすい》実験

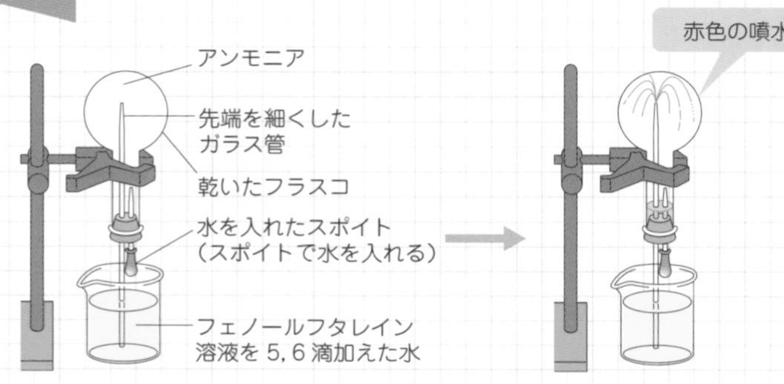

①スポイトから水をフラスコの中に入れる。

②フラスコの中のアンモニアが①の水にとけて，フラスコの中の気圧（→ p.76）が下がる。

③ビーカーの水を吸いあげる。

④吸いあげられた水は赤くなる。

※フェノールフタレイン溶液は，アルカリ性のもとでは赤くなる。この実験から，アンモニアは非常に水にとけやすく，その水溶液がアルカリ性を示すことがわかる。

即答チェックの答え　①水上置換法　②下方置換法　③上方置換法　④二酸化炭素　⑤酸素　⑥水素　⑦窒素　⑧酸素　⑨二酸化炭素　⑩上方置換法

入試必勝ワード 水上置換法　下方置換法　上方置換法

二酸化炭素

①**つくり方**…石灰石にうすい塩酸《えんさん》を加える。
②**集め方**…下方置換法または水上置換法で集める。
③**調べ方**…石灰水《せっかいすい》に通すと，白くにごる。
④**性質**
- 無色・無臭である。
- 水に少しとける→水上置換法で集める。
- 水溶液《すいようえき》を炭酸水《たんさんすい》といい，弱い酸性を示す。
- 密度は空気より大きい→下方置換法で集める。
- 燃えない。助燃性もない。

注意
水上置換法でも下方置換法でも集めることができる。

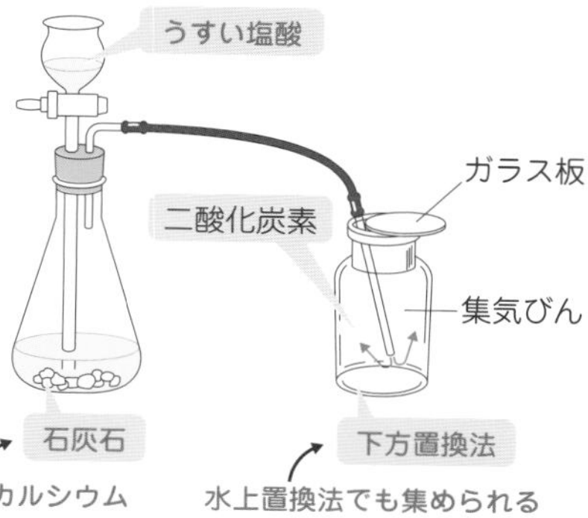

水素《すいそ》

①**つくり方**…亜鉛《あえん》・鉄・アルミニウムなどの金属にうすい塩酸を加える。
②**集め方**…水上置換法で集める。
③**調べ方**…点火すると音を出して燃える。
④**性質**
- 無色・無臭である。
- 水にとけにくい→水上置換法で集める。
- 気体の中で密度が最も小さい。
- よく燃える。燃えると水ができる。

窒素

無色・無臭で水にとけにくく，密度は空気よりわずかに小さい。体積の割合で空気中の約78%をしめ，燃えない。

塩化水素《えんかすいそ》

無色で特有の**刺激臭**がする。水に非常にとけやすく，密度は空気より大きい。有毒で，その水溶液を塩酸といい，酸性を示す。

アンモニア

①**つくり方**…塩化アンモニウムと水酸化カルシウムを混ぜて加熱する。または，塩化アンモニウムと水酸化ナトリウムを混ぜたものに水を加える。
②**集め方**…上方置換法で集める。
③**調べ方**…水でぬらした赤色リトマス紙が青色に変わる。
④**性質**
- 無色で，特有の刺激臭《しげきしゅう》がする。
- 水に非常にとけやすい。
- 水溶液はアルカリ性を示す。
- 密度は空気より小さい→上方置換法で集める。

塩素《えんそ》

黄緑色で特有の刺激臭がする。水にとけやすく，密度は空気より大きい。その水溶液は酸性で，漂白作用(脱色作用)や殺菌《さっきん》作用がある。

即答チェック

□ ① 水にとけにくい気体の集め方は何ですか。〔　　　〕
□ ② 水にとけやすくて，空気より密度が大きい気体の集め方は何ですか。〔　　　〕
□ ③ 水にとけやすくて，空気より密度が小さい気体の集め方は何ですか。〔　　　〕
□ ④ 石灰石にうすい塩酸を加えたときに発生する気体は何ですか。〔　　　〕
□ ⑤ 二酸化マンガンにオキシドールを加えたときに発生する気体は何ですか。〔　　　〕
□ ⑥ 燃えると水ができる最も密度が小さい気体は何ですか。〔　　　〕
□ ⑦ 体積の割合で，空気中に最も多くふくまれている気体は何ですか。〔　　　〕
□ ⑧ ものを燃やすはたらきのある気体は何ですか。〔　　　〕
□ ⑨ 石灰水を白くにごらせる気体は何ですか。〔　　　〕
□ ⑩ アンモニアの集め方は何ですか。〔　　　〕

04 トレーニングテスト

→別冊解答 p.4

1 空気中の気体 (6点×2=12点)

右図は，空気にふくまれる気体の体積の割合を表したグラフです。これについて，次の問いに答えなさい。 〈北海道・改〉

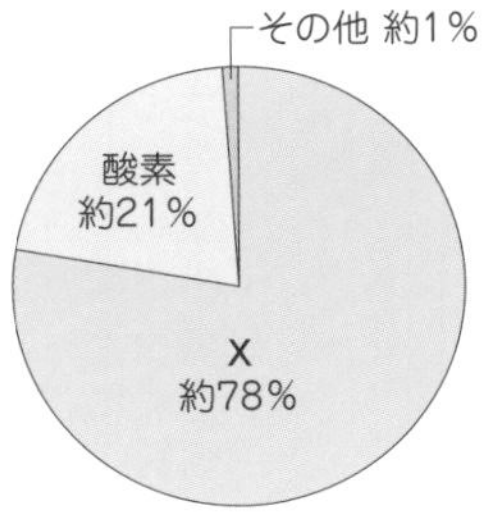

正答率 78%

(1) 図中のXの気体名を書きなさい。 (　　　　)

(2) 酸素を発生させる方法として適当なものを，次のア～エから選び，その記号を書きなさい。 (　　)

ア　亜鉛にうすい塩酸を加える。　　イ　炭酸カルシウムにうすい塩酸を加える。

ウ　二酸化マンガンにうすい過酸化水素水を加える。

エ　塩化アンモニウムと水酸化カルシウムの混合物を加熱する。

2 二酸化炭素 (8点×3=24点)

二酸化炭素について，あとの問いに答えなさい。

(1) 次の文は，二酸化炭素の性質を説明したものです。文中の①，②について，ア，イのいずれかをそれぞれ選び，記号を書きなさい。 〈徳島県・改〉①(　　　)　②(　　　)

> 無色，無臭の気体で，空気より密度が①{ア．小さく　イ．大きく}，水に少しとけ②{ア．酸性　イ．アルカリ性}を示す。

重要

(2) 右図のa～cは，気体の集め方の模式図を示したものです。二酸化炭素を集めることができる方法の組み合わせを，次のア～エから選び，その記号を書きなさい。〈長崎県〉(　　　)

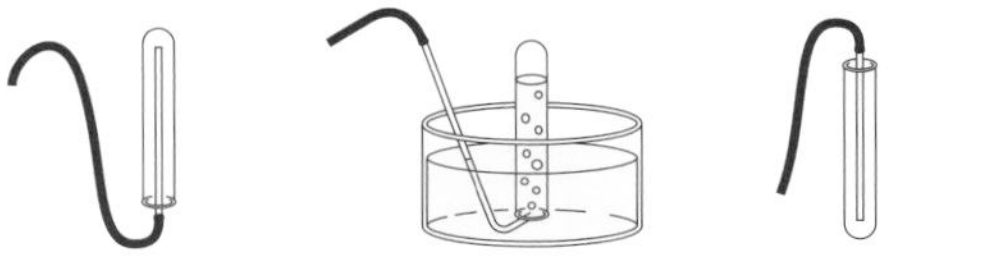

a. 上方置換法　　b. 水上置換法　　c. 下方置換法

ア　aとb　　　イ　aとc　　　ウ　bとc　　　エ　aとbとcのすべて

3 水素 (8点×3=24点)

次の実験について，あとの問いに答えなさい。 〈沖縄県〉

実験 右図の装置を用いて，水素を発生させて試験管に集めた。

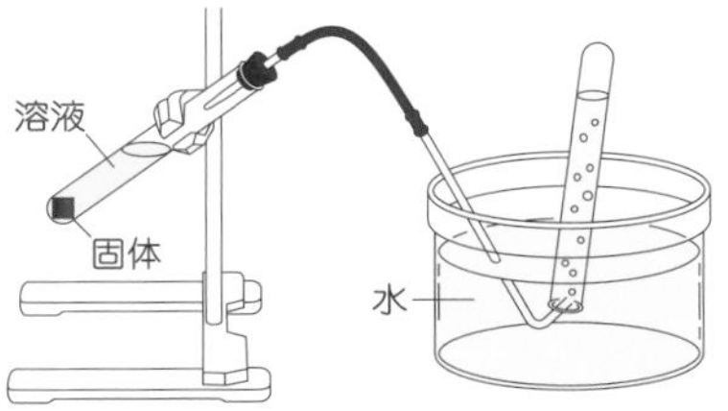

(1) 実験に関する次の文の(　①　)，(　②　)に適する語句を答えなさい。 ①(　　　　　)　②(　　　　　)

> ガラス管からはじめに出てきた気体には(　①　)がふくまれるので，純粋な水素を得るために，気体を発生させたあとしばらくしてから試験管に集めた。また，発生させた水素は水にとけにくい気体であるため，(　②　)置換法で集める。

(2) 水素を発生させるために用いた固体と溶液の組み合わせとして正しいものはどれですか。右のア～エから選び，その記号を書きなさい。 (　　)

	固体	溶液
ア	スチールウール	うすいアンモニア水
イ	石灰石	うすい塩酸
ウ	二酸化マンガン	うすい過酸化水素水
エ	マグネシウムリボン	うすい塩酸

4 気体の発生と性質 (8点×5＝40点)

身のまわりのものから気体を発生させる実験を行いました。あとの問いに答えなさい。ただし，発生する気体は，酸素，水素，二酸化炭素，アンモニアのいずれかです。 〈宮崎県・改〉

実験

[1] 三角フラスコに発泡入浴剤を 2 g 入れ，約 60 ℃の湯を 50 cm^3 加えた。

[2] **図 1** のように，発生した気体を 2 本の試験管に集め，ゴム栓をした。ただし，1 本の試験管には水を少し残して，ゴム栓をした。

図 1
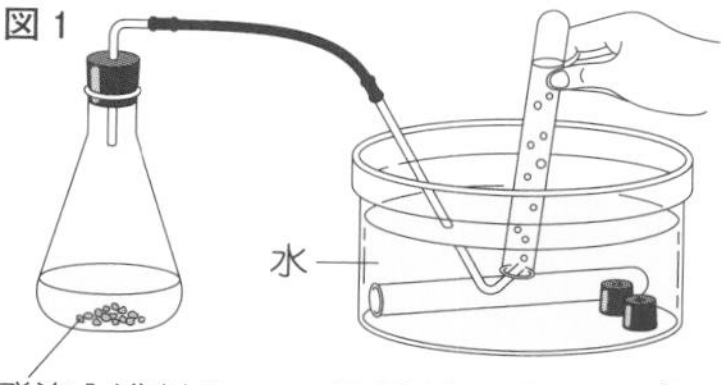

発泡入浴剤 2 g ＋ 約60 ℃の湯 50 cm^3

図 2
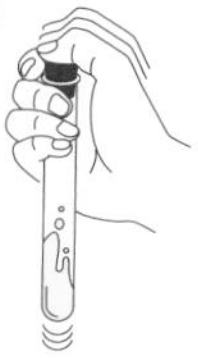

[3] 2 本の試験管のうち 1 本に石灰水を入れ，**図 2** のようによく振り，石灰水の変化を調べた。

[4] もう 1 本の，水を少し残した試験管をよく振り，緑色の BTB 溶液を加えて，色の変化を調べた。

[5] 別の三角フラスコに，ふろがま洗浄剤を 10 g 入れ，約 60 ℃の湯を 50 cm^3 加え，[2]〜[4] の操作を同様に行った。

結果 実験の結果を右の表にまとめた。

	石灰水の変化	BTB 溶液の色の変化
発泡入浴剤＋湯	白くにごった	黄色に変わった
ふろがま洗浄剤＋湯	変化しなかった	変化しなかった

(1) 発泡入浴剤と湯の組み合わせで発生した気体は，石灰水をにごらせたことから，二酸化炭素であることがわかりました。

① 二酸化炭素は別の方法で発生させることができます。その方法として適切なものを，次の**ア〜エ**から選び，その記号を書きなさい。 (　　)

ア 二酸化マンガンにオキシドールを加える。　**イ** 鉄にうすい塩酸を加える。
ウ 石灰石にうすい塩酸を加える。　**エ** アンモニア水を加熱する。

正答率 81%
② 二酸化炭素は，**図 3** のような集め方をすることができます。このような気体の集め方を何といいますか。また，**図 3** のような集め方をすることができることから，二酸化炭素にはどのような性質があることがわかりますか。簡潔に書きなさい。

集め方(　　　　　　)　性質(　　　　　　　　　　)

図 3
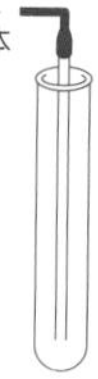

(2) ふろがま洗浄剤と湯の組み合わせで発生した気体は，石灰水が変化しなかったことから，二酸化炭素ではないことがわかります。また，**図 1** のような集め方ができたことや，BTB 溶液の色が変化しなかったことから□でもないと判断できます。

差がつく
① □に入る気体の名前を書きなさい。 (　　　　　　)

② **図 4** のように，ふろがま洗浄剤と湯の組み合わせで発生した気体に火のついた線香を入れると，線香は激しく燃えました。この気体の説明として適切なものを，次の**ア〜エ**から選び，その記号を書きなさい。 (　　)

ア 火をつけると燃える。　**イ** 空気中の体積の約 21％をしめる。
ウ 刺激臭がする。　**エ** 漂白作用がある。

図 4
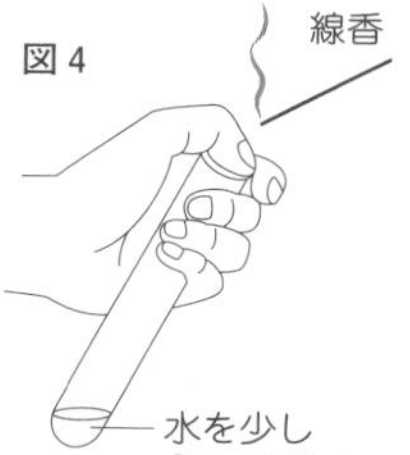

質量パーセント濃度の求め方をマスターしよう！

05 水溶液の性質

重要度★★★

学習日　　月　　日

ポイント整理

① 水溶液と物質の粒子

◐ 水溶液《すいようえき》

- **溶質《ようしつ》**：溶液にとけている物質。
  例 砂糖《さとう》水の砂糖
- **溶媒《ようばい》**：溶質をとかしている液。
  例 砂糖水の水
- **溶液《ようえき》**：溶質が溶媒にとけた液。
- **水溶液**：溶媒が水である溶液。
  例 砂糖水
  ・水溶液は透明だが，色がついているものがある。
  例 硫酸銅《りゅうさんどう》水溶液➡青色
- **溶解《ようかい》**：溶質が溶媒にとける現象。

◐ 水溶液と物質の粒子

▼コーヒーシュガーがとけるようす

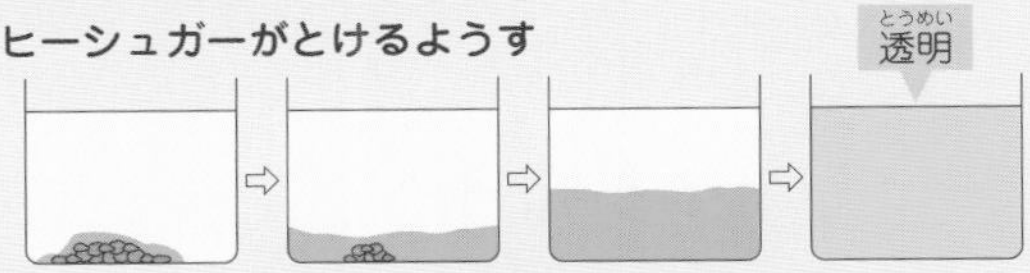

すべてとける。

▼砂糖を小さな粒子で表したモデル図

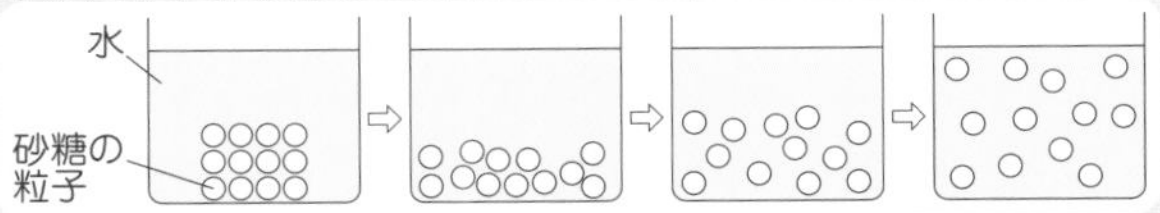

▼水も小さな粒子で表したモデル図

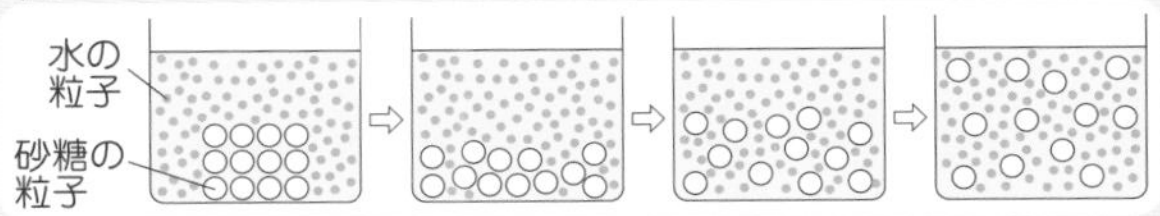

水溶液はどの部分をとっても同じ濃《こ》さで，時間がたっても濃さは変化しない。

かき混ぜなくても，全体に広がっていくよ !!

② 質量パーセント濃度

◐ 質量パーセント濃度《のうど》

…溶液の質量に対する溶質の質量の割合を百分率で表したもの。
パーセント（%）は 0.01 倍を表す。

大切

$$\text{質量パーセント濃度〔\%〕} = \frac{\text{溶質の質量〔g〕}}{\text{溶液の質量〔g〕}} \times 100 = \frac{\text{溶質の質量〔g〕}}{\text{溶媒の質量〔g〕} + \text{溶質の質量〔g〕}} \times 100$$

入試によく出る計算　再結晶と質量パーセント濃度

▼硝酸《しょうさん》カリウムの溶解度

温度〔℃〕	20	40	60	80
溶解度〔g〕	31.6	63.9	109.2	168.8

① 60 ℃の水 100 g に硝酸カリウム 50 g をとかしました。あと何 g とかすことができますか。

② ①の温度を 20 ℃に下げました。とけきれずに出てくる硝酸カリウムは何 g ですか。

③ ②の硝酸カリウム水溶液の質量パーセント濃度は何％ですか（小数第 1 位を四捨五入）。

解き方

① 60 ℃の水 100 g に硝酸カリウムは 109.2 g までとけるので，さらにとかすことのできる質量は，
109.2 g − 50 g ＝**59.2 g**

② 20 ℃の水 100 g に硝酸カリウムは 31.6 g までしかとけないので，出てくる硝酸カリウムの質量は，
50 g − 31.6 g ＝**18.4 g**

③ 質量パーセント濃度の公式に代入すると，
$\frac{31.6\,\text{g}}{100\,\text{g}+31.6\,\text{g}} \times 100 = 24.0\cdots$　よって，**24 %**

即答チェック の答え　①溶質　②溶媒　③20 %　④飽和水溶液　⑤溶解度　⑥再結晶　⑦結晶　⑧塩化ナトリウム　⑨ろ過

入試必勝ワード　溶質　溶媒　質量パーセント濃度　飽和水溶液　溶解度　再結晶

③ 溶解度と再結晶

飽《ほう》和《わ》水溶液《すいようえき》と溶解《ようかい》度《ど》

飽和水溶液　物質が，それ以上とけきれなくなることを飽和するといい，その水溶液を飽和水溶液という。

溶解度　100 g の水にとけることのできる最大量。
- 物質の種類によって決まっている。
- 温度によって変化し，温度が高くなると溶解度が大きくなるものが多い。

▼溶解度

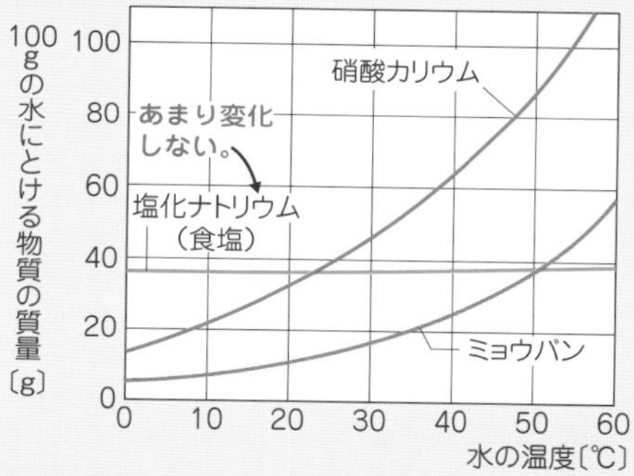

再結晶《さいけっしょう》とろ過

再結晶　一度水にとかした固体の物質を，再び結晶として取り出すこと。
- 温度を下げる方法。→右図
- 水を蒸発させる方法。

※塩化ナトリウムのように温度が変化しても溶解度があまり変化しない物質は，温度を下げる方法は適さないので，水を蒸発させる。

▼再結晶

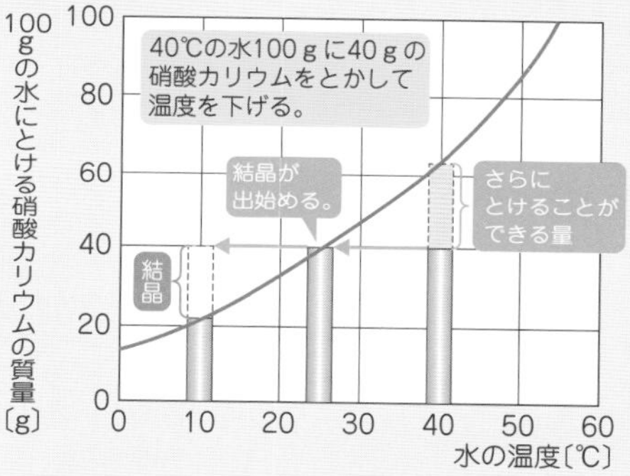

結晶《けっしょう》　純粋な物質ごとに特有の規則正しい形をした固体。再結晶によって出てくる。

▼いろいろな物質の結晶

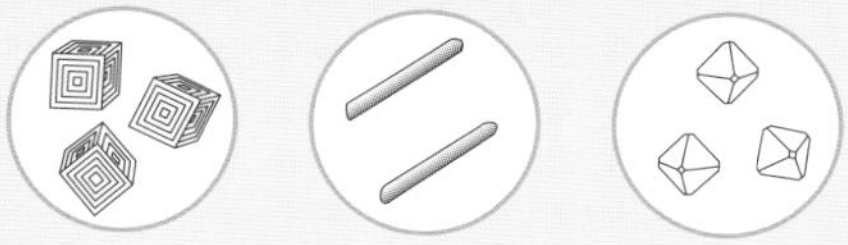

ろ過　ろ紙などを使って，液体と固体を分けること。

▼ろ過

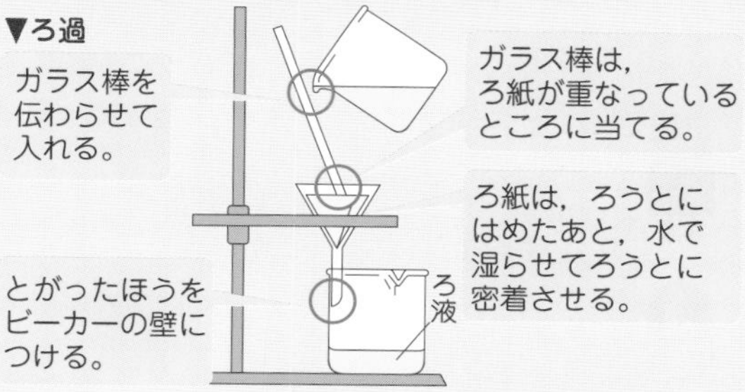

即答チェック

- □ ① 溶液にとけている物質のことを何といいますか。〔　　〕
- □ ② ①をとかしている液体のことを何といいますか。〔　　〕
- □ ③ 水 100 g に砂糖 25 g をとかしてつくった砂糖水の質量パーセント濃度は何％ですか。〔　　〕
- □ ④ 物質を限度までとかしてつくった水溶液のことを何といいますか。〔　　〕
- □ ⑤ 100 g の水にとけることのできる限度の量を何といいますか。〔　　〕
- □ ⑥ 一度とかした固体の物質を，再び取り出すことを何といいますか。〔　　〕
- □ ⑦ ⑥によって出てきた規則正しい形をした固体を何といいますか。〔　　〕
- □ ⑧ 右図のような形の⑦をつくる物質は何ですか。〔　　〕
- □ ⑨ ろ紙などで液体と固体を分けることを何といいますか。〔　　〕

05 トレーニングテスト

→別冊解答 p.4

1 溶解度 (7点×5=35点)

次の実験について，あとの問いに答えなさい。 〈三重県〉

実験 硝酸カリウムと塩化ナトリウムについて，次の1，2の実験を行った。

1 **図1**のように，試験管A，Bに水を10 cm^3(10 g)ずつ入れ，試験管Aに硝酸カリウム5.0 gを，試験管Bに塩化ナトリウム5.0 gをそれぞれ入れた。その後，試験管A，Bを熱し，ときどき振り混ぜながら，水の温度を40 ℃まで上げ，じゅうぶんに振り混ぜたあと，試験管の中のようすを観察した。

図1

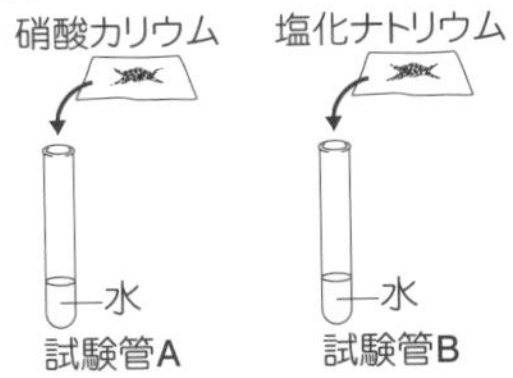

2 **図2**のように，ビーカーA，Bに水を100 cm^3(100 g)ずつ入れ，ビーカーAに硝酸カリウムを，ビーカーBに塩化ナトリウムをそれぞれとかしながら，水の温度を50 ℃まで上げ，それぞれの飽和水溶液をつくった。その後，それぞれの飽和水溶液の温度を10 ℃まで下げ，ビーカーの中のようすを観察した。

図2

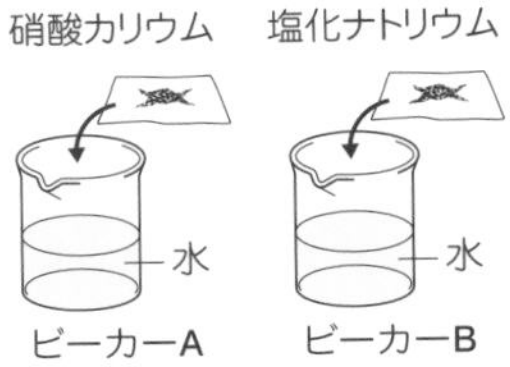

(1) 次の文中の(ア)，(イ)に入る最も適当な言葉は何ですか。それぞれ書きなさい。

> 溶液において，とけている物質のことを(ア)といい，(ア)をとかす液体のことを(イ)という。(イ)が水である溶液のことを水溶液という。

ア(　　　　　)
イ(　　　　　)

図3

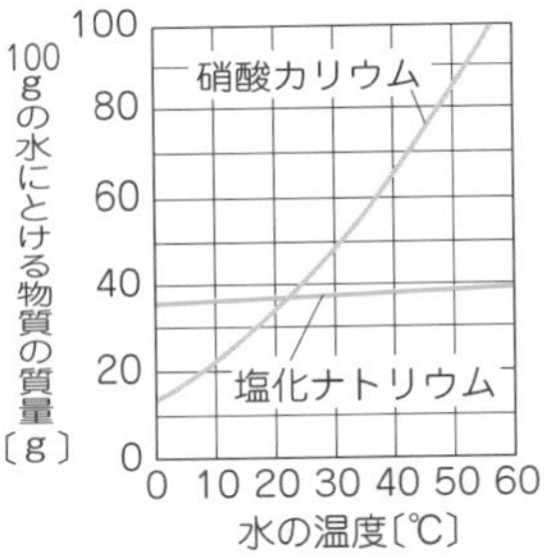

(2) **図3**は，水の温度と100 gの水にとける物質の質量との関係を表したグラフです。次の①，②の各問いに答えなさい。

注意 ① 1で，試験管A，Bで，物質が水に全部とける場合には○，とけ残る場合には×を書きなさい。　A(　　　)　B(　　　)

差がつく ② 2で，ビーカーAでは多くの結晶が出てきました。一方，ビーカーBでは結晶がほとんど出てきませんでした。ビーカーBで結晶がほとんど出てこなかったのはなぜですか，その理由を「溶解度」，「水の温度」という2つの言葉を使って簡単に書きなさい。

(　　　　　　　　　　　　　　　　　　　　　　　　　　　　　　　　　　)

2 質量パーセント濃度 (10点×3=30点)

物質の水へのとけ方を調べるために，次の実験①，②，③を順に行いました。 〈栃木県〉

① ビーカーに，水100 gと硝酸カリウム60 gを入れてよくかき混ぜたところ硝酸カリウムがとけ残った。

② このビーカー内の水溶液をかき混ぜながらガスバーナーで加熱して50 ℃にした。このとき，硝酸カリウムはすべてとけていた。その後，50 ℃のまま，水溶液を静かに置いておいた。

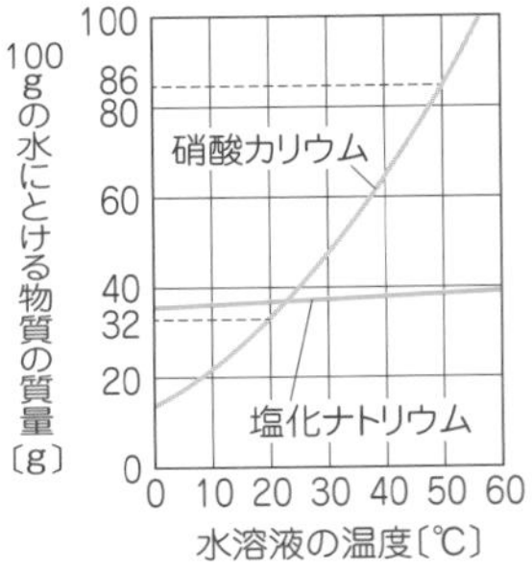

③　このビーカー内の水溶液が 20 ℃まで冷えたとき，ビーカー内に硝酸カリウムの結晶が出ていた。20 ℃に保ったまま，ろ過して結晶と水溶液を分けた。

硝酸カリウムと塩化ナトリウムについて，水溶液の温度ととける質量の関係を調べると，図のグラフのとおりでした。これについて，次の問いに答えなさい。

正答率 24%　(1)　**実験③**で，20 ℃まで冷やしたときに出ていた結晶の質量は全部で何 g ですか。

(　　　　)

正答率 20%　(2)　**実験③**で，ろ過して得られた水溶液の質量パーセント濃度は何％ですか。図のグラフをもとに値を求め，小数第 1 位を四捨五入して，整数で書きなさい。(　　　　)

重要　(3)　この実験のように，水溶液の温度を下げて水溶液から結晶を取り出す方法は，塩化ナトリウムには適しません。それでは，塩化ナトリウムの水溶液から塩化ナトリウムを取り出すには，どのような操作を行うとよいですか，簡単に書きなさい。(　　　　　　　　　　　　)

3　水溶液　(7点×5＝35点)

物質が水にとけるようすについて調べるために，実験 1，実験 2 を行いました。次の問いに答えなさい。　〈沖縄県〉

実験 1　100 g の水を入れた 2 つのビーカーに，それぞれ硝酸カリウムと塩化ナトリウムをとかして飽和水溶液をつくった。このとき，水の温度と 100 g の水にとける物質の質量との関係を調べた。表と図はその結果を示したものである。

水の温度と 100 g の水にとける物質の質量

温度〔℃〕	0	10	20	30	40	50
硝酸カリウム〔g〕	13	22	32	46	64	85
塩化ナトリウム〔g〕	35	35	36	36	36	37

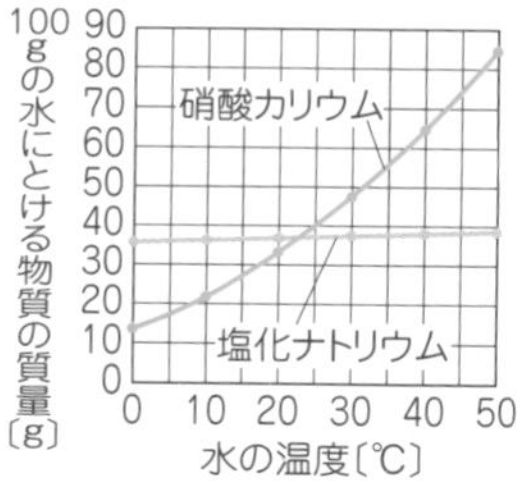

(1)　100 g の水に物質をとかして飽和水溶液にしたときの，とけた物質の質量のことを何といいますか。次の**ア**～**エ**から選び，その記号を書きなさい。(　　　)

ア　溶質　　**イ**　溶媒　　**ウ**　溶解度　　**エ**　密度

(2)　**実験 1** で，20 ℃の水で塩化ナトリウムの飽和水溶液をつくったとき，質量パーセント濃度はどのくらいですか。最も適当なものを次の**ア**～**エ**から選び，その記号を書きなさい。(　　　)

ア　26 %　　**イ**　31 %　　**ウ**　36 %　　**エ**　52 %

実験 2　40 ℃の水 100 g を入れた 2 つのビーカーに，それぞれ硝酸カリウムと塩化ナトリウムを 30 g ずつ入れて完全にとかし，水溶液をつくった。その後，2 つの水溶液をそれぞれ 10 ℃までゆっくり冷却すると，一方の水溶液からは結晶が出てきた。

(3)　**実験 2** で出てきた結晶は，**実験 1** の結果より硝酸カリウム，塩化ナトリウムのいずれかであることがわかります。その結晶の形として最も適当なものを右の**ア**～**エ**から選び，その記号を書きなさい。

ア　イ　ウ　エ

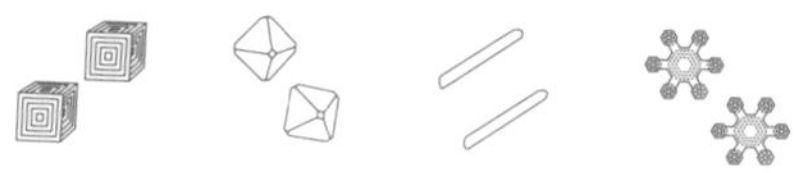

(　　　)

(4)　**実験 2** で出てきた結晶の質量は何 g ですか。(　　　　)

(5)　**実験 2** のようにして結晶を取り出す操作のことを何といいますか。(　　　　)

06 光と音

重要度★★★

学習日　　月　　日

ポイント整理

① 光

◐ **光の直進《ちょくしん》**…光がまっすぐ進むこと。

◐ **光の反射《はんしゃ》**…光が物体に当たって，はね返ること。

面に垂直に入ったときの入射角が0°だね。

反射の法則 光が反射するとき入射角《にゅうしゃかく》と反射角《はんしゃかく》は等しい。

鏡にうつる像 実物と同じ大きさで，鏡に対して対称な位置に像が見られる。

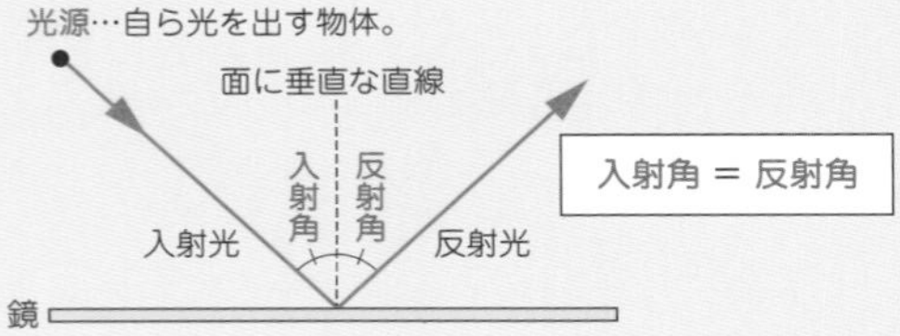

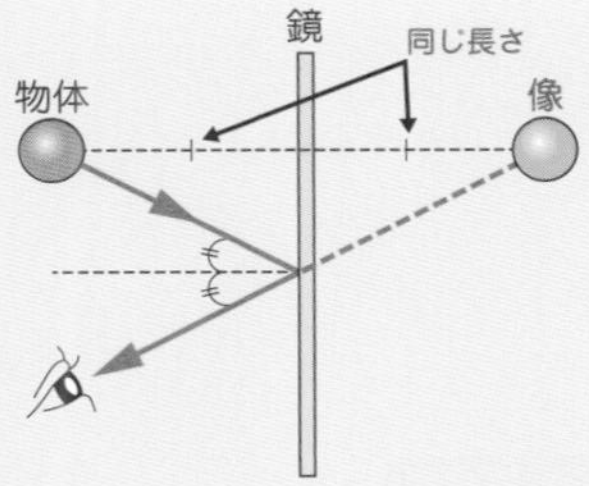

◐ **光の屈折《くっせつ》**…光が種類の異なる物質の境界で折れ曲がること。

大切
光が空気中から水中やガラス中に入るとき
→入射角＞屈折角《くっせつかく》
光が水中やガラス中から空気中へ出るとき
→入射角＜屈折角
光が物質の境界面に対して垂直に入るとき
→屈折せずに直進する

▼ガラスによる光の屈折

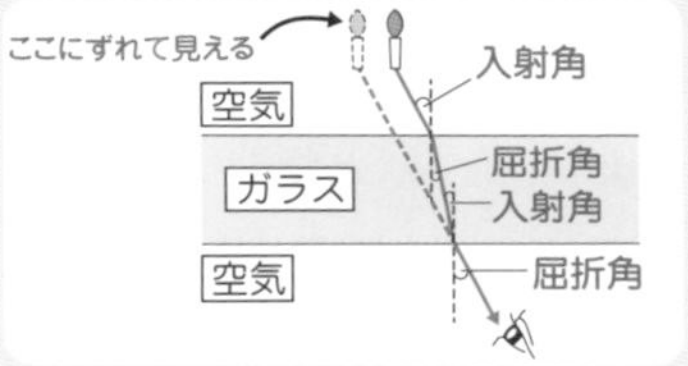

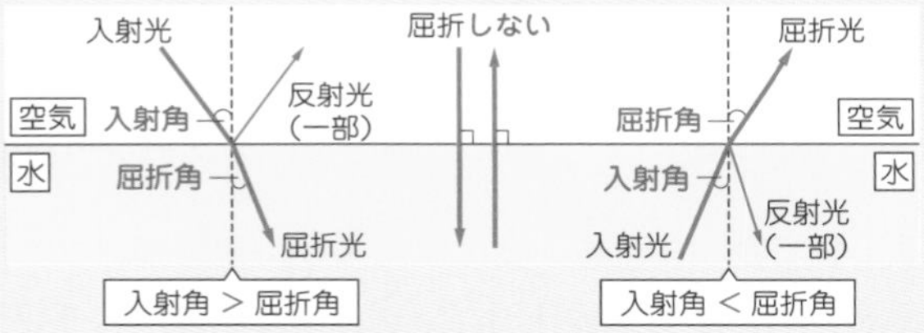

▼浮き上がって見える硬貨《こうか》

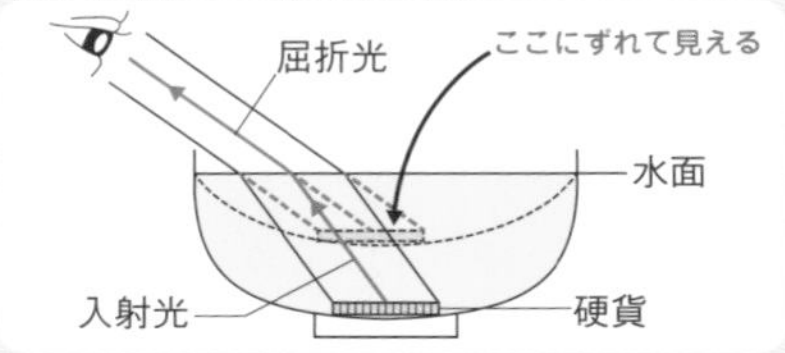

入試によく出るグラフ　オシロスコープ（コンピュータ）の画像（グラフ）

● 2種類の音《おん》さを，強さを変えてたたいたとき，出た音をオシロスコープでくらべた。

①，②…振動数が多いので，高い音が出ている。｝同じ高さ
③，④…振動数が少ないので，低い音が出ている。｝同じ高さ
①，③…振幅が大きいので，大きい音が出ている。｝同じ大きさ
②，④…振幅が小さいので，小さい音が出ている。｝同じ大きさ

※横軸《じく》…時間
縦《たて》軸…振動の幅

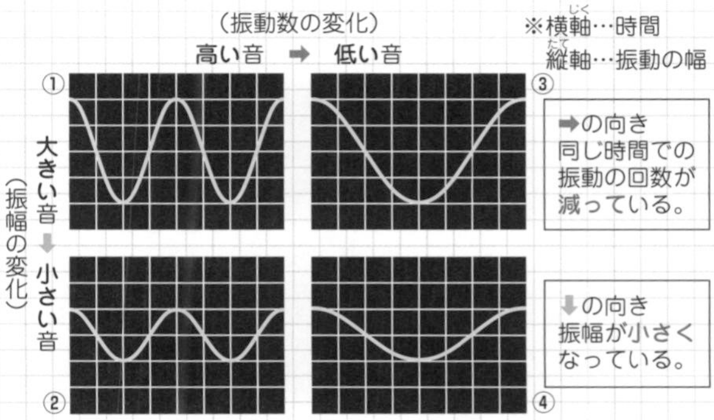

入試必勝ワード　反射　屈折　全反射　焦点　実像　虚像　振幅　振動数

全反射《ぜんはんしゃ》 水中やガラス中から空気中との境界面へ向かって光が進むとき，入射角がある大きさより大きくなると，境界面で光がすべて反射する現象。光ファイバーなどに利用されている。

凸《とつ》レンズ

焦点《しょうてん》 光軸《こうじく》(凸レンズの軸)に平行な光が凸レンズで屈折して集まる点のことを焦点といい，凸レンズの中心から焦点までの距離を焦点距離《しょうてんきょり》という。

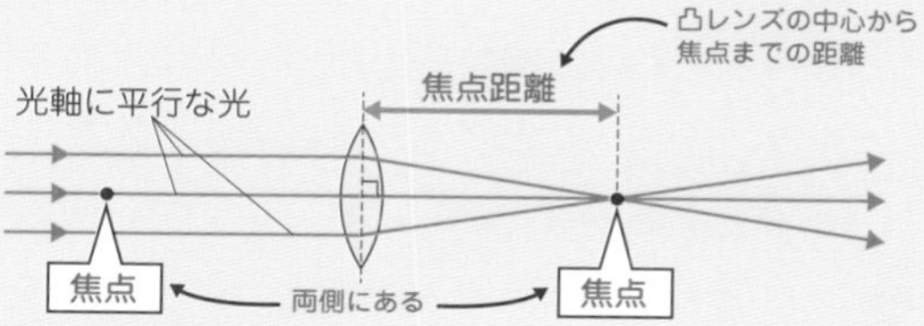

実像《じつぞう》 凸レンズによってスクリーンなどに実際にできる上下・左右逆向きの像。
物体は，焦点の外側にある。
例 カメラや目にうつる像。

虚像《きょぞう》 凸レンズをのぞいたときに見える実物より大きな物体と同じ向きの像。
物体は，焦点の内側にある。
例 ルーペで見える像。

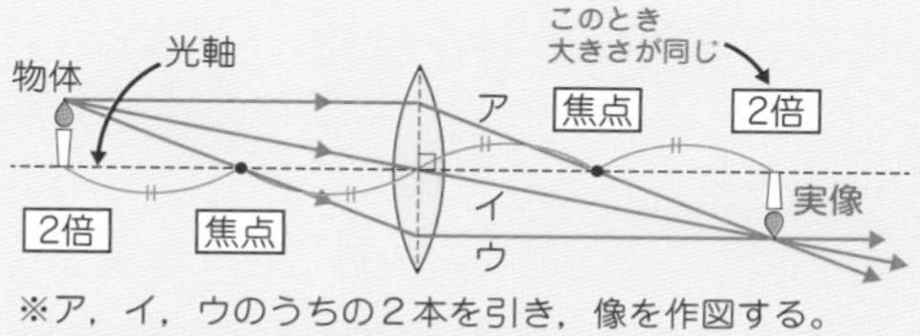

※ア，イ，ウのうちの２本を引き，像を作図する。
※焦点距離の2倍の位置に物体を置くと，同じ大きさの実像ができる。

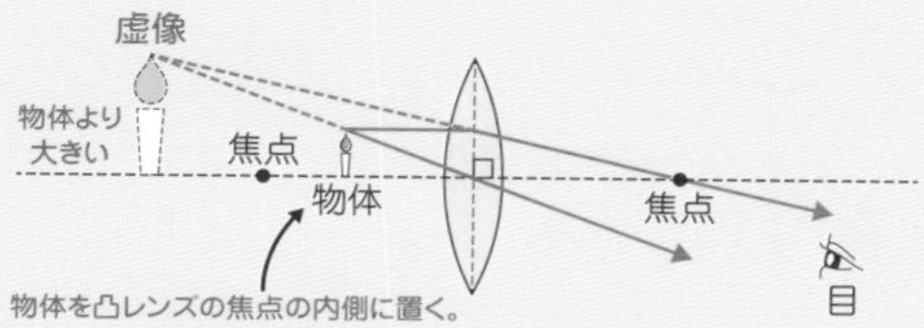

② 音

音の伝わり方

音源《おんげん》 振動《しんどう》して音を出す物体。
・音源が空気を振動させ，空気の振動が耳の鼓膜《こまく》を振動させる。

音の速さ 音が空気中を伝わる速さは約 340 m/s である。
花火が見えてから３秒後に音が聞こえたとき，花火から見ている人までの距離は，340 m/s×3 s＝1020 m

振幅《しんぷく》…物体の振動の幅。
・振幅が大きいほど大きい音が出る。

振動数《しんどうすう》…１秒間に振動する回数。
・振動数が多いほど高い音が出る。

弦《げん》(モノコード)の音の高さ
・弦が細いほど，高い音が出る。
・弦が短いほど，高い音が出る。
・弦の張りが強いほど，高い音が出る。

即答チェック

□ ① 光が物体に当たって，はね返ることを何といいますか。〔　　　　〕
□ ② 種類の異なる物質の境界で光が折れ曲がる現象を何といいますか。〔　　　　〕
□ ③ 光が空気中から水中へ斜めに入って屈折するとき，入射角と屈折角はどちらのほうが大きくなりますか。〔　　　　〕
□ ④ 水と空気の境界面へ向かって，水中から光が進むとき，入射角がある大きさ以上のときに光が境界面ですべて反射する現象を何といいますか。〔　　　　〕
□ ⑤ 光軸に平行な光が凸レンズを通ったあとに集まる点を何といいますか。〔　　　　〕
□ ⑥ 振動して音を出す物体を何といいますか。〔　　　　〕
□ ⑦ 物体の振動の幅を何といいますか。〔　　　　〕
□ ⑧ １秒間に振動する回数を何といいますか。〔　　　　〕

06 トレーニングテスト

→別冊解答 p.5

1 光の反射 (8点×3＝24点)

図１のように直角に組み合わせた２枚の鏡Ａ，Ｂを方眼紙の上に垂直に置き，アの位置から矢印の向きに光源装置で鏡Ａに光を当て，光の進み方を調べたところ，光は鏡Ａと鏡Ｂで反射したあと，入射した光と平行に進みました。これについて，次の問いに答えなさい。〈秋田県〉

図１

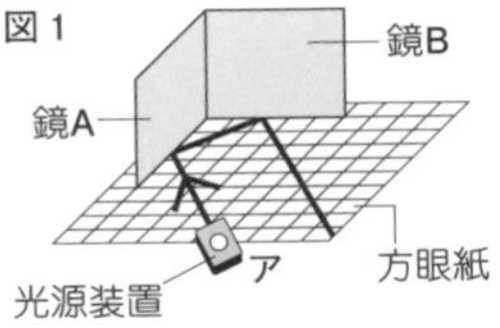

正答率 44% (1) 図２は図１を真上から見たようすです。イの位置から出た光が鏡Ａで反射したあとに進む道筋を図２にかき入れなさい。

図２

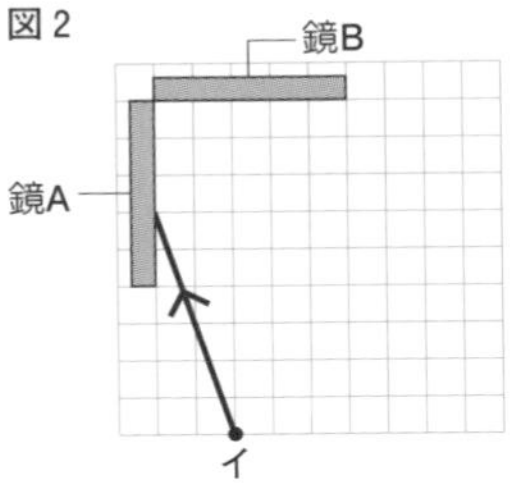

正答率 43% (2) 図３は，ウの位置から矢印の向きに光源装置で鏡Ａに光を当てたときの反射のようすを真上から見たものです。角Ｐの大きさはいくらですか。ただし，鏡Ａへの光の入射角は 50° であり，点線は鏡Ｂから垂直に引いた線を表しています。(　　　　　)

図３

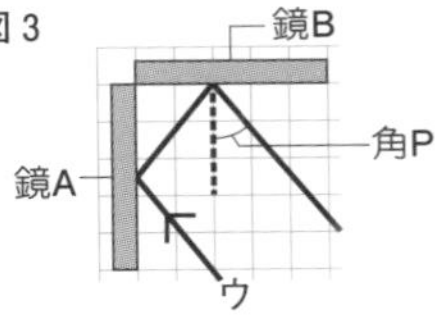

正答率 23% (3) ある入射角で鏡Ａに光を当てたとき，鏡Ａで反射した光が鏡Ａに入射した光と重なるように進みました。このとき，鏡Ａへの光の入射角の大きさはいくらですか。　(　　　　　)

2 光の屈折 (7点×4＝28点)

透明な物質中での光の進み方について調べました。次の問いに答えなさい。〈鹿児島県〉

(1) 図１のように，水中に光源を置き，水面に向けて光を当てました。水面と光の進む向きがつくる角度が 30° のとき，屈折する光は観察されませんでした。このことについて説明した次の文中の a には数値を，b には最も適当な語句を書きなさい。

> 図１において屈折する光はなく，反射角（　a　）° で反射する光だけが観察された。この現象を（　b　）という。

図１

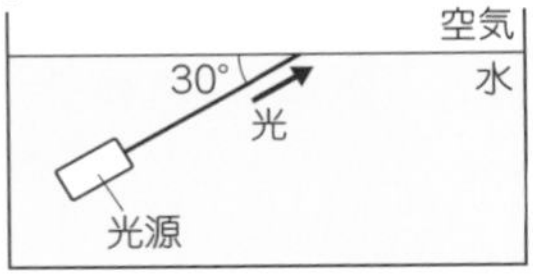

正答率 28% a (　　　　　)

正答率 78% b (　　　　　)

正答率 33% (2) 図２のように，実験台上に直方体の透明なガラスを置き，その後ろにチョークを立てました。図３は，図２を真上から見たときの位置関係を示しています。図３の点Ｐの位置からガラスを通してチョークを観察すると，どのように見えますか。次のア～エから選び，その記号を書きなさい。　(　　　)

図２

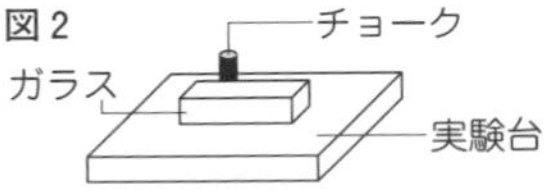

図３

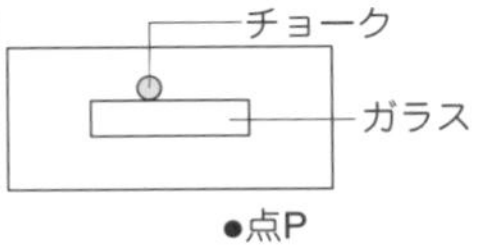

正答率 32% (3) 図４のように，半円形レンズの半円の中心方向へ光を入射しました。光がレンズ中を進み，境界面で屈折し空気中へ出ていく道筋を図４に実線で書き入れなさい。

図４

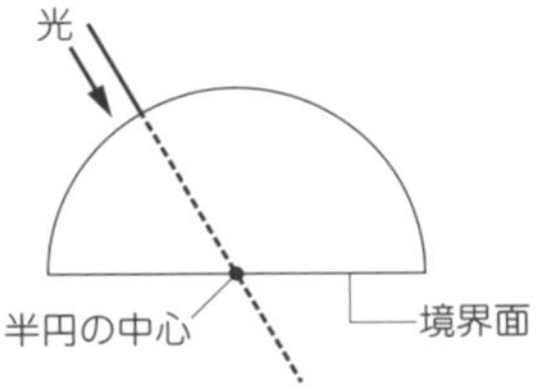

3 凸レンズ (8点×2＝16点)

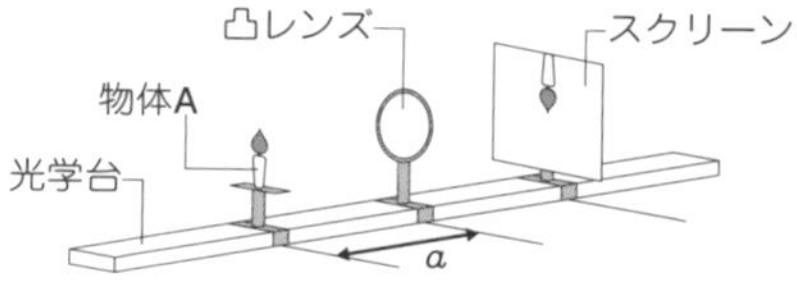

光学台に凸レンズを固定し，物体Aとスクリーンを動かすことができるようにしておきます。物体Aと凸レンズの距離 a を 20.0 cm，凸レンズとスクリーンの距離を 20.0 cm となるように物体Aとスクリーンを置いたとき，スクリーンに物体Aと同じ大きさの実像ができました。これについて，答えなさい。〈愛媛県〉

注意
(1) この実験で用いた凸レンズの焦点距離は何 cm ですか。（　　　　）

(2) 次のうち，スクリーンにできる物体Aの実像が最も大きくなるときの a として適当なものはどれですか。ア～エから選び，その記号を書きなさい。（　　）

ア　35.0 cm　　イ　25.0 cm　　ウ　15.0 cm　　エ　5.0 cm

4 モノコードと音の振動数 (8点×4＝32点)

図 1

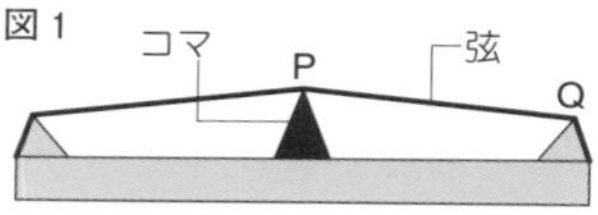

図 2

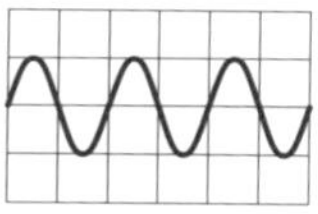

図1のように，モノコードの中央にコマを置き，コマと弦が接する点をPとして，PQ間をはじきました。その音をマイクで集め，コンピュータでとりこんだところ，振動のようすが図2のようになりました。縦軸は振幅を，横軸は時間を表しています。これについて，次の問いに答えなさい。〈長崎県〉

(1) 次の①，②の振動のようすとして，それぞれ最も適当なものを，下のア～エから選び，その記号を書きなさい。ただし，縦軸，横軸の1目盛りの値は図2と同じです。

① PQ間を強くはじいたとき（　　）

② コマを動かし，PQ間を短くしてはじいたとき（　　）

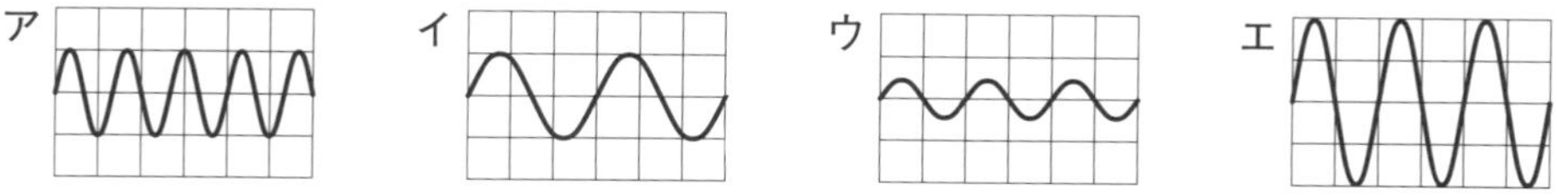

(2) 図1の弦の音を高くするために弦の張り方の強さを変えました。その説明として最も適当なものを，次のア～エから選び，その記号を書きなさい。（　　）

ア　弦の張り方を強くすると，振動数が少なくなり，音が高くなる。
イ　弦の張り方を強くすると，振動数が多くなり，音が高くなる。
ウ　弦の張り方を弱くすると，振動数が少なくなり，音が高くなる。
エ　弦の張り方を弱くすると，振動数が多くなり，音が高くなる。

(3) 図1の弦を細い弦にかえて，弦の張り方の強さをはじめの状態にしました。PQ間をはじいて，図2と同じ高さの音を出すためには，コマを中央から図3のア，イのどちらに動かせばよいですか。理由をふくめて答えなさい。

図 3

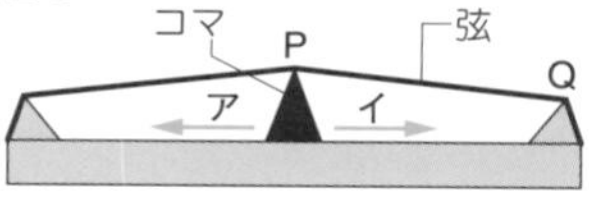

（　　　　　　　　　　　　　　　　　　　　　　　　）

07

ばねに加わる力の大きさとばねののびの関係を読み取ろう！

重要度★★★

力の表し方とつり合い

学習日　月　日

ポイント整理

① 力

◐ いろいろな力…力には，物体の動きを変えたり，物体の形を変えたり，物体を支えたりするはたらきがある。

重力　地球が地球上の物体を地球の中心に向かって引く力。

弾性力《だんせいりょく》　変形したゴムやばねなどが，もとの形にもどろうとして生じる力。

磁石《じしゃく》の力（磁力《じりょく》）　磁石が鉄を引きつけたり，異なる極どうしが引き合ったり，同じ極どうしがしりぞけ合ったりする力。

摩擦力《まさつりょく》　物体がほかの物体と接している面で，運動をさまたげようとする向きにはたらく力。

電気の力（電気力）　電気を通さない異なる物体をこすり合わせたとき生じる電気によって，引き合ったり，しりぞけ合ったりする力。

垂直抗力《こうりょく》　物体を机や床の上に置いたときなどに，机や床が物体を押し返す力。

重力，磁石の力，電気の力は，物体どうしが離れていてもはたらくよ。

弾性力，摩擦力，垂直抗力は接している２つの物体間ではたらくよ。

◐ 力の大きさとばねののび

力の大きさ　ニュートン（記号N）という単位で表す。
※１Nは，約100 gの物体にはたらく重力の大きさ。

フックの法則　ばねののびは，ばねに加わる力の大きさに比例する。
※右のグラフで，グラフの傾きが大きいほど，ばねはのびやすい。

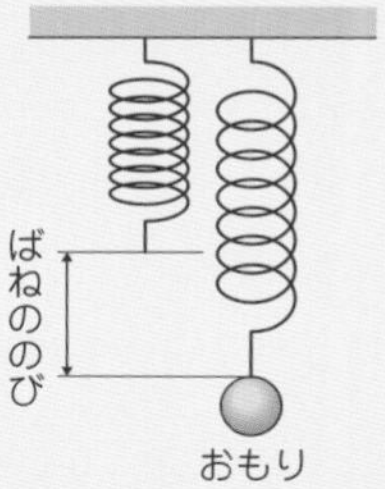

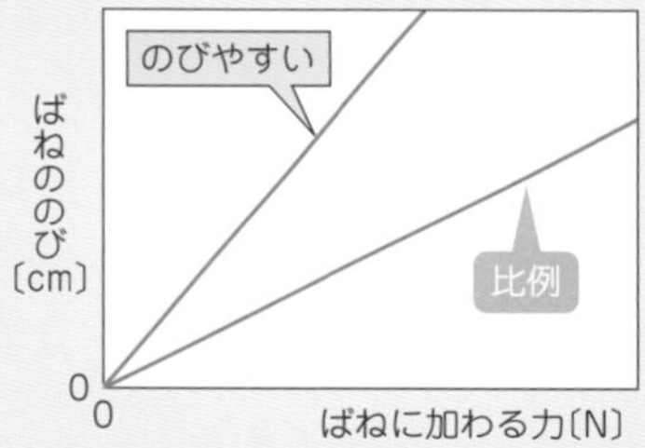

※ばねに加わる力の大きさは，おもりにはたらく重力の大きさと等しい。

入試によく出る計算　力の大きさとばねののびの関係

▼ばねAに加わる力とばねAののびの関係

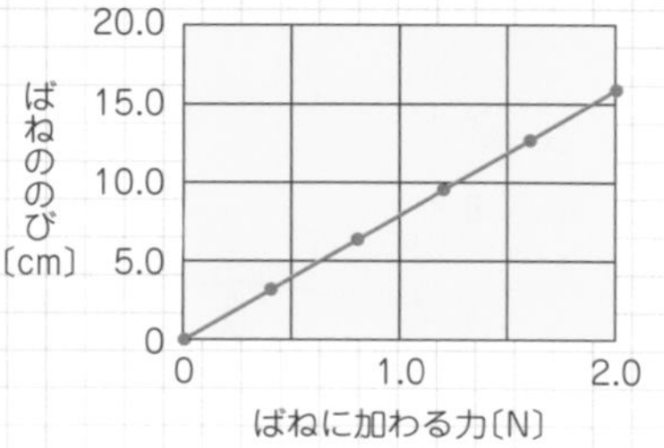

グラフから，ばねAに2.0 Nの力を加えると，16.0 cmのびることがわかる。

① ばねAに3.0 Nの力を加えたときののびをxとすると，

2.0 N：3.0 N＝16.0 cm：x

$$x=\frac{3.0\ \mathrm{N}\times 16.0\ \mathrm{cm}}{2.0\ \mathrm{N}}=\mathbf{24.0\ cm}$$

② ばねAを20.0 cmのばすのに必要な力をyとすると，

2.0 N：y＝16.0 cm：20.0 cm

$$y=\frac{2.0\ \mathrm{N}\times 20.0\ \mathrm{cm}}{16.0\ \mathrm{cm}}=\mathbf{2.5\ N}$$

即答チェックの答え　①重力　②弾性力　③摩擦力　④垂直抗力　⑤ニュートン　⑥質量　⑦作用点　⑧フックの法則　⑨反対になっている。

入試必勝ワード　重力　ニュートン　フックの法則　作用点　質量　重さ

② 力の表し方と質量・重さ

◐ 力の三要素…力には，大きさ，向き，作用点《さようてん》(力がはたらく点)の３つの要素がある。

力の表し方　力の三要素を，矢印で表す。
- **力の大きさ**…矢印の長さで表す。
- **力の向き**……矢印の向きで表す。
- **作用点**………矢印の始点で表す。

※面全体や物体全体にはたらく力の場合は，面の中心や物体の中心を作用点として，力の矢印をかく。

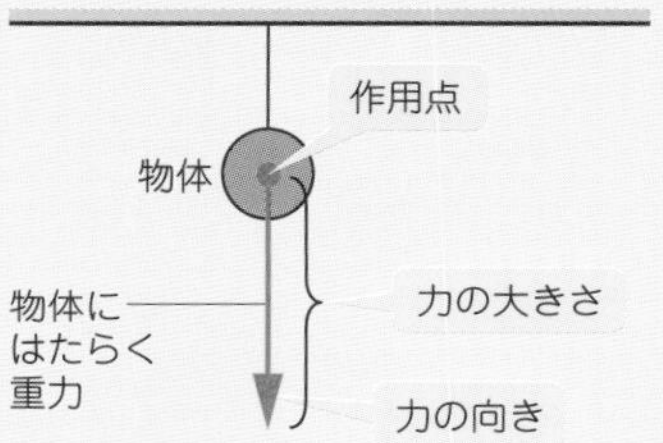

作用点は・ではっきりと示そう。

◐ 質量と重さ

質量《しつりょう》　物体そのものの量。
月面上でも地球上と変わらない。
単位…グラム(g)，キログラム(kg)

重《おも》さ　物体にはたらく重力の大きさ。
月面上では地球上の約６分の１になる。
単位…ニュートン(N)
※約 100 g の物体の重さが１N。

③ 力のつり合い

◐ 力のつり合い…１つの物体に２つ以上の力がはたらいていて，その物体が静止しているとき，その物体にはたらく力はつり合っているという。

◐ ２力のつり合い

大切

２力がつり合う条件
① ２力が一直線上にある。
② ２力の向きが反対である。
③ ２力の大きさが等しい。

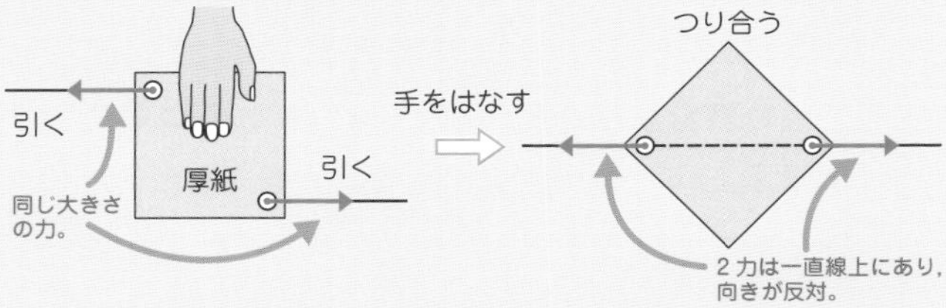

※手をはなす前の状態は，２力が一直線上にないので，つり合っていない。

即答チェック

□ ① 地球がその中心に向かって物体を引く力を何といいますか。〔　　　　　〕
□ ② 変形した物体が，もとの形にもどろうとして生じる力を何といいますか。〔　　　　　〕
□ ③ 物体がほかの物体と接している面で，運動をさまたげる向きにはたらく力を何といいますか。〔　　　　　〕
□ ④ 物体を机や床に置いたときなどに，机や床が物体を押し返す力を何といいますか。〔　　　　　〕
□ ⑤ 力の大きさを表す単位をカタカナで答えなさい。〔　　　　　〕
□ ⑥ どこではかっても変わらない，物体そのものの量を何といいますか。〔　　　　　〕
□ ⑦ 物体に力がはたらく点を何といいますか。〔　　　　　〕
□ ⑧ ばねののびが，ばねに加わる力の大きさに比例することを何の法則といいますか。〔　　　　　〕
□ ⑨ ２力がつり合っているとき，２力の向きはどうなっていますか。〔　　　　　〕

07 トレーニングテスト

→別冊解答 p.6

1 ばねに加わる力とばねののび① （10点×2＝20点）

あるばねにいろいろな質量のおもりをつるして，ばねののびを測定しました。右の図は，測定した結果をもとに，ばねののびが，ばねに加わる力の大きさに比例する関係を表したものです。次の問いに答えなさい。ただし，質量 100 g の物体にはたらく重力の大きさを 1 N とします。〈青森県〉

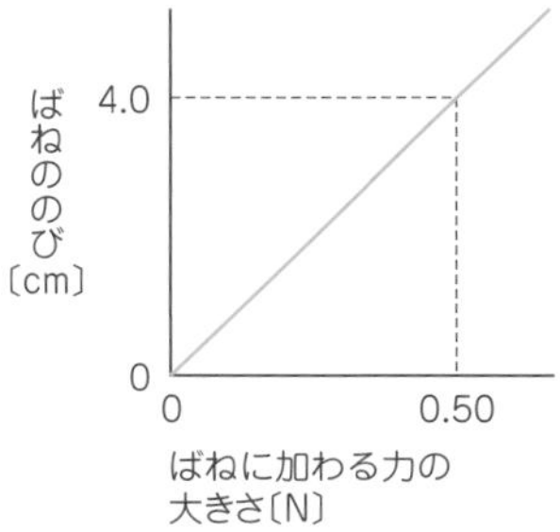

正答率83% (1) 下線部のような関係を表す法則を何というか，書きなさい。

（　　　　　　　　　　）

正答率47% (2) ばねののびが 2.8 cm のとき，つるしたおもりの質量は何 g か，求めなさい。

重要

（　　　　　　）

2 ばねによるのび方のちがい （10点）

正答率24% 右のグラフは，ばねA，ばねB，ばねCのそれぞれについて，ばねを引く力とばねののびの関係を示したものです。これらのばねA～Cをスタンドにつるし，ばねAには 200 g のおもりを 1 個，ばねBには 150 g のおもりを 1 個，ばねCには 70 g のおもりを 1 個つるしました。おもりが静止したときのばねAののびを a〔cm〕，ばねBののびを b〔cm〕，ばねCののびを c〔cm〕とします。このときの a～c の関係を，不等号(＜)で示したものとして最も適するものを，次のア～カから 1 つ選びなさい。ただし，質量 100 g の物体にはたらく重力を 1.0 N とし，実験でつるしたおもりの重さにおいてもグラフの関係が成立するものとします。また，ばねA～Cの重さは考えないものとします。〈神奈川県〉

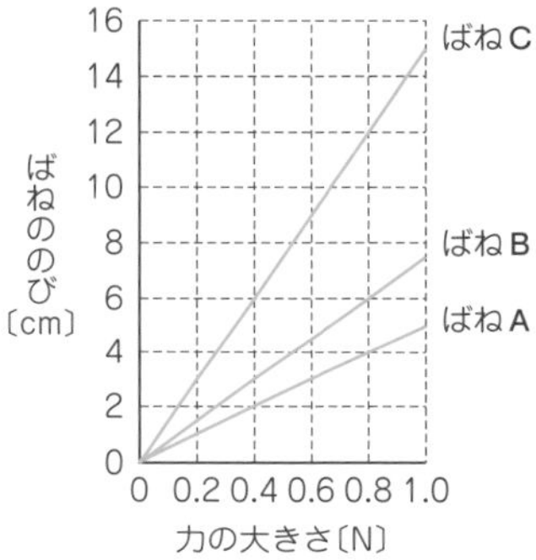

（　　）

ア　$a<b<c$　　イ　$a<c<b$　　ウ　$b<a<c$

エ　$b<c<a$　　オ　$c<a<b$　　カ　$c<b<a$

3 ばねに加わる力とばねののび② （10点×3＝30点）

図 1 のように，質量 80 g の物体Aをばね X と糸でつないで電子てんびんにのせ，ばね X を真上にゆっくり引き上げながら，電子てんびんの示す値とばね X ののびとの関係を調べました。表は，その結果をまとめたものです。あとの問いに答えなさい。ただし，糸とばね X の質量，糸ののび縮みは考えないものとし，質量 100 g の物体にはたらく重力の大きさを 1.0 N とします。〈愛媛県〉

図 1

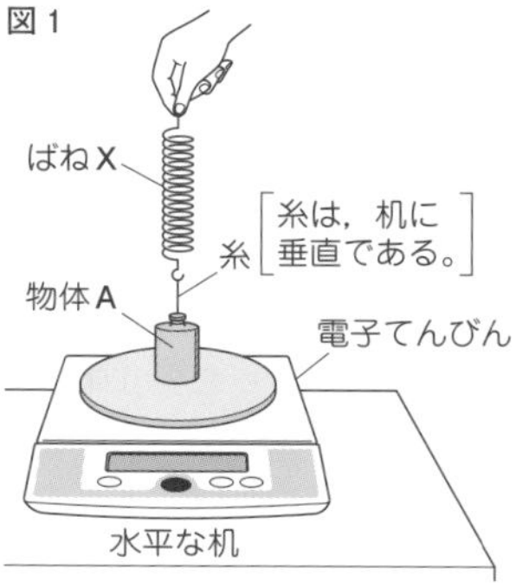

電子てんびんの示す値〔g〕	80	60	40	20	0
電子てんびんが物体Aから受ける力〔N〕	0.80	0.60	0.40	0.20	0
ばねXののび〔cm〕	0	4.0	8.0	12.0	16.0

正答率 59% (1) 表をもとに，手がばねXを引く力の大きさとばねXののびとの関係を表すグラフを**図2**にかきなさい。

正答率 71% (2) この実験で，ばねXののびが 6.0 cm のとき，電子てんびんの示す値は何 g ですか。 (　　　　　)

正答率 21% 差がつく (3) **図1**の物体Aを，質量 120 g の物体Bにかえて，この実験と同じ方法で実験を行いました。電子てんびんの示す値が 75 g のとき，ばねXののびは何 cm ですか。

(　　　　　)

図2

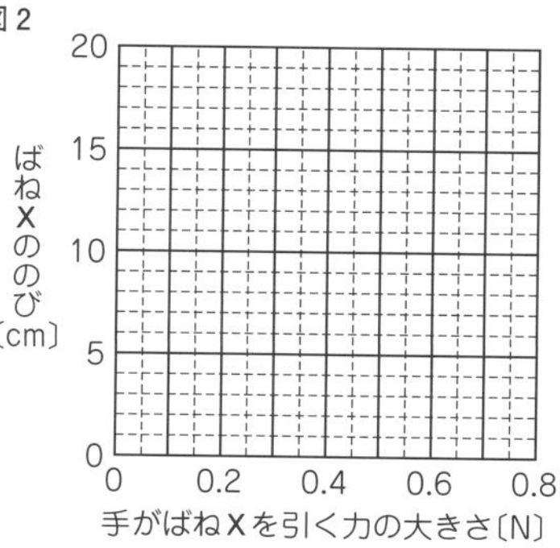

HINT (2)手がばねを引く力の大きさと，電子てんびんが物体Aから受ける力の大きさの和は，おもりにはたらく重力と等しくなる。

4 力の表し方 (10点)

糸でつるした質量 200 g の物体Aにはたらく重力のようすを，矢印で右の図中にかきなさい。ただし，図中の●は物体Aの重力の作用点を表し，図の方眼の1目盛りの長さを 1 N とします。また，質量 100 g の物体にはたらく重力の大きさを 1 N とします。

〈高知県〉

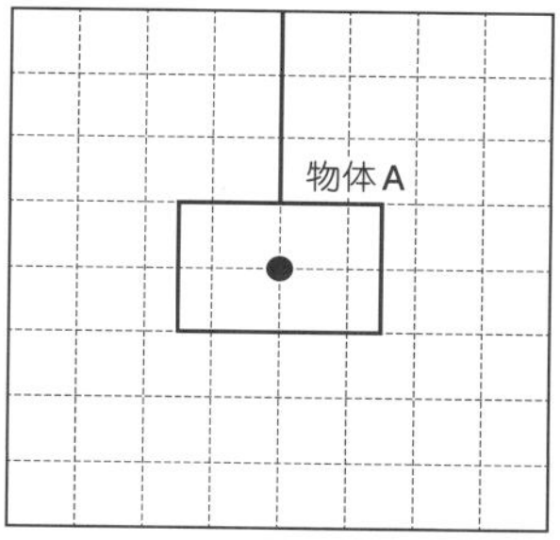

5 質量と重さ (10点×2=20点)

月面上の重力は地球上の約6分の1です。次の文章の(　X　)，(　Y　)にあてはまる数を答えなさい。

〈岡山県〉 X (　　　　　) Y (　　　　　)

> 質量 300 g の物体を地球上でばねばかりにつるすと，目盛りは約 3 N を示した。同じ物体を月面上ではかると，上皿てんびんでは(　X　)g のおもりとつり合い，ばねばかりにつるすと，目盛りは約(　Y　)N を示すと考えられる。

6 力のつり合い (10点)

正答率 71% ポリ袋でつくったチョウを，図1のように，下敷きにためた静電気によって空中で短時間静止させました。図1中の点線の矢印は，チョウにはたらく重力を表しています。この重力とつり合っている，チョウにはたらく電気の力を，図2中に1本の矢印でP点を作用点として実線でかき加えなさい。

〈大阪府〉

図1

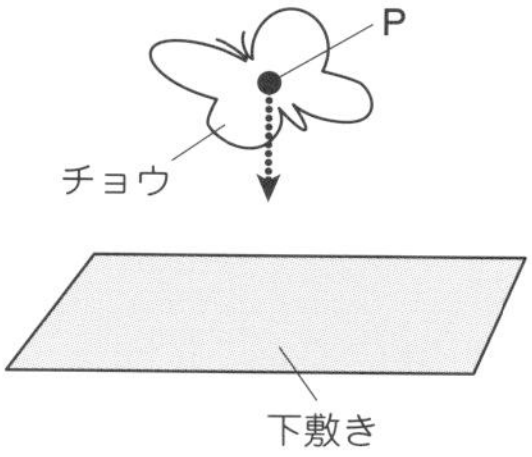

図2

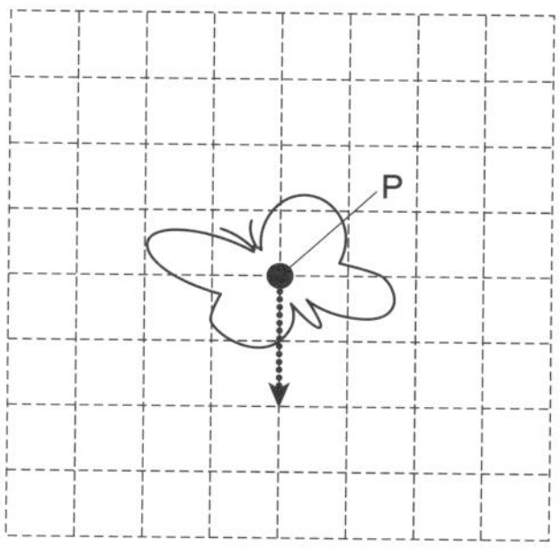

重要度★★★

火山と地震

学習日　　月　　日

ポイント整理

① 火山

火山の噴出物《ふんしゅつぶつ》…地下の高温のマグマという液体状の成分が地上に出てきたもの。

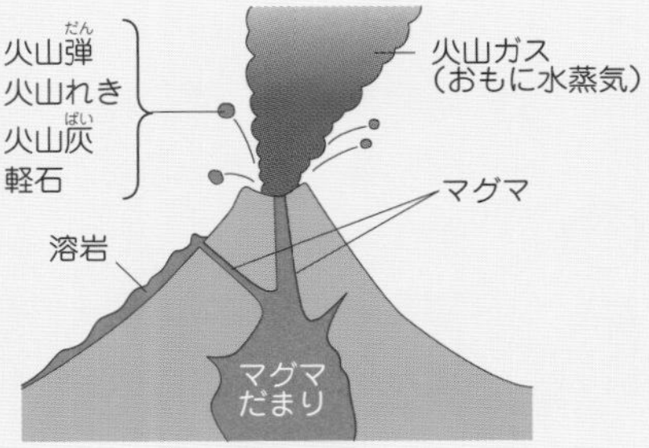

溶岩《ようがん》　マグマが地上に出たもの。
冷やされて固まったものも溶岩という。

固体成分　大きさや形で区別する。
(大) 火山れき⇔火山灰 (小)
軽石…内部に無数の空《くう》どうがある。
火山弾…ラグビーボールのような形。

火山ガス　おもに水蒸気で，二酸化炭素や硫化水素などもふくまれている。

火山の分類…マグマの性質によって火山の特徴にもちがいが出る。

マグマのねばりけ	小さい ←→ 大きい		
噴火のようす	おだやか ←→ 激しい		
溶岩や火山灰の色	黒っぽい ←→ 白っぽい		
火山の例	キラウエア山	桜島	有珠山《うすざん》・雲仙普賢岳《うんぜんふげんだけ》
火山の形	斜面がゆるやかでうすく広がった形 	円錐形《えんすいけい》 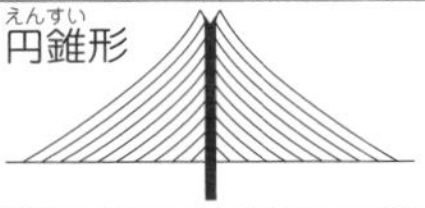	ドーム状の形 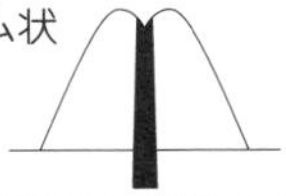

火成岩《かせいがん》…マグマが冷えて固まった岩石で，でき方やつくりで火山岩《かざんがん》と深成岩《しんせいがん》に分けられる。

鉱物…火成岩や火山灰にふくまれる結晶。
- 無色鉱物…セキエイ，チョウ石
- 有色鉱物…クロウンモ，カクセン石，カンラン石，磁鉄鉱《じてっこう》など。

※花こう岩の主成分…セキエイ，チョウ石，クロウンモ

	火山岩	深成岩
でき方	マグマが地表や地表近くで，急に冷やされた。	マグマが地下深くで，ゆっくり冷やされた。
つくり	斑状《はんじょう》組織 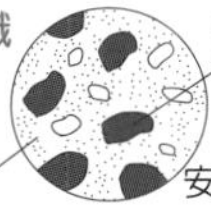	等粒状《とうりゅうじょう》組織 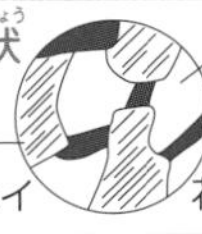
例	流紋岩・安山岩・玄武岩	花こう岩・せん緑岩・斑れい岩

入試によく出る計算　地震波の速さ・地震の発生時刻・震源からの距離

条件　ある地震をA地点，B地点，C地点で観測しました。

- P波がとどいた時刻は，A地点では10時10分10秒，B地点では10時10分25秒，C地点では10時10分40秒でした。
- S波がとどいた時刻は，A地点では10時10分25秒，B地点では10時10分55秒，C地点では10時11分25秒でした。
- A地点の震源からの距離は120 km，B地点の震源からの距離は240 kmでした。

問題と解き方

① P波とS波の速さは？
A地点とB地点の震源からの距離の差は120 km
P波の速さ＝120 km÷(25−10) s＝**8 km/s**
S波の速さ＝120 km÷(55−25) s＝**4 km/s**

② 地震の発生時刻は？
120 km÷8 km/s＝15 s（A地点にP波がとどくまでの時間）
10時10分10秒−15秒＝**10時9分55秒**

③ C地点の震源からの距離は？
10時10分40秒−10時9分55秒＝45秒
8 km/s×45 s＝**360 km**

即答チェックの答え　①マグマ　②溶岩　③大きい　④斑状組織　⑤花こう岩　⑥震源　⑦10階級　⑧マグニチュード　⑨初期微動継続時間　⑩主要動

入試必勝ワード　マグマ　火成岩　火山岩　深成岩　震源　震度　マグニチュード

② 地震

震源《しんげん》と震央《しんおう》

震源　地震が発生した地下の場所。

震央　震源の真上の地表の地点。

※震源から震央までの距離が震源の深さとなる。

震度《しんど》とマグニチュード

震度　観測地点でのゆれの大きさ。0〜7 で 10 階級に分けられている。

マグニチュード　地震の規模《きぼ》（エネルギーの大きさ）を表す尺度。（記号：M）

地震の災害…津波《つなみ》，液状化現象，土砂くずれ，火災など。

地震計の記録

初期微動　はじめに起こる小さいゆれ。P 波（速いほうの波）によって起こる。

主要動　あとから起こる大きいゆれ。S 波（遅いほうの波）によって起こる。

初期微動継続時間はP波とS波のとどく時間の差。初期微動が続いた時間だよ。

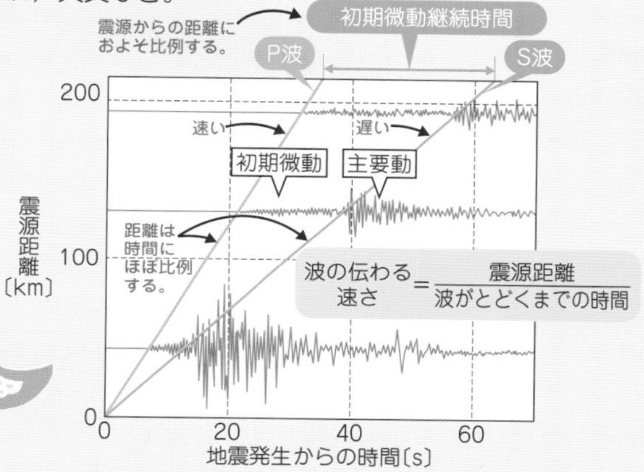

地震が起こるしくみ

①海洋プレートが大陸プレートの下にもぐりこみ，大陸プレートが引きずりこまれる。

②−1… 大陸プレートが反発してもとにもどろうとしたときに，大地震が起こる。

②−2… 加えられた力によって大陸プレートがたえ切れなくなり，活断層《かつだんそう》がずれて，震源の浅い直下型の地震が起こる。

・火山活動によっても震源の浅い直下型の地震が起こる。

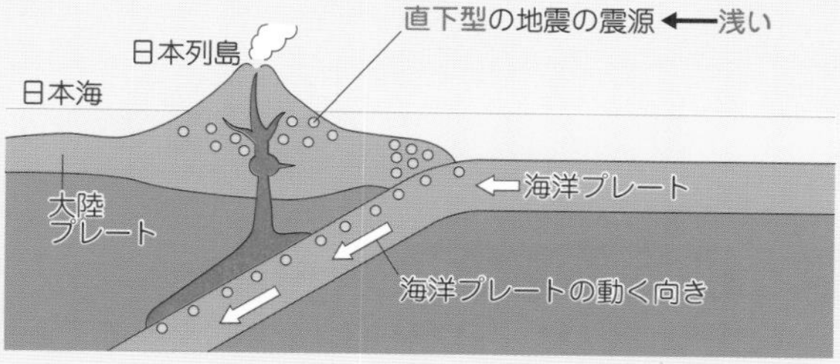

即答チェック

□ ① 地下にある岩石がとけて高温の液体状となったものを何といいますか。〔　　　　〕
□ ② ①が地上に出たものを何といいますか。〔　　　　〕
□ ③ 雲仙普賢岳をつくった①のねばりけは大きいですか，小さいですか。〔　　　　〕
□ ④ 火山岩のように石基の中に斑晶が見られるつくりを何といいますか。〔　　　　〕
□ ⑤ セキエイ・チョウ石・クロウンモが主成分である深成岩は何ですか。〔　　　　〕
□ ⑥ 地震が発生した地下の場所を何といいますか。〔　　　　〕
□ ⑦ 震度は何階級に分けられていますか。〔　　　　〕
□ ⑧ 地震の規模（エネルギーの大きさ）を表す尺度を何といいますか。〔　　　　〕
□ ⑨ P 波がとどいてから S 波がとどくまでの時間を何といいますか。〔　　　　〕
□ ⑩ 地震が発生したとき，あとから起こる大きいゆれを何といいますか。〔　　　　〕

08 トレーニングテスト

→別冊解答 p.7

1 火山と火成岩 (10点×3＝30点)

図1は，キラウエア山，桜島，雲仙普賢岳の特徴をまとめたものであり，図2は，桜島で見られる岩石のスケッチです。これについて，あとの問いに答えなさい。 〈三重県〉

図1

	キラウエア山	桜島	雲仙普賢岳
火山の形	傾斜がゆるやかな形	円すい形の形	ドーム状の形
マグマのねばりけの程度	P ⟷		⟷ Q
溶岩や火山灰の色	X ⟷		⟷ Y

図2

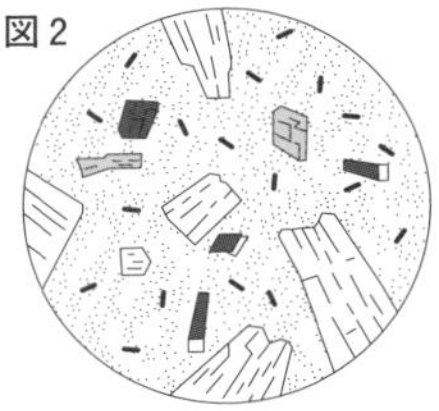

(1) **図1のP，Q，X，Y**に入ることがらとして，最も適当な組み合わせを次の**ア～エ**から選び，その記号を書きなさい。 (　　)

ア P大きい(強い)　Q小さい(弱い)　X白っぽい　Y黒っぽい
イ P大きい(強い)　Q小さい(弱い)　X黒っぽい　Y白っぽい
ウ P小さい(弱い)　Q大きい(強い)　X白っぽい　Y黒っぽい
エ P小さい(弱い)　Q大きい(強い)　X黒っぽい　Y白っぽい

(2) **図2**のように，桜島で見られる岩石の特徴は，マグマが急に冷えたために大きな結晶になれなかった部分と，まばらにふくまれる鉱物の部分からできていることです。このような岩石のつくりを何といいますか，その名称を書きなさい。また，これらの特徴から，桜島で見られる**図2**のようなつくりの岩石は何と考えられますか。最も適当なものを次の**ア～エ**から選び，その記号を書きなさい。　岩石のつくり(　　　　　)　記号(　　)

ア 安山岩　**イ** 花こう岩　**ウ** せん緑岩　**エ** れき岩

2 火成岩のつくり (10点×2＝20点)

図1，図2は，マグマが冷えて固まってできた2種類の岩石をスケッチしたものです。次の問いに答えなさい。 〈徳島県〉

図1

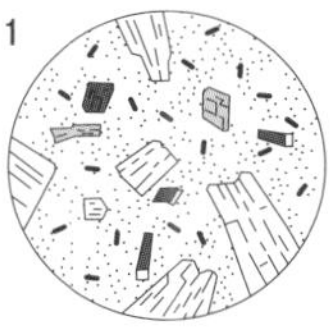

図2

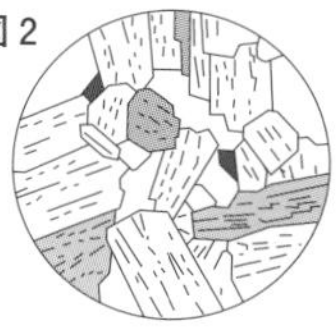

(1) **図1**の岩石は，比較的大きな鉱物が，細かい粒に囲まれています。この比較的大きな鉱物を斑晶というのに対して，そのまわりの細かい粒などでできた部分を何といいますか。 (　　　)

(2) 次の文は，**図2**の岩石のでき方とつくりを説明したものです。文中の(　　　)にあてはまる言葉を，できる場所とマグマの冷え方に着目して書きなさい。

(　　　　　　　　　　　　　　　　　　　　)

> **図2**の岩石は，マグマが(　　　　　　　　　　)ため，それぞれの鉱物がじゅうぶんに成長して等粒状組織になっている。

3 震央の推定 (8点×4＝32点)

図1は観測地点A～Cの地震計の記録です。図2は観測地点に地震波が到達した時刻を記録した模式図です。観測地点Aの震源からの距離は80 km，観測地点Bの震源からの距離は160 km，観測地点Cの震源からの距離は240 kmです。次の問いに答えなさい。〈沖縄県〉

図1

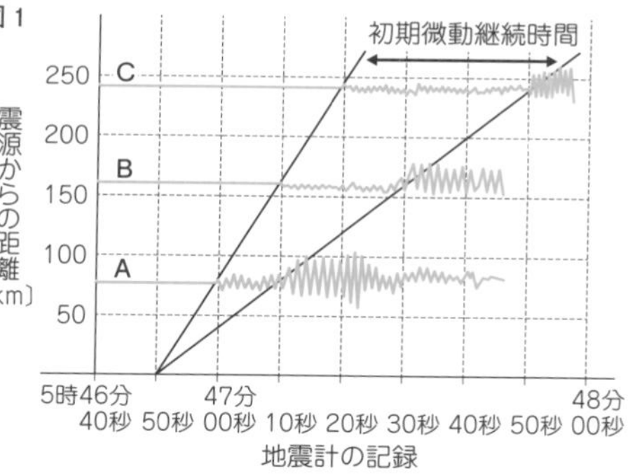

図2 各地の地震波到達時刻

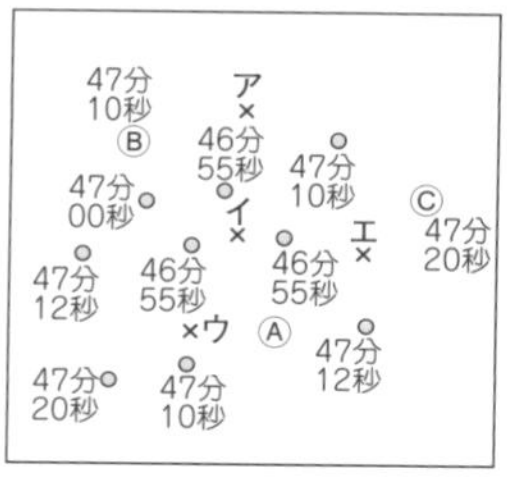

(1) 観測地点Aで最初に地震波が観測された時刻は何時何分何秒ですか。 (　　　　　　)

(2) この地震のP波の速度は8 km/sです。S波の速度は何km/sになりますか。

(　　　　　　)

差がつく (3) この地震の震央の位置として最も適当なものを**図2**の**ア**～**エ**から選び，その記号を書きなさい。 (　　)

(4) この地震と震源が同じでマグニチュードが異なる地震が発生した場合，観測地点Aでは，初期微動継続時間とゆれの強さはどうなりますか。最も適当なものを次の**ア**～**エ**から選び，その記号を書きなさい。 (　　)

ア 初期微動継続時間は変化せず，ゆれの強さも同じ。
イ 初期微動継続時間は変化し，ゆれの強さは同じ。
ウ 初期微動継続時間は変化せず，ゆれの強さは異なる。
エ 初期微動継続時間は変化し，ゆれの強さも異なる。

HINT (2) P波は初期微動を起こす地震波，S波は主要動を起こす地震波である。

4 地震の波がとどくまでの時間の推定 (9点×2＝18点)

地震のゆれと緊急地震速報について，次の問いに答えなさい。〈静岡県〉

(1) P波によるゆれが初期微動とよばれるのに対して，S波によるゆれは何とよばれますか。その名称を書きなさい。 (　　　　　　)

差がつく (2) 震源から132 km離れた位置にある地震計がP波をとらえました。この10秒後，震源から156 km離れた自宅で，Tさんがみていたテレビに緊急地震速報が流れ始めました。右図は，震源，地震計，Tさんの自宅の位置関係を表した模式図です。この地震において，P波は6 km/s，S波は4 km/sの速さで伝わったとすると，TさんがS波による大きいゆれを感じるのは，Tさんがみていたテレビに緊急地震速報が流れ始めてから何秒後であると考えられますか。 (　　　　　　)

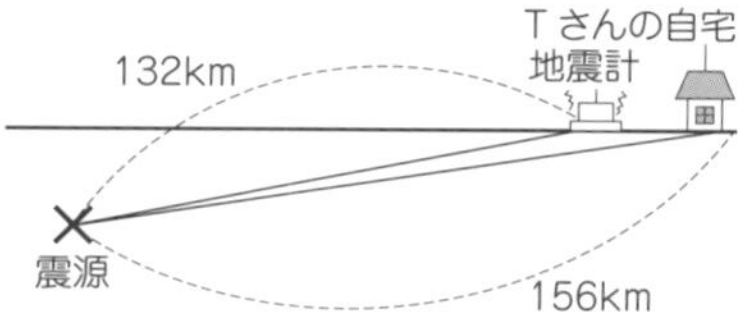

化石の分類ができるようになろう！

重要度★★★

大地の変化

学習日　　月　　日

ポイント整理

① 地層

地層《ちそう》と風化《ふうか》

地層　がけや切り通しなどにしまもようとして見られる土砂や岩石の層。

風化　地表の岩石が，温度変化や水のはたらきなどによって，表面からくずれていくこと。

流水《りゅうすい》の三作用

侵食《しんしょく》　流水が風化した岩石の表面や川岸などをけずるはたらき。

運搬《うんぱん》　流水が土砂を運ぶはたらき。

堆積《たいせき》　流水によって運ばれてきた土砂を積もらせるはたらき。

地層のでき方…堆積した粒が大きいほど，浅かった（河口に近かった）ことを示す。

▼海面が上昇した場合

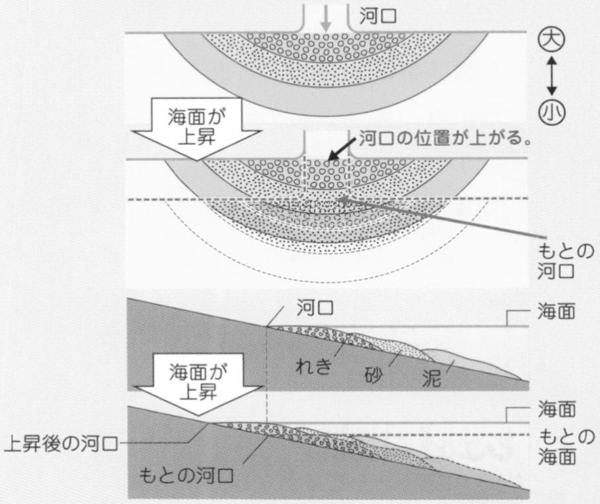

堆積岩《たいせきがん》…いろいろなものが堆積し，押し固められてできた岩石。

▼土砂の堆積岩

	れき岩	砂岩	泥《でい》岩
ようす	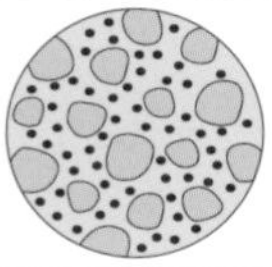	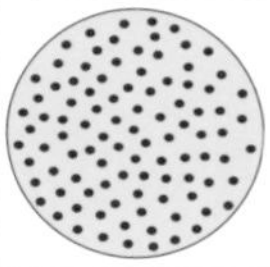	
粒	大 ←→ 小 ・流される間に角がけずられ，粒が丸みをおびている。		

▼土砂以外の堆積岩

	凝灰岩	石灰岩	チャート
堆積物	火山灰などの火山噴出物。	サンゴの死がいや貝がらなど。	ホウサンチュウなどの死がい。
性質	・粒は角ばっている。 ・火山の噴火があったことを示す。 ・陸上でも堆積する。	・主成分は炭酸カルシウム。 ・塩酸をかけると二酸化炭素が発生する。	・二酸化ケイ素をふくむ。 ・塩酸をかけても変化は見られない。

入試によく出る観察

柱状図から読み取れること

●柱状図…各地点での地層の重なり方を柱状に示した図。

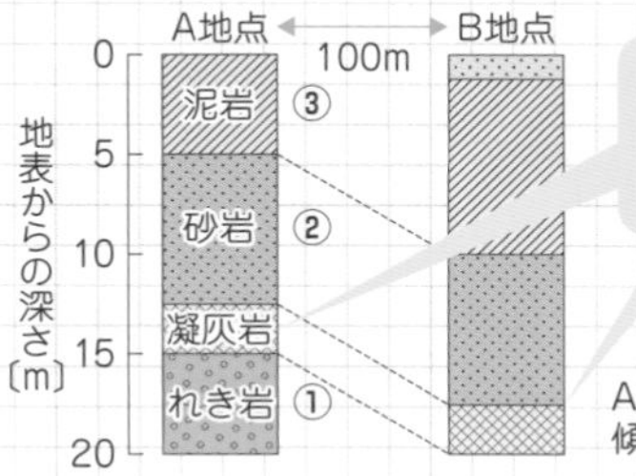

p.39

かぎ層
同じ化石（示準化石）がふくまれる層や火山灰の層（凝灰岩）。
つながりを知る手がかりとなる。

AからBへ，100mあたり5m下がるように傾いていることがわかる。

1 凝灰岩の層…当時，火山活動がさかんであった（噴火があった）ことがわかる。

2 凝灰岩の層をのぞくと，①→②→③の順で堆積したことから，この付近の海底の深さがしだいに深くなっていった（粒が小さくなっていったため）ことがわかる。

即答チェックの答え　①地層　②風化　③侵食　④泥岩　⑤石灰岩　⑥示相化石　⑦古生代　⑧断層　⑨しゅう曲

入試必勝ワード 地層 風化 堆積岩 示相化石 示準化石 断層 しゅう曲

◐ **化石《かせき》**…大昔の生物の死がいや足あと・すみかのあとなどが，地層の中に残されたもの。
おもに，堆積岩の中で見られる(火成岩の中では見られない)。

	示相《しそう》化石		示準《しじゅん》化石
説明	地層が堆積した当時の環境を知る手がかりとなる化石。		地層が堆積した年代を知る手がかりとなる化石。
条件	①限られた環境に生存している生物の化石である。 ②同じなかまの生物が現在も生存している生物の化石である。		①特定の年代だけに生存して絶滅した生物の化石である。 ②広い範囲で見られる化石である。
例	アサリ ➡浅い海 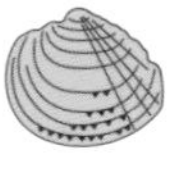 ホタテ ➡冷たくて浅い海 	古生代	三葉虫 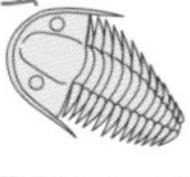 フズリナ  (おもに紡錘形《ぼうすいけい》)
	サンゴ ➡あたたかくて浅い海 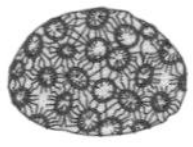 シジミ ➡湖や河口 	中生代	アンモナイト  始祖鳥《しそちょう》 ティラノサウルスなどの恐竜
	ブナの葉 ➡温帯のやや寒冷な地域  スギの花粉 ➡陸 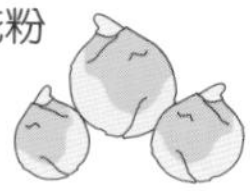	新生代	貨幣石《かへい》  ビカリア  マンモス ナウマンゾウ

② 大地の変動

◐ **断層《だんそう》**…プレートの動きによる強い力が大地に加わって，大地がずれたものを断層という。地層があるところに断層ができれば，地層もずれる。

◐ **しゅう曲**…プレートの動きによる強い力が大地に加わり続けて，地層が非常にゆっくりと押し曲げられたものをしゅう曲という。

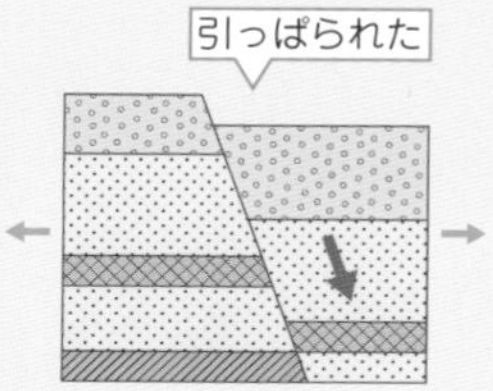

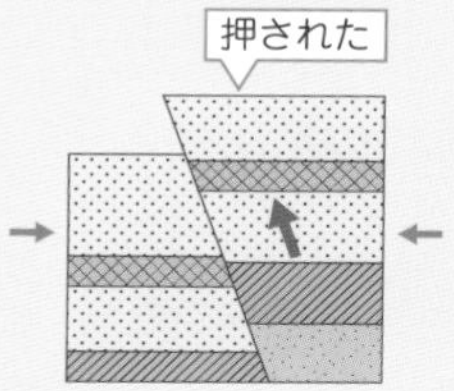

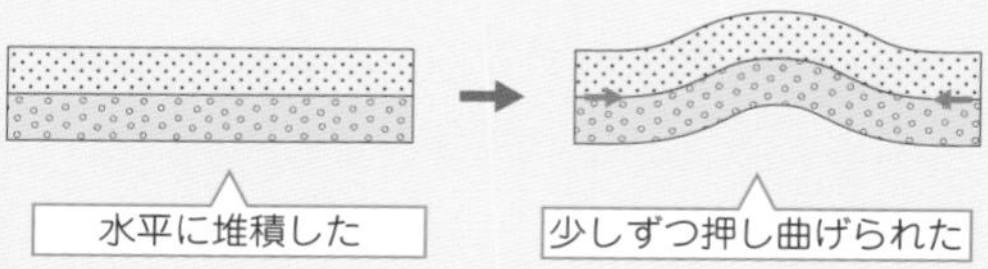

即答チェック

- □ ① がけや切り通しなどでしまもようとして見られる層を何といいますか。 〔　　　〕
- □ ② 地表の岩石が，温度変化や水のはたらきで表面からくずれていくことを何といいますか。 〔　　　〕
- □ ③ 流水が風化した岩石などをけずるはたらきを何といいますか。 〔　　　〕
- □ ④ 砂岩・れき岩・泥岩の中で，ふくまれる粒が最も小さいのはどれですか。 〔　　　〕
- □ ⑤ 塩酸をかけると二酸化炭素が発生する堆積岩は何ですか。 〔　　　〕
- □ ⑥ 地層が堆積した当時の環境を知る手がかりとなる化石を何といいますか。 〔　　　〕
- □ ⑦ 三葉虫をふくむ地層が堆積した地質年代はいつですか。 〔　　　〕
- □ ⑧ 大地に大きな力が加わって，大地がずれたところを何といいますか。 〔　　　〕
- □ ⑨ 大きな力が加わり続けて，押し曲げられた地層を何といいますか。 〔　　　〕

→別冊解答 p.8

1 地層のでき方と地層の重なり （8点×8=64点）

図1は，流水によって土砂が山から海へ運ばれ堆積するようすを，模式的に表したものであり，Aは急な河川，Bは浅い海底，Cは深い海底です。地層のつくられ方や露頭の観察に関して，次の問いに答えなさい。

〈茨城県・改〉

図1

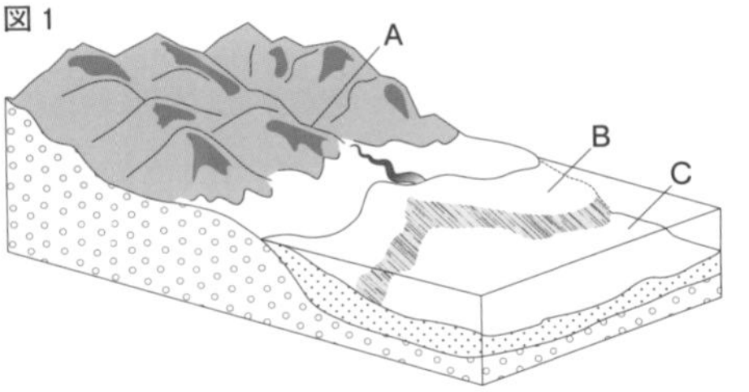

(1) 土砂のつくられ方を説明した次の文中の（　あ　），（　い　）にあてはまる語を書きなさい。

あ（　　　　　）　い（　　　　　）

> 地表の岩石は，長い間の気温の変化や水のはたらきなどによって，表面からぼろぼろになってくずれていく。このように岩石が土や砂になっていくことを（　あ　）という。（　あ　）によってもろくなった岩石は，風や流水などによってけずられていく。このような風や流水のはたらきを（　い　）という。

重要 (2) 流水によって運ばれた土砂のうち，**図1のC**に最も多く見られるものを，次の**ア～ウ**から選び，その記号を選んだ理由を，「粒の大きさ」，「流水」の2つの言葉を使って書きなさい。

記号（　　　）　理由（　　　　　　　　　　　　　　　　　　）

ア　砂　　**イ**　泥　　**ウ**　れき

(3) **図1のA**付近には深い谷が見られ，露頭が観察できました。**図2**は，その露頭を観察したときのスケッチです。次の①～③の問いに答えなさい。

図2

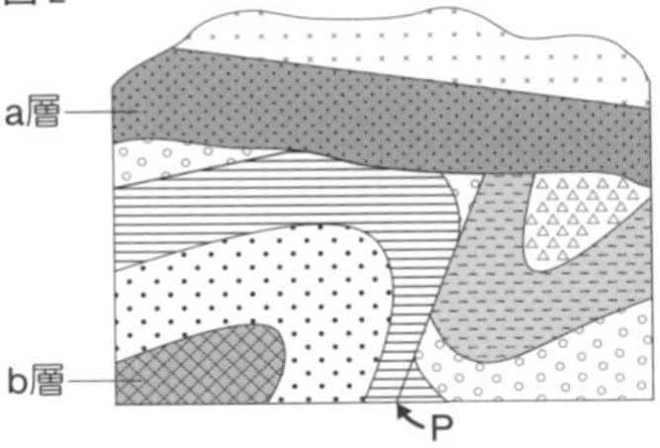

① **図2のP**では，地層に力がはたらいて，地層がずれているようすが見られました。このような地層のずれを何といいますか。　（　　　　　）

② **図3**は，**図2のb層**に見られた堆積岩をルーペで観察したときのスケッチです。この中には，フズリナの化石がふくまれていました。また，うすい塩酸をかけると岩石の表面から泡が出ました。**図3**の岩石を何といいますか。　（　　　　　）

図3

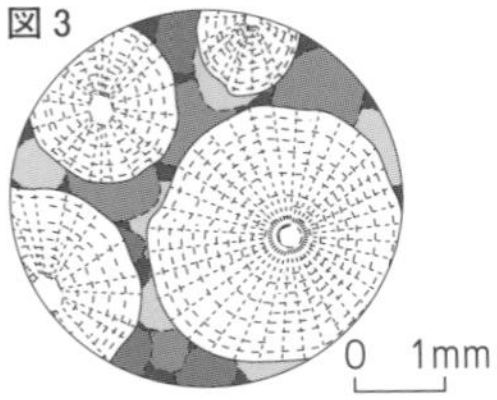

差がつく ③ **図2のa層**に見られた火山灰の層は，地層の広がりを知るよい手がかりとなります。このように，地層の広がりを知る目印となる層を何といいますか。また，積もっていた火山灰は，長い間にすきまがつまり，固まってかたい岩石になります。この岩石を何といいますか。　目印となる層（　　　　　）　岩石名（　　　　　）

2 地層の観察と柱状図 （6点×6=36点）

次の問いに答えなさい。

〈福島県〉

(1) 東西方向に広がるがけに見られる地層を観察しました。**図1**は，このときのスケッチです。

図1

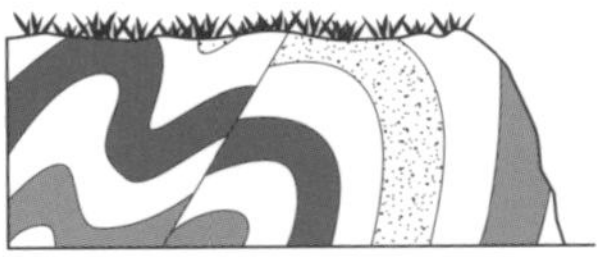

正答率92% ① 地層を観察するときの方法や注意点として，誤っているのはどれですか。次の**ア**～**エ**から選び，その記号を書きなさい。 (　　)

ア がけにはすぐに近寄らず，観察場所での事故にじゅうぶん注意する。

イ 岩石ハンマーを使うときは，保護眼鏡をつけ，岩石の破片に注意する。

ウ 化石を見つけたら必ず採集し，そのときのようすも記録する。

エ 地層をつくっている粒の大きさ，色，形，重なり方を記録する。

② 次の文は，観察した地層についてまとめたものです。**Ⅰ**にはあとの**ア**～**エ**から最も適当なものを選び，**Ⅱ**にはあてはまることばを書きなさい。

正答率74% Ⅰ (　　　) 正答率77% Ⅱ (　　　　　)

> **図1**の地層の曲がりは(　Ⅰ　)大きな力によりできたものである。このような地層の曲がりを(　Ⅱ　)という。

ア 東西方向から押し縮める　　**イ** 東西方向に引っぱる

ウ 南北方向から押し縮める　　**エ** 南北方向に引っぱる

(2) ある地域において，ボーリングによる地質調査が行われました。**図2**は，この地域の地形を表したもので，**A**～**E**は調査が行われた地点を示しています。なお，実線は等高線，数字は標高〔m〕です。**図3**は，この調査により作成した**A**～**D**地点の地層の柱状図です。ただし，この地域の地層は，ずれたりせず，同じ厚さ，同じ角度で，ある一定方向に傾いているものとします。

図2

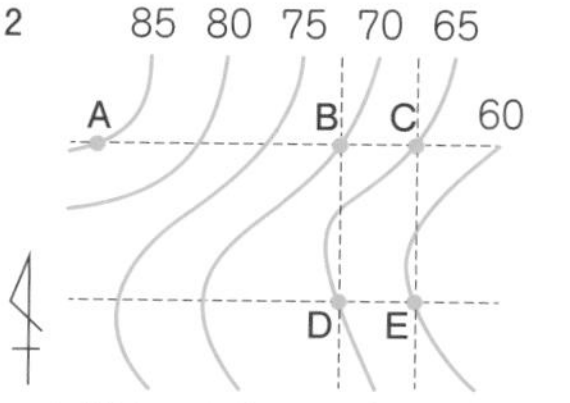

点線は，南北および東西方向を表している。

図3

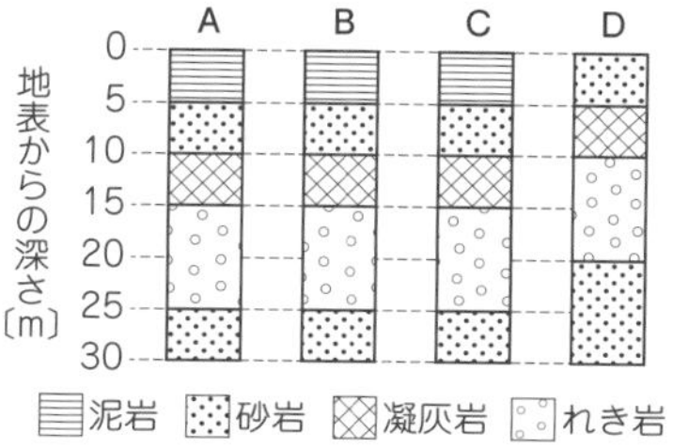

正答率52% ① **図3**に示した砂岩の層からアンモナイトの化石が見つかりました。アンモナイトが最も栄えていた地質年代に栄えていた生物は何ですか。次の**ア**～**エ**から選びなさい。 (　　)

ア ナウマンゾウ　　**イ** 三葉虫　　**ウ** ティラノサウルス　　**エ** フズリナ

正答率40% ② 右の表は，**A**～**D**地点における凝灰岩の層とれき岩の層の境界面の標高についてまとめたものです。表の(　　)にあてはまる数字は何ですか。また，**図2**の**E**地点で行われた調査において，地表からの深さが12 mのところで得られた岩石は何ですか。次の**ア**～**エ**から選び，その記号を書きなさい。

地点	境界面の標高〔m〕
A	70
B	55
C	(　　)
D	55

数字(　　　) 記号(　　　)

ア 泥岩　　**イ** 砂岩　　**ウ** 凝灰岩　　**エ** れき岩

ポイントチェック①　01~09

学習日　　月　　日

用語チェック

1年・生命

01 ① 胚珠が子房の中にある花をさかせる植物を何といいますか。（　　　　）

② 根の先端に見られる毛のようなものを何といいますか。（　　　　）

③ シダ植物やコケ植物は，何をつくってなかまをふやしますか。（　　　　）

02 ① 背骨がある動物を何といいますか。（　　　　）

② 体とあしに節があり，外骨格でおおわれている動物を何といいますか。（　　　　）

1年・物質

03 ① 炭素をふくみ，燃えると二酸化炭素が発生する物質を何といいますか。（　　　　）

② 質量が 216 g，体積が 80 cm^3 である物質の密度は何 g/cm^3 ですか。（　　　　）

③ 液体を加熱して沸騰させ，出てきた気体を冷やし，再び液体として取り出すことを何といいますか。（　　　　）

04 ① 水と置き換えて気体を集める方法を何といいますか。（　　　　）

② 二酸化マンガンにオキシドールを加えたときに発生する気体は何ですか。（　　　　）

③ 二酸化炭素を石灰水に通すと，石灰水はどうなりますか。（　　　　）

05 ① 溶液にとけている物質のことを何といいますか。（　　　　）

② 水 200 g に塩化ナトリウム 50 g をとかしてつくった水溶液の質量パーセント濃度は何%ですか。（　　　　）

③ 再結晶によって出てきた規則正しい形をした固体を何といいますか。（　　　　）

1年・エネルギー

06 ① 光が空気中から水中に入るときなどに，その境界面で折れ曲がって進むことを何といいますか。（　　　　）

② 音源が 1 秒間に振動する回数を何といいますか。（　　　　）

07 ① 地球が地球上の物体を地球の中心に向かって引く力を何といいますか。（　　　　）

② 変形した物体がもとにもどろうとして生じる力を何といいますか。（　　　　）

③ ばねののびがばねに加わる力に比例することを何といいますか。（　　　　）

1年・地球

08 ① ドーム状の火山のマグマのねばりけは大きいですか，小さいですか。（　　　　）

② 深成岩のように大きな鉱物の結晶がつまったつくりを何といいますか。（　　　　）

③ 地震の規模は，何という尺度で表しますか。（　　　　）

09 ① 岩石の表面が温度変化などの影響でくずれていくことを何といいますか。（　　　　）

② 大地に加わる強い力でゆっくり押し曲げられた地層を何といいますか。（　　　　）

答え

01 ①被子植物
②根毛
③胞子

02 ①セキツイ動物
②節足動物

03 ①有機物
② 2.7 g/cm³
③蒸留

04 ①水上置換法
②酸素
③白くにごる。

05 ①溶質
② 20 %
③結晶

06 ①(光の)屈折
②振動数

07 ①重力
②弾性力
③フックの法則

08 ①大きい
②等粒状組織
③マグニチュード

09 ①風化
②しゅう曲

総合チェック

→別冊解答 p.9

1 表は，100 g の水にとけるホウ酸と食塩の質量を，温度ごとに示したものです。あとの各問いに答えなさい。 >>> 05

温度〔℃〕	20	40	60	80
ホウ酸〔g〕	4.9	8.9	14.9	23.5
食塩〔g〕	35.8	36.3	37.1	38.0

(1) 40 ℃の水 200 g には，何 g の食塩がとけますか。(　　　　)

(2) 80 ℃の水 100 g にホウ酸 20.0 g をすべてとかし，温度を 20 ℃まで下げました。このとき，とけきれずに出てくるホウ酸の質量は何 g ですか。(　　　　)

(3) 食塩の飽和水溶液の温度を下げても，食塩の結晶はほとんど出てきませんでした。食塩の結晶を取り出すためには，どのような操作を行えばよいですか。

(　　　　)

2 右のグラフは，あるばねについて，ばねを引く力の大きさとばねののびの関係を表したものです。次の問いに答えなさい。ただし，質量 100 g の物体にはたらく重力の大きさを 1 N とします。 >>> 07

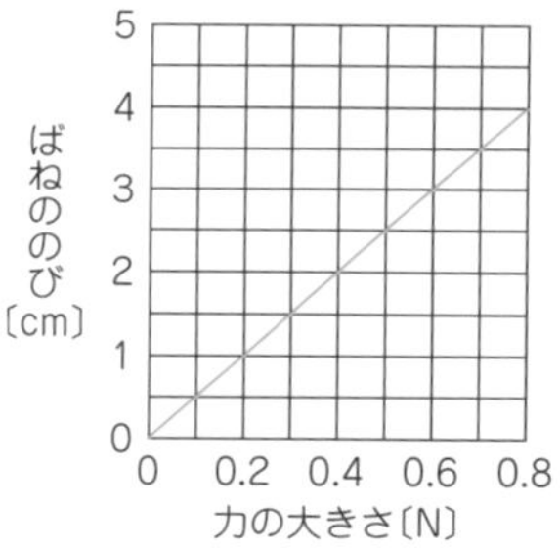

(1) このばねを 5.0 cm のばすのに必要な力の大きさは何 N ですか。(　　　　)

(2) このばねに 70 g のおもりをつるしたとき，ばねののびは何 cm になりますか。(　　　　)

3 ある地震のゆれを，震源からの距離が 72 km の A 地点で観測したところ，地震が発生してから 9 秒後に P 波が到着し，18 秒後に S 波がとどきました。次の問いに答えなさい。 >>> 08

(1) この地震の P 波の速さは何 km/s ですか。(　　　　)

(2) B 地点では，初期微動継続時間が 12 秒でした。B 地点の震源からの距離は何 km ですか。ただし，P 波と S 波が伝わる速さはどこでも同じであるものとします。(　　　　)

重要度★★★

細胞のつくりと刺激・反応

学習日　　月　　日

ポイント整理

① 細胞のつくり

細胞のつくり

核《かく》 ふつう１個の細胞に１個あり，酢酸カーミン溶液や酢酸オルセイン溶液で赤く染まる。

細胞膜《まく》 細胞をつつんでいる膜。

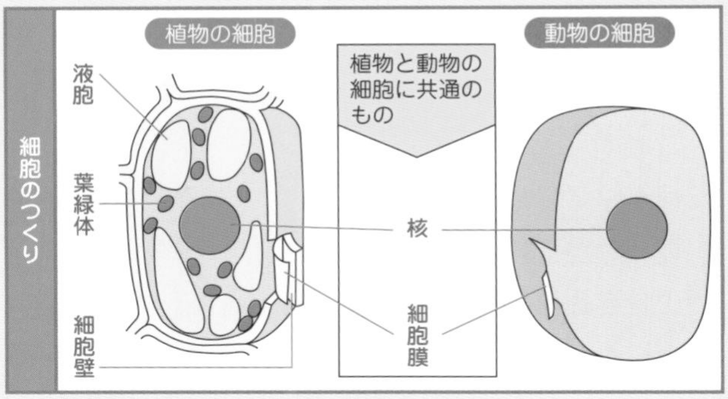

植物細胞に特徴的なつくり

葉緑体《ようりょくたい》 緑色の粒で，光合成(→p.53)を行う。

液胞《えきほう》 水分や細胞の活動でできた物質で満たされた袋。

細胞壁《さいぼうへき》 細胞膜の外側にあるじょうぶなしきり。

細胞膜をふくめた核以外の部分を，細胞質というよ。

多細胞生物と単細胞生物

多細胞生物 体が多くの細胞でできている生物。
- 組織…形やはたらきの同じ細胞が集まって組織をつくる。
- 器官…組織がいくつか集まって器官をつくる。
- 個体…器官がいくつか集まって１つの個体をつくる。

単細胞生物以外の生物はすべて多細胞生物だよ。

単細胞生物 体が１個の細胞だけからできている生物。
例 ゾウリムシ，ミドリムシ，ミカヅキモ

	細胞	組織	器官	個体
植物	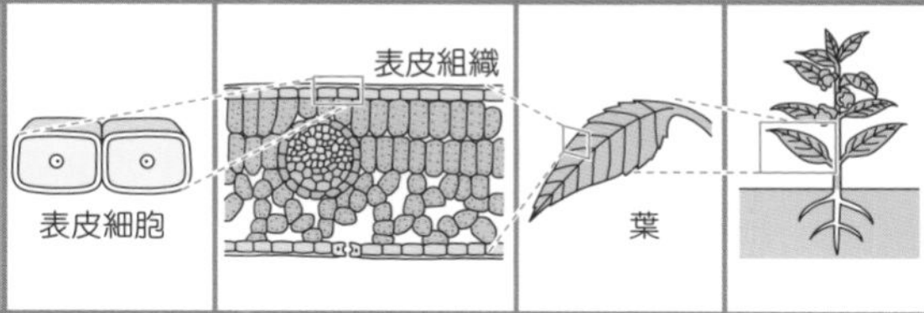 表皮細胞	表皮組織	葉	
動物	上皮細胞 筋細胞	上皮組織 筋組織	小腸	ヒト

入試によく出る実験　流れに対するヒメダカの行動

①水の流れをつくる。　②まわりのもようの紙を動かす。

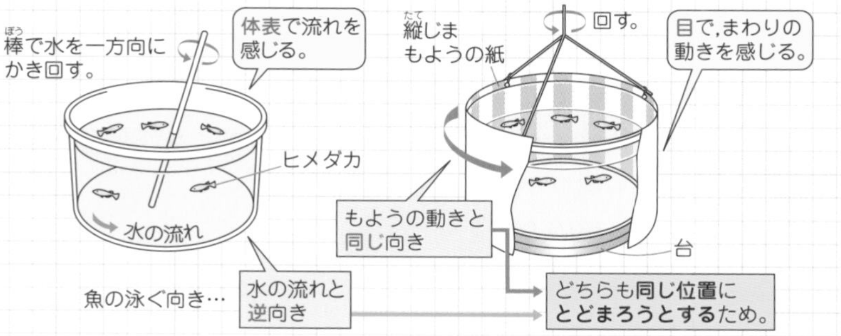

① 棒で水の流れをつくると，体表で水の流れを感じたヒメダカは，水に流されないように，**水の流れと逆向きに泳ぐ**。

② まわりのもようを動かすと，目でもようの動きを感じて流されているとかんちがいしたヒメダカが，**もようの動きと同じ向きに泳ぐ**。

即答チェックの答え　①核　②葉緑体　③単細胞生物　④組織　⑤器官　⑥感覚器官　⑦中枢神経　⑧末しょう神経　⑨反射

入試必勝ワード　核　多細胞生物　単細胞生物　感覚器官　中枢神経　末しょう神経　反射

② 刺激・反応

感覚器官…光や音のような外界からの刺激《しげき》を感じとる器官。

例 目・耳・鼻・舌・皮膚

目　光を感じとる器官。
- 網膜《もうまく》…像を結ぶところ。
- **ひとみ**…光が入るところ。
- 虹彩《こうさい》…目に入る光の量を調節する。

耳　音を感じとる器官。
- **鼓膜《こまく》**…空気の振動を受け，はじめに振動する膜。
- **鼓膜→耳小骨→うずまき管**の順に振動が伝わる。

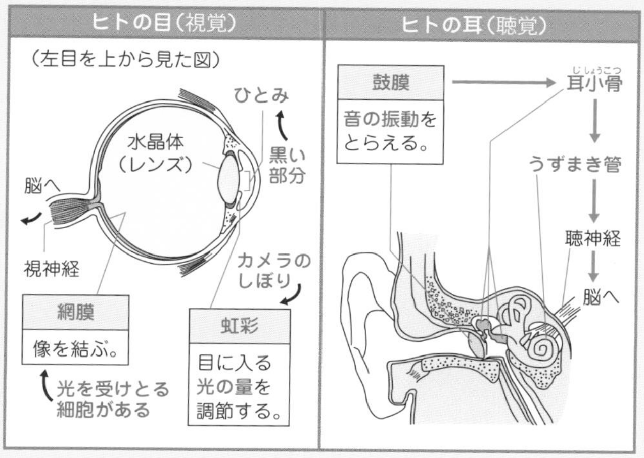

刺激の伝わり方

中枢《ちゅうすう》神経　脳やせきずいを中枢神経という。

末しょう神経　感覚神経や運動神経など中枢神経から枝分かれして全身に広がる神経を末しょう神経という。

神経系　中枢神経と末しょう神経をまとめて神経系という。

反射　刺激を受けて，無意識に起こる反応を反射という。命令の信号は，せきずいなど大脳以外の器官から出される。
例 食物を口に入れるとだ液が出る。

▼刺激の伝わり方と行動のしくみ

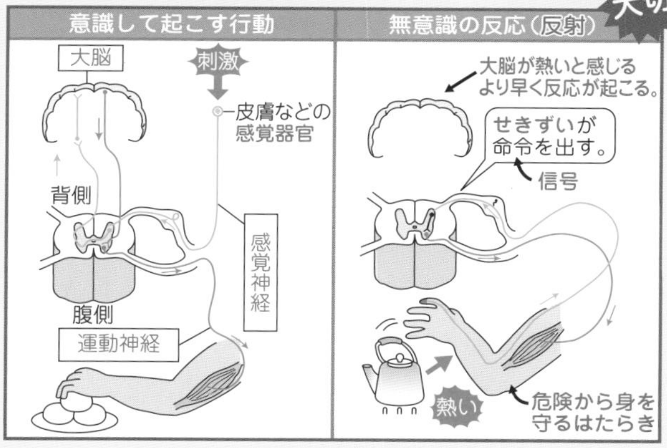

即答チェック

- □ ① 細胞の中で，酢酸オルセイン溶液によって赤く染まるのは何ですか。〔　　〕
- □ ② 植物の細胞の中にあり，光合成を行う緑色の粒は何ですか。〔　　〕
- □ ③ 体が１個の細胞だけからできている生物を何といいますか。〔　　〕
- □ ④ 形やはたらきが同じ細胞が集まってできたつくりを何といいますか。〔　　〕
- □ ⑤ ④がいくつか集まってできたつくりを何といいますか。〔　　〕
- □ ⑥ 目や耳のように刺激を感じとる器官を何といいますか。〔　　〕
- □ ⑦ 脳やせきずいのように神経細胞が集まっているところを何といいますか。〔　　〕
- □ ⑧ 感覚神経や運動神経のように，中枢神経から枝分かれした神経を何といいますか。〔　　〕
- □ ⑨ 刺激を受けて，無意識に起こる反応を何といいますか。〔　　〕

10 トレーニングテスト

→別冊解答 p.9

1 細胞のつくり ((1)8点×2，(2)10点，計26点)

植物と動物の細胞を調べるために，オオカナダモの葉とヒトのほおの粘膜の細胞を染色液で染色し，顕微鏡で観察しました。右の表は，観察結果をまとめたものです。次の問いに答えなさい。〈富山県〉

		オオカナダモの葉	ヒトのほおの粘膜
スケッチ	染色しない細胞	A 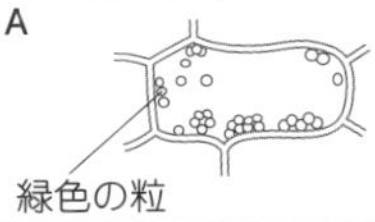	C 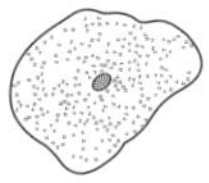
	染色した細胞	B 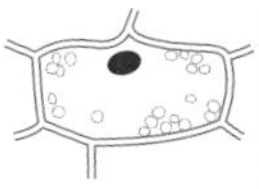	D 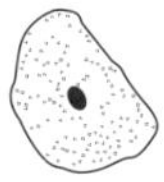
細胞の特徴	緑色の粒	Aでは，どの細胞にもたくさん見られる。 Bでは，はっきりと見えない。	C，Dとも見られない。
	境界の線	A，Bともはっきりしている。	C，Dともはっきりしていない。
	染色液によく染まった部分	Bでは，1か所の丸い部分がよく染まる。	Dでは，1か所の丸い部分がよく染まる。

注意

(1) ① Aに見られた緑色の粒を何といいますか。 (　　　　　)

② BとDに見られた染色液によく染まった部分を何といいますか。 (　　　　　)

(2) オオカナダモの境界の線がはっきりしているのはなぜですか。その理由を，植物と動物における細胞のつくりのちがいから，「植物の細胞には」に続けて，簡単に書きなさい。

(植物の細胞には　　　　　　　　　　　　　　　　　　)

2 刺激の伝わり方 (8点×3=24点)

右の図は，ヒトの神経系のつくりを模式的に示したものです。図のA～Fは神経を示しており，Aは皮膚に，Bは筋肉につながっています。次の問いに答えなさい。〈佐賀県〉

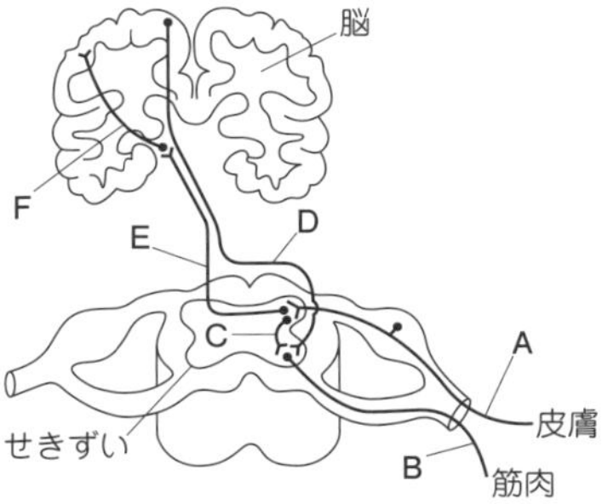

差がつく

(1) (a)うっかり熱いやかんに手がふれると，思わず手を引っこめるのとほぼ同時に，(b)熱さを感じます。この反応について，次の①，②の問いに答えなさい。

① 下線部(a)で信号が伝えられる経路として最も適当なものを，下の【選択肢】のア～カの中から選び，その記号を書きなさい。 (　　)

② 下線部(b)で信号が伝えられる経路として最も適当なものを，下の【選択肢】のア～カの中から選び，その記号を書きなさい。 (　　)

【選択肢】

ア B→D　　イ A→E→F　　ウ B→C→E→F

エ A→E→F→D→B　　オ B→C→A　　カ A→C→B

重要

(2) (1)の下線部(a)のように，刺激に対して意識とは関係なく起こる反応を何といいますか。

(　　　　　)

3 刺激と反応 （10点×5＝50点）

ヒメダカとヒトの行動について，あとの問いに答えなさい。 〈福井県〉

〔ヒメダカの行動〕 丸形水槽にヒメダカを数匹入れ，次の２つの**実験**①，②を行いました。

① **図１**のように，丸形水槽の水を棒で一定方向に回して流れをつくる。その後，棒を引き上げてヒメダカの反応を観察する。

② **図２**のように，黒白の縦じまもようをえがいた紙を丸形水槽のまわりにおく。その後，水の流れがない状態で紙を静かに回しながら，ヒメダカの反応を観察する。

図１

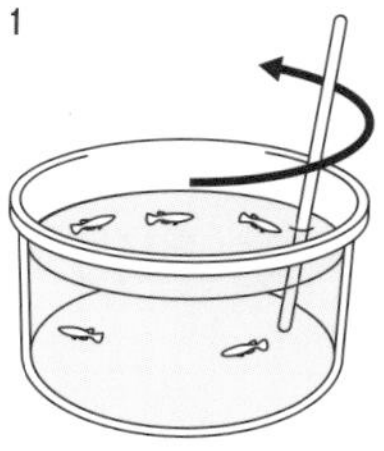

図２

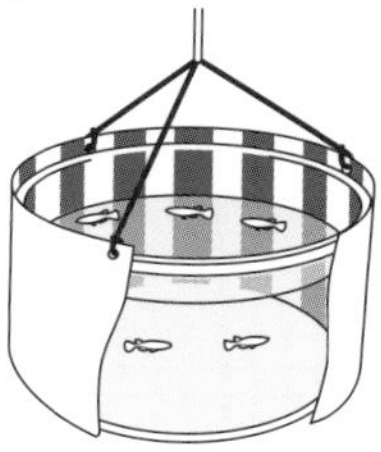

〔ヒトの行動〕 ヒトの行動③，④について，刺激に応じて反応するときの信号が伝わる経路を調べた。**図３**は，反応を決定する多くの神経が集まっている部分を**A**，**B**で示し，ヒトの行動③で，皮膚から筋肉まで信号が伝わる経路を模式的に表したものである。

③ 熱いやかんに手をふれたとき，熱いと感じる前に無意識に手を引っこめた。

④ 横一列に並んで手をつなぎ，右どなりの人から手を強くにぎられたら，左どなりの人の手を強くにぎる。

図３

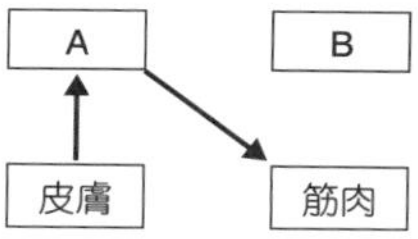

(1) ヒメダカの**実験**①で，ヒメダカの反応はどのようになりますか。簡潔に書きなさい。
( )

(2) ヒメダカの**実験**②で，ヒメダカの反応はどのようになりますか。最も適当なものを次の**ア**～**エ**から選び，その記号を書きなさい。また，このとき，体のどの感覚器官が刺激を受けとったか，その器官の名前を書きなさい。 記号( ) 器官( )

ア 縦じまもようをえがいた紙を回す方向と同じ方向に泳ぐ。
イ 縦じまもようをえがいた紙を回す方向と逆方向に泳ぐ。
ウ それぞれのヒメダカが異なった方向に泳ぐ。
エ その場にとどまっている。

(3) **図３**で，多くの神経が集まっている部分**A**は何ですか。 ( )

差がつく (4) ヒトの行動④で，信号が伝わる経路を表す模式図はどれですか。最も適当なものを次の**ア**～**エ**から選び，その記号を書きなさい。 ( )

ア

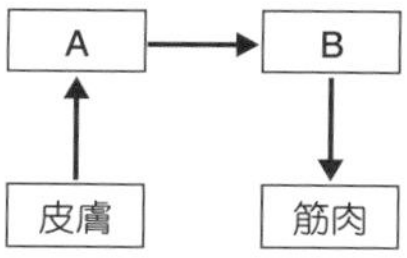

イ

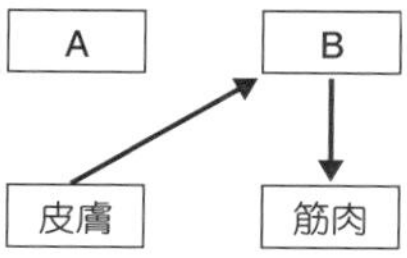

ウ

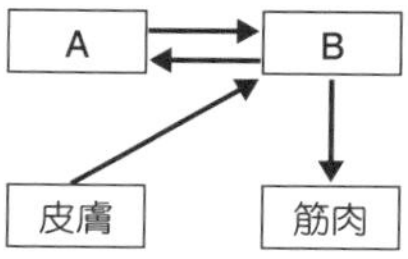

エ

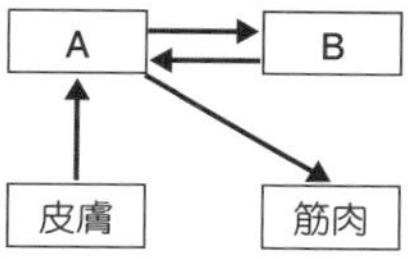

HINT (3)反応を決定する多くの神経が集まっている部分を中枢神経といい，脳やせきずいからなる。

2年／生命

11

だ液のはたらきを調べる実験の結果を理解しよう！

重要度★★★

動物の体のつくりとはたらき

学習日　　月　　日

ポイント整理

① 消化と吸収

◐ **消化**…食物を吸収しやすい栄養分に分解するはたらき。

消化管　口・食道・胃・小腸・大腸・肛門とつながる，食物が通る管。

消化液　だ液・胃液・すい液・胆汁《たんじゅう》など。

消化酵素《こうそ》　消化液にふくまれていて，栄養分を分解する物質。

アミラーゼ…**だ液**にふくまれる消化酵素で，デンプンを分解。

ペプシン…胃液にふくまれる消化酵素で，タンパク質を分解。

※胆汁は消化酵素をふくまない。

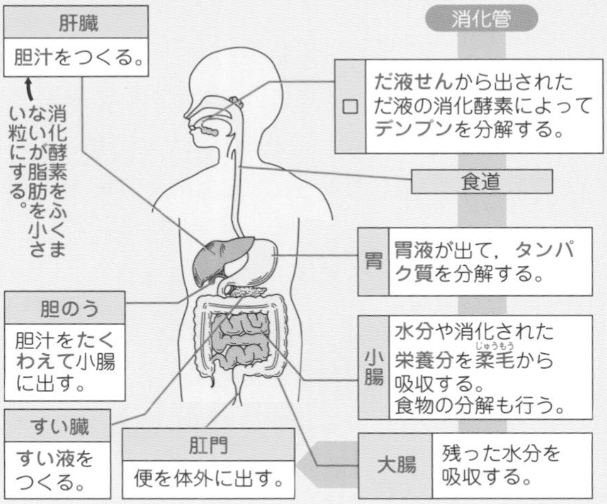

◐ **吸収**…消化された栄養分は小腸から吸収される。

柔毛《じゅうもう》　小腸の内壁のひだをうめる細かい突起。小腸の表面積を大きくして，栄養分の吸収の効率を上げている。
柔毛の中には**毛細血管**と**リンパ管**が通っている。

▼小腸のつくり

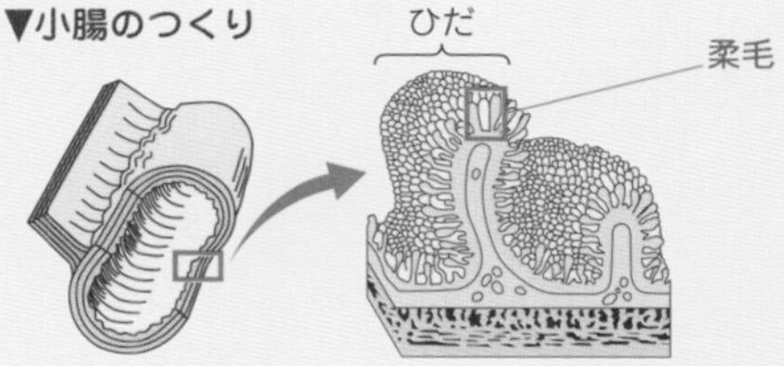

- ブドウ糖とアミノ酸…**デンプン**が消化されてできたブドウ糖と**タンパク質**が消化されてできたアミノ酸は，柔毛内の毛細血管の中に入る。その後すぐに肝臓《かんぞう》へ送られ，一部がたくわえられてから，全身へ運ばれる。
- 脂肪酸《しぼうさん》とモノグリセリド…脂肪が消化されてできた脂肪酸とモノグリセリドは，柔毛で吸収されたあと，再び結びついて脂肪となり，リンパ管の中に入る。リンパ管は，首のつけ根付近で静脈と合流していて，運ばれてきた脂肪はここで血管に入り，血液によって全身へ運ばれる。

入試によく出る実験

だ液のはたらきを調べる実験

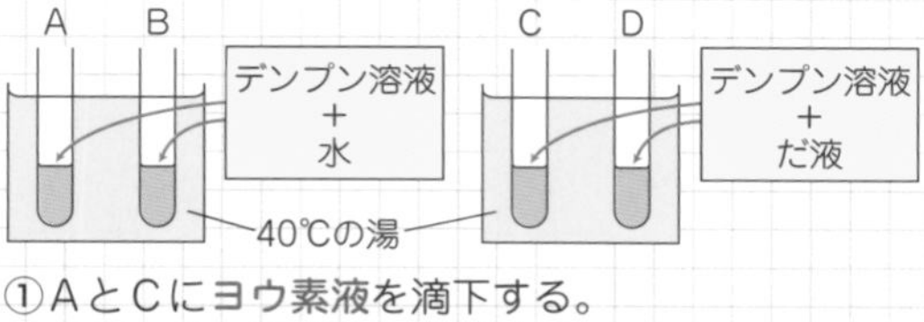

①AとCにヨウ素液を滴下する。
結果　A…青紫色に変化する。
　　　C…変化は見られない。

②BとDにベネジクト液を滴下して弱火で加熱する。
結果　B…変化は見られない。
　　　D…赤褐色の沈殿ができる。

- ヨウ素液…デンプンを青紫色にする。
- ベネジクト液…ブドウ糖がいくつか結びついたものに加えて加熱すると，赤褐色《せきかっしょく》の沈殿ができる。

わかったこと

- AとCより…デンプンは，だ液にふくまれる消化酵素によって分解される。
- BとDより…デンプンに，だ液にふくまれる消化酵素がはたらくとブドウ糖がいくつか結びついたものができる。

➡ デンプンは，だ液にふくまれる消化酵素によって分解され，ブドウ糖がいくつか結びついたものになる。

即答チェックの答え　①消化管　②消化酵素　③アミラーゼ　④柔毛　⑤ブドウ糖　⑥酸素　⑦ヘモグロビン　⑧心臓　⑨肝臓　⑩じん臓

② 呼吸と循環

血しょうは血管からしみ出して，組織液になるよ！

◐ 呼吸…肺で酸素を血液中に吸収し，血液中の二酸化炭素を体外へ放出するはたらき。

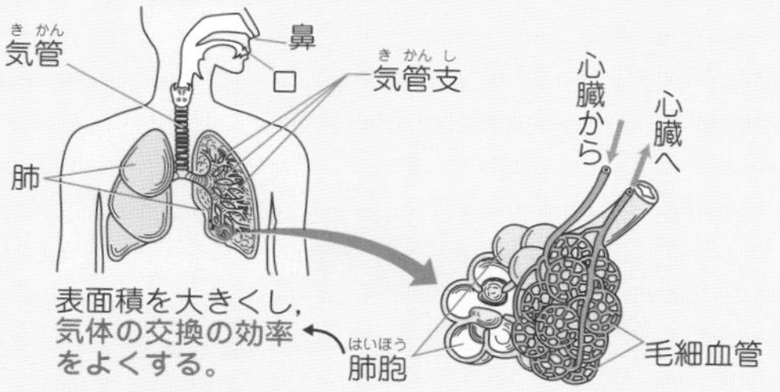

※細胞で，酸素と栄養分からエネルギーを取り出すはたらきを細胞の呼吸という。このとき，二酸化炭素と水が発生する。

◐ 血液の成分…固体成分の赤血球・白血球・血小板《けっしょうばん》と液体成分の血しょうがある。

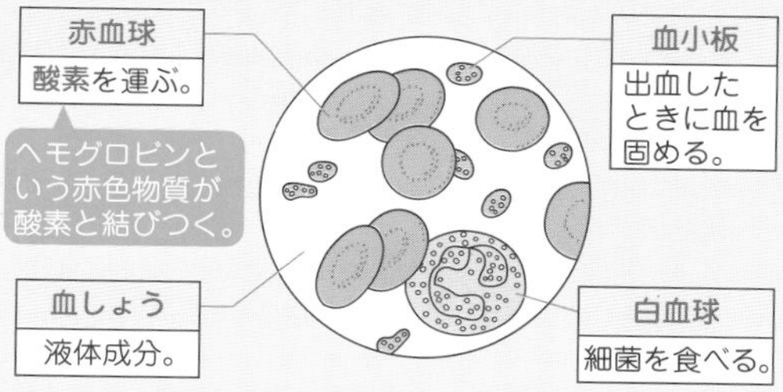

◐ 血液の循環《じゅんかん》…血液が全身を循環することによって，物質が全身を移動する。

心臓 血液を送り出すポンプの役割をしている。

- 大動脈…心臓から全身へ出ていく血液が流れる血管。
- 大静脈…全身から心臓へもどってくる血液が流れる血管。
- 肺動脈…心臓から肺へ出ていく血液が流れる血管。
- 肺静脈…肺から心臓へもどってくる血液が流れる血管。

肝臓 栄養分の一部をたくわえ，血液中の栄養分が少ないときは血液中に栄養分を送り出す。有害な**アンモニア**を尿素に変える。

じん臓 尿素や塩分などの血液中の不要物をこし出して尿をつくる。

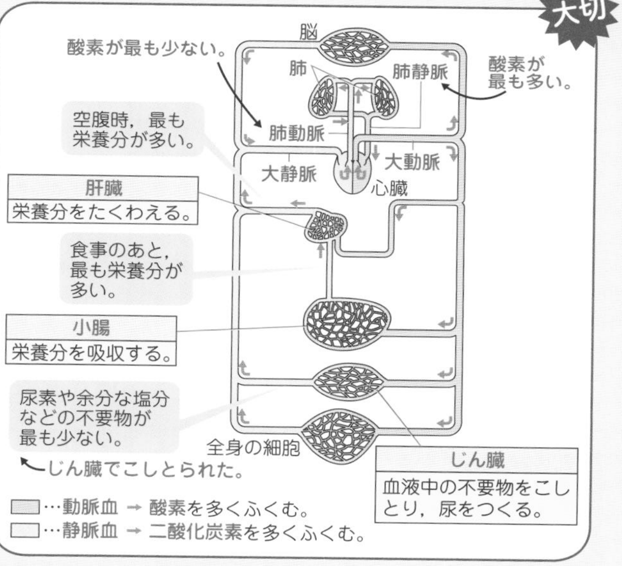

即答チェック

- □ ① 口から肛門までの食物が通る管を何といいますか。 〔　　　　〕
- □ ② 消化液にふくまれていて，栄養分を分解する物質を何といいますか。 〔　　　　〕
- □ ③ だ液にふくまれている②は何ですか。 〔　　　　〕
- □ ④ 小腸の内壁のひだをうめる細かい突起を何といいますか。 〔　　　　〕
- □ ⑤ デンプンが消化されて小腸で吸収されるとき，何になっていますか。 〔　　　　〕
- □ ⑥ 肺で血液中に吸収される気体は何ですか。 〔　　　　〕
- □ ⑦ 赤血球の中にふくまれる，酸素と結びつく物質を何といいますか。 〔　　　　〕
- □ ⑧ 血液を送り出すポンプのはたらきをしている器官は何ですか。 〔　　　　〕
- □ ⑨ 血液中のアンモニアを尿素に変える器官は何ですか。 〔　　　　〕
- □ ⑩ 血液中の尿素などの不要物をこし出す器官は何ですか。 〔　　　　〕

11 トレーニングテスト

→別冊解答 p.10

1 消化と吸収 (10点×6=60点)

だ液のはたらきを調べるために実験を行いました。問いに答えなさい。

〈岐阜県〉

図1

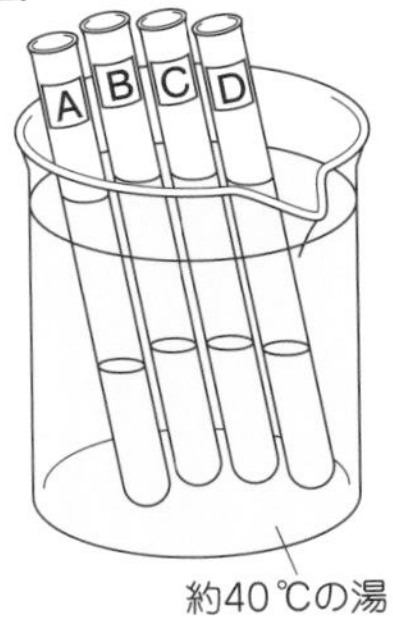

実験 A～Dの試験管に，デンプン溶液を5 cm^3ずつ入れた。さらに，AとBの試験管には，うすめただ液を1 cm^3ずつ入れ，CとDの試験管には，水を1 cm^3ずつ入れた。それぞれの試験管を振り混ぜたあと，**図1**のように，ビーカーに約40℃の湯を入れ，A～Dの試験管を10分間あたためた。その後，試験管を取り出し，AとCの試験管にはヨウ素液を入れて，試験管の中の色の変化を観察し，BとDの試験管にはベネジクト液と沸騰石を入れて，ガスバーナーで加熱し，試験管の中の変化を観察した。下表は，実験の結果である。

	ヨウ素液との反応による色の変化	ベネジクト液との反応による変化
A	変化しなかった。	
B		赤褐色の沈殿ができた。
C	青紫色に変化した。	
D		変化しなかった。

(1) 次の文中の(　)の①，②にあてはまるものとして最も適当なものを，あとの**ア**～**カ**からそれぞれ1つずつ選び，その記号を書きなさい。 正答率81% ①(　　　) 正答率82% ②(　　　)

実験の結果から，(①)の試験管の中のようすを比較すると，だ液のはたらきによって，デンプンがなくなったことがわかる。また，(②)の試験管の中のようすを比較すると，だ液のはたらきによって，ブドウ糖が2分子結びついたものなどができたことがわかる。これらのことから，デンプンは，だ液のはたらきによって分解されて，ブドウ糖が2分子結びついたものなどになったと考えられる。

ア AとB　　**イ** AとC　　**ウ** AとD
エ BとC　　**オ** BとD　　**カ** CとD

正答率71% (2) だ液にふくまれ，デンプンを分解する消化酵素を何といいますか。 (　　　　　)

正答率82% (3) **図2**は，消化によってできたブドウ糖などの養分の多くを吸収する小腸の模式図です。**図3**は，小腸の壁の一部を拡大した模式図です。**図3**の小腸の壁の表面にある小さな突起を何といいますか。 (　　　　　)

図2

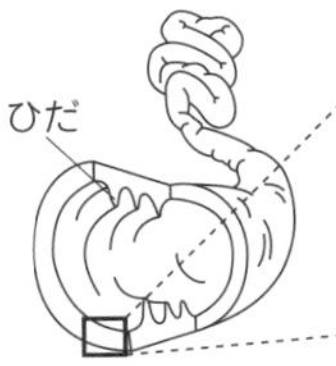

図3

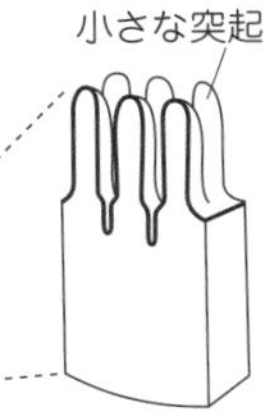

正答率80% (4) **図3**の小さな突起から吸収される，消化によってできた養分を，次の**ア**～**オ**から2つ選び，その記号を書きなさい。

(　　　　　)

ア 脂肪　　**イ** 脂肪酸　　**ウ** 尿素
エ アミノ酸　　**オ** グリコーゲン

正答率 71%　(5) 次の文中の(　)にあてはまることばを書きなさい。　(　　　　　)

> **図3**の小さな突起から吸収された栄養分は，血液によって全身に運ばれる。血液の成分である血しょうは，毛細血管からしみ出て，栄養分を細胞にとどける。そして，細胞の中で栄養分は酸素を使って分解され，エネルギーが取り出される。このとき，二酸化炭素と水ができ，二酸化炭素は細胞の外に出される。細胞のこのような活動は，細胞による(　　　)といわれる。

2 肺と小腸 (8点×2＝16点)

Ｙさんは，酸素や栄養分などの物質がヒトの体内に取り入れられ，全身の細胞まで運ばれるしくみに興味をもち，肺と小腸のつくりを調べて右図のようにまとめました。

〈山口県〉

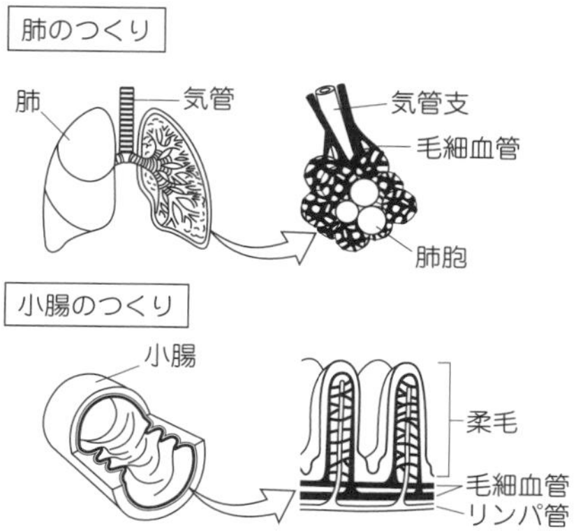

重要　(1) 右図のように，肺や小腸には，肺胞や柔毛のような，物質を効率よく体内に取り入れるための，小さなつくりが多数あります。このような小さなつくりが多数あると，物質を効率よく体内に取り入れることができるのはなぜですか，理由を書きなさい。

(　　　　　　　　　　　　　　　　　　　　　　)

(2) 全身の細胞のまわりは，血しょうの一部が毛細血管からしみ出た液で満たされています。この液は，酸素や栄養分を毛細血管から細胞に受けわたすはたらきをしています。この液を何といいますか。　(　　　　　)

3 血液の循環 (8点×3＝24点)

次の問いに答えなさい。

注意　(1) ヒトの体は多くの細胞からできており，血液が体内を循環しています。肺で酸素を取りこんだ血液が，心臓にもどるときに流れる血管を何といいますか。

〈岡山県〉

(　　　　　)

(2) 血液が，肺から全身の細胞に酸素を運ぶことができるのは，赤血球にふくまれるヘモグロビンの性質によるものです。その性質を，酸素の多いところと酸素の少ないところでのちがいがわかるように，それぞれ簡単に書きなさい。

〈愛媛県〉

酸素の多いところ(　　　　　　　　　　　　　　　)

酸素の少ないところ(　　　　　　　　　　　　　　　)

HINT　(1)心臓から出ていく血液が流れている血管は動脈，心臓にもどってくる血液が流れる血管は静脈である。

12

植物体内での物質の移動や変化をおさえよう！

重要度★★★

植物のつくりとはたらき

学習日　　月　　日

ポイント整理

① 根・茎・葉のつくり

根・茎《くき》のつくり

道管《どうかん》 根から吸収した水や水にとけた養分が通る管。

師管《しかん》 葉でつくられた栄養分が通る管。

維管束《いかんそく》 **道管**と**師管**が集まって束《たば》のようになっているところ。

双子葉類	単子葉類
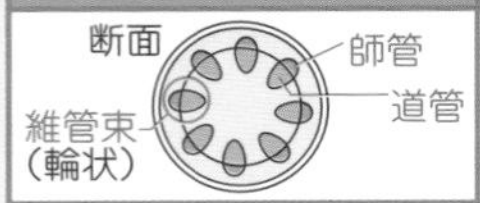	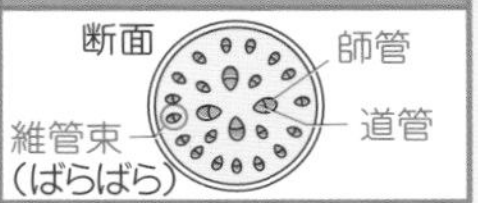

▼根の断面図

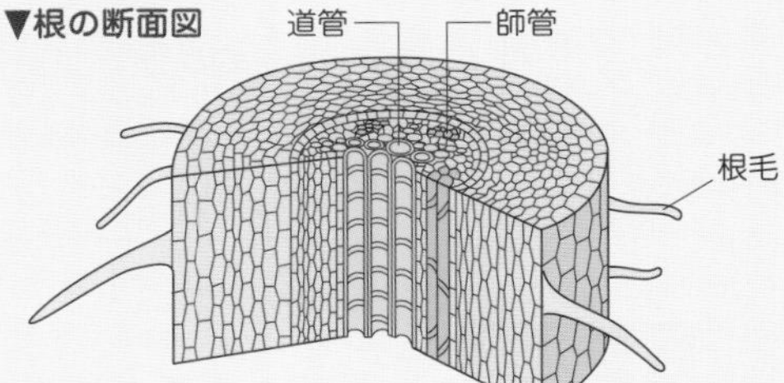

▼茎の断面図

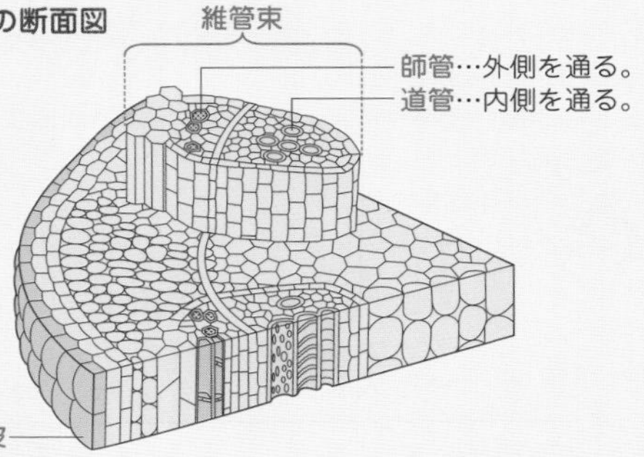

葉のつくり

葉脈《ようみゃく》 葉の表面に見られる筋。葉脈は維管束からなる。

葉緑体《ようりょくたい》 細胞の中に見られる緑色の粒。ここで光合成《こうごうせい》（→p.53）が行われている。

気孔《きこう》 2つの**孔辺細胞《こうへんさいぼう》**（三日月形の細胞）で囲まれたすきま。気体の出入り口となる。

▼葉の断面図

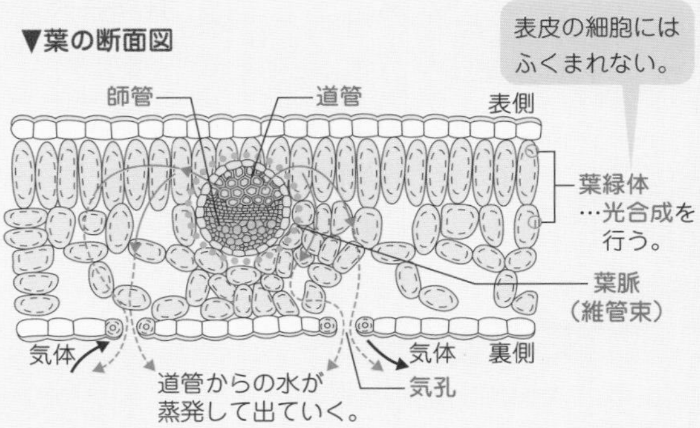

入試によく出る観察　光合成が行われる場所を確かめる観察

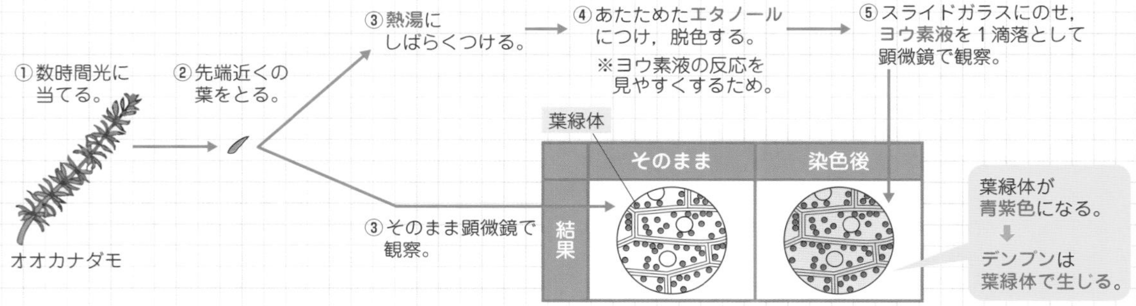

即答チェック の答え　①道管　②師管　③維管束　④双子葉類　⑤気孔　⑥光合成　⑦葉緑体　⑧二酸化炭素　⑨酸素　⑩蒸散

入試必勝ワード　道管　師管　維管束　葉緑体　気孔　光合成　呼吸　蒸散

② 植物のはたらき

光合成…植物の，光を利用してデンプン，酸素をつくるはたらき。

デンプンは水にとける物質になり，師管を通って植物の体全体に運ばれる。

- 材料…二酸化炭素と水
- 行うところ…細胞内の葉緑体
- 吸収する気体…二酸化炭素
- 放出する気体…酸素

※気体は，気孔を通して出入りしている。

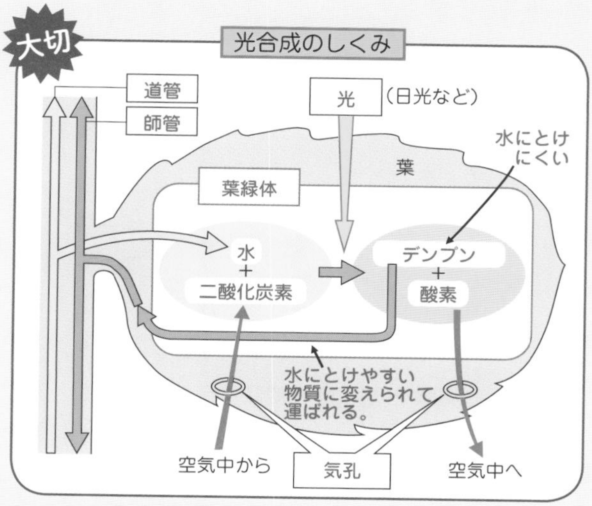

呼吸《こきゅう》…酸素を吸収して，二酸化炭素を放出する。

光合成と呼吸の関係

昼…光合成と呼吸のどちらも行っているが，光合成による気体の交換量のほうが多い。
➡二酸化炭素を吸収して，酸素を放出する。

夜…光合成は行わず，呼吸のみを行っている。
➡酸素を吸収して，二酸化炭素を放出する。

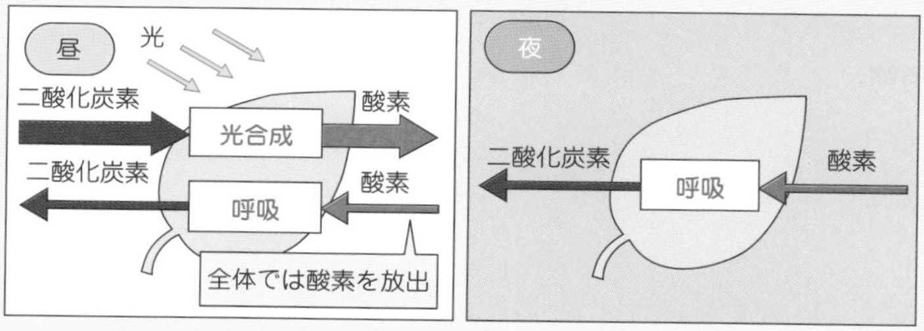

注意
呼吸をしている時間のほうが光合成をしている時間より長いが，1日の全体量では，光合成による気体の交換量のほうが多い。

蒸散《じょうさん》…根から吸い上げられた水の大部分が気孔から水蒸気として出ていく現象。

- 蒸散がさかんなところ…気孔の多い葉の裏《うら》側。

即答チェック

- □ ① 根から吸収した水や養分が通る管を何といいますか。〔　　　　〕
- □ ② 葉でつくられた栄養分が通る管を何といいますか。〔　　　　〕
- □ ③ 道管と師管が集まって束のようになっているところを何といいますか。〔　　　　〕
- □ ④ 茎の維管束が輪のように並んでいるのは，単子葉類と双子葉類のどちらですか。〔　　　　〕
- □ ⑤ 葉の裏側などにある，2つの三日月形の細胞に囲まれたすきまを何といいますか。〔　　　　〕
- □ ⑥ 植物が光を利用してデンプンなどの栄養分をつくるはたらきを何といいますか。〔　　　　〕
- □ ⑦ 光合成が行われる，葉の細胞などにある緑色の粒を何といいますか。〔　　　　〕
- □ ⑧ 光合成の材料となる気体は何ですか。〔　　　　〕
- □ ⑨ 光合成によって出される気体は何ですか。〔　　　　〕
- □ ⑩ 植物の体内の水が，気孔から水蒸気として出ていく現象を何といいますか。〔　　　　〕

12 トレーニングテスト

→別冊解答 p.10

1 植物の葉・茎のつくり （8点×3＝24点）

植物の葉と茎のつくりを調べるため，次の実験1～2を行いました。これについて，あとの問いに答えなさい。 〈高知県〉

図1

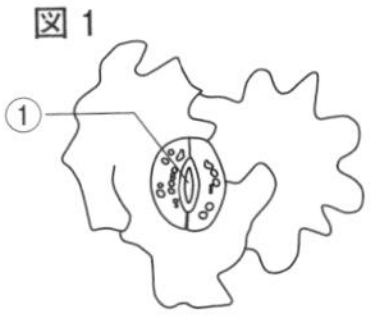

図2

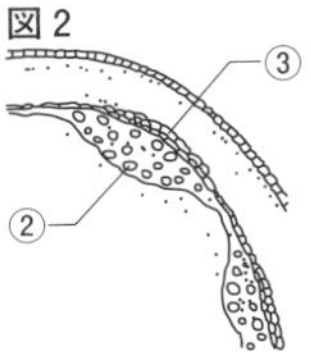

実験1 ホウセンカの葉の表皮を顕微鏡で観察した。**図1**は，そのときのスケッチである。

実験2 食紅で着色した水の入った三角フラスコにホウセンカをさし，放置した。3時間後にこのホウセンカの茎の断面を顕微鏡で観察すると，食紅で赤く染まっている部分があった。**図2**は，そのときのスケッチである。

(1) **図1**の①のすきまを何といいますか。 (　　　　)

正答率 62% (2) **実験2**で，食紅で赤く染まる部分は，②，③のどちらですか。また，その名称は何ですか。その組み合わせとして正しいものを，次の**ア**～**エ**から選び，その記号を書きなさい。 (　　)

ア ②－道管
イ ②－師管
ウ ③－道管
エ ③－師管

重要 (3) **図2**の③の部分で運ばれているものを，次の**ア**，**イ**から選び，記号を書きなさい。(　　　)

ア 根から吸収された水や水にとけた養分
イ 葉でつくられた栄養分

2 植物の葉のつくり （(1)8点，(2)14点，計22点）

次の観察について，あとの問いに答えなさい。 〈三重県〉

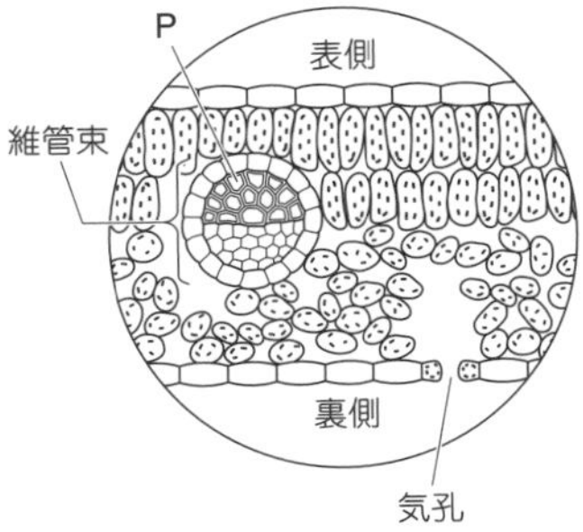

観察 ツバキの葉の断面を観察するために，プレパラートをつくり，顕微鏡のステージにプレパラートをのせ，ツバキの葉の断面を観察した。図は，顕微鏡で観察したツバキの葉の断面をスケッチしたものである。

(1) 図に示したPは維管束の一部です。Pを何というか，その名称を書きなさい。 (　　　　　)

差がつく (2) 図には，観察した気孔が示してあります。気孔を通して蒸散が行われると，植物のあるはたらきがさかんになります。あるはたらきとはどのようなはたらきか，「根」という言葉を使って，簡単に書きなさい。

(　　　　　　　　　　　　　　　　　　　　　　　　　　　)

3 光合成と呼吸 (8点×3=24点)

光合成について，右の図のようにまとめました。次の問いに答えなさい。 〈岐阜県〉

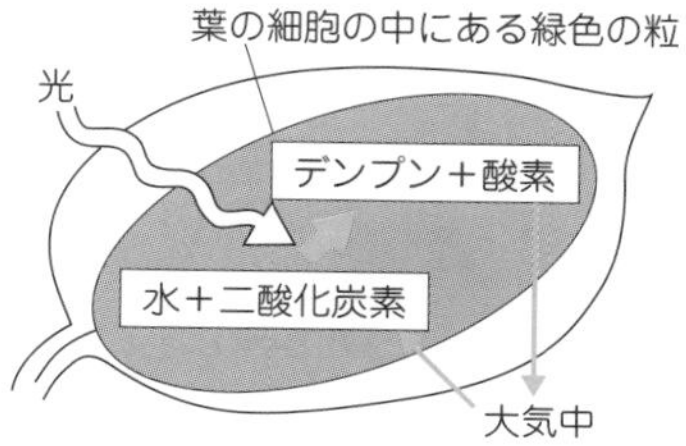

正答率 94%
(1) 葉の細胞の中にある緑色の粒を何といいますか。
( )

重要
(2) 植物にじゅうぶん光を当てたときの光合成と呼吸について説明した文として適当なものを，次の**ア**～**エ**から選び，その記号を書きなさい。 ( )

ア 光合成だけを行い，二酸化炭素を取り入れて酸素を出す。
イ 呼吸だけを行い，酸素を取り入れて二酸化炭素を出す。
ウ 光合成と呼吸のどちらも行うが，全体として二酸化炭素を取り入れて酸素を出す。
エ 光合成と呼吸のどちらも行うが，全体として酸素を取り入れて二酸化炭素を出す。

(3) 植物に光を当てなかったときの光合成と呼吸について説明した文として適当なものを，(2)の**ア**～**エ**から選び，その記号を書きなさい。 ( )

HINT (2)光がじゅうぶんに当たっているときは，呼吸より光合成のほうがさかんに行われている。

4 蒸散 ((1)(3)8点×2，(2)14点，計30点)

ホウセンカのはたらきを調べるために次の実験を行いました。あとの問いに答えなさい。〈和歌山県〉

実験

i 右図のように，葉の枚数や大きさ，茎の長さや太さがほぼ同じホウセンカを３本用意し，水の入った試験管に入れ，油を注いで水面をおおった。ホウセンカを入れた試験管をそれぞれA，B，Cとし，**表1**のような処理をした。

ii A～Cの質量を電子てんびんで測定した。

iii 明るく風通しのよい場所に一定時間置いたあと，再びA～Cの質量を測定し，水の減少量を求めた。

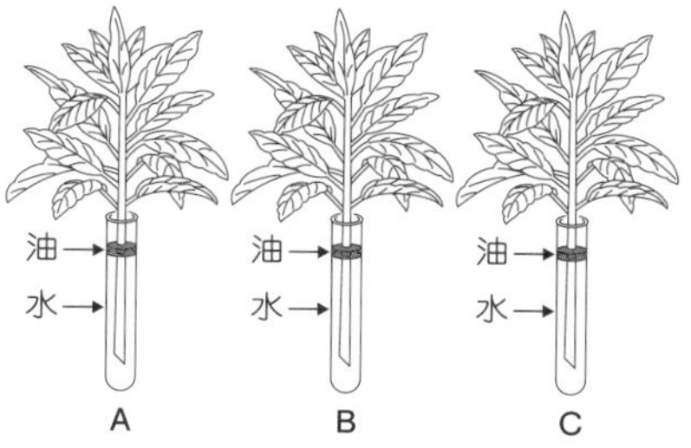

表1

A	どこにもワセリンをぬらない
B	葉の表側にワセリンをぬる
C	葉の裏側にワセリンをぬる

(1) 植物の体から水が水蒸気になって出ていく現象を何といいますか。 ( )

重要
(2) 下線部の操作をしたのはなぜですか。
( )

差がつく
(3) 実験のiiiで，水の減少量は**表2**のようになり，葉と茎から水が水蒸気になって出ていることが確認できました。この実験では，葉の裏側から出た水の量は葉の表側から出た水の量の何倍になっていたか，書きなさい。 ( )

表2

	A	B	C
水の減少量〔g〕	5.0	3.8	1.4

HINT (3) Aは葉の表側と裏側と茎から，Bは葉の裏側と茎から，Cは葉の表側と茎から蒸散する。

13
重要度★★★

物質のなりたち

学習日　　月　　日

ポイント整理

① 原子・分子と化学式・化学反応式

◐原子・分子

原子 それ以上分割することができない，小さな粒。

分子 いくつかの原子が結びついてできた粒。その物質の性質を表す最小の粒である。

●**原子の性質**
①化学変化で，それ以上分割できない。
②化学変化で，なくなったり，新しくできたり，種類が変わったりしない。
③種類によって，質量や大きさが決まっている。

◐元素…物質を構成する**原子の種類**。元素を表すための記号を元素記号という。

▼元素記号　※アルファベット１文字，または２文字を用いて表される。

単体が金属				単体が非金属			
原子の種類	元素記号	原子の種類	元素記号	原子の種類	元素記号	原子の種類	元素記号
銀	Ag	カルシウム	Ca	酸素	O	窒素	N
銅	Cu	ナトリウム	Na	水素	H	塩素	Cl
鉄	Fe	マグネシウム	Mg	炭素	C	硫黄《いおう》	S

◐化学式…物質を元素記号と数字で表したもの。

単体 １種類の元素だけからできている物質。

化合物 ２種類以上の元素からできている物質。

	分子をつくる物質		分子をつくらない物質	
	物質名	化学式	物質名	化学式
単体	酸素 水素 窒素	O_2 H_2 N_2	炭素 銀 銅	C Ag Cu
化合物	二酸化炭素 水 アンモニア	CO_2 H_2O NH_3	塩化ナトリウム 酸化銅 硫化鉄	NaCl CuO FeS

◐化学反応式…化学変化のようすを化学式と数字と矢印で表したもの。

例 水素と酸素の反応…水素分子２個と酸素分子１個が反応して，水分子２個ができる。

$$2H_2 + O_2 \longrightarrow 2H_2O$$

- H_2：水素分子
- O_2：酸素分子
- H_2O：水分子
- $2H_2$ の 2：水素分子が２個あることを示す。
- O_2 の前：分子が1個のときは１を省略する。
- $2H_2O$ の 2：水分子が２個あることを示す。

矢印の左右で原子の種類と数は変わらないよ!!

入試によく出る実験

炭酸水素ナトリウムの熱分解

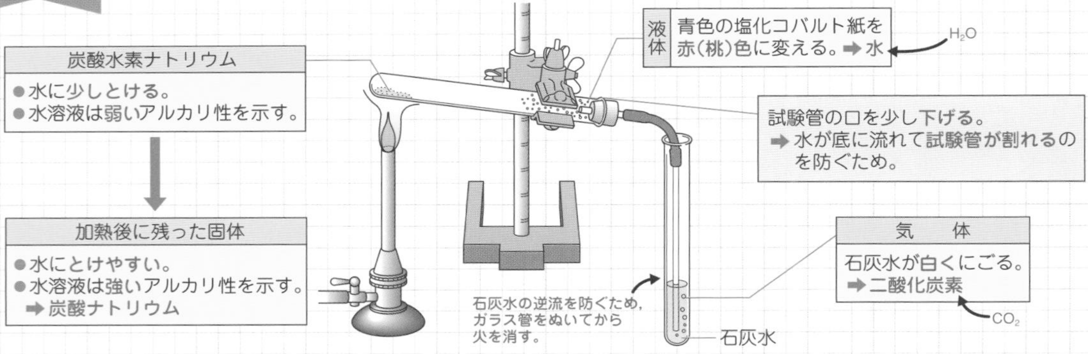

即答チェックの答え　①原子　②分子　③元素　④単体　⑤化合物　⑥化学反応式　⑦酸素　⑧二酸化炭素　⑨水素　⑩２：１

② 分解

◐ **分解**…1 種類の物質が 2 種類以上の別の物質に分かれる化学変化。

◐ 熱分解…熱を加えることによって物質を分解する化学変化。

①酸《さん》化《か》銀《ぎん》の熱分解

- 試験管に火のついた線香を入れると線香が炎を上げて燃えたことから，**酸素**が発生したことがわかる。
- 加熱後に残った白色の物質が下のような性質を示したことから，金属の銀であると考えられる。
  - ❶薬さじでこすると**金属光沢**が見られる。
  - ❷金づちでたたくとうすく**のびる**。
  - ❸**電流**を通す。

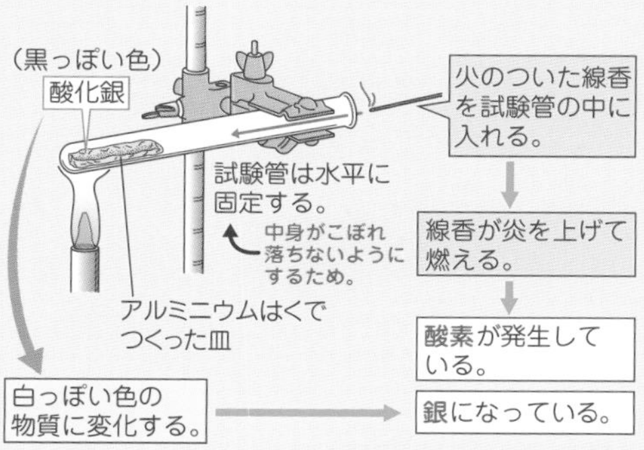

起こった化学変化… 酸化銀 ──→ 銀 ＋ 酸素
（熱）
化学反応式………… $2Ag_2O$ ──→ $4Ag$ ＋ O_2

②炭酸水素ナトリウムの熱分解（→ p.56）

- 炭酸水素ナトリウムを加熱すると**炭酸ナトリウム**と**二酸化炭素**と**水**に分解される。

起こった化学変化… 炭酸水素ナトリウム ──→ 炭酸ナトリウム ＋ 二酸化炭素 ＋ 水

◐ 電気分解…電流を流すことによって物質を分解する化学変化。

●水の電気分解

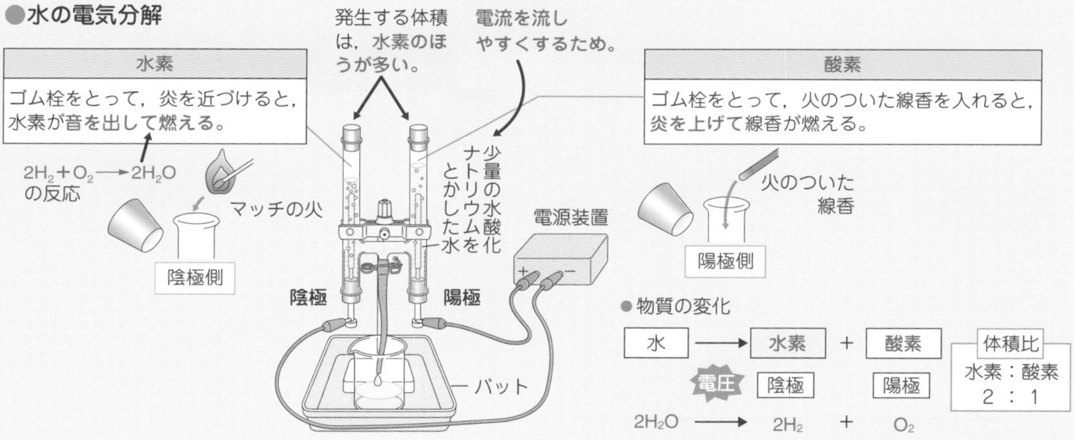

即答チェック

- □ ① それ以上分割することができない小さな粒を何といいますか。〔　　　　〕
- □ ② ①が結びついてできた，物質の性質を表す最小の粒を何といいますか。〔　　　　〕
- □ ③ 物質を構成する原子の種類を何といいますか。〔　　　　〕
- □ ④ 1 種類の③だけからできている物質を何といいますか。〔　　　　〕
- □ ⑤ 2 種類以上の③からできている物質を何といいますか。〔　　　　〕
- □ ⑥ 化学変化のようすを，化学式と数字と矢印で表した式を何といいますか。〔　　　　〕
- □ ⑦ 酸化銀を加熱したときに発生する気体は何ですか。〔　　　　〕
- □ ⑧ 炭酸水素ナトリウムを加熱したときに発生する気体は何ですか。〔　　　　〕
- □ ⑨ 水を電気分解したときに陰極で発生する気体は何ですか。〔　　　　〕
- □ ⑩ 水を電気分解したときに陰極と陽極で発生する気体の体積比は何：何ですか。〔　　　　〕

13 トレーニングテスト

→別冊解答 p.11

1 酸化銀の熱分解 (6点×4＝24点)

図１のように酸化銀を試験管に入れて加熱しました。これについて，次の問いに答えなさい。 〈山口県〉

図１

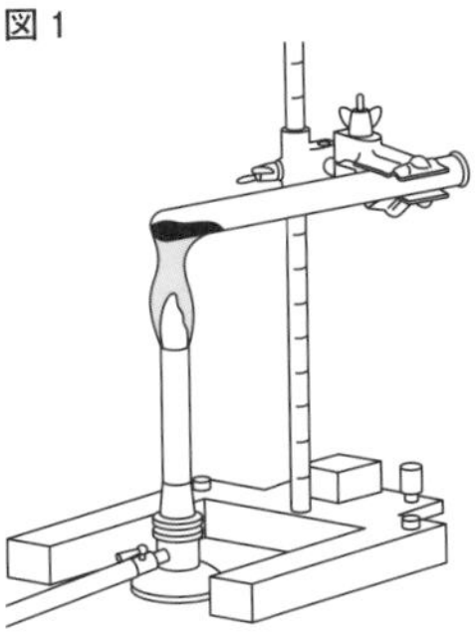

注意 (1) 酸化銀と同じように，化合物に分類される物質はどれですか。次のア～エから選び，その記号を書きなさい。 (　　)

ア 銅　　イ 塩素　　ウ 硫黄　　エ アンモニア

(2) 酸化銀が白色の物質に変化しはじめたとき，火のついた線香を試験管の中に入れてようすを観察しました。その結果，酸素が発生したことがわかりました。このとき，火のついた線香はどのようになったと考えられますか。

(　　　　　　　　　　　　　　　　　　　　)

(3) 酸化銀がすべて白色の物質に変化したとき加熱をやめ，試験管が冷えたあと，試験管の中の白色の物質を取り出しました。この白色の物質を乳棒でこすり，そのあと，金づちでたたきました。このとき，白色の物質が金属特有の性質を示したことから，銀であることがわかりました。各操作の結果として正しい組み合わせを，下のア～エから選び，その記号を書きなさい。 (　　)

	ア	イ	ウ	エ
乳棒でこする	光沢が出た	光沢が出た	白色のまま変化しなかった	白色のまま変化しなかった
金づちでたたく	うすく広がった	細かく砕けた	うすく広がった	細かく砕けた

差がつく (4) 銀原子を●，酸素原子を○で表すと，酸化銀は●○●と表せます。このモデルを用いて，酸化銀が銀と酸素に分かれる化学変化を表すと，どのようになりますか。**図２**の□の中にかき入れて完成しなさい。

図２

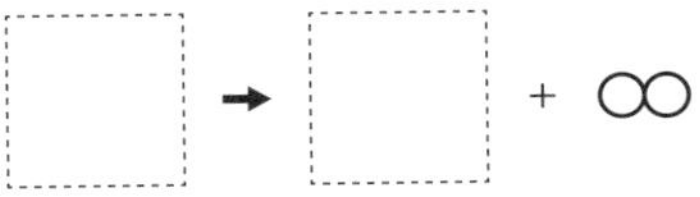

2 炭酸水素ナトリウムの熱分解 (8点×6＝48点)

次の実験について，あとの問いに答えなさい。 〈福島県・改〉

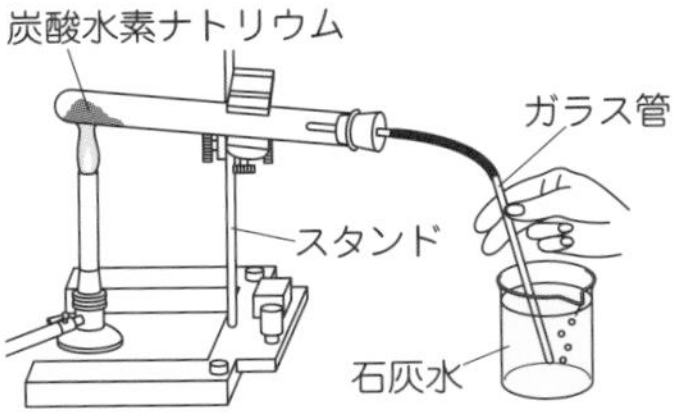

実験１ 炭酸水素ナトリウムの粉末を乾いた試験管に入れ，右図のように装置を組み立てた。その後，炭酸水素ナトリウムを加熱し，変化のようすを観察した。

結果１ ガラス管の先から出てきた気体Ｐによって，石灰水が白くにごった。また，試験管の中には，無色の液体Ｑと白い固体Ｒができた。その後，液体Ｑに塩化コバルト紙をつけると，塩化コバルト紙の色が変わった。

実験２ 炭酸水素ナトリウムと**実験１**でできた白い固体Ｒを，それぞれ別の試験管に薬さじ１ぱい分入れ，さらに同じ量の水を加えてとけ方をくらべた。その後，それぞれの水溶液にフェノールフタレイン溶液を１滴加え，水溶液の色の変化を調べた。

結果 2

	水へのとけ方	フェノールフタレイン溶液との反応
炭酸水素ナトリウム	少しとけた	無色からうすい赤色になった
白い固体R	よくとけた	無色から濃い赤色になった

(1) 気体Pは何ですか。化学式を書きなさい。 (　　　　)

(2) 次の文は**実験 1** の結果についてまとめたものです。①，②にあてはまるものは何ですか。①はア～ウから，②はア～エから選び，それぞれ記号を書きなさい。①(　　　) ②(　　　)

> 炭酸水素ナトリウムの加熱で起こる化学変化は①{ア．酸化　イ．中和　ウ．分解}である。また，塩化コバルト紙の色は②{ア．桃色から青色　イ．青色から桃色　ウ．桃色から赤色　エ．青色から白色}に変わった。

正答率 49% (3) 液体Qに電流を流すと化学変化が起こります。この化学変化を化学反応式で書きなさい。

(　　　　　　　　　　　　)

正答率 39% (4) 次の文は，**実験 2** の結果からわかることについてまとめたものです。①，②にあてはまるものは何ですか。①は物質名を書き，②はア～エから選び，その記号を書きなさい。

①(　　　　　　　　　　) ②(　　　)

> 白い固体Rは(　①　)で，水にとかすと，炭酸水素ナトリウムより②{ア．弱い酸性　イ．強い酸性　ウ．弱いアルカリ性　エ．強いアルカリ性}を示す。

3 水の電気分解 (7点×4＝28点)

水の電気分解について次の実験を行いました。あとの問いに答えなさい。 〈秋田県〉

実験 右図のように，水槽と管C，Dを，水酸化ナトリウムを水にとかした液(うすい水酸化ナトリウム水溶液)で満たした。電極Aを電源装置の＋極に，電極Bを－極につなぎ，6Vの電圧を加えて電流をしばらく流したところ，管Cの中に酸素，管Dの中に水素が集まった。

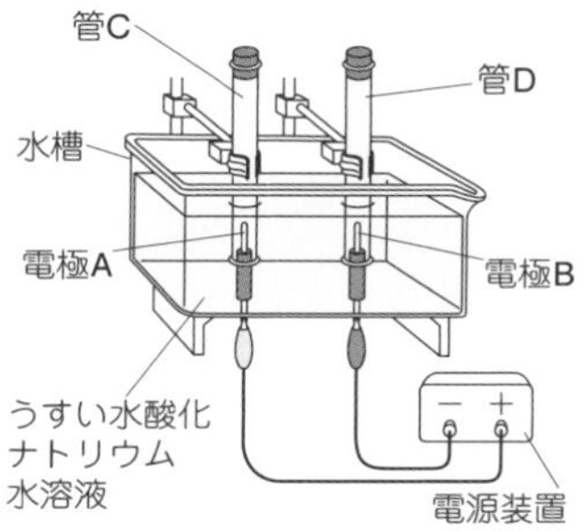

正答率 54% (1) 水のように2種類以上の元素でできている純粋な物質を何といいますか。 (　　　　)

正答率 81% (2) 下線部の物質を水にとかすのは何のためですか。

(　　　　　　　　　　　　)

正答率 75% (3) 水の電気分解のように，1種類の物質が2種類以上の別の物質に分かれる化学変化が起こるものを，次のア～エから選び，その記号を書きなさい。 (　　　)

ア　酸化銀を加熱する。　　　イ　鉄と硫黄を混ぜて加熱する。

ウ　水を加熱する。　　　　　エ　銅粉を空気中で加熱する。

正答率 27% (4) 図の装置で電流を流し続けると，うすい水酸化ナトリウム水溶液は少しずつ濃くなっていきます。それはなぜですか。 (　　　　　　　　)

2年／物質

14 いろいろな化学変化

酸化と還元の関係を理解しよう！

重要度★★★

学習日　　月　　日

ポイント整理

① 硫黄と結びつく化学変化

◐ 鉄と硫黄《いおう》の反応

右の図のように，鉄粉と硫黄の粉末の混合物の上部を加熱し，赤く色が変わり始めたら加熱をやめる。
反応で発生する熱によりさらに反応が進み，硫化鉄という新しい物質ができる。

⇩

右の表より，鉄と硫黄は異なる物質（硫化鉄）に変化したことがわかる。

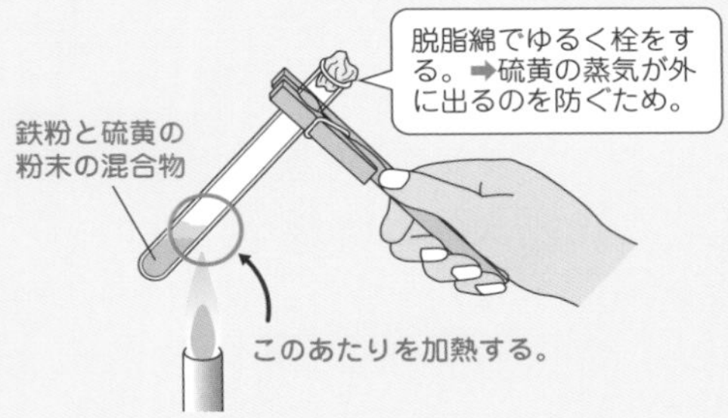

起こった化学変化… 鉄 ＋ 硫黄 ―(熱)→ 硫化鉄

化学反応式………… $Fe + S \longrightarrow FeS$

鉄が磁石に引きつけられる。

	硫化鉄（加熱後）	鉄と硫黄の混合物（加熱前）
磁石を近づける	磁石につかない。	磁石につく。
塩酸を加える	硫化水素が発生。	水素が発生。

卵のくさったようなにおい。（硫化水素）　無臭（水素）

◐ 銅と硫黄の反応

①硫黄を加熱して発生させた硫黄の蒸気の中に，熱した銅板や銅線を入れると，激しく反応して黒色の硫化銅になる。

②銅板の上に硫黄の粉末を置いておくと，ゆっくり反応して銅板の表面が硫化銅になる。

起こった化学変化… 銅 ＋ 硫黄 ⟶ 硫化銅

化学反応式………… $Cu + S \longrightarrow CuS$

② 酸化・還元

◐ 酸化《さんか》…物質が酸素と結びついて別の新しい物質ができる化学変化。

酸化物 酸化によってできる物質。

燃焼《ねんしょう》 熱や光を出しながら激しく進む酸化。

入試によく出る実験 酸化銅の水素による還元

・酸化銅に水素を送りながら加熱する。

［酸化銅は還元されて銅になる。
　水素は酸化されて水になる。

酸化銅 ＋ 水素 ⟶ 銅 ＋ 水（水蒸気）

$CuO + H_2 \longrightarrow Cu + H_2O$

（還元：酸化銅 → 銅　酸化：水素 → 水）

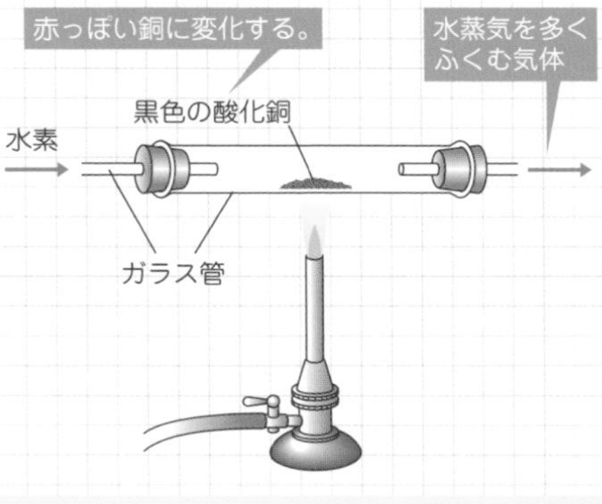

即答チェックの答え ①硫化鉄　②硫化水素　③酸化　④燃焼　⑤水（水蒸気）　⑥還元　⑦二酸化炭素　⑧酸化銅　⑨吸熱反応　⑩発熱反応

入試必勝ワード 硫化鉄 酸化 酸化物 燃焼 還元 発熱反応 吸熱反応

①**金属の酸化(燃焼)**…気体は発生せず，結びついた酸素の分だけ質量が大きくなる。

- スチールウール(鉄)**の燃焼**…スチールウールをガスバーナーで加熱して酸素の入った集気びんの中に入れると，火花を出しながら激しく燃焼し，黒色の酸化鉄になる。
- マグネシウム**の燃焼**…マグネシウムリボンをガスバーナーで加熱すると，激しく熱と光を出しながら燃焼して，酸化マグネシウムになる。

$2Mg + O_2 \longrightarrow 2MgO$
マグネシウム ＋ 酸素 → 酸化マグネシウム

- 銅の酸化…銅粉をステンレス皿に入れ，ガスバーナーで加熱すると，黒色の酸化銅になる。

$2Cu + O_2 \longrightarrow 2CuO$
銅 ＋ 酸素 → 酸化銅

②有機物の燃焼…炭素と水素をふくむので，二酸化炭素と水(水蒸気)が発生する。

有機物(炭素 水素) ＋ 酸素 → 二酸化炭素 ＋ 水

還元《かんげん》…酸化物が酸素をうばわれる化学変化。
酸化と還元は同時に起こる。

①**酸化銅の炭素による還元**
酸化銅の粉末と炭素の粉末の混合物を加熱すると，酸化銅は還元されて銅になり，炭素は酸化されて二酸化炭素になる。

(還元：酸化銅 → 銅，酸化：炭素 → 二酸化炭素)
酸化銅 ＋ 炭素 → 銅 ＋ 二酸化炭素
$2CuO + C \longrightarrow 2Cu + CO_2$

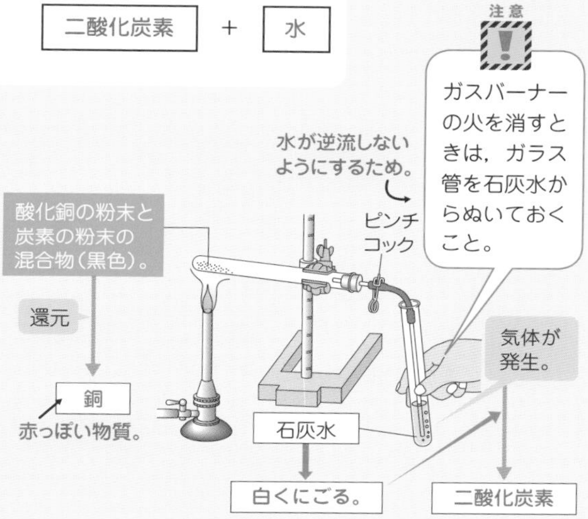

②**酸化銅の水素による還元**(→ p.60)

③ 発熱反応と吸熱反応

発熱反応 熱が発生する反応
- 酸化(燃焼)
- 酸化カルシウムと水の反応
- 鉄と硫黄の反応

吸熱反応 熱を吸収する反応
- 塩化アンモニウムと水酸化バリウムの反応
- 炭酸水素ナトリウムとクエン酸の反応

即答チェック

- □ ① 鉄と硫黄が結びつくと何という物質になりますか。〔　　　〕
- □ ② 硫化鉄に塩酸を加えると，何という気体が発生しますか。〔　　　〕
- □ ③ 物質が酸素と結びつくことを何といいますか。〔　　　〕
- □ ④ 熱や光を出しながら激しく進む酸化を何といいますか。〔　　　〕
- □ ⑤ 有機物が燃焼すると，ふつう二酸化炭素と何ができますか。〔　　　〕
- □ ⑥ 酸化物が酸素をうばわれる化学変化を何といいますか。〔　　　〕
- □ ⑦ 酸化銅と炭素の粉末の混合物を加熱すると，銅と何ができますか。〔　　　〕
- □ ⑧ ⑦で還元されたのは酸化銅と炭素のどちらですか。〔　　　〕
- □ ⑨ まわりから熱を吸収する反応を何といいますか。〔　　　〕
- □ ⑩ まわりに熱を放出する反応を何といいますか。〔　　　〕

14 トレーニングテスト

→別冊解答 p.11

1 鉄と硫黄の反応 （(1)～(3)6点×7，(4)8点×2，計58点）

鉄を用いて，化学変化の前後の物質の性質を調べるために，次の２つの実験を行いました。あとの問いに答えなさい。 〈和歌山県〉

実験１ 図１のように，かたくまるめたスチールウールをガスバーナーでよく加熱し，じゅうぶん冷めてから手でもんでみると，ボロボロとくずれた。

図１

図２

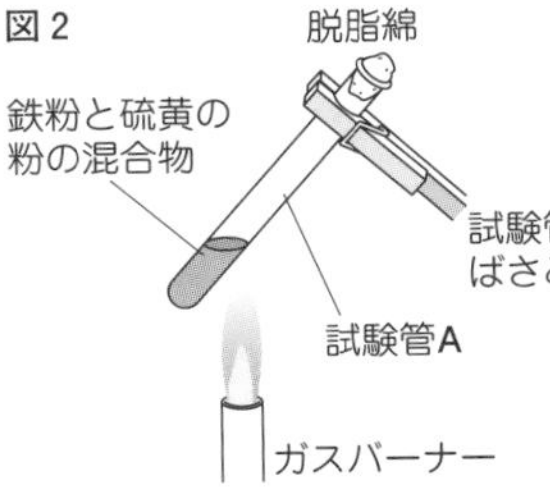

実験２

i　鉄粉と硫黄の粉の混合物を，２本の試験管A，Bに同量入れた。

ii　図２のように，試験管Aの口を脱脂綿でふたをし，混合物の上部をガスバーナーで加熱した。上部が赤く変わり始めたら加熱をやめ，変化が終わるのを待った。その後，温度が下がってから，中の黒色の物質を少量取り出して，別の試験管Cに入れた。

iii　試験管Bは，加熱せず，中身を少量取り出して，別の試験管Dに入れた。

iv　試験管C，Dにそれぞれうすい塩酸を加え，発生した気体のにおいをかいだ。

(1)　**実験１**について，次の問いに答えなさい。

①　スチールウールを加熱したとき，スチールウールは何と結びつきましたか。(　　　　　)

②　加熱した物質が①の物質と結びつく反応を，次の**ア～エ**から選び，その記号を書きなさい。(　　　)

ア　酸化銀の加熱　　**イ**　水の加熱

ウ　炭酸水素ナトリウムの加熱　　**エ**　炭素粉末の加熱

(2)　**実験２**のiiについて，次の問いに答えなさい。

重要 ①　試験管Aの鉄と硫黄の化学変化を化学反応式で書きなさい。(　　　　　　　　　)

②　このときできた黒色の物質を何といいますか。(　　　　　)

(3)　**実験２**のivについて，次の問いに答えなさい。

①　発生した気体のにおいは，どのようにしてかげばよいか，書きなさい。(　　　　　　　　　　　)

②　試験管C，Dから発生した気体は，それぞれ何ですか。次の**ア～オ**から１つずつ選び，その記号を書きなさい。　試験管C(　　　)　試験管D(　　　)

ア　水素　　**イ**　塩素　　**ウ**　二酸化炭素　　**エ**　硫化水素　　**オ**　酸素

差がつく (4)　**実験１，２**の結果，化学変化によって鉄の性質が変わることがわかりました。化学変化のあとにできた物質に鉄の性質があるかどうかを確かめるためには，どのような実験をすればよいですか。その実験方法を２つ書きなさい。ただし，水溶液は使わないものとします。

(　　　　　　　　　　　　)(　　　　　　　　　　　　)

2 酸素が関係する化学変化 (7点×6＝42点)

化学変化について調べるために，実験 1，2 を行いました。あとの問いに答えなさい。 〈沖縄県〉

実験 1 銅の粉末をステンレス皿にとり，**図 1** のように，銅をガスバーナーでステンレス皿ごと加熱したところ，銅の粉末は空気中の酸素と結びついて色が変化した。

図 1

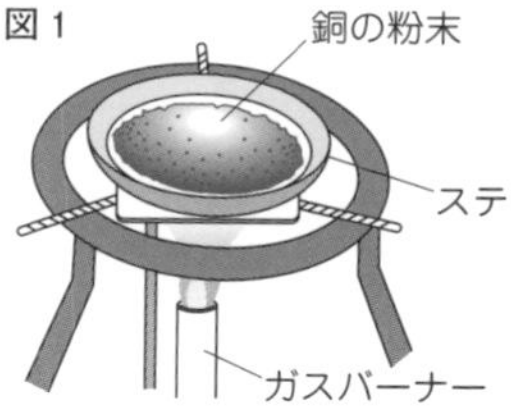

(1) 物質が酸素と結びつくことを何といいますか。

( )

(2) 銅の粉末は空気中の酸素と結びつくことで，ある物質へ変化しました。その物質の名称と色を答えなさい。

名称( ) 色( )

実験 2 **図2** のように銅線をガスバーナーの炎の中に入れて熱すると，銅の色は**実験 1** と同じように変化した。次に熱した銅線を水素の入っている試験管に入れたり出したりしたところ，銅の色がもとにもどり，試験管の中はくもって，水滴ができた。

図 2

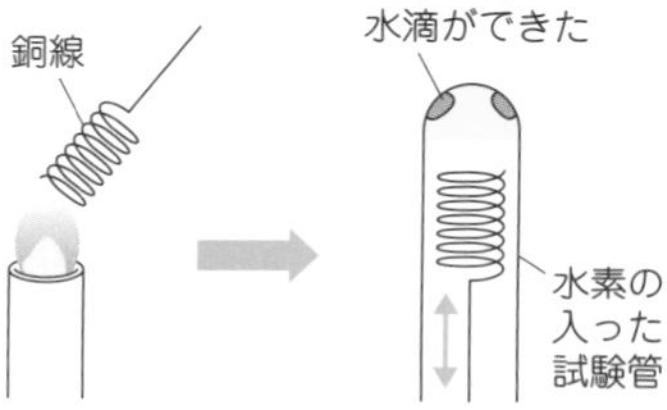

差がつく

(3) **実験 2** において，試験管の中で起きた化学変化をモデルで正しく表しているのはどれですか。次の**ア**～**エ**から選び，その記号を書きなさい。ただし，銅原子を●，酸素原子を○，水素原子を◎とします。 ( )

ア ●○ ＋ ◎◎ ⟶ ● ＋ ◎○◎	イ ●○ ●○ ＋ ◎◎ ◎◎ ⟶ ● ● ＋ ◎○ ◎○
ウ ○●○ ＋ ◎◎ ◎◎ ⟶ ● ＋ ◎○ ◎○	エ ○●○ ○●○ ＋ ◎◎ ◎◎ ⟶ ● ● ＋ ◎○◎ ◎○◎

(4) 試験管の中で起きた化学変化において，酸素と結びついた物質は何ですか。化学式で答えなさい。 ( )

(5) 身近な生活の中で化学変化は起きています。特に空気中には酸素があるため，酸素を利用した化学変化は多いです。酸素を利用していないものを，次の**ア**～**エ**から選び，その記号を書きなさい。 ( )

ア 冬場に使い捨てかいろ(化学かいろ)を使う。

イ 炭酸水素ナトリウム(重そう)を用いて，ホットケーキをつくる。

ウ バーベキューをするために，木炭に火をつける。

エ 燃料電池を利用し，バスや自動車を走らせる。

HINT (3)酸化銅は CuO，水素は H_2，銅は Cu，水は H_2O である。

2年／物質

15

化学変化に関係する計算問題の解法をマスターしよう！

重要度★★★

化学変化と物質の質量

学習日　　月　　日

ポイント整理

① 化学変化の前後の質量

◐ **質量保存の法則**…化学変化の前後で，物質全体の質量が変わることはないという法則。
この法則は，化学変化だけでなく，状態変化など，物質の変化すべてに成り立つ。

①気体が発生する化学変化の例
…炭酸水素ナトリウムとうすい塩酸を密閉容器内で反応させると，容器内で二酸化炭素が発生するが，容器全体の質量は反応の前後で変化しない。反応後にふたをゆるめると，容器内の気体の一部が出ていくため，容器全体の質量は小さくなる。

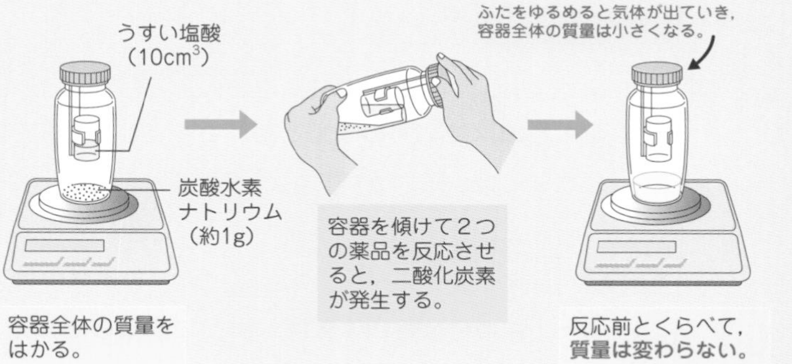

炭酸水素ナトリウム	＋	塩酸	⟶	塩化ナトリウム	＋	二酸化炭素	＋	水
$NaHCO_3$	＋	HCl	⟶	$NaCl$	＋	CO_2(気体)	＋	H_2O

石灰石とうすい塩酸の反応(二酸化炭素が発生)や塩化アンモニウムと水酸化ナトリウムの反応(アンモニアが発生)でも，密閉容器の中で反応させると，反応の前後で容器全体の質量は変化しないよ。

②沈殿が生じる化学変化の例…右の図のように反応させると，硫酸バリウムの白色沈殿が生じるが，ビーカーをふくめた全体の質量は反応の前後で変化しない。
これは，空気中へ出ていく物質や空気中から入りこむ物質がないためである。

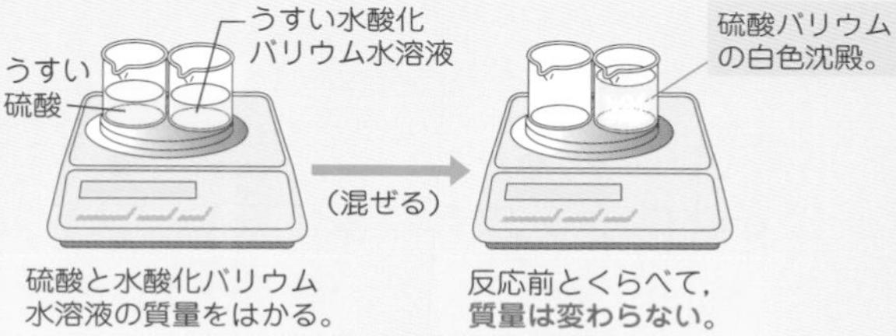

硫酸	＋	水酸化バリウム	⟶	硫酸バリウム	＋	水
H_2SO_4	＋	$Ba(OH)_2$	⟶	$BaSO_4$(白色沈殿)	＋	$2H_2O$

入試によく出る実験

金属を加熱したときの質量の変化

① 銅粉やマグネシウム粉をステンレス皿にうすく広げ，全体の質量をはかる。
② 強い火で5分間加熱する。
※マグネシウムを加熱するときは飛び散らないように，図1のように金あみをかける。
③ 加熱後，質量をはかってから粉末をよくかき混ぜる。
④ 質量が変わらなくなるまで，②，③をくり返す。図2は，そのときの結果を示すグラフである。

図1

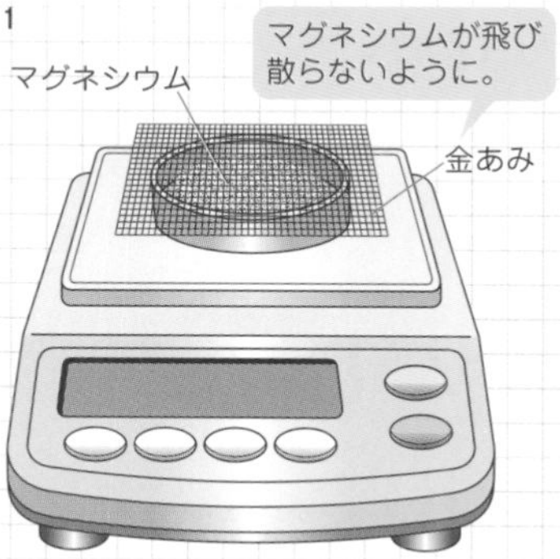

図2

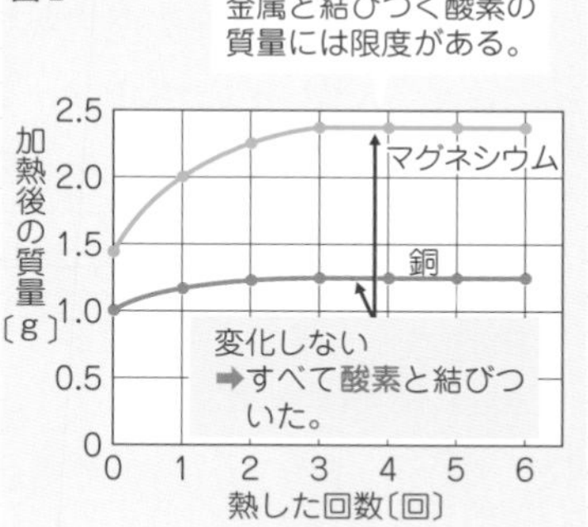

即答チェックの答え　①質量保存の法則　②二酸化炭素　③変化しない　④小さくなっている　⑤4：1　⑥0.5g

入試必勝ワード 質量保存の法則

※うすい硫酸とうすい塩化バリウム水溶液の反応(硫酸バリウムの白色沈殿)や炭酸ナトリウム水溶液と塩化カルシウム水溶液の反応(炭酸カルシウムの白色沈殿)でも，反応の前後で全体の質量は変化しない。

硫酸 ＋ 塩化バリウム ⟶ 硫酸バリウム ＋ 塩化水素
H_2SO_4 ＋ $BaCl_2$ ⟶ $BaSO_4$(白色沈殿) ＋ $2HCl$

炭酸ナトリウム ＋ 塩化カルシウム ⟶ 炭酸カルシウム ＋ 塩化ナトリウム
Na_2CO_3 ＋ $CaCl_2$ ⟶ $CaCO_3$(白色沈殿) ＋ $2NaCl$

③**密閉容器の中での物質の燃焼**…密閉容器の中で物質を燃焼させても，物質の出入りがないので，容器全体の質量は反応の前後で変化しない。
密閉容器の中で銅粉や鉄粉などを燃焼させると容器内の酸素が金属と結びついて容器内の気圧(→p.76)が小さくなるため，栓をゆるめると空気が入ってきて全体の質量が大きくなる。

2 化学変化する物質の質量の割合

●**結びつく物質の質量の比は**一定である。
理由：物質をつくっている原子どうしが決まった割合で結びつくため。
結びつく物質Aと物質Bの質量で，一方に過不足があるときは，多いほうの物質の一部が反応しないで残る。

●銅やマグネシウムの質量を変えて加熱し，加熱後の酸化物の質量を測定しグラフにまとめると**図1**のようになった。
結びついた酸素の質量と加熱前の金属の質量との関係をグラフにまとめると**図2**のようになった。

図1
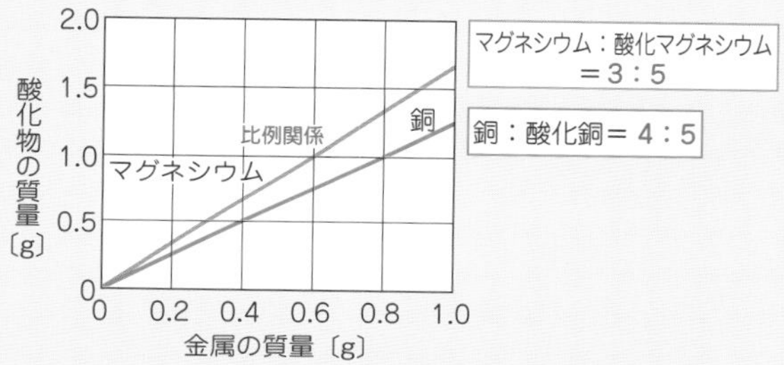

図2
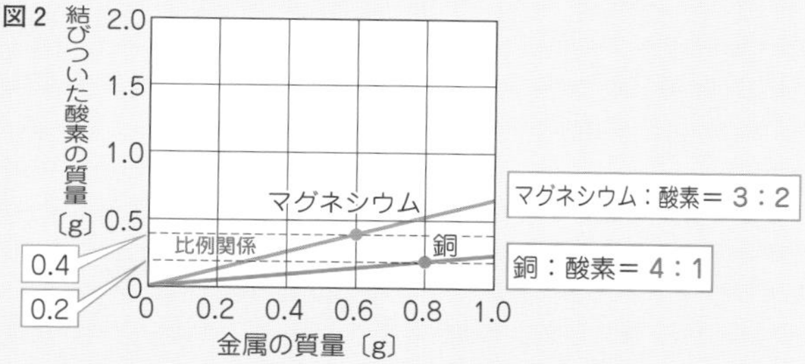

大切
結びついた酸素の質量 ＝ 酸化物の質量 － 金属の質量

即答チェック

□ ① 化学変化の前後で，物質全体の質量が変わらないことを何といいますか。〔　　〕
□ ② 炭酸水素ナトリウムと塩酸の反応で発生する気体は何ですか。〔　　〕
□ ③ 密閉容器の中で②の反応を行ったとき，反応の前後で容器全体の質量はどうなりますか。〔　　〕
□ ④ ③のあと，容器の栓をゆるめてしばらく放置し，再び質量をはかると，容器全体の質量はどうなっていますか。〔　　〕
□ ⑤ 銅 0.8 g をじゅうぶん加熱すると，1.0 g の酸化銅ができました。銅と酸素が結びつく質量の割合は何：何ですか。〔　　〕
□ ⑥ 銅 2.0 g をじゅうぶん加熱したとき，結びつく酸素の質量は何 g ですか。〔　　〕

15 トレーニングテスト

→別冊解答 p.12

1 化学変化の前後の質量 (10点×4＝40点)

化学変化と物質の質量の変化の関係を調べるために，次の実験 1，2 を行いました。これについて，あとの問いに答えなさい。

〈高知県〉

実験 1 図 1 のように，密閉できる 400 cm^3 の容器の中に，20cm^3 のビーカーを固定した装置がある。この装置の 20 cm^3 のビーカーにうすい塩酸 10 cm^3 を入れ，400 cm^3 の容器の底に炭酸水素ナトリウム 1.00 g を入れて密閉した。この密閉した装置を電子てんびんにのせ，質量を測定したところ 95.50 g であった。その後，密閉した装置を傾けて，炭酸水素ナトリウムにうすい塩酸を加えると，気泡が発生した。気泡が発生したあと，密閉した装置全体の質量を測定したところ 95.50 g であった。

図 1

実験 2 図 2 のように，２つの 100 cm^3 のビーカー A，B を用意し，ビーカー A には炭酸ナトリウム水溶液 20 cm^3 を，ビーカー B には塩化カルシウム水溶液 20 cm^3 を入れ，ビーカー A，B を同時に電子てんびんにのせ，質量を測定したところ 165.50 g であった。次に，ビーカー A の炭酸ナトリウム水溶液をビーカー B の塩化カルシウム水溶液にすべて加えると，白い沈殿ができた。その後，ビーカー A，B を同時に電子てんびんにのせ，質量を測定したところ 165.50 g であった。

図 2

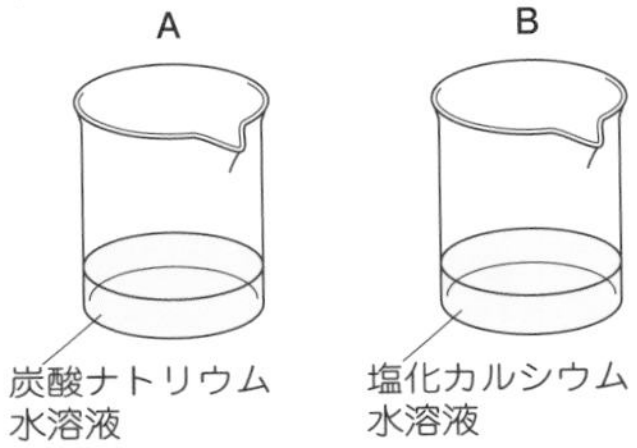

正答率 74% (1) **実験 1** で発生した気体は二酸化炭素です。二酸化炭素を発生させる方法として正しいものを，次の**ア**～**エ**から選び，その記号を書きなさい。 (　　　)

ア 酸化銀を加熱する。　　**イ** 鉄にうすい塩酸を加える。

ウ 石灰石にうすい塩酸を加える。　　**エ** 塩化アンモニウムに水酸化ナトリウムを加える。

(2) **実験 2** で沈殿した物質は何ですか。物質名を書きなさい。 (　　　　　　　　　　　)

正答率 75% (3) **実験 1，2** それぞれの結果から，1 回目に測定した質量と 2 回目に測定した質量は，変化していないことが分かりました。このことを説明した次の文の(　X　)にあてはまる語を書きなさい。 (　　　　　　　　　)

化学反応の前後で物質全体の質量は変わらない。このことを(　X　)の法則という。

正答率 66% (4) 実験の結果のように，化学変化が起こっても物質全体の質量が変化しなかったのはなぜですか。その理由を述べた文として正しいものを，次の**ア**～**エ**から選び，その記号を書きなさい。 (　　　)

ア 物質をつくる原子の組み合わせと原子の種類や数がともに変化するから。

イ 物質をつくる原子の組み合わせと原子の種類や数がともに変化しないから。

ウ 物質をつくる原子の組み合わせは変化するが，原子の種類や数は変化しないから。

エ 物質をつくる原子の組み合わせは変化しないが，原子の種類や数は変化するから。

2 金属の酸化と質量の関係① （12点）

銅の粉末を黒色になるまでじゅうぶんに加熱して，完全に酸化したあとの粉末の質量をはかり，加熱前の銅の粉末の質量と加熱後の粉末の質量との関係を右図に表しました。銅 1.2 g をじゅうぶんに加熱し，完全に酸化したとき，この銅に結びついた酸素の質量は何 g ですか。 〈北海道〉

（　　　　　）

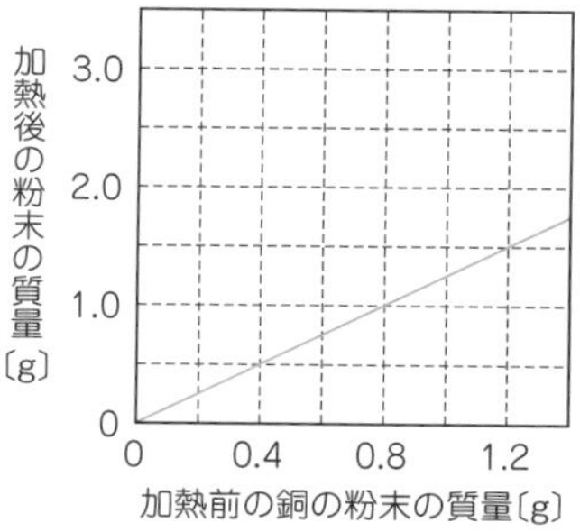

3 金属の酸化と質量の関係② （12点×4＝48点）

次の実験について，あとの問いに答えなさい。 〈長崎県〉

実験 図 1 のように，マグネシウムの粉末 0.3 g を入れたステンレス皿に，金あみをかぶせ飛び散らないようにして，ガスバーナーで一定時間加熱することによりマグネシウムと酸素を反応させた。よく冷ましたあと，ステンレス皿内の物質の質量だけを測定した。この操作を，質量が増加しなくなるまで繰り返した。図 2 は，加熱の回数とステンレス皿内の物質の質量の関係をグラフに表したものである。次に，マグネシウムの粉末の質量を変えて，同様の実験を行った。次の表は，マグネシウムの粉末と加熱後の物質の質量をまとめたものである。

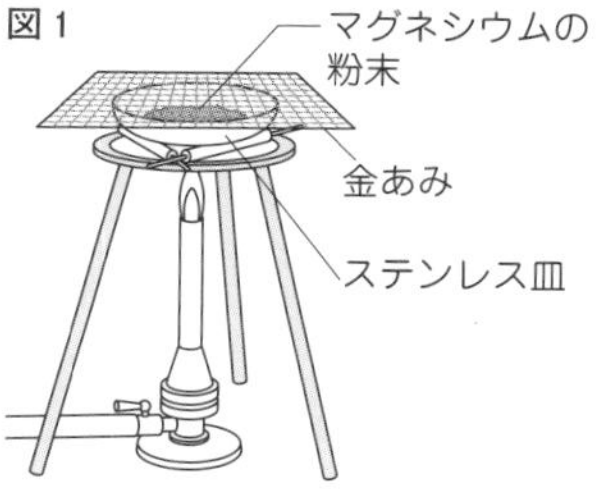

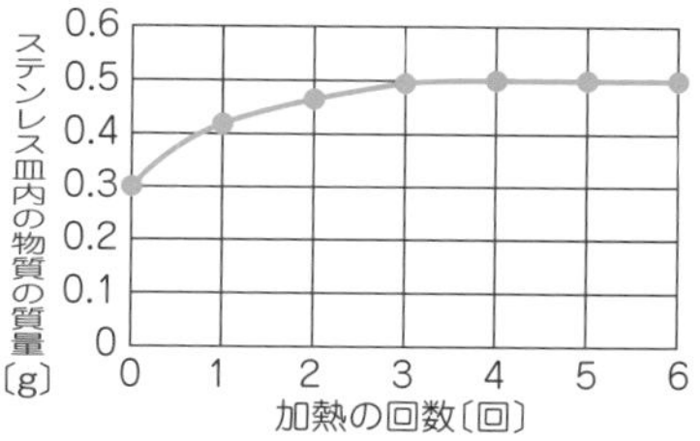

マグネシウムの粉末の質量〔g〕	0.3	0.6	0.9	1.2
加熱後の物質の質量〔g〕	0.5	1.0	1.5	2.0

(1) マグネシウムと酸素が反応してできた物質を何といいますか。名前を書きなさい。

（　　　　　）

(2) マグネシウムの粉末を 2.1 g 用いて同様の実験を行ったときの，加熱後の物質の質量を求めなさい。 （　　　　　）

(3) 表から，マグネシウムの粉末の質量と結びついた酸素の質量の関係を表すグラフを右にかきなさい。

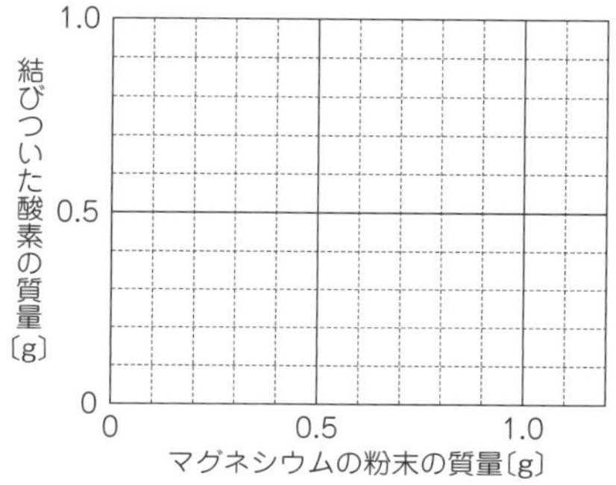

(4) マグネシウムのかわりに銅の粉末 1.6 g を用いて一定時間加熱し，よく冷ましたあとの質量を測定したところ，1.9 g でした。このとき，0.4 g の銅が酸素と反応していませんでした。このことより，反応した銅と酸素の質量の比を最も簡単な整数比で答えなさい。 銅：酸素＝（　　：　　）

2年／エネルギー

16 電流と回路

電流・電圧・抵抗・電力・電力量を求めよう！

重要度★★★

学習日　　月　　日

ポイント整理

① 回路と電流・電圧

◐ **回路《かいろ》**…電流が流れる道筋。

回路図　**電気用図記号**で回路全体を表した図。

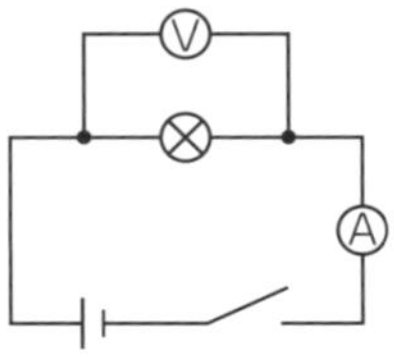

▼電気用図記号

電池・直流電源	電球	スイッチ	抵抗器・電熱線	電流計	電圧計
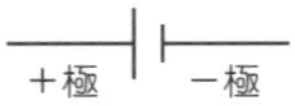 ＋極　－極	⊗			Ⓐ	Ⓥ

直列回路《ちょくれつかいろ》　枝分かれしない１本道でつながっている回路。

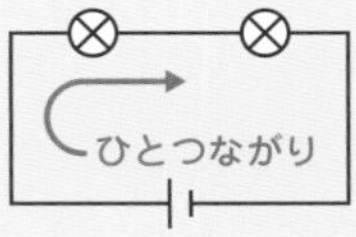

並列回路《へいれつかいろ》　とちゅうで枝分かれしている回路。

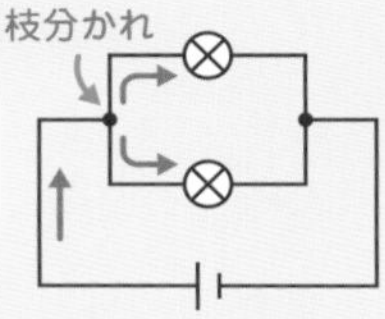

電流　回路を流れる電気のこと。
単位…アンペア(A)，
　　　ミリアンペア(mA)
1 A ＝1000 mA，1 mA ＝0.001 A

電圧《でんあつ》　電流を流すはたらきのこと。
単位…ボルト(V)

◐ **電流の流れ方**

直列回路	どこも同じ大きさの電流が流れる。	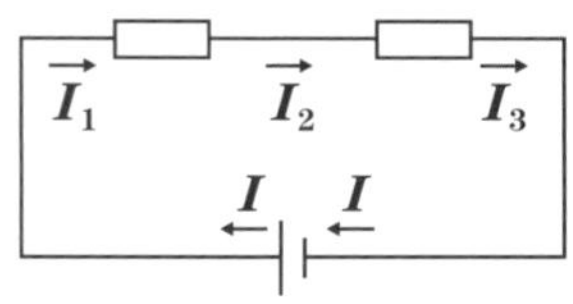 $I=I_1=I_2=I_3$	並列回路	枝分かれした電流の和は，枝分かれ前後の電流に等しい。	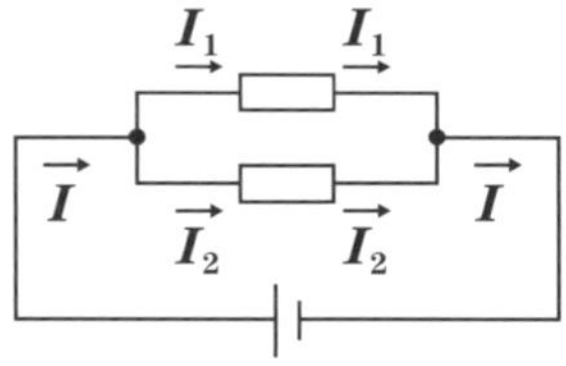 $I=I_1+I_2$

入試によく出る計算　電流・電圧・抵抗の関係から求める計算問題

電流を I〔A〕，電圧を V〔V〕，抵抗を R〔Ω〕としたとき，

$$V=RI,\quad I=\frac{V}{R},\quad R=\frac{V}{I}$$

➡

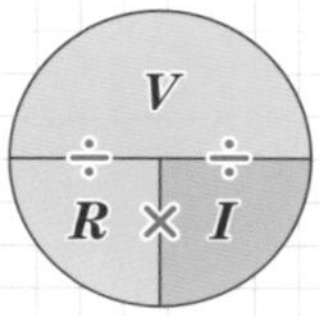

となる。

求める部分をかくすと，
残った部分に，
それを求める式ができる。

問題と解き方

① ３Ωの電熱線に２Aの電流が流れているとき電熱線に加わっている電圧は？
　$V = RI = 3\ \Omega\times 2\ \mathrm{A} = 6\ \mathrm{V}$

② ２Ωの電熱線に６Vの電圧を加えたとき，流れる電流は？
　$I = \dfrac{V}{R} = \dfrac{6\ \mathrm{V}}{2\ \Omega} = 3\ \mathrm{A}$

③ ある電熱線に12 Vの電圧を加えたとき，３Aの電流が流れた。電熱線の抵抗は？
　$R = \dfrac{V}{I} = \dfrac{12\ \mathrm{V}}{3\ \mathrm{A}} = 4\ \Omega$

即答チェックの答え　①電流計　②並列回路　③オームの法則　④抵抗（電気抵抗）　⑤Ω　⑥電力　⑦ワット　⑧電力量　⑨ジュール　⑩電力

電圧の加わり方

直列回路	各部分の電圧の和が，電源の電圧（全体の電圧）に等しい。	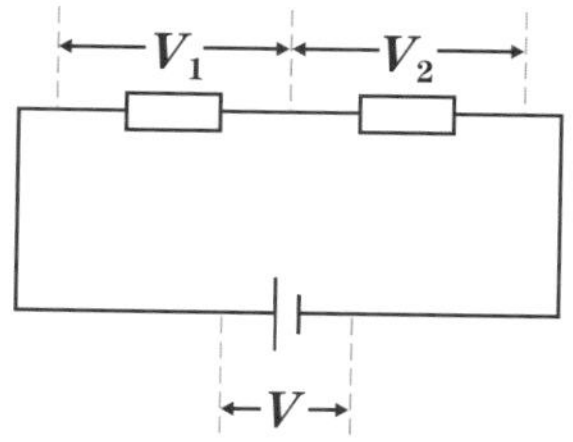 $V = V_1 + V_2$
並列回路	どこも電源の電圧（全体の電圧）と同じ大きさの電圧が加わる。	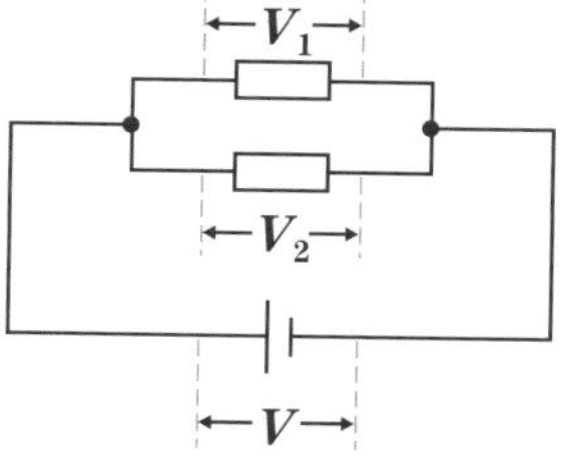 $V = V_1 = V_2$

② 電流のはたらき

電流・電圧の関係と抵抗

抵抗をもった装置（抵抗器）を抵抗ということもあるよ！

オームの法則　電流は電圧に比例する。

抵抗《ていこう》（電気抵抗）　電流の流れにくさ。
単位…オーム（Ω）

電流のはたらき

電力　1 秒間に使う電気エネルギーの量。
電気器具の能力を表すときにも用いる。
単位…ワット（W）
電力〔W〕＝電圧〔V〕×電流〔A〕

熱量　電流を流すときに発生する熱の量。
単位…ジュール（J）
熱量〔J〕＝電力〔W〕×時間〔s〕

電力量　消費された電気エネルギーの量。
単位…ジュール（J），キロワット時（kWh）
電力量〔J〕＝電力〔W〕×時間〔s〕
電力量〔kWh〕＝電力〔kW〕×時間〔h〕

熱量と電力量（単位を J としたとき）の求め方は同じだね。電気料金の明細には電力量が kWh で示されてるよ。

即答チェック

- □ ① Ⓐは，何を表す電気用図記号ですか。　〔　　　〕
- □ ② とちゅうで枝分かれしている回路を何といいますか。　〔　　　〕
- □ ③ 電流が電圧に比例することを何といいますか。　〔　　　〕
- □ ④ 電流の流れにくさを何といいますか。　〔　　　〕
- □ ⑤ ④の単位を表す記号を書きなさい。　〔　　　〕
- □ ⑥ 1 秒間に使う電気エネルギーの量を何といいますか。　〔　　　〕
- □ ⑦ ⑥の単位をカタカナで書きなさい。　〔　　　〕
- □ ⑧ 消費された電気エネルギーの量を何といいますか。　〔　　　〕
- □ ⑨ ⑧の単位 J は何と読みますか。カタカナで書きなさい。　〔　　　〕
- □ ⑩ 電熱線からの発熱量は，何と時間の積によって求められますか。　〔　　　〕

16 トレーニングテスト

→別冊解答 p.13

1 直列回路と並列回路 （(1)(2)9点×4，(3)8点，計44点）

右の図 1，2 の回路を用いて，電圧と電流を調べる実験を行いました。この実験に関して，あとの問いに答えなさい。〈新潟県〉

図 1

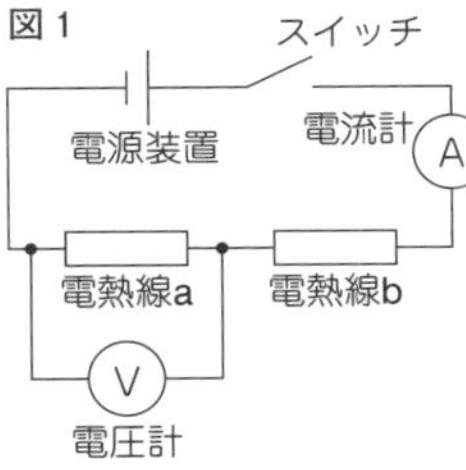

図 2

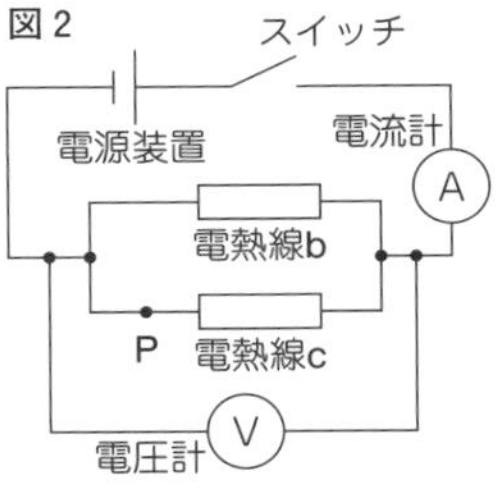

(1) 図 1 のように，電熱線 a と電気抵抗 35 Ωの電熱線 b を用いて回路をつくり，電熱線 a の電圧と電流を調べたところ右の表の結果が得られました。このとき，次の①〜③の問いに答えなさい。

電圧〔V〕	0	2.0	3.0	4.0	6.0
電流〔mA〕	0	80	120	160	240

正答率 77% ① この表をもとにして，電圧と電流の関係を表すグラフを右にかきなさい。

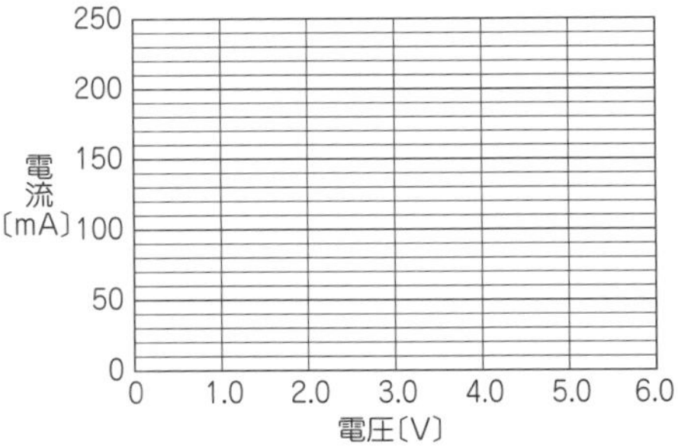

正答率 57% ② 電熱線 a の電気抵抗は何Ωか，求めなさい。（　　　　）

正答率 22% ③ 図 1 で回路の電圧計が 7.0 V を示しているとき，電熱線 b の両端に加わる電圧は何 V か，求めなさい。（　　　　）

正答率 28% (2) 図 2 のように，電熱線 b と電熱線 c を用いて回路をつくり，スイッチを入れたところ，回路の電圧計は 1.4 V を，電流計は 120 mA を示しました。このとき，回路の P 点を流れる電流は何 mA か，求めなさい。（　　　　）

正答率 40% (3) 図 1，2 のそれぞれの回路のスイッチを入れ，電流計がいずれも 180 mA を示すように電源装置を調整しました。このとき，消費する電力が最も大きい電熱線はどれですか。正しいものを，次のア〜エから選び，その記号を書きなさい。（　　）

ア　図 1 の電熱線 a　　イ　図 1 の電熱線 b　　ウ　図 2 の電熱線 b　　エ　図 2 の電熱線 c

HINT (2)並列回路では，どの部分にも同じ大きさの電圧が加わる。

2 電流と電圧 （8点×7＝56点）

次の実験について，あとの問いに答えなさい。〈三重県〉

図 2

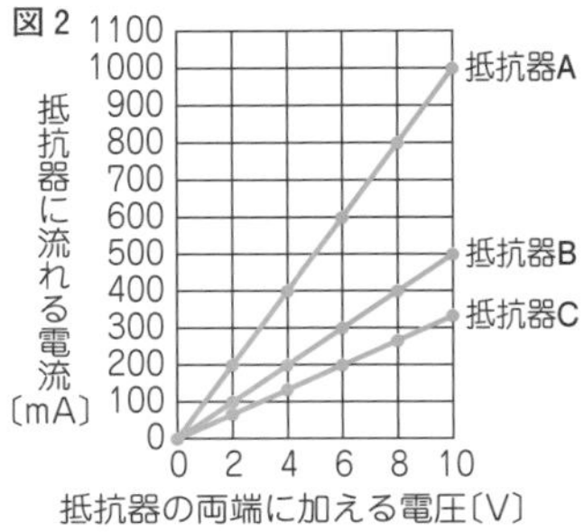

実験 回路に加える電圧と流れる電流の関係を調べるため，次の[1]〜[4]の実験を行った。

図 1

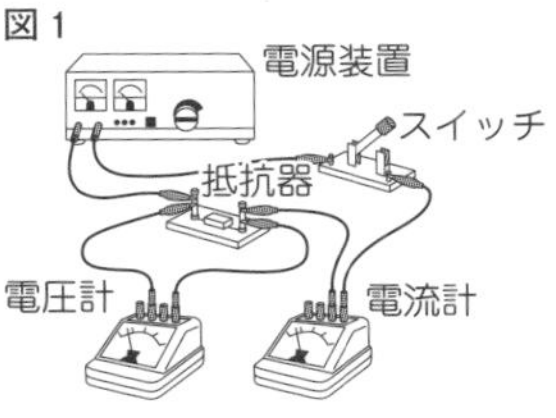

[1] 3 つの抵抗器 A，B，C のそれぞれについて，**図 1** の回路をつくり，抵抗器の両端に加える電圧を 0 V から 10.0 V まで，2.0 V ずつ上げて，それぞれの抵抗器に流れる電流の大きさを測定した。**図 2** は，その結果をグラフに表したものである。

2 図3のように，抵抗器Bと抵抗器Cの2つの抵抗器を用いて回路をつくり，電源装置で回路全体に電圧を加え，そのときの回路全体に流れる電流の大きさを測定した。

3 図4のように，抵抗器Aと抵抗器Bの2つの抵抗器を用いて回路をつくり，電源装置で回路全体に電圧を加え，そのときの回路全体に流れる電流の大きさを測定した。

図3

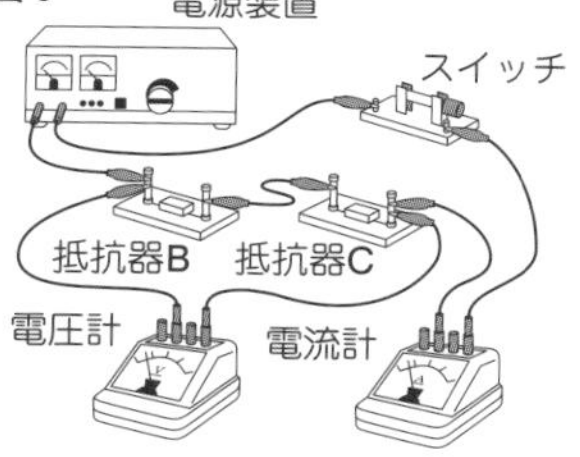

図4

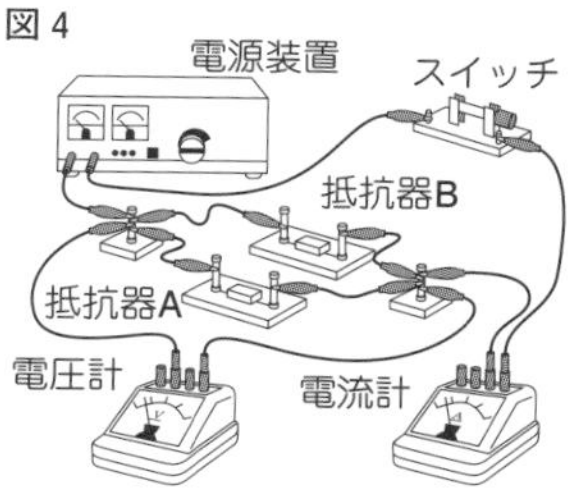

60 W 形電球	40 W 形電球
0.6 A	0.4 A

4 ある家庭で使われている60 W形電球と40 W形電球に，それぞれ100 Vの電圧を加え，流れる電流の大きさを測定したところ，上の表のような値になった。

重要 (1) 1について，図2のように，抵抗器を流れる電流は，抵抗器に加える電圧に比例します。この関係を表す法則を何というか，その名称を書きなさい。（　　　　　）

(2) 1の実験中のある段階において，電圧計と電流計の針が図5のように目盛りを指していました。これについて，次の(a)，(b)の各問いに答えなさい。

図5

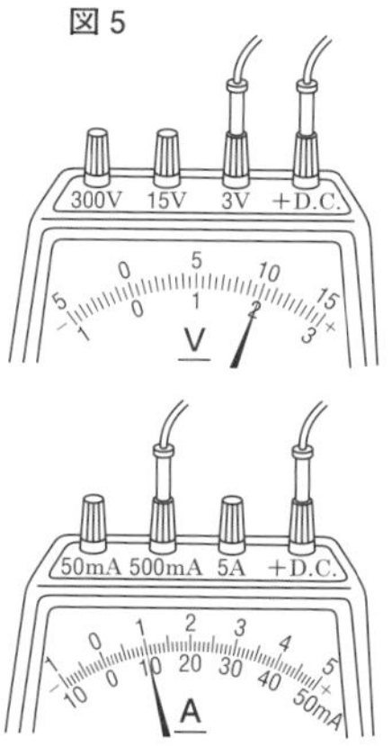

注意 (a) 抵抗器の両端に加えた電圧の大きさと回路全体を流れる電流の大きさとして，正しい組み合わせを次のア～エから選びなさい。（　　　）

ア 電圧 2.0 V 電流 100 mA　イ 電圧 2.0 V 電流 1.0 A

ウ 電圧 10.0 V 電流 100 mA　エ 電圧 10.0 V 電流 1.0 A

(b) 電圧計と電流計の針が図5のように目盛りを指していたときに用いていた抵抗器はA，B，Cのどれか，その記号を書きなさい。（　　　）

(3) 2について，回路全体に流れる電流が160 mAのとき，回路全体に加えた電圧は何Vか，求めなさい。（　　　）

(4) 3について，次の(a)，(b)の各問いに答えなさい。

(a) 回路全体に加えた電圧が12.0 Vのとき，回路全体に流れる電流は何Aか，求めなさい。（　　　）

(b) 図4の回路全体の抵抗の値は何Ωか，求めなさい。ただし，答えは小数第2位を四捨五入して，小数第1位まで求めなさい。（　　　）

差がつく (5) 4について，ある家庭では，60 W形電球2個と40 W形電球4個が使われています。60 W形電球2個を図6のような表示のある60 W相当のLED電球2個に，40 W形電球4個を図7のような表示のある40 W相当のLED電球4個にそれぞれ取り替えます。このとき，LED電球6個の消費電力は，取り替える前の電球6個の消費電力とくらべて，何%の節電になりますか，求めなさい。ただし，LED電球は，取り替える前の電球と同じ条件で使用し，表示どおりの電力が消費されるものとします。（　　　）

図6

消費電力10.6 W
(100 V)

図7

消費電力8.0 W
(100 V)

2年／エネルギー

17

モーターや発電機のしくみを理解しよう！

重要度★★★

磁界と静電気

学習日　　月　　日

ポイント整理

① 電流と磁界

磁力線はN極からS極までつながっているよ。

磁石のはたらき

磁界《じかい》 磁力(磁石の力)がはたらく空間。

磁界の向き 磁界の中の各点で磁針のN極がさす向き。

磁力線《じりょくせん》 磁界の向きをつないでできる曲線。
N極から出て，S極に入る。
磁力線が密になっているところほど磁界(磁力)が強い。

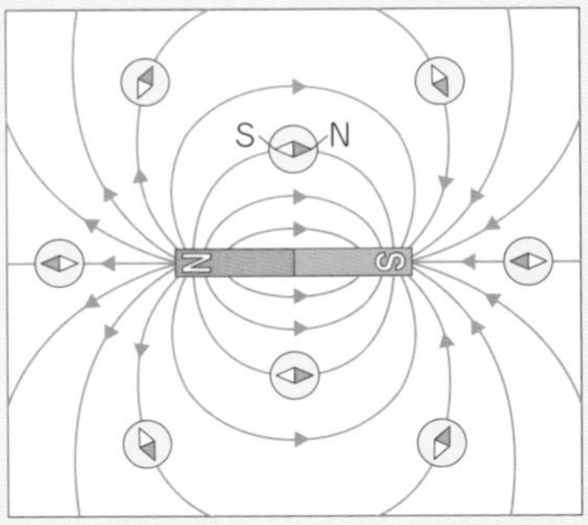

電流がつくる磁界

- **電流のまわりの磁界**…電流の向きに右ねじの進む向きを合わせると，磁界の向きが右ねじを回す向きと同じ向きで，同心円状の磁界ができる。

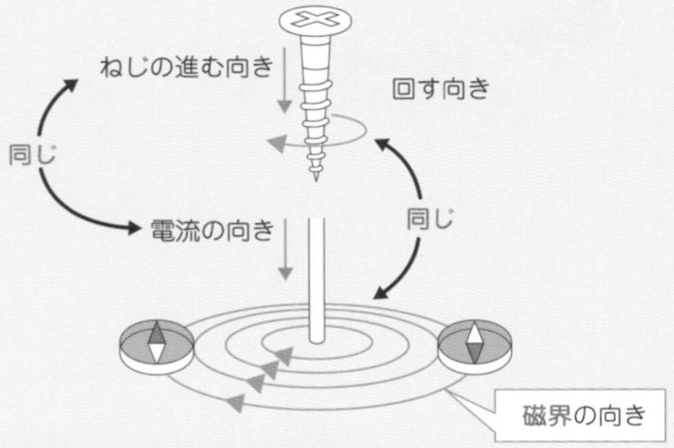

- **電流がつくる磁界の向きと強さ**
  ①電流の向きを反対にすると，磁界の向きも反対になる。
  ②電流を大きくすると，磁界は強くなる。

- **コイルのまわりの磁界**…コイルを流れる電流の向きに合わせて右手をにぎり，親指をのばしたとき，コイルの中に親指がさす向きと同じ向きの磁界ができる。

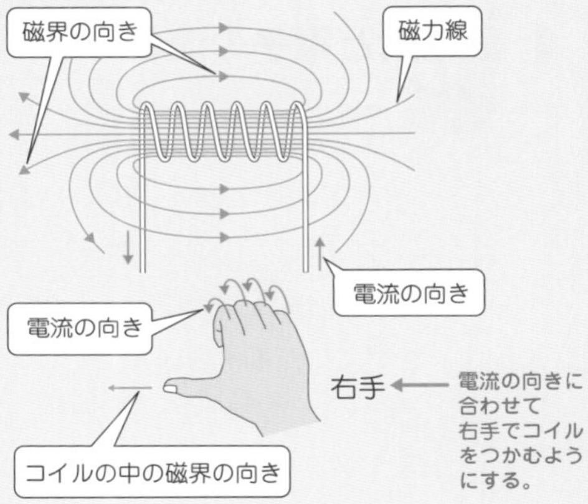

入試によく出る実験　電流が磁界から受ける力について調べる実験

図 1

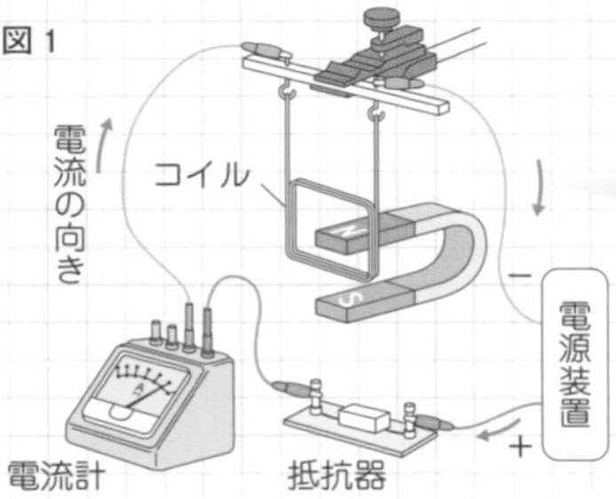

図 2

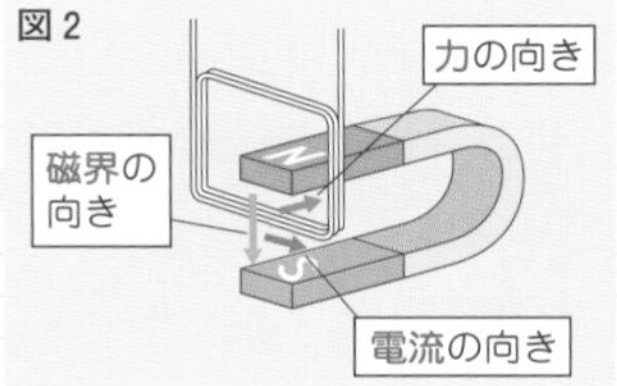

●図 1 の装置で，矢印の向きに電流を流すと，図 2 の力の向きにコイルが振れる。

① 電流の向きを逆にすると，コイルの振れる向きも逆になる。
② 磁界の向きを逆にすると，コイルの振れる向きも逆になる。
③ 電流を大きくしたり，磁界を強くしたりすると，コイルの振れが大きくなる。

即答チェックの答え　①磁界　②磁界の向き　③磁力線　④モーター　⑤電磁誘導　⑥誘導電流　⑦静電気　⑧陰極線(電子線)　⑨電子

入試必勝ワード 磁界　磁力線　電磁誘導　誘導電流　静電気　陰極線(電子線)

電流が磁界から受ける力…磁界の中で電流を流すと，電流は磁界から力を受ける。

・**力を大きくする方法**
①電流を大きくする。
②磁界を強くする。

・**力の向きを逆にする方法**
①電流の向きを逆にする。
②磁界の向きを逆にする。

モーターは，電流が磁界から受ける力を連続して取り出せるようにした装置だよ。

電磁誘導《でんじゆうどう》と発電

電磁誘導 コイル内部の磁界が変化したときに，コイルに電圧が生じる現象。

誘導電流《ゆうどうでんりゅう》 電磁誘導によって流れる電流。発電機で利用される。

※向きと大きさが周期的に変わる電流を交流，向きが一定で変わらない電流を直流という。

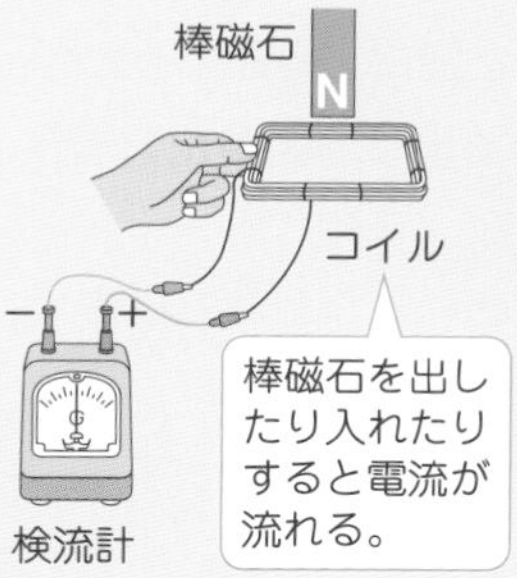

・**誘導電流を大きくする方法**
①コイルの巻数をふやす。
②磁界の変化を大きくする。
③磁石を磁力が強いものにかえる。

・**誘導電流の向きを逆にする方法**
①磁石の動かし方(近づけるか遠ざけるか)を変える。
②磁石の極を変える。

② 電流の正体

大切 電子の移動する向きは電流の向きと逆。

静電気《せいでんき》と電子の流れ

静電気 摩擦によって生じる電気。
・電子を受け取る➡−《マイナス》の電気を帯びる。
・電子を失う➡＋《プラス》の電気を帯びる。

陰極線《いんきょくせん》(電子線) 真空放電管の中の蛍光板を光らせるものを陰極線(電子線)といい，電子の流れである。

▼真空放電管《しんくうほうでんかん》(クルックス管)

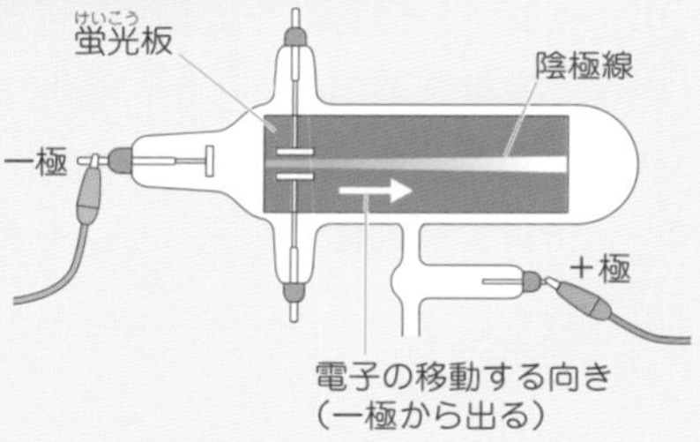

放射線《ほうしゃせん》…α《アルファ》線，β《ベータ》線，γ《ガンマ》線，X《エックス》線などがある。目に見えないが，物質を透過する性質などがある。

放射性物質 放射線を出す物質。
例 ウラン，ラジウム

放射線は生物の細胞を傷つけるおそれがあるから，利用には細心の注意や配慮が必要だよ。

即答チェック

□ ① 磁力のはたらく空間を何といいますか。〔　　　　〕
□ ② ①の中で，磁針のN極がさす向きを何といいますか。〔　　　　〕
□ ③ ②をつないでできる曲線を何といいますか。〔　　　　〕
□ ④ 電流が磁界から受ける力を利用して，コイルが連続して回転するようにした装置を何といいますか。〔　　　　〕
□ ⑤ コイルの中の磁界が変化するとコイルに電圧が生じる現象を何といいますか。〔　　　　〕
□ ⑥ ⑤の現象で流れる電流を何といいますか。〔　　　　〕
□ ⑦ 摩擦によって生じる電気を何といいますか。〔　　　　〕
□ ⑧ 真空放電管の中の蛍光板を光らせるものを何といいますか。〔　　　　〕
□ ⑨ ⑧や電流は，何の流れですか。〔　　　　〕

17 トレーニングテスト

→別冊解答 p.14

1 電流のまわりにできる磁界 (15点)

図のように，１本の導線のまわりに方位磁針を４個置きました。導線に上から下へ大きな電流を流したとき，４個の方位磁針のＮ極のさす向きとして正しいものを，次のア～エから選び，その記号を書きなさい。ただし，ア～エは，方位磁針を上から見た図で，中央の点は導線の位置を表しています。また，方位磁針の針を黒く塗りつぶしたほうがＮ極です。〈茨城県〉

(　　　)

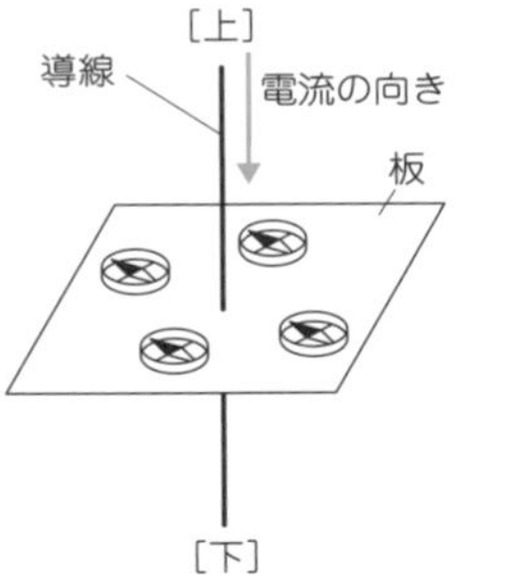

ア
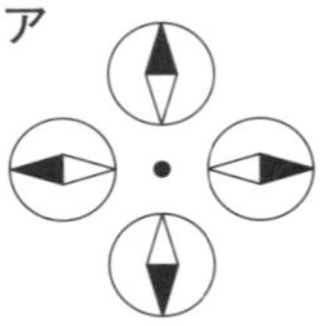
イ
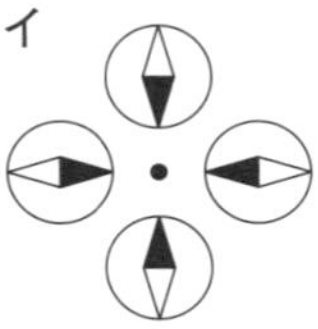
ウ
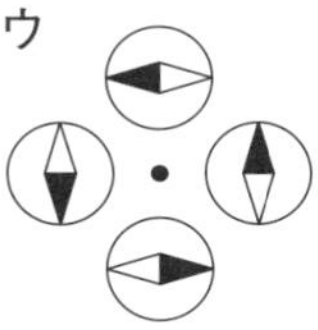
エ
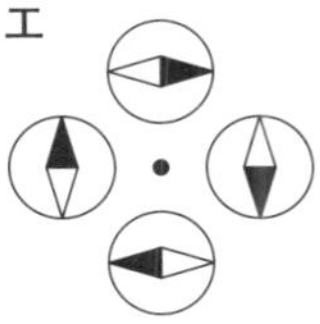

2 コイルのまわりの磁界 (15点)

図１のように，鉄しんにエナメル線を巻いてつくった電磁石を台の上に置き，乾電池をつないで矢印の向きに電流を流しました。次に，電磁石の周囲に４つの磁針を置き，できた磁界の向きを調べました。図２は，磁針のＮ極とＳ極を示したものです。電磁石を真上から見たとき，まわりに置いた４つの磁針の向きは，どうなりますか。最も適当なものを次のア～エから選び，その記号を書きなさい。〈山口県〉(　　　)

図１
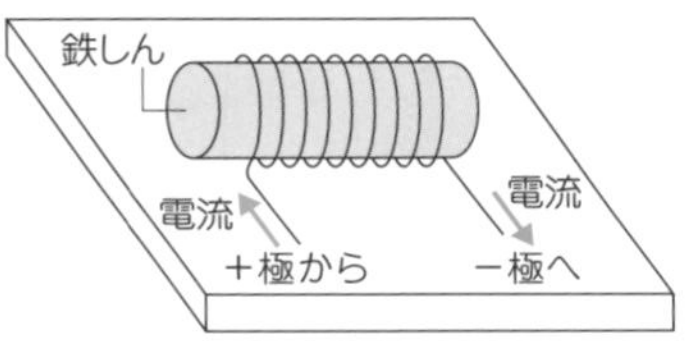

図２
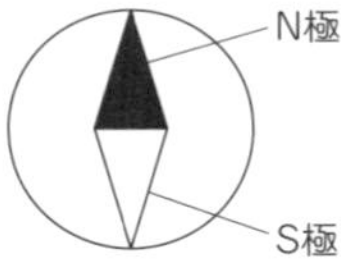

ア
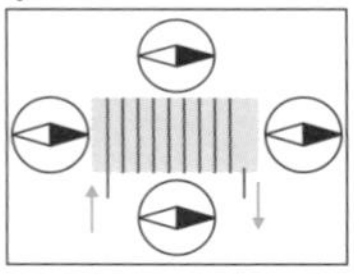
イ
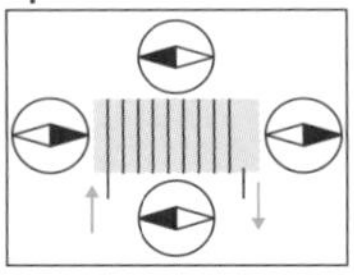
ウ
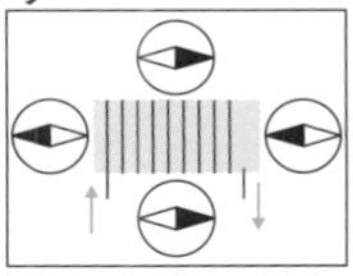
エ
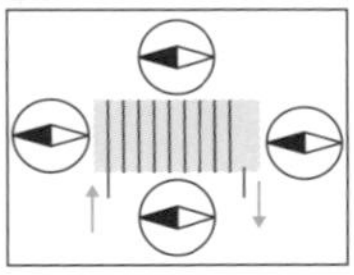

3 電流が磁界から受ける力 (14点×2＝28点)

電流が磁界から受ける力について調べるために，次の実験を行いました。あとの問いに答えなさい。ただし，実験に使った抵抗箱の端子ＡとＢの間の抵抗は 10 Ω，端子ＡとＣの間の抵抗は 20 Ω，端子ＡとＤの間の抵抗は５Ωとします。

〈大分県〉

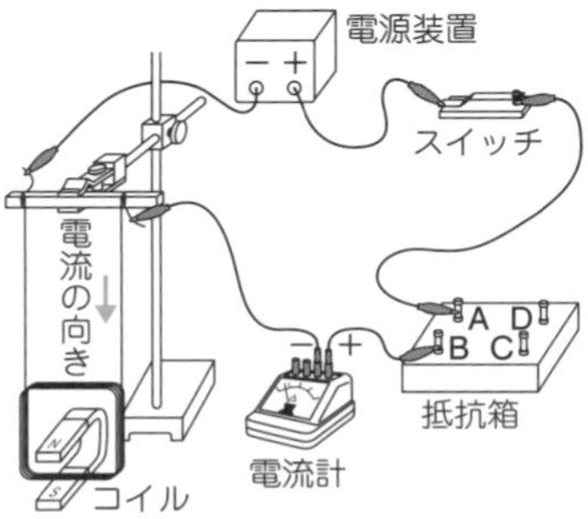

1　右図のような装置をつくった。磁石のＮ極が上になるように置き，抵抗箱の端子Ａをスイッチに，端子Ｂを電流計につないだ。スイッチを入れ，コイルに流れる電流の大きさとコイルの振れ方を調べた。

2　次に，電流計につなぐ端子をＣやＤに変えて，1と同様に，コイルに流れる電流の大きさとコイルの振れ方を調べた。次の表は，1，2の結果をまとめたものである。

3　磁石の向きや位置を変えて，コイルの振れる向きを調べた。

スイッチにつないだ端子	A	A	A
電流計につないだ端子	B	C	D
コイルに流れる電流の大きさ〔A〕	0.6	0.3	1.2
コイルの振れの大きさ			

(1)　1で，抵抗箱の端子A，B間にかかる電圧の大きさは何Vか，求めなさい。　(　　　)

注意 (2)　3で，磁石の向きと位置を，次のア～エのようにしたとき，コイルの振れる向きが1と同じものはどれですか。ア～エから選び，その記号を書きなさい。なお，電流の向きはいずれも1と同じであり，矢印で示しています。　(　　　)

ア　イ　ウ　エ

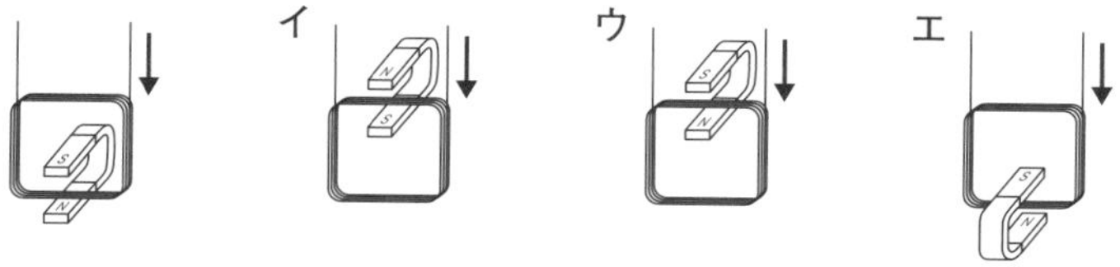

4 発電 (14点×3＝42点)

真由さんは，図1のような乾電池のいらない懐中電灯が，内部にあるコイルと磁石を使って電流を発生させることに興味をもち，次のような実験を行いました。あとの問いに答えなさい。　〈宮崎県〉

図1

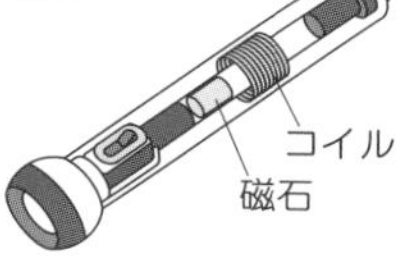

実験　図2のような回路をつくり，棒磁石のN極をコイルに近づけたときの検流計の指針の振れを調べた。

結果　検流計の指針は左に振れた。

図2

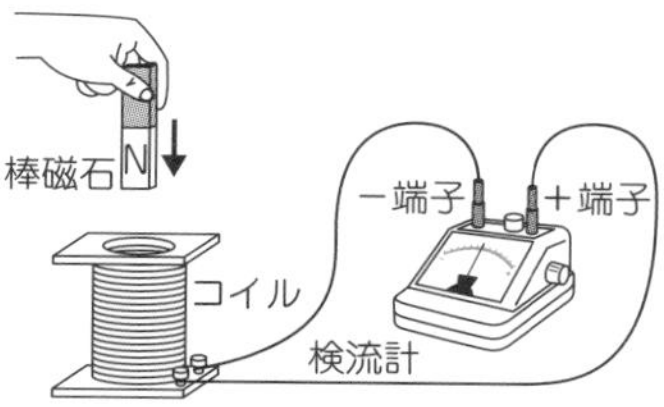

正答率85%　(1)　結果から，棒磁石をコイルに近づけたとき，コイルに電流が流れたことがわかった。このとき流れた電流を何といいますか。　(　　　　　)

正答率38%　(2)　真由さんは，棒磁石をさらにコイルに近づけていき，棒磁石をコイルの中に入れました。棒磁石をコイルの中に入れたままにして，両方とも動かさなかったとき，電流は流れませんでした。その理由について述べた次の文の□に，適切な内容を入れなさい。

> 棒磁石とコイルの両方を静止させたとき，電流が流れなかったのは，コイルの中の□からである。

(　　　　　　　　　　)

正答率56%　(3)　真由さんは，この実験のあと，**図2**の棒磁石の上下を逆にして動かし，発生する電流の強さや向きについて調べることにしました。実験のときより，検流計の指針が大きく左に振れたのは，どの操作を行ったときですか。次の**ア**～**エ**から選び，その記号を書きなさい。　(　　　)

ア　S極を速くコイルに近づけた。　**イ**　S極を速くコイルから遠ざけた。
ウ　S極をゆっくりコイルに近づけた。　**エ**　S極をゆっくりコイルから遠ざけた。

18 圧力の求め方や雲ができるしくみをマスターしよう！

重要度★★★

気圧と雲の発生

学習日　　月　　日

ポイント整理

① 大気圧

◐ **大気圧《たいきあつ》(気圧)**…地球をとりまく大気(空気)の重さによって生じる圧力。
単位…ヘクトパスカル(hPa)
1 hPa ＝100 Pa

- 大気圧は，あらゆる向きにはたらく(力がはたらく面に対して垂直にはたらく)。
- 大気圧は，標高が高くなるほど小さくなる(右図)。

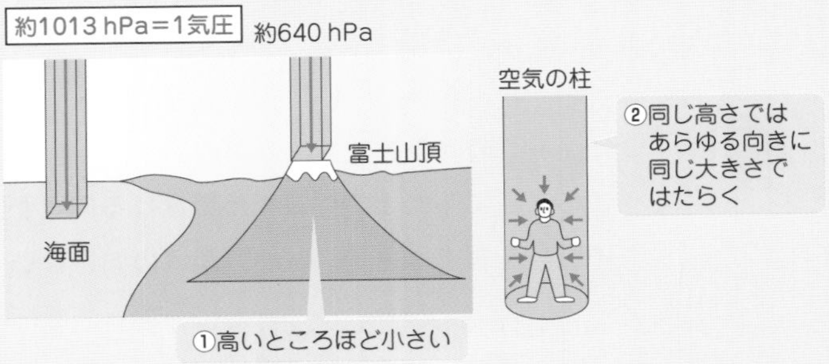

◐ **圧力《あつりょく》**…単位面積あたりの面にはたらく力。
単位…1 m² あたりの面にはたらく力の大きさを示すパスカル(Pa)で表される。1 Pa ＝1 N/m²

大切 圧力〔Pa〕＝ $\dfrac{\text{面を垂直に押す力〔N〕}}{\text{力がはたらく面の面積〔m}^2\text{〕}}$

② 気象観測

▼天気図記号

快晴	晴れ	くもり
○	⦶	◎
雨	雪	あられ
●	⊗	◬

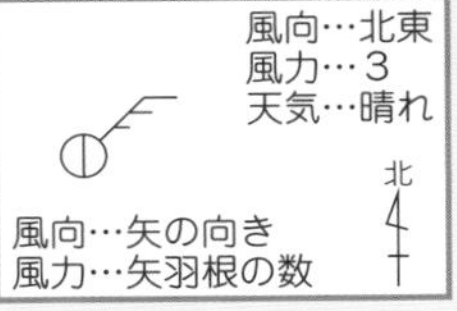

▼雲量と天気(降水がないとき)

雲量	0〜1	2〜8	9〜10
天気	快晴	晴れ	くもり

▼乾湿《かんしつ》計と湿度《しつど》表による湿度の測定

湿度表の一部

乾球の示度〔℃〕	乾球と湿球の示度の差〔℃〕 0.0	0.5	1.0	1.5	2.0
16	100	95	89	84	79
15	100	94	89	84	78
14	100	94	89	83	78
13	100	94	88	82	77
12	100	94	88	82	76

乾球…13℃
湿球…11.5℃のとき
左表のように，
湿度は 82％

湿度＝100％のとき以外は湿球の示度のほうが低い。

雲量は，空全体を 10 としたときの，雲のしめる割合だよ。

入試によく出る計算

圧力の求め方

ポイント：加える力が等しいとき，力を加える面積が小さいほど圧力は大きくなる。

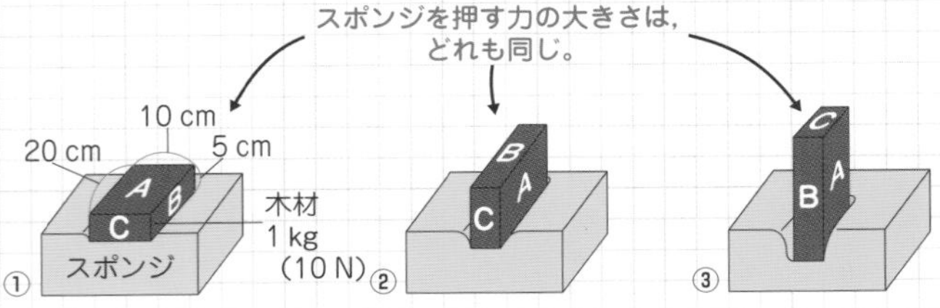

	①	②	③
加える力	10 N	10 N	10 N
面積	(A面) 0.02 m²	(B面) 0.01 m²	(C面) 0.005 m²

- 力を加える面積……………①＞②＞③
- 圧力……………………③＞②＞①
- スポンジが大きくへこむ順…③＞②＞①

圧力〔Pa〕＝ $\dfrac{\text{面を垂直に押す力〔N〕}}{\text{力がはたらく面の面積〔m}^2\text{〕}}$

① $\dfrac{10\ \text{N}}{0.02\ \text{m}^2}$ ＝**500 Pa**

② $\dfrac{10\ \text{N}}{0.01\ \text{m}^2}$ ＝**1000 Pa**

③ $\dfrac{10\ \text{N}}{0.005\ \text{m}^2}$ ＝**2000 Pa**

即答チェック の答え　①大気圧(気圧)　②圧力　③80 Pa　④くもり　⑤晴れ　⑥100％　⑦飽和水蒸気量　⑧湿度　⑨露点

入試必勝ワード　大気圧（気圧）　ヘクトパスカル　圧力　飽和水蒸気量　湿度　露点

③ 空気中の水の変化

◐ 飽和《ほうわ》水蒸気量と湿度

飽和水蒸気量　1 m³ の空気中にふくむことのできる最大の水蒸気の質量(単位：g/m³)。
気温が高くなるほど飽和水蒸気量も大きくなる。

湿度　その気温での飽和水蒸気量に対する，そのときの空気 1 m³ 中にふくまれる水蒸気量の割合を，百分率で表したもの。

$$湿度〔\%〕=\frac{空気\,1\,m^3\,中にふくまれる水蒸気量〔g/m^3〕}{その気温での飽和水蒸気量〔g/m^3〕}\times 100$$

露点《ろてん》　空気中の水蒸気が凝結《ぎょうけつ》して水滴《すいてき》になり始める温度。
単位体積あたりの空気中にふくまれる水蒸気の量が多いほど，露点は高くなる。

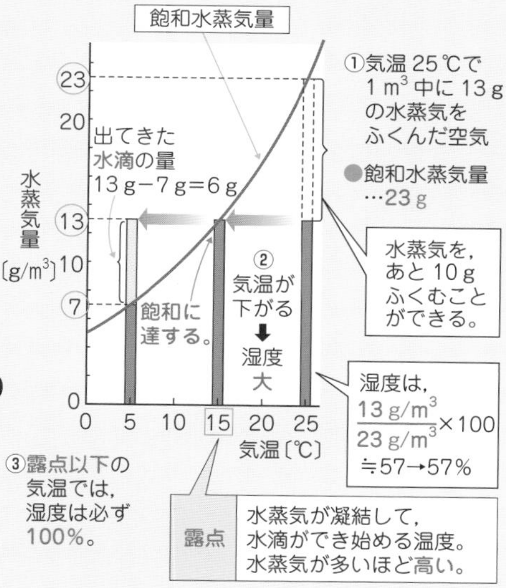

◐ 雲のでき方

雲ができやすいところ

上昇気流が起こっているところで雲ができやすい。
- 日光であたためられたところ。
- 空気が山の斜面にそって上昇するところ。
- 低気圧の中心(→ p.80)。
- 前線付近(→ p.80)。

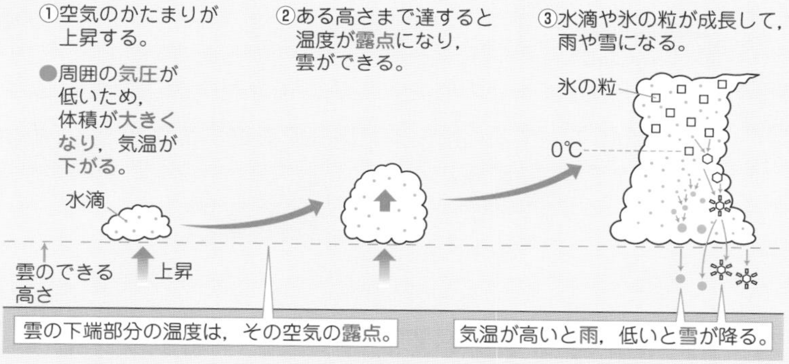

- 霧…地表付近の空気中の水蒸気が冷やされて水滴になり，地表付近に浮かんだもの。
  ※気温が上がると，水滴が再び水蒸気になって，霧は消える。

即答チェック

☐ ① 大気(空気)の重さによって生じる圧力を何といいますか。〔　　　〕
☐ ② 単位面積あたりの面にはたらく力を何といいますか。〔　　　〕
☐ ③ 0.25 m² の面を 20 N の力で押したときの圧力は何 Pa ですか。〔　　　〕
☐ ④ ◎は，どのような天気を表す天気図記号ですか。〔　　　〕
☐ ⑤ 降水がなく，雲量が 8 のときの天気は何ですか。〔　　　〕
☐ ⑥ 乾湿計の乾球と湿球の示度が等しいとき，湿度は何％ですか。〔　　　〕
☐ ⑦ 1 m³ の空気中にふくむことのできる最大の水蒸気の質量を何といいますか。〔　　　〕
☐ ⑧ その気温での飽和水蒸気量に対する，そのときの空気 1 m³ の中にふくまれる水蒸気量の割合を百分率で表したものを何といいますか。〔　　　〕
☐ ⑨ 空気中の水蒸気が凝結して水滴になり始める温度を何といいますか。〔　　　〕

トレーニングテスト

→別冊解答 p.15

1 圧力 (9点×3=27点)

図1のような形をした質量2kgの物体をスポンジの上にのせ，力がはたらく面の広さのちがいによって，スポンジのへこみの大きさがどのようにちがうかを調べました。次の問いに答えなさい。ただし，質量100gの物体にはたらく重力の大きさを1Nとします。

図1

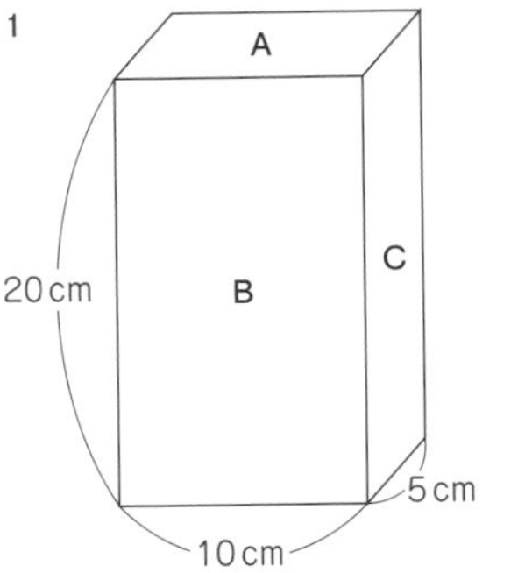

図2

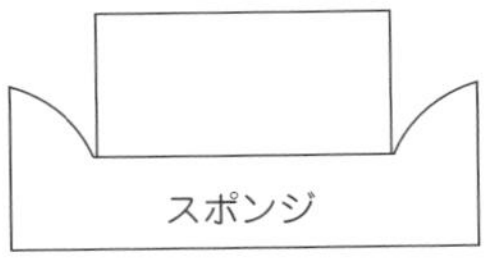

注意 (1) 物体のBの面を下にしてスポンジの上に置いたら，スポンジは図2のようにへこみました。このとき，物体がスポンジに加えた力の大きさ(N)を答えなさい。 〈沖縄県〉(　　　　　)

(2) スポンジにはたらく圧力とスポンジのへこむ量が比例関係にあるとき，Cの面を下にしてスポンジにのせたときのへこみは，Aの面を下にしたときのへこみの何倍か答えなさい。

〈沖縄県〉(　　　　　)

重要 (3) Cの面を下にしてスポンジにのせたとき，スポンジが物体から受ける圧力は何Paですか。 (　　　　　)

2 気象観測 (9点)

注意 右の図で表されている天気と風向および風力の組み合わせとして適切なものを次のア〜エから選び，その記号を書きなさい。 〈青森県〉(　　　)

ア　くもり　北西　7　　　イ　晴れ　北西　3

ウ　くもり　南東　7　　　エ　晴れ　南東　3

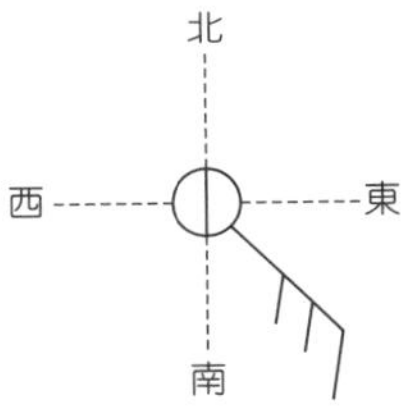

3 飽和水蒸気量と水蒸気が凝結する温度の測定 (8点×5=40点)

ある日の早朝に霧を観察したKさんは，霧が発生するしくみに興味をもち，空気中の水蒸気が水滴に変化するときの温度を調べるため，Kさんの部屋で，次の実験を行いました。あとの問いに答えなさい。

〈北海道〉

実験 金属製のコップにくみ置きの水を半分ほど入れて，水の温度をはかった。次に，図1のようにコップの中に氷を入れた試験管を入れ，コップの表面を観察したところ，しばらくすると，コップの表面がくもり始めた。このときの水の温度と部屋の湿度を，それぞれはかったところ，水の温度は11℃，部屋の湿度は40％であった。

図1

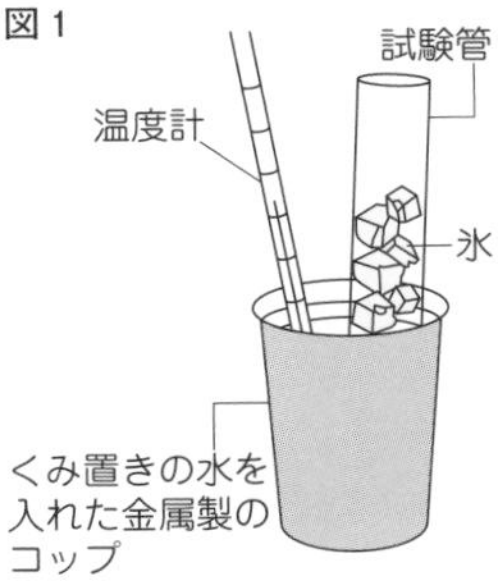

正答率59% (1) 実験について，次の文の(　①　)にあてはまる語句を書きなさい。また，②の{　　　}にあてはまるものを，ア，イから選びなさい。

①(　　　　　)　②(　　　)

> コップの表面がくもり始めたときの温度を(　①　)という。部屋の気温と(　①　)の差が小さいほど，部屋の湿度は②{ア．高い　イ．低い}。

差がつく (2) **図 2** は，気温と飽和水蒸気量との関係をグラフに表したものです。次の文の（ ① ），（ ② ）にあてはまる数値を，それぞれ書きなさい。

①（　　　　） ②（　　　　）

> 下線部のとき，**図 2** のグラフから，K さんの部屋の気温は（ ① ）℃であったことがわかる。また，部屋の空気の体積が 25 m^3 で，部屋の空気の出入りがない場合，部屋の気温を（ ① ）℃に保ったまま部屋の湿度を 60 % に加湿するためには，部屋の空気に水を水蒸気として（ ② ）g 補給する必要がある。

図 2

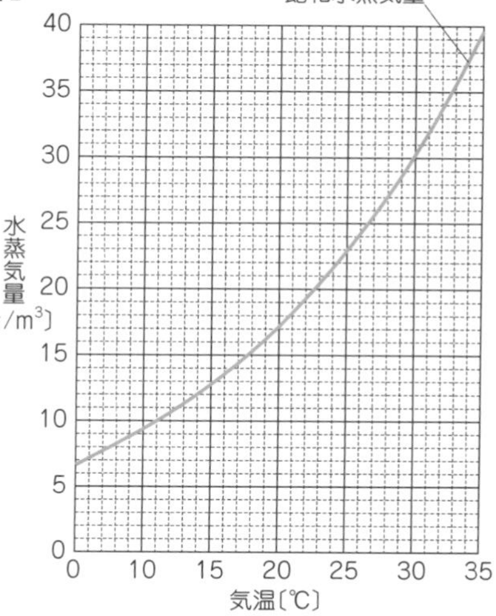

正答率 33% (3) K さんが霧を観察した日は，昼前には晴れて，霧は消えていました。次の文は，霧が消えた理由を説明したものです。説明が完成するように，□に「飽和水蒸気量」，「蒸発」という語句を使った文を書きなさい。なお，この日は一日中，風がほとんどありませんでした。

> 霧が消えたのは，気温が高くなり，□である。

（　　　　　　　　　　　　　　　　　　　　）

4 雲をつくる実験 (8点×3＝24点)

雲ができるようすを調べるために，右図のような実験装置を準備しました。フラスコの中を少量のぬるま湯でぬらしたあと，線香のけむりを入れてゴム栓をしました。そして，注射器のピストンを素早く引くとフラスコ内がくもりました。次の問いに答えなさい。〈長崎県〉

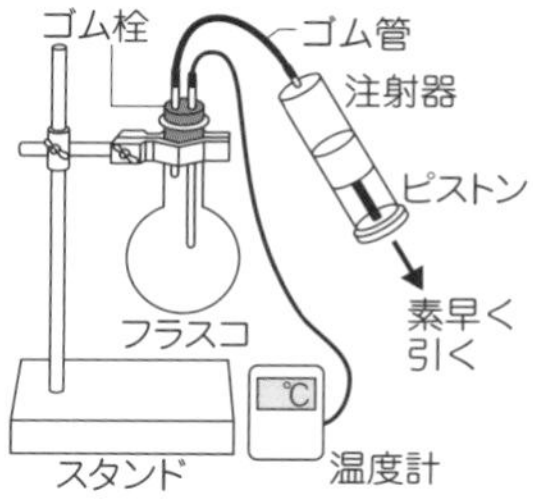

重要 (1) フラスコ内がくもった理由を説明した次の文の（ ① ），（ ② ）に適する語句を入れ，文を完成させなさい。　①（　　　　） ②（　　　　）

> ピストンを素早く引くと，フラスコ内の気圧が（ ① ），フラスコ内の空気が膨張するため，その温度は（ ② ）。そのためフラスコ内の空気中の水蒸気のうち，飽和水蒸気量をこえた分が水滴になり，フラスコ内がくもった。

(2) 自然界では，空気のかたまりが上昇することによって上の実験と同じしくみで雲が発生します。雲を生じる上昇気流のでき方を説明した次の **a** ～ **c** の文のうち，正しいものの組み合わせを次の**ア**～**エ**から選び，その記号を書きなさい。（　　）

a. 冷たい空気が暖かい空気の上にはい上がる。

b. 太陽の光によって，地面があたためられ，空気が上昇する。

c. 空気が山の斜面にそって上昇する。

ア a と b　　イ a と c　　ウ b と c　　エ a，b，c のすべて

重要度★★★

天気の変化

学習日　　月　　日

ポイント整理

① 気圧と風

◐ 気圧と空気の流れ…地表付近の空気は高気圧の中心から低気圧の中心へ向かって移動する。この空気の流れを風という。

高気圧 まわりより気圧の高いところ。中心付近で下降《かこう》気流が発生する→雲ができにくく，天気は晴れることが多い。

低気圧 まわりより気圧の低いところ。中心付近で上昇《じょうしょう》気流が発生する→雲ができやすく，天気はくもりや雨になる。

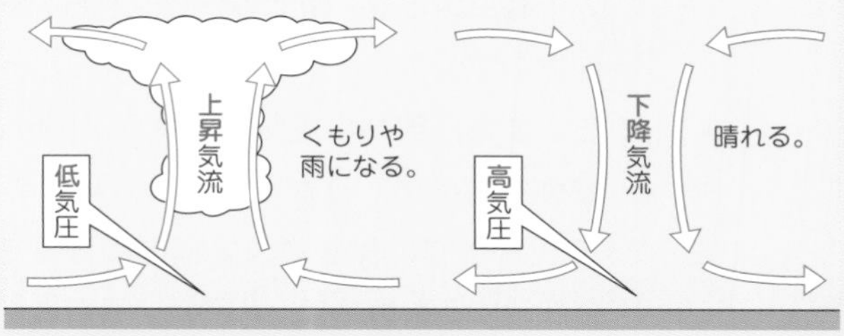

▼地表付近のようす（北半球）

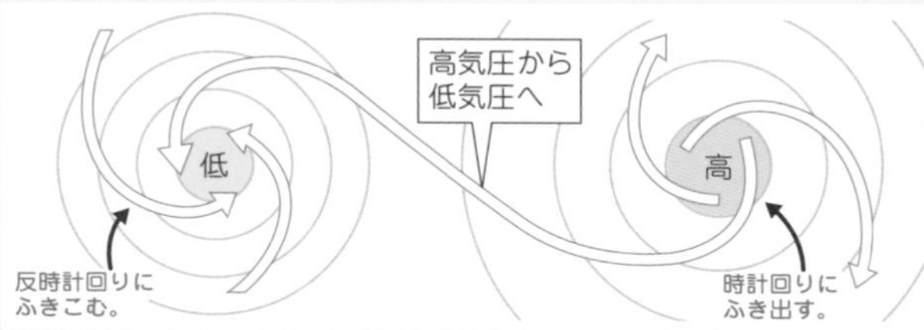

② 気団・前線と気象の変化

◐ 気団《きだん》と前線《ぜんせん》

気団 同じ性質の空気の大きなかたまりを気団という。
- 暖気団…暖かい空気による気団。
- 寒気団…冷たい空気による気団。

前線 温度が異なる２つの気団の境の面を前線面といい，前線面が地表に接している線を前線という。

大切

寒冷前線	温暖前線
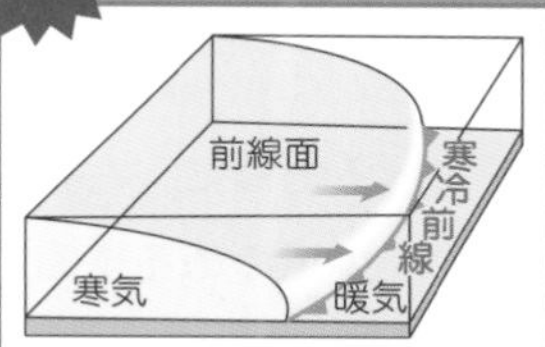	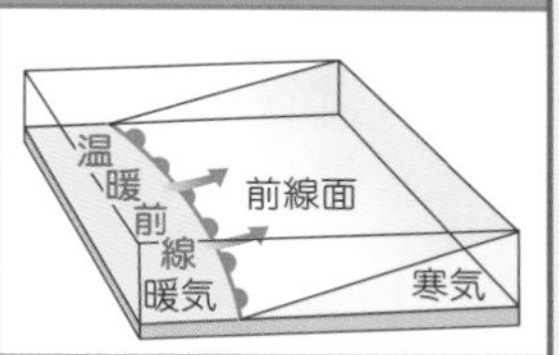
・寒気が暖気を押し上げるように進む。 ・積乱雲が発生しやすく，せまい範囲で，強い雨が降る。	・暖気が寒気の上にはい上がるように進む。 ・乱層雲が発生しやすく，広い範囲でおだやかな雨が降り続く。

入試によく出る図

等圧線

等圧線は４hPaごとに引かれる。さらに，20hPaごとに太い線で引かれる。

2hPaごとに引かれるときは点線になる。

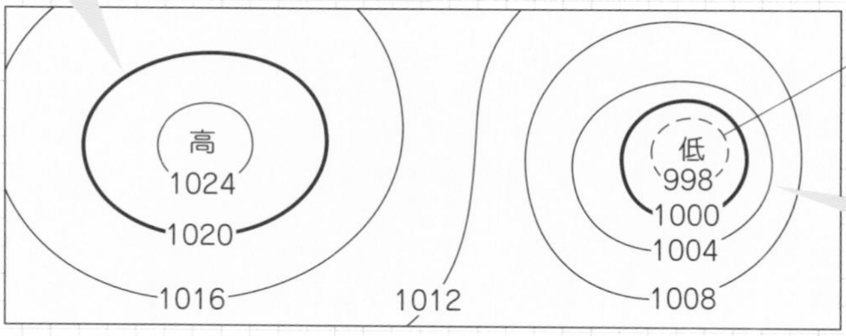

等圧線の間隔がせまいところほど，強い風がふく。

即答チェックの答え　①高気圧　②低気圧　③気団　④寒冷前線　⑤温暖前線　⑥停滞前線　⑦閉そく前線　⑧偏西風　⑨寒冷前線　⑩温暖前線

入試必勝ワード　高気圧　低気圧　気 団　寒冷前線　温暖前線　停滞前線　偏西風

停滞前線　寒気団と暖気団の勢力がつり合ったときにできる前線。ほぼ同じ場所に停滞し，その間は雨やくもりの日が続く。
記号：

閉そく前線　寒冷前線が温暖前線に追いついたときにできる前線。この前線ができると，低気圧は消滅してしまうことが多い。
記号：

低気圧と前線

・日本付近におとずれる温帯低気圧は，下の図のように，中心から南東へ温暖前線をのばし，南西へ寒冷前線をのばしていることが多い。

大切

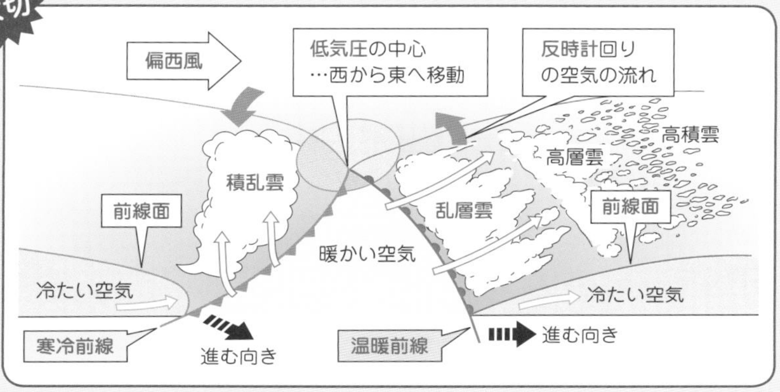

発生する雲にもちがいがあるんだね。

・日本上空では１年中，偏西風《へんせいふう》という強い西風がふいているため，低気圧もおよそ西から東へ移動し，温暖前線が通過したあと，しばらくしてから寒冷前線が通過する。

前線の通過と天気の変化

①温暖前線の通過
・前線通過前，おだやかな雨が降る。
・前線通過後，おだやかに気温が上昇する。

②寒冷前線の通過
・前線通過後，風向が北寄りになり，激しい雨を短時間降らせ，気温が急激に下がる。
　　はっきりしているので出題されやすい。

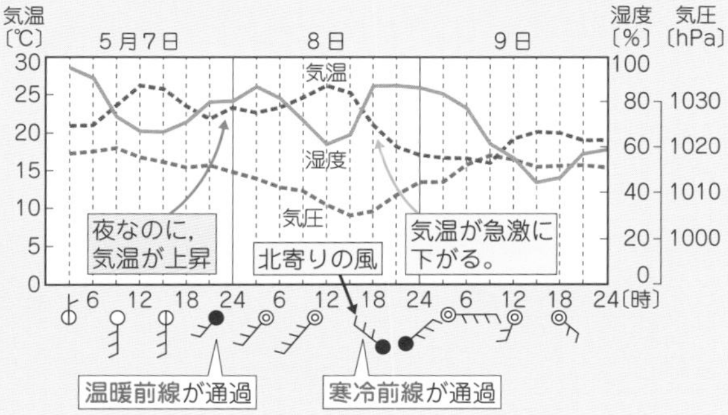

即答チェック

□ ① まわりより気圧の高いところを何といいますか。〔　　　　〕
□ ② まわりより気圧の低いところを何といいますか。〔　　　　〕
□ ③ 同じ性質の空気のかたまりを何といいますか。〔　　　　〕
□ ④ 寒気が暖気を押し上げるように進む前線を何といいますか。〔　　　　〕
□ ⑤ 暖気が寒気の上にはい上がるように進む前線を何といいますか。〔　　　　〕
□ ⑥ 寒気団と暖気団の勢力がつり合ったときにできる前線を何といいますか。〔　　　　〕
□ ⑦ 寒冷前線が温暖前線に追いついたときにできる前線を何といいますか。〔　　　　〕
□ ⑧ 日本上空で１年中ふいている西風を何といいますか。〔　　　　〕
□ ⑨ 積乱雲が発生しやすいのは温暖前線，寒冷前線のどちらですか。〔　　　　〕
□ ⑩ 通過後に気温が上昇するのは温暖前線，寒冷前線のどちらですか。〔　　　　〕

19 トレーニングテスト

→別冊解答 p.16

1 気圧と風 （15点）

重要

次の文章は，地上付近での風のふき方について説明したものです。文章中の（ Ⅰ ）～（ Ⅲ ）にあてはまる語句の組み合わせとして最も適当なものを，あとのア～クから選び，その記号を書きなさい。 〈愛知県〉（　　　　）

> 地上付近の風は，（ Ⅰ ）へ向かって空気が移動することで生じ，等圧線の間隔が（ Ⅱ ）ほど風は強くふく。また，低気圧の中心部では（ Ⅲ ）気流が起こっている。

ア Ⅰ．高気圧から低気圧，　Ⅱ．広い，　Ⅲ．上昇
イ Ⅰ．高気圧から低気圧，　Ⅱ．広い，　Ⅲ．下降
ウ Ⅰ．高気圧から低気圧，　Ⅱ．狭い，　Ⅲ．上昇
エ Ⅰ．高気圧から低気圧，　Ⅱ．狭い，　Ⅲ．下降
オ Ⅰ．低気圧から高気圧，　Ⅱ．広い，　Ⅲ．上昇
カ Ⅰ．低気圧から高気圧，　Ⅱ．広い，　Ⅲ．下降
キ Ⅰ．低気圧から高気圧，　Ⅱ．狭い，　Ⅲ．上昇
ク Ⅰ．低気圧から高気圧，　Ⅱ．狭い，　Ⅲ．下降

2 前線と気象の変化 （15点×3＝45点）

日本付近の天気図について，あとの問いに答えなさい。 〈長崎県〉

高気圧や低気圧，前線などが通過すると天気が変化する。右の図は，ある日の日本周辺の天気図であり，図中の「高」は高気圧，「低」は低気圧を表している。また，高気圧と低気圧はそれぞれ図中の矢印（ ⇨ ）の向きに進んでいる。

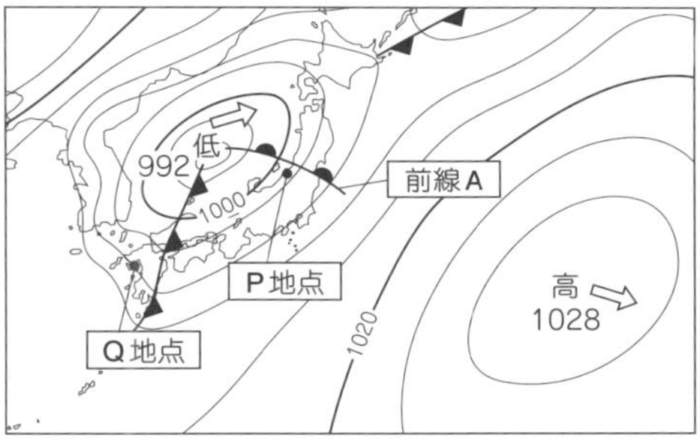

正答率72%
(1) 図中の●●●●で表された前線Aは何前線ですか。 （　　　　）

正答率51% 差がつく
(2) 次の表のア～ウは，前線Aが通過するまでにP地点で見られた雲をまとめたものです。ア～ウをP地点で見られた順に並べ，その記号を左から書きなさい。 （　　　　）

	ア	イ	ウ
雲の種類	高積雲	巻雲	乱層雲
雲のようす			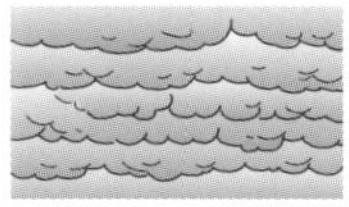

正答率56%
(3) 図中のQ地点の気圧は何 hPa ですか。 （　　　　）

注意

HINT (3)等圧線は 4 hPa ごとに引かれる。

3 前線と天気図 (10点×2＝20点)

図1は，11月19日午前9時，図2は11月20日午前9時の天気図です。これらをもとにして，次の問いに答えなさい。〈新潟県〉

図1

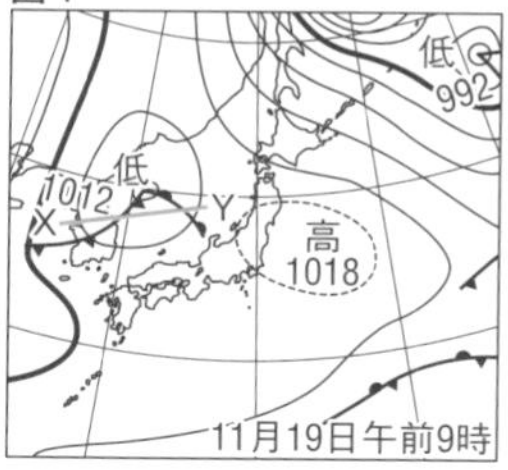

図2

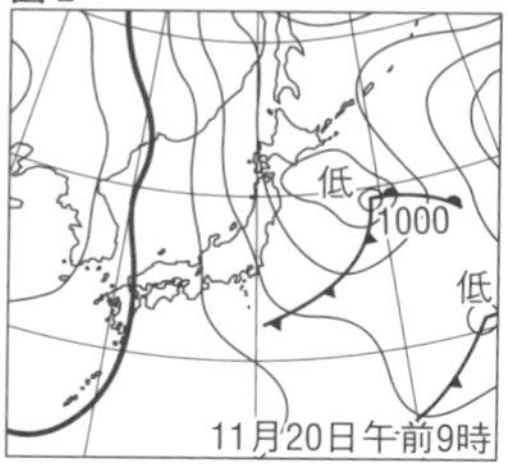

重要 (1) 図1のX－Yにおける地表面に対して垂直な断面を考えるとき，前線付近の大気のようすを模式的に表すとどのようになりますか。最も適当なものを，次のア～エから選び，その記号を書きなさい。ただし，ア～エの図中の⇨は冷たい空気の動きを，➡は暖かい空気の動きを表しています。（　　）

ア　イ　ウ　エ

差がつく (2) 11月19日午前9時の新潟市の風向は南東でした。その後，11月20日午前9時までの新潟市の風向はおよそどのように変化しましたか。最も適当なものを，次のア～エから選び，その記号を書きなさい。（　　）

ア　南寄りの風から，北西の風に変わった。　イ　南寄りの風から，北東の風に変わった。
ウ　東寄りの風から，南西の風に変わった。　エ　東寄りの風から，北東の風に変わった。

HINT (2)低気圧には反時計回りに風がふきこみ，高気圧からは時計回りに風がふき出す。

4 気象観測と前線の通過 (10点×2＝20点)

花子さんは自分が住む地域における，ある日の6時から18時までの気温と風向・風力の気象データをインターネットで調べ，右の図のようにまとめました。また，この日の9時と16時の実験室内の水蒸気の量は，16時のほうが少なかったそうです。次の文は，このことについて，花子さんが考察したものです。正しい文になるように，文中の①，②について，それぞれア・イのいずれかを選び，その記号を書きなさい。ただし，風向・風力については天気図と同様の記号を用い，天気については省略しています。

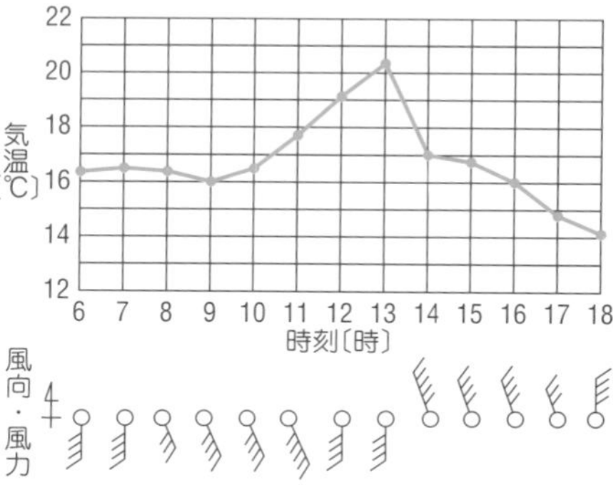

〈徳島県〉①（　　）②（　　）

> 16時の実験室内の水蒸気の量は，9時の水蒸気の量とくらべて，少なくなった。その原因の1つは，①{ア．寒冷　イ．温暖}前線が通過したあと，風向が②{ア．北寄りの風　イ．南寄りの風}に変わり，前線通過前とは性質の異なった空気が流入したことであると考えられる。

20 日本の天気

日本の天気の特徴を理解しよう！

重要度★★★

学習日　月　日

ポイント整理

① 海陸風と季節風

◐ 海陸風…海岸付近で，陸上と海上の温度差によって生じる風。

※陸は海よりもあたたまりやすく，冷めやすい。

- **海風のふくしくみ**
  ①陸上の気温が海上の気温より高くなる。
  ②陸上で上昇気流が生じる。
  ③地表の気圧が低くなり，海から陸へ風がふく。
- **陸風のふくしくみ**
  ①陸上の気温が海上の気温より低くなる。
  ②陸上で下降気流が生じる。
  ③地表の気圧が高くなり，陸から海へ風がふく。

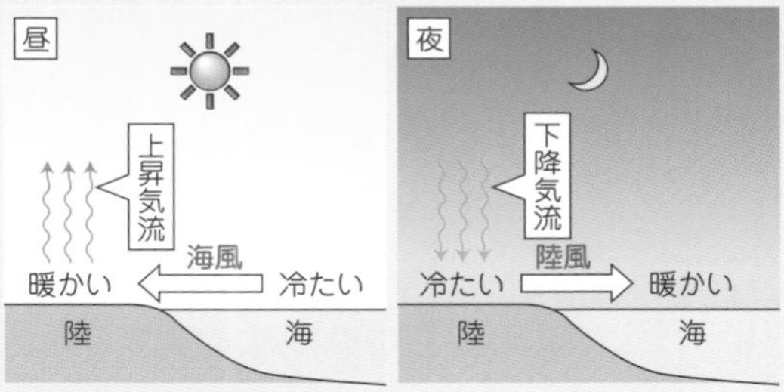

◐ 季節風…大陸と海洋の温度差によって生じる，季節に特徴的な風。

- 冬になると，**シベリア付近に大規模な高気圧（シベリア高気圧）**が現れる。その結果，大陸から海洋に向かって冷たい北西の風がふく。
- 夏になると，**太平洋上に大規模な高気圧（太平洋高気圧）**が現れる。その結果，海洋から大陸に向かって暖かい南東の風がふく。

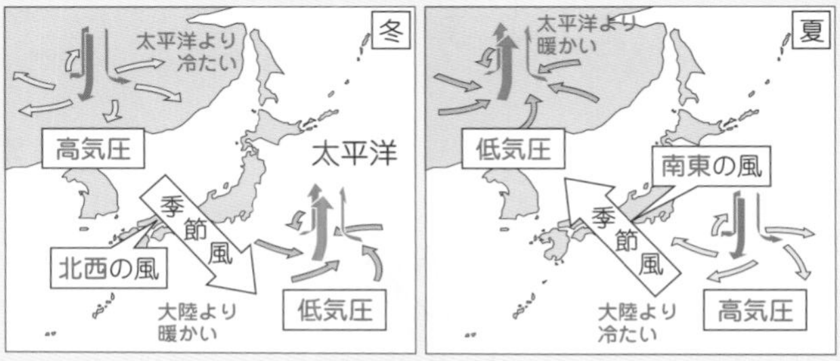

② 日本の天気

◐ 日本のまわりの３つの気団

①シベリア気団…日本の北西の大陸上にできる**寒冷で乾燥《かんそう》した気団**。シベリア高気圧の中心にできる。
②小笠原《おがさわら》気団…日本の南東の海洋上にできる**温暖で湿った気団**。太平洋高気圧の中心にできる。
③オホーツク海気団…日本の北東の海洋上にできる**寒冷で湿った気団**。

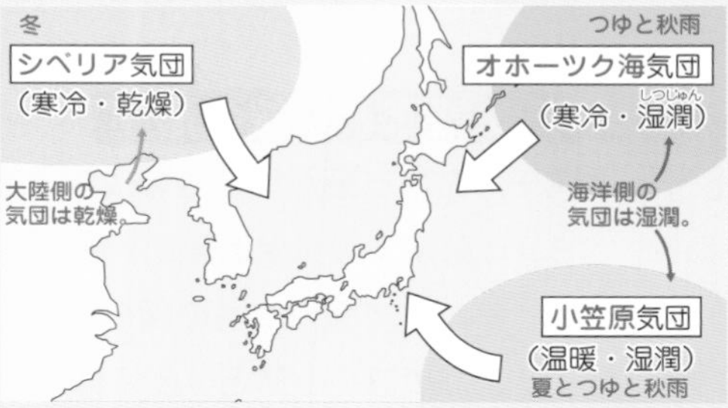

入試によく出る図

冬の季節風と日本付近の天気

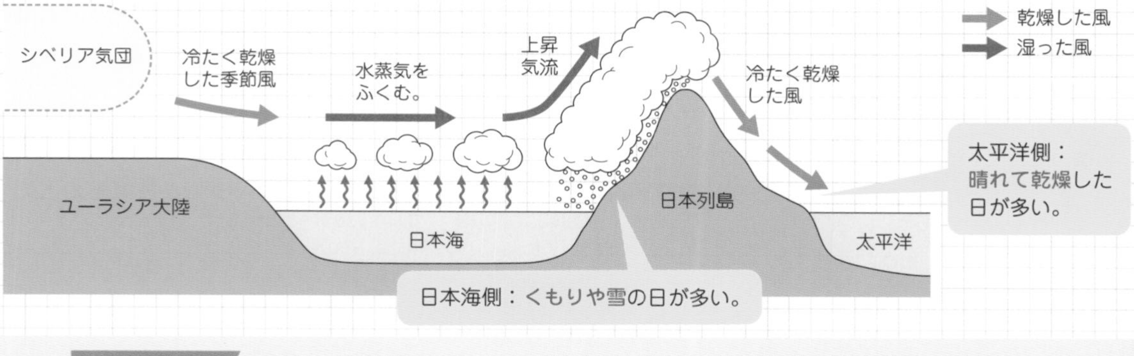

即答チェックの答え　①海風　②季節風　③夏　④シベリア気団　⑤小笠原気団　⑥冬　⑦梅雨前線　⑧台風

入試必勝ワード　海陸風　季節風　シベリア気団　小笠原気団　西高東低　台風

◐ 季節の天気

冬の天気　シベリア気団が発達し，**西高東低**《せいこうとうてい》の気圧配置となるため，北西の季節風がふく。日本海側は雪が多く，太平洋側は乾燥した天気になる。

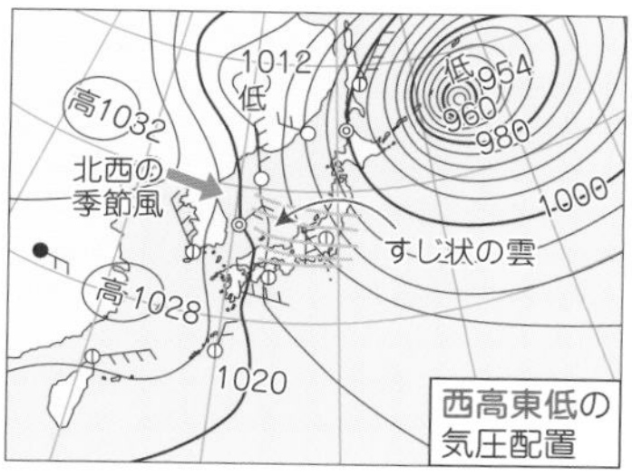

夏の天気　小笠原気団が発達して，南東の季節風がふく。そのため，**日本全土で蒸し暑い日が続く。**

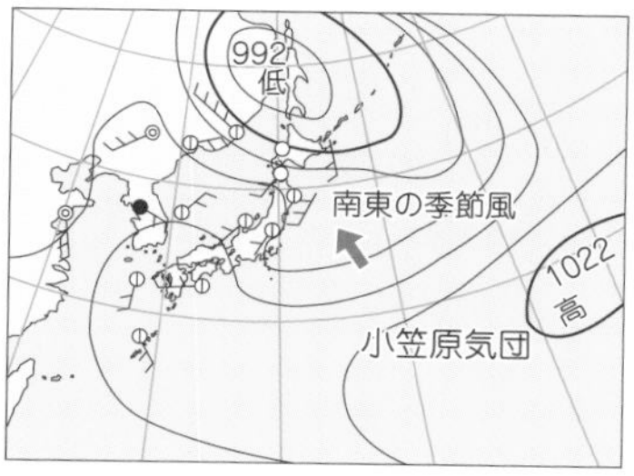

春と秋の天気　**移動性高気圧**と**温帯低気圧**が交互に日本を通過する。そのため，**周期的に天気が変わりやすい。**

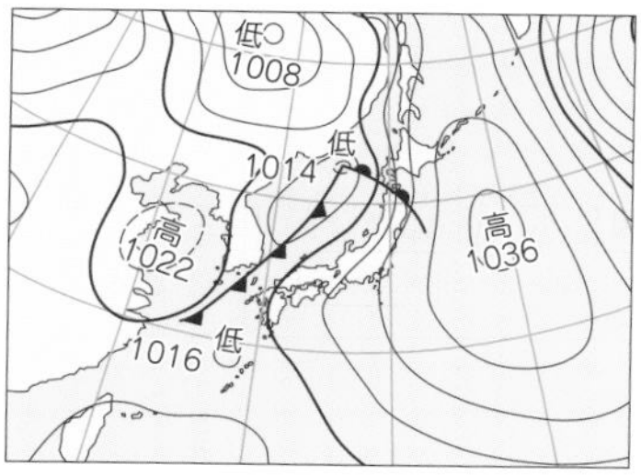

つゆ・秋雨　オホーツク海気団と小笠原気団の勢力がつり合い，**停滞前線**が生じる。雨やくもりの日が多くなる。

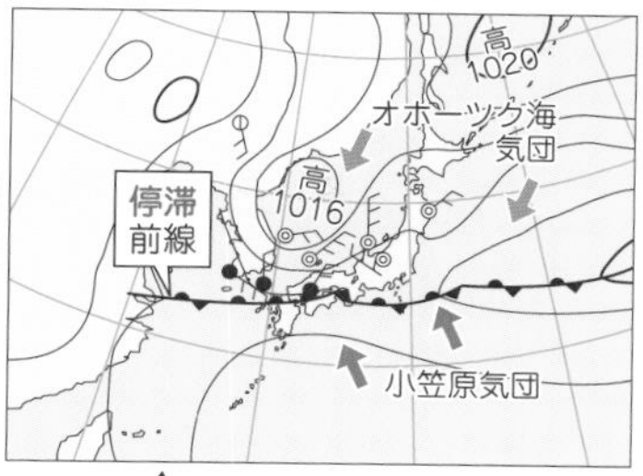

つゆの時期にできる停滞前線を特に梅雨前線という。

- 台風…**熱帯低気圧**が発達して最大風速が**17.2 m/s 以上**になったもの。前線はともなわない。
  夏から秋にかけて発生した台風は，最初は北西に向かって進み，その後，小笠原気団のふちに沿って北東に進路を変え，**偏西風**《へんせいふう》の影響を受けて日本に近づくことが多い。

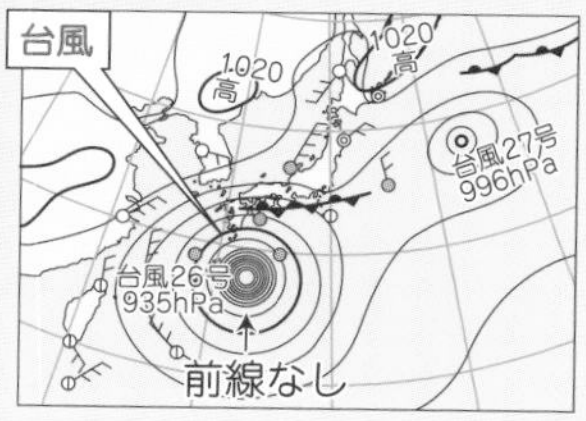

即答チェック

□ ① 晴れた日の昼間に，陸上と海上の温度差によって生じる風は陸風，海風のどちらですか。〔　　　〕
□ ② 大陸と海洋の温度差によって生じる，季節に特徴的な風を何といいますか。〔　　　〕
□ ③ 日本列島に南東の季節風がふくのは夏，冬のどちらですか。〔　　　〕
□ ④ 日本の北西の大陸上にできる寒冷で乾燥した気団を何といいますか。〔　　　〕
□ ⑤ 日本の南東の海洋上にできる温暖で湿った気団を何といいますか。〔　　　〕
□ ⑥ 西高東低の気圧配置となるのは春・夏・秋・冬のうちのいつですか。〔　　　〕
□ ⑦ つゆの時期に，オホーツク海気団と小笠原気団の勢力がつり合ってできる停滞前線を特に何といいますか。〔　　　〕
□ ⑧ 熱帯低気圧が発達して最大風速が 17.2 m/s 以上になったものを何といいますか。〔　　　〕

20 トレーニングテスト

→別冊解答 p.16

1 海陸風 (10点×2＝20点)

次の表は，図に示した宮城県沿岸部の観測地における，ある日の 7 時から 19 時までの，気温，天気，風向，風力を示したものです。あとの問いに答えなさい。 〈宮城県〉

時刻	7 時	9 時	11 時	13 時	15 時	17 時	19 時
気温〔℃〕	12.1	15.4	17.2	18.5	17.4	14.0	12.5
天気	晴れ	晴れ	晴れ	晴れ	晴れ	晴れ	晴れ
風向	西	西北西	東北東	東	東南東	西南西	西
風力	3	1	3	2	2	1	1

(「気象庁のホームページ」より作成)

正答率56% (1) この日の観測地の風のようすを，表をもとに述べたものとして，最も適当なものを，次のア～エから選び，その記号を書きなさい。 (　　　)

ア　9 時に海風がふいていた。　　イ　7 時と 19 時に海風がふいていた。

ウ　13 時に海風がふいていた。　　エ　7 時とくらべて 17 時のほうが強い風がふいていた。

正答率52% 注意 (2) この日の観測地では，風向きが 1 日のうちで変化し，海風と陸風が入れかわりました。陸上から海上に向かって風がふいた理由を述べたものとして，最も適当なものを，次のア～エから選び，その記号を書きなさい。 (　　　)

ア　海上で上昇気流が生じ，陸上の気圧より海上の気圧が低くなったから。

イ　海上で下降気流が生じ，陸上の気圧より海上の気圧が低くなったから。

ウ　陸上で上昇気流が生じ，陸上の気圧より海上の気圧が高くなったから。

エ　陸上で下降気流が生じ，陸上の気圧より海上の気圧が高くなったから。

2 季節風 (10点×4＝40点)

冬の季節風について調べるため，次のような資料収集と実験を行いました。これについて，あとの問いに答えなさい。 〈岩手県〉

資料 ① 図 1 は，ある日の天気図である。この日，日本列島付近は西高東低の冬型の気圧配置になり，日本海側を中心に大雪になった。

実験 ② 図 2 のように，水槽の中に冷えた保冷剤をのせた台を置き，お湯を入れた。

③ ②の水槽に，線香のけむりを入れ，すばやくふたをしたところ，けむりの動くようすが観察された。

図 1

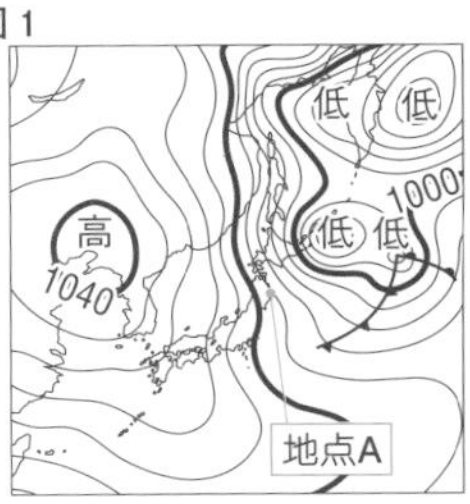

図 2

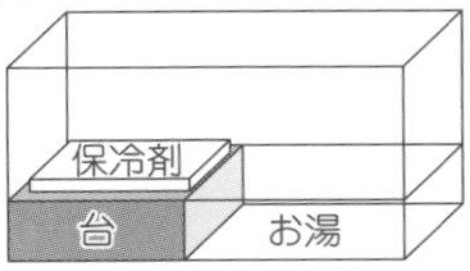

注意 (1) 図 1 で，地点 A の気圧は何 hPa と読み取れますか。数字で書きなさい。また気圧の単位 hPa の読みをカタカナで書きなさい。

気圧(　　　　　　　) 単位の読み(　　　　　　　)

重要 (2) ③で，けむりが動く向きを，矢印を用いた模式図で表すとどのようになりますか。最も適当なものを，次のア～エから選び，その記号を書きなさい。　(　　)

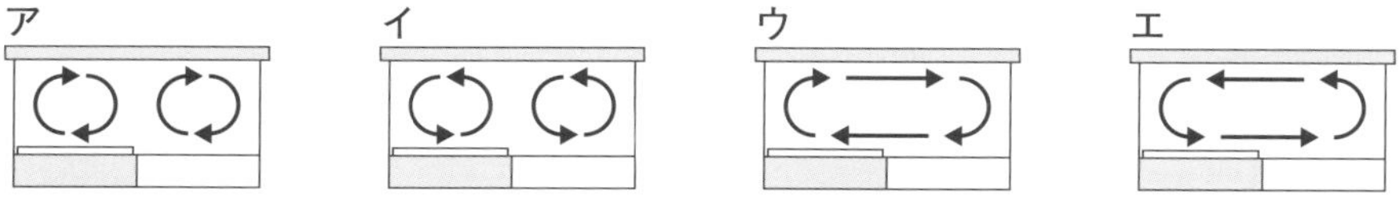

差がつく (3) 日本列島に向かってふく冬の季節風は，ユーラシア大陸では冷たく乾燥していますが，日本列島付近では日本海側に大雪を降らせるほどに湿度が高くなっています。これはなぜですか。その理由を簡単に説明しなさい。　(　　　　　　　　　　　　　　　　　　　　　　　　)

HINT (2)暖かい空気は上昇し，冷たい空気は下降する。

3 日本の天気 (10点×3＝30点)

図1はつゆ，図2は夏の時期の天気図で，図3のP～Rは日本周辺の3つの気団を模式的に示したものです。あとの問いに答えなさい。　〈秋田県〉

図1

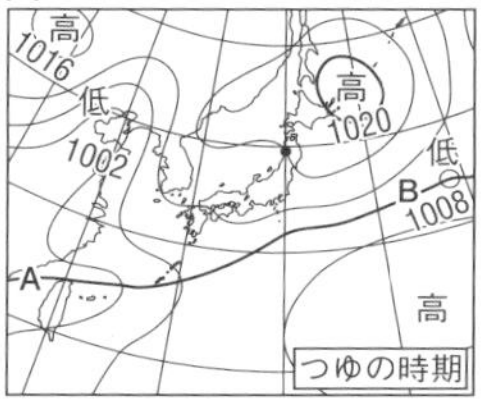

図2

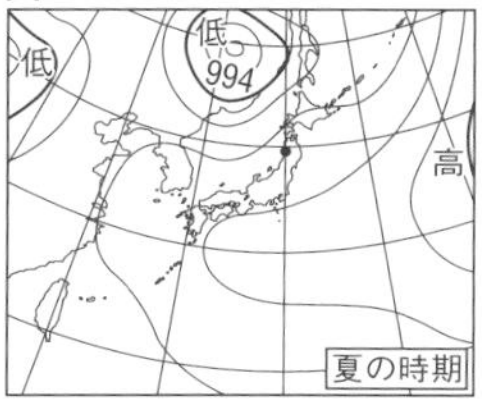

図3

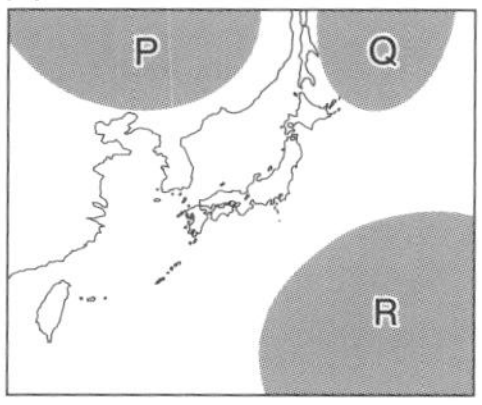

正答率50% (1) つゆの時期には，日本列島付近にA－Bのような停滞前線ができ，雨やくもりの日が多くなります。**図1**に，停滞前線を表す前線記号をかきなさい。

正答率56% (2) **図2**の時期の天気におもに影響を与えている気団は**図3**のP～Rのどれですか。記号を書きなさい。また，その気団にはどのような特徴がありますか。次のア～エから選び，その記号を書きなさい。　気団(　　)　特徴(　　)

ア　冷たく湿っている。　　イ　冷たく乾いている。

ウ　暖かく湿っている。　　エ　暖かく乾いている。

4 台風 (10点)

差がつく **右の図は，7月～10月の台風の代表的な進路を表したものです。日本列島に近づいた台風が中緯度から進路を東向きに変える理由を書きなさい。**　〈青森県〉

(　　　　　　　　　　　　　　　　　　　　　　　　)

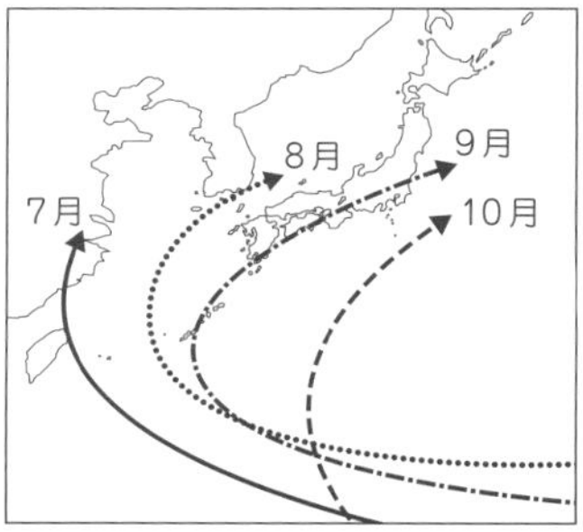

ポイントチェック②　10~20

学習日　　月　　日

用語チェック

▶ 2年・生命

10 ① 体が1個の細胞だけからできている生物を何といいますか。（　　　）

② 刺激を受けて，無意識に起こる反応を何といいますか。（　　　）

11 ① 口から肛門までの食物が通る管を何といいますか。（　　　）

② 赤血球の中の物質で，酸素と結びつくものを何といいますか。（　　　）

③ 血液中のアンモニアを尿素につくり変える器官を何といいますか。（　　　）

12 ① 植物のつくりで，根から吸収した水が通る管を何といいますか。（　　　）

② 葉の裏側に多くある，気体の出入口となるすきまを何といいますか。（　　　）

③ 植物の，光を利用してデンプンをつくるはたらきを何といいますか。（　　　）

▶ 2年・物質

13 ① 1種類の元素だけからできている物質を何といいますか。（　　　）

② 1種類の物質が2種類以上の物質に分かれる化学変化を何といいますか。（　　　）

14 ① 物質が酸素と結びつく化学変化を何といいますか。（　　　）

② 酸化物が酸素をうばわれる化学変化を何といいますか。（　　　）

③ まわりから熱を吸収する反応を何といいますか。（　　　）

15 ① 炭酸水素ナトリウムをうすい塩酸と反応させると，何という気体が発生しますか。（　　　）

② 硫酸と水酸化バリウム水溶液を反応させたとき，水と何ができますか。（　　　）

③ 化学変化の前後で物質全体の質量が変わらないことを何といいますか。（　　　）

▶ 2年・エネルギー

16 ① 電流が電圧に比例することを何といいますか。（　　　）

② 電流の流れにくさを何といいますか。（　　　）

③ 電力を表す単位の記号を書きなさい。（　　　）

17 ① コイル内の磁界の変化により電圧が生じる現象を何といいますか。（　　　）

② ①によって流れる電流を何といいますか。（　　　）

▶ 2年・地球

18 ① 1 m^3 の空気中にふくむことのできる水蒸気の最大質量を何といいますか。（　　　）

② 空気中の水蒸気が凝結して水滴になり始める温度を何といいますか。（　　　）

19 ① まわりより気圧が低いところを何といいますか。（　　　）

② 寒気が暖気を押し上げながら進んでいる前線を何といいますか。（　　　）

20 ① 典型的な冬の気圧配置を何といいますか。（　　　）

② 日本の夏の天気に影響をあたえる気団を何といいますか。（　　　）

答え

10 ①単細胞生物
②反射

11 ①消化管
②ヘモグロビン
③肝臓

12 ①道管
②気孔
③光合成

13 ①単体
②分解

14 ①酸化
②還元
③吸熱反応

15 ①二酸化炭素
②硫酸バリウム
③質量保存の法則

16 ①オームの法則
②抵抗（電気抵抗）
③W

17 ①電磁誘導
②誘導電流

18 ①飽和水蒸気量
②露点

19 ①低気圧
②寒冷前線

20 ①西高東低
②小笠原気団

総合チェック

→別冊解答 p.17

1 右の図は，ヒトの血液の循環を模式的に表したものです。次の各問いに答えなさい。 >>> 11

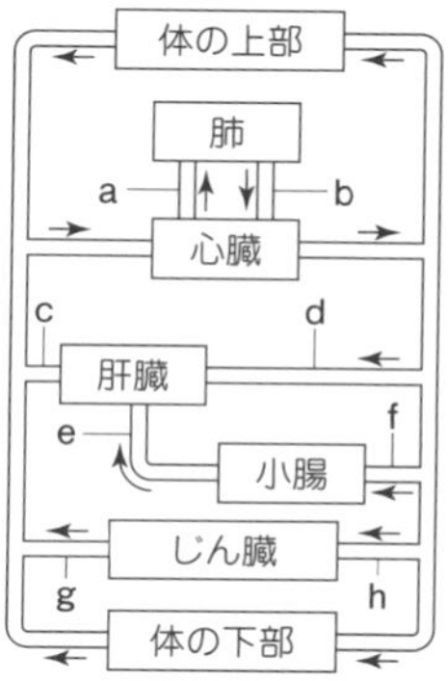

(1) 食後，最も栄養分が多くふくまれた血液が流れている血管を，図中の a～h から選びなさい。 (　　)

(2) 尿素が最も少ない血液が流れている血管を，図中の a～h から選びなさい。 (　　)

(3) 酸素が最も多くふくまれた血液が流れている血管を，図中の a～h から選びなさい。 (　　)

2 銅粉 1.6 g をじゅうぶん加熱すると，銅粉はすべて酸素と反応して，酸化銅 2.0 g が生じました。次の各問いに答えなさい。 >>> 15

(1) 銅粉 2.4 g をじゅうぶんに加熱し，すべて酸素と反応させました。このとき，生じた酸化銅の質量は何 g ですか。 (　　)

(2) 銅粉 3.6 g をじゅうぶんに加熱し，すべて酸素と反応させました。このとき，結びついた酸素の質量は何 g ですか。 (　　)

(3) 銅粉 2.8 g を加熱すると，加熱後の物質全体の質量が 3.2 g になりました。このとき，酸素と結びつかずに残っている銅の質量は何 g ですか。 (　　)

3 電流・電圧・抵抗・電力について，次の問いに答えなさい。 >>> 16

(1) 20 Ω の電熱線の両端に 6 V の電圧を加えました。このとき，電熱線を流れる電流は何 A ですか。 (　　)

(2) 10 Ω の電熱線に 0.9 A の電流が流れていました。電熱線の両端に加わっている電圧は何 V ですか。 (　　)

(3) ある電熱線の両端に 5 V の電圧を加えたとき，電熱線に 250 mA の電流が流れました。このとき使った電熱線の抵抗は何 Ω ですか。 (　　)

(4) 30 Ω の電熱線の両端に 6 V の電圧を加えました。このとき，電熱線で消費される電力は何 W ですか。 (　　)

21

重要度★★★

生物の成長と生殖

学習日　　月　　日

ポイント整理

① 細胞分裂と生物の成長

◐ **細胞分裂《さいぼうぶんれつ》**…1つの細胞が2つに分かれること。

体細胞分裂 体をつくる細胞(体細胞)の分裂。

染色体《せんしょくたい》 細胞分裂のときに核に見られる，ひも状のもの。

- **体細胞分裂の順序**
  ①分裂前(核の中で染色体が複製される)。
  ②染色体が見えるようになり，核の形が消える。
  ③染色体が中央に並ぶ。
  ④染色体が**2つに分かれ**，**細胞の両端**に移動する。
  ⑤分かれた染色体がそれぞれ集まり，**核**をつくる。植物の細胞ではしきりができ，動物の細胞ではくびれができる。
  ⑥2つの若い細胞ができる。
- 生物は，次の①，②によって成長する。
  ①体細胞分裂によって，細胞の数がふえる。
  ②体細胞分裂によってできた細胞が，それぞれ大きくなる。

▼植物の体細胞分裂

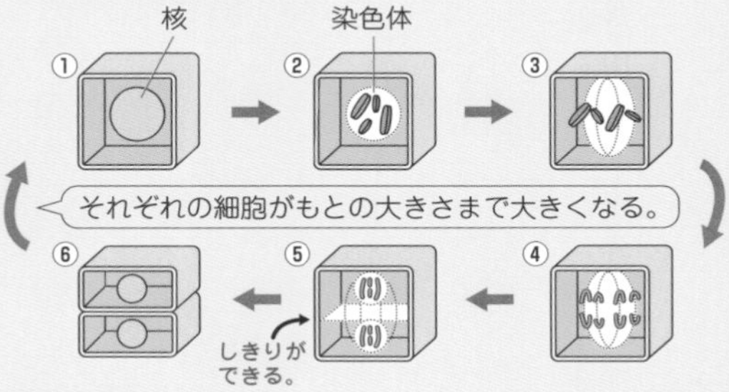

細胞分裂は，根や茎の先端付近などにある成長点でよく見られるよ。

② 無性生殖

◐ **生殖《せいしょく》**…生物が自分と同じ種類の個体をつくり，なかまをふやすこと。

無性生殖《むせいせいしょく》 雌雄《しゆう》の親を必要とせず，親の体の一部が分かれてそのまま子になる生殖。
※植物が行う無性生殖を特に栄養生殖という。

- 無性生殖では，子は親の染色体をそのまま受けつぐ。

▼無性生殖の例

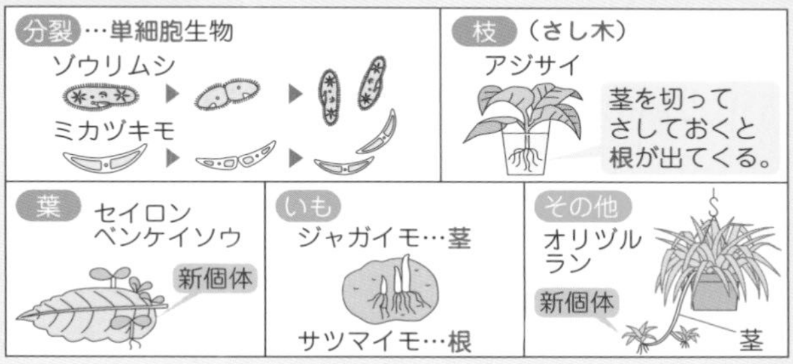

入試によく出る観察

花粉管の観察

観察

①砂糖をふくんだ寒天溶液(柱頭に似た状態)をスライドガラスに1滴落とす。
②ホウセンカの花粉を筆の先につけて，固まった寒天の上に散布して，カバーガラスをかける。
③顕微鏡で観察する。

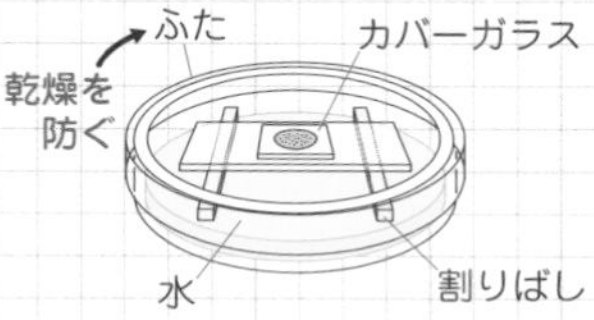

花粉が乾燥しないように，左図のような水を入れたペトリ皿の中に置き，5分ごとに顕微鏡で観察する。
花粉管がのびないときは，しばらく置いてから観察する。

観察結果

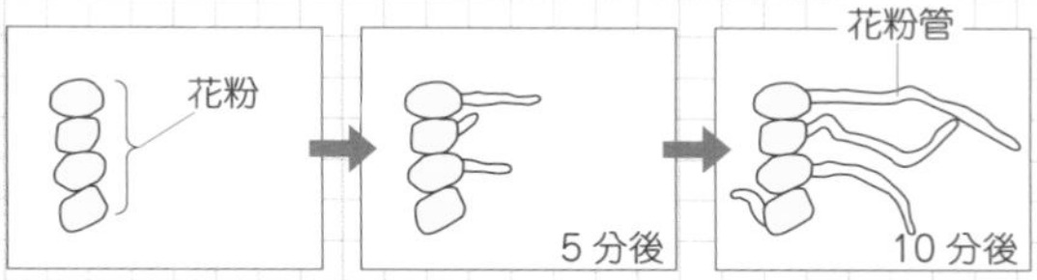

即答チェック の答え　①細胞分裂　②染色体　③生殖　④無性生殖　⑤有性生殖　⑥生殖細胞　⑦受精　⑧減数分裂　⑨無性生殖

入試必勝ワード　細胞分裂　染色体　無性生殖　有性生殖　受 精　減数分裂

3 有性生殖

有性生殖《ゆうせいせいしょく》…雌雄の親がかかわって子をつくる生殖。

生殖細胞　生殖のためにつくられる特別な細胞。
※植物では，卵《らん》細胞（雌）と精《せい》細胞（雄）。
動物では，卵（雌）と精子（雄）。

受精《じゅせい》　雌の生殖細胞の核と雄の生殖細胞の核が合体すること。受精によってできる新しい１つの細胞が**受精卵**。

植物の有性生殖…種子植物では，**精細胞**が**花粉管**の中を移動して**卵細胞**にたどりつき，受精する。

▼被子植物の有性生殖

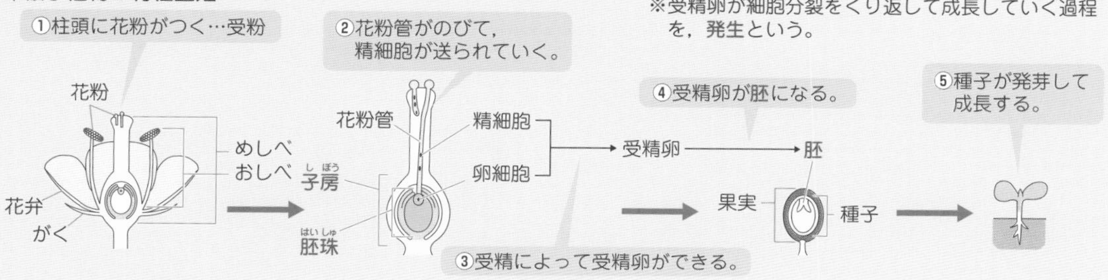

動物の有性生殖…雄が放出した**精子**が**卵**の中に入り，受精する。

※受精卵から胚を経て，成体（生殖可能な個体）になるまでの過程を発生という。

▼動物の有性生殖

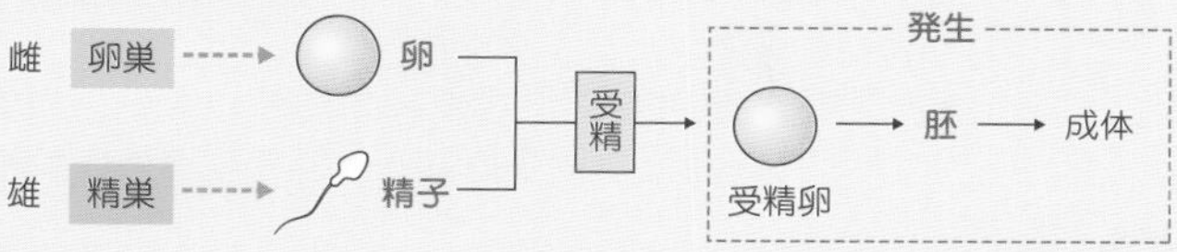

有性生殖と染色体

減数分裂《げんすうぶんれつ》　生殖細胞がつくられるときに行われる特別な細胞分裂。染色体の数がもとの細胞の半分になる。

▼有性生殖での染色体の変化

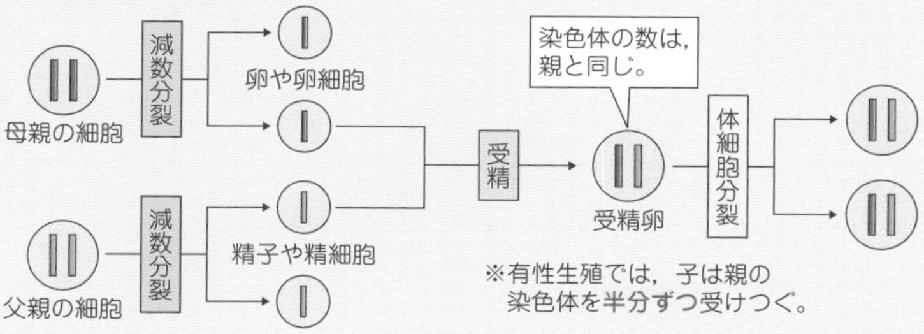

即答チェック

□ ① 1 つの細胞が 2 つに分かれることを何といいますか。　〔　　　　〕
□ ② 細胞分裂のときに核に見られる，ひも状のものを何といいますか。　〔　　　　〕
□ ③ 生物が自分と同じ種類の個体をつくり，なかまをふやすことを何といいますか。〔　　　　〕
□ ④ 雌雄の親を必要とせず，親の体の一部が分かれてそのまま子になる生殖を何といいますか。　〔　　　　〕
□ ⑤ 雌雄の親がかかわって子をつくる生殖を何といいますか。　〔　　　　〕
□ ⑥ 生殖のためにつくられる特別な細胞を何といいますか。　〔　　　　〕
□ ⑦ 雌の生殖細胞の核と雄の生殖細胞の核が合体することを何といいますか。　〔　　　　〕
□ ⑧ 生殖細胞がつくられるときに行われる特別な細胞分裂を何といいますか。　〔　　　　〕
□ ⑨ 子が親の染色体をそのまま受けつぐのは，無性生殖と有性生殖のどちらですか。〔　　　　〕

→別冊解答 p.18

1 細胞分裂の観察 (8点×4=32点)

植物の根が成長するときのようすを調べる実験を行いました。まず，タマネギの種子を発芽させ，のびた根を先端から約１cm切り取りました。図１は，切り取った根を模式的に表したものです。次に，１つ１つの細胞を離れやすくする処理を行い，図１のA～Cの部分をそれぞれ切り取り，別々のスライドガラスにのせました。その後，核と染色体を見やすくするために染色してプレパラートをつくり，顕微鏡で観察しました。図２は，A～Cを同じ倍率で観察したスケッチであり，Aでのみひも状の染色体が見られ，体細胞分裂をしている細胞が観察されました。次の問いに答えなさい。

〈鹿児島県〉

図１

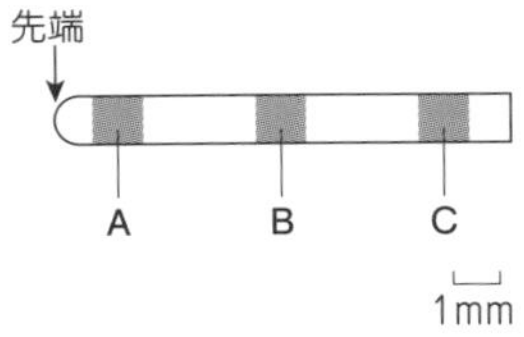

図２

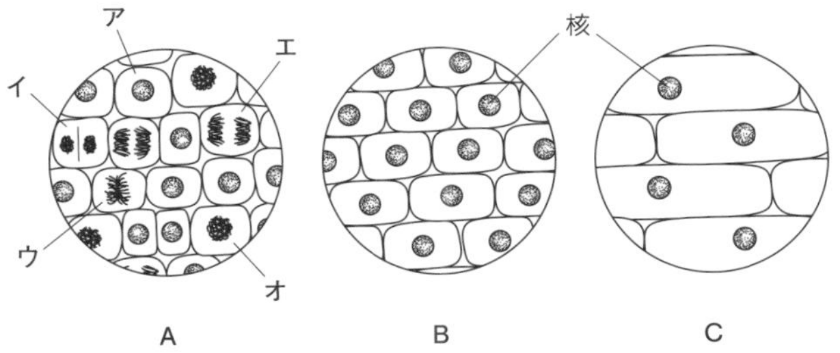

(1) 核と染色体を見やすくするために使う染色液として適当なものは何ですか。名称を書きなさい。
( )

(2) **図２**のAのア～オの細胞を，アを最初として体細胞分裂の順に並べなさい。
(ア →)

(3) 根はどのようなしくみで成長しますか。**図１**，**図２**から考えられることを書きなさい。
( )

(4) 体細胞分裂をくり返しても，分裂後の１つの細胞の中にある染色体の数は変わりません。その理由を，体細胞分裂前の細胞で染色体に起こることに着目して書きなさい。
( )

2 無性生殖 (8点×2=16点)

生殖について，次の問いに答えなさい。

〈石川県〉

(1) 分裂や栄養生殖のように，受精を行わずに新しい個体をつくる生殖を何というか，書きなさい。
( )

(2) 分裂や栄養生殖などのように，受精を行わずに新しい個体をつくることができる生物はどれか，次のア～エからすべて選び，その記号を書きなさい。
( )

ア イソギンチャク
イ オランダイチゴ
ウ ミカヅキモ
エ メダカ

3 植物の有性生殖 (8点×4＝32点)

図１のように, スライドガラスに 10％の砂糖水を１滴たらし, その上に筆を使って花粉を落としました。5〜10 分後, 花粉管がのびるようすを顕微鏡で観察しました。これについて, 次の問いに答えなさい。 〈和歌山県〉

図１

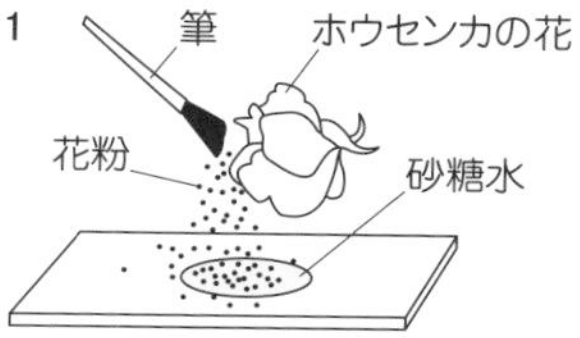

図２

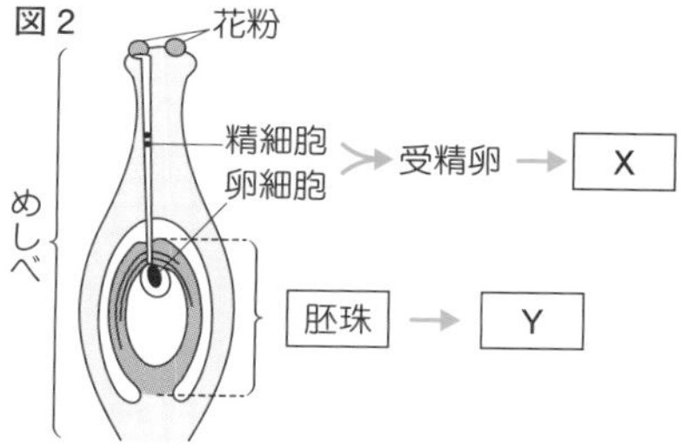

(1)　図２のめしべについて, スライドガラスにたらした砂糖水は, めしべのどの部分と同じような状態を再現するために使われていますか。その部分の名称を書きなさい。　(　　　　)

(2)　次の文は, 植物の生殖についてまとめたものです。下の①, ②に答えなさい。

> 図２のように, 花粉は受粉すると, 子房の中の胚珠に向かって花粉管をのばす。花粉管が胚珠の中の卵細胞に達すると, 花粉管の中を移動してきたⒶ精細胞の核とⒷ卵細胞の核が合体する。２つの細胞が合体してできた受精卵は, 細胞分裂をくり返して(　X　)になり, 胚珠全体は(　Y　)になる。

①　下線Ⓐ, Ⓑのような生殖細胞をつくる特別な細胞分裂を何といいますか。(　　　　)

注意 ②　(　X　), (　Y　)にあてはまる適切な語を, それぞれ書きなさい。

X (　　　　)　Y (　　　　)

4 動物の有性生殖 (10点×2＝20点)

動物の有性生殖における, 受精卵の変化を調べるために, 次の観察を行いました。あとの問いに答えなさい。 〈山梨県〉

観察 カエルの受精卵を採取し, 双眼実体顕微鏡で細胞分裂のようすを観察した。観察では, 受精卵の細胞分裂の過程における特徴的なようすをスケッチした。

注意 (1)　次のアはカエルの受精卵, イ〜オはその後の細胞分裂のようすをスケッチしたものです。アの受精卵は, 細胞分裂の過程でどのように変化しますか。イ〜オを, 変化していく順に並べて記号で書きなさい。　(　ア　→　　　　)

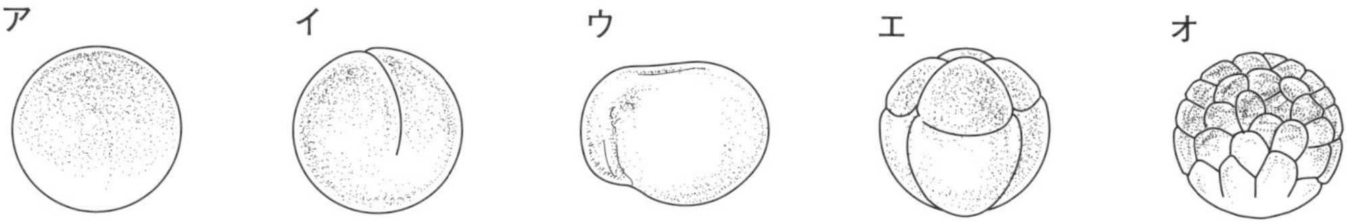

(2)　受精卵が細胞分裂をくり返すことで, 形やはたらきの異なるいくつかの部分に分かれ, 親と同じような形へと成長し, 個体としての体のつくりが完成していく過程を何というか, その名称を漢字２字で書きなさい。　(　　　　)

重要度★★★

遺伝の規則性と生物の進化

学習日　　月　　日

ポイント整理

① 遺伝の規則性

遺伝《いでん》…親の形質《けいしつ》が，子や孫などの世代に現れること。遺伝子《いでんし》が伝わることで起こる。

形質　生物がもつ形や性質などの特徴。

遺伝子　遺伝する形質のもとになるもの。
※遺伝子は，細胞の核内の染色体に存在する。

▼無性生殖での遺伝子の受けつがれ方
親の遺伝子をそのまま受けつぐ。
→子の形質は親とまったく同じ。

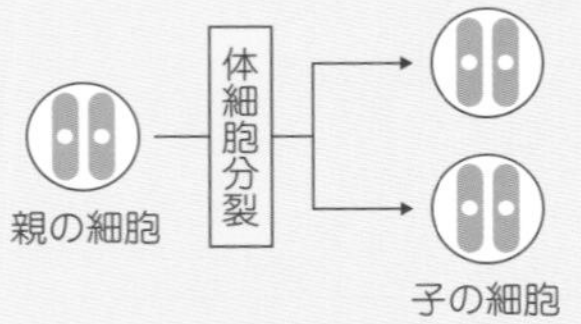

▼有性生殖での遺伝子の受けつがれ方
親の遺伝子を半分ずつ受けつぐ。
→子の形質は親と異なることがある。

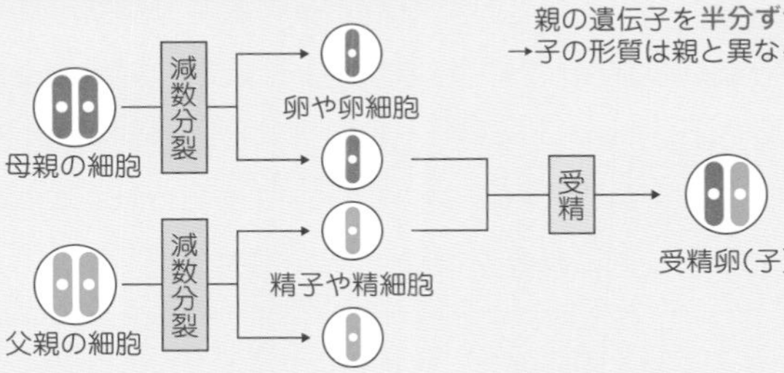

遺伝の規則性

対立形質《たいりつけいしつ》　同時に現れない２つの形質。
例 エンドウの種子の形の「丸」と「しわ」

顕性形質《けんせいけいしつ》　対立形質の純系《じゅんけい》どうしをかけ合わせたときに，子に現れる形質。
※子に現れない形質を潜性形質《せんせいけいしつ》という。

同じ形質をかけ合わせたとき，どの世代でもその形質の個体ができる場合，純系というよ。

分離の法則　減数分裂により，対になっている遺伝子は分かれて別の生殖細胞に入る。

▼エンドウの種子の形の遺伝
丸い種子…顕性形質➡遺伝子をAとする。
しわのある種子…潜性形質➡遺伝子をaとする。

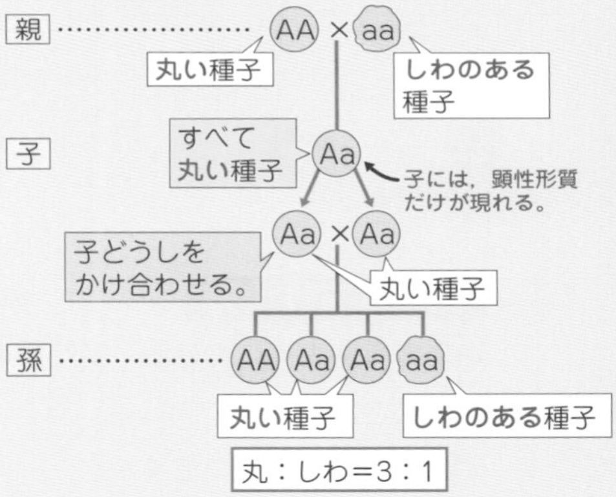

入試によく出る図

メンデルによる遺伝の実験の整理

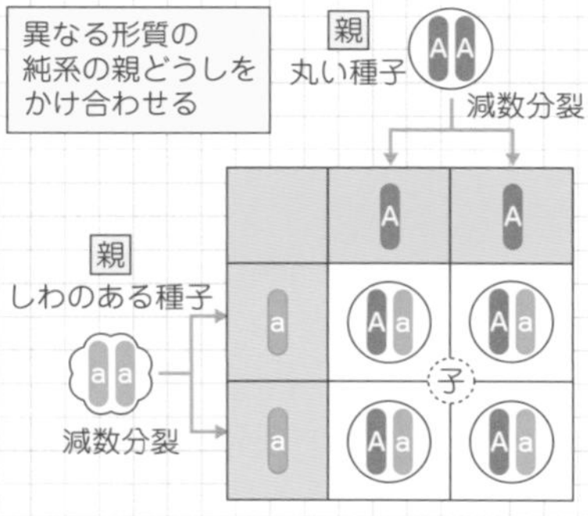

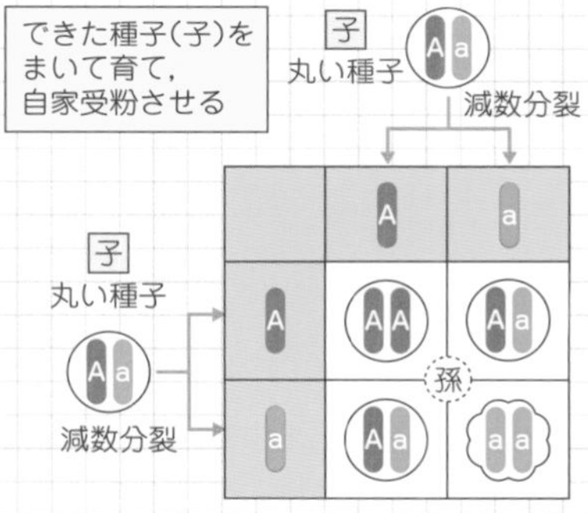

左のような図をかいて整理すると，とてもわかりやすいよ。

即答チェックの答え　①形質　②遺伝　③顕性形質　④潜性形質　⑤分離の法則　⑥DNA(デオキシリボ核酸)　⑦進化　⑧相同器官

入試必勝ワード　形質　遺伝子　顕性形質　分離の法則　DNA　進化　相同器官

② 遺伝子の本体とその利用

遺伝子は不変ではなく，変化して子に伝わることもあるよ。

- **DNA**…デオキシリボ核酸《かくさん》の略。遺伝子の本体。
- **遺伝子や DNA の応用**…食料や医療，環境など，さまざまな分野で応用されている。
  - **遺伝子組換え《くみか》**…ある生物に別の生物の遺伝子を組みこむ技術。除草剤や害虫に強い農作物など，自然界には存在しない生物をつくり出すことができる。

③ 生物の進化

- **進化《しんか》**…生物の形質が，長い年月をかけて世代を重ねる間に変化すること。
- **進化の証拠**

シソチョウ　ハチュウ類と鳥類の中間的な特徴をもつ生物。約 1 億 5000 万年前の地層から，化石が見つかった。

相同器官《そうどうきかん》　現在の形やはたらきは異なるが，基本的なつくりが同じで，起源は同じものであったと考えられる器官。

▼シソチョウの特徴

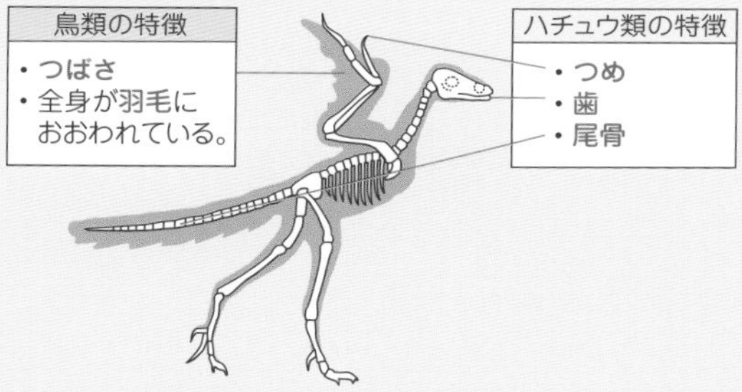

▼相同器官の例（セキツイ動物の前あし）

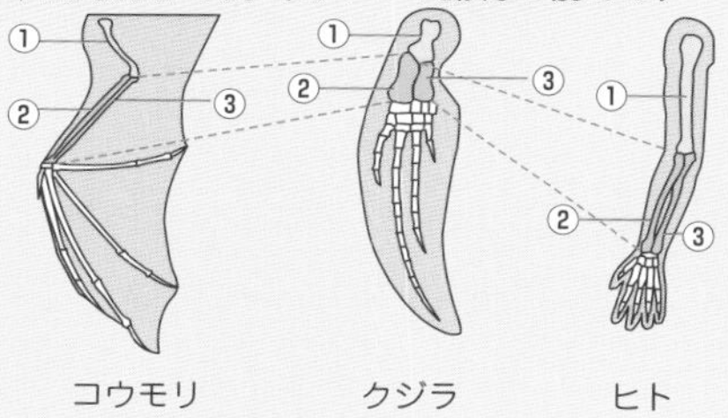

- **生物の進化と生活場所**
  - 植物も動物も，もともとは水中で生活していたが，進化によって陸上生活に適した特徴をもつようになり，生活場所を広げていった。

セキツイ動物は，魚類→両生類→ハチュウ類・ホニュウ類と進化し，鳥類はハチュウ類から進化したと考えられているよ。

即答チェック

- □ ① 生物がもつ形や性質などの特徴を何といいますか。〔　　　　〕
- □ ② 親の形質が，子や孫などの世代に現れることを何といいますか。〔　　　　〕
- □ ③ 対立形質の純系どうしをかけ合わせたときに，子に現れる形質を何といいますか。〔　　　　〕
- □ ④ 対立形質の純系どうしをかけ合わせたときに，子に現れない形質を何といいますか。〔　　　　〕
- □ ⑤ 減数分裂により，対になっている遺伝子が分かれて別の生殖細胞に入ることを何といいますか。〔　　　　〕
- □ ⑥ 遺伝子の本体は，何という物質ですか。〔　　　　〕
- □ ⑦ 生物の形質が，長い年月をかけて世代を重ねる間に変化することを何といいますか。〔　　　　〕
- □ ⑧ 現在の形やはたらきは異なるが，基本的なつくりが同じで，起源は同じものであったと考えられる器官を何といいますか。〔　　　　〕

22 トレーニングテスト

→別冊解答 p.18

1 生殖と遺伝 （10点×4＝40点）

ジャガイモの生殖について，次の問いに答えなさい。 〈宮崎県〉

正答率85% (1) ジャガイモのいもは，土に植えておくと，**図 1** のように，芽を出して葉・茎・根がそろいます。このように，植物において体の一部から新個体をつくったり，アメーバなどの単細胞生物が分裂することでなかまをふやしたりするように，受精を行わずに子をつくる生殖を何といいますか。 （　　　　　　　　）

図 1

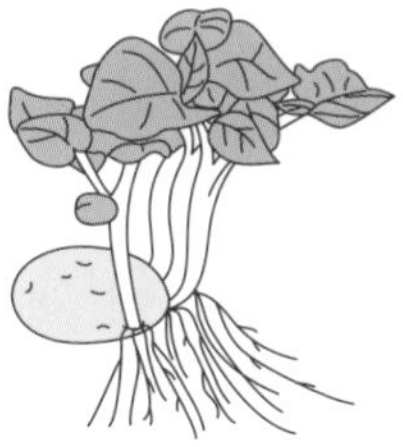

図 2

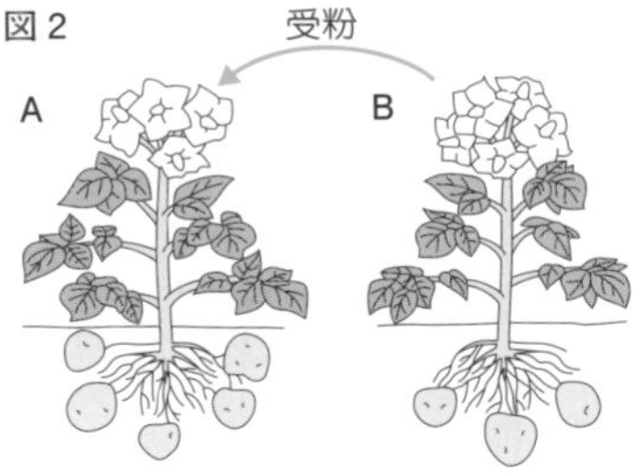

(2) **図 2** のように，ジャガイモ**A**の花を，異なる形質をもつジャガイモ**B**の花粉を使って受粉させると，種子ができました。次の文は，受粉から種子ができるまでの変化をまとめたものです。

まとめ **A**のめしべの柱頭についた**B**の花粉は，子房の中の胚珠に向かって，花粉管をのばす。花粉管が胚珠の中の①卵細胞に達すると，花粉管を移動してきた精細胞の核と卵細胞の核が合体して②受精卵となる。受精卵は，体細胞分裂をくり返して胚になり，胚珠全体は種子になる。

図 3 は，ジャガイモ**A**，**B**の細胞を，染色体の数を２とし，模式的に表したものです。このとき，まとめの下線部①，②の染色体は，それぞれどのように表すことができますか。**図 3** にならって右下にかきなさい。ただし，○や●は遺伝子を示しています。

図 3

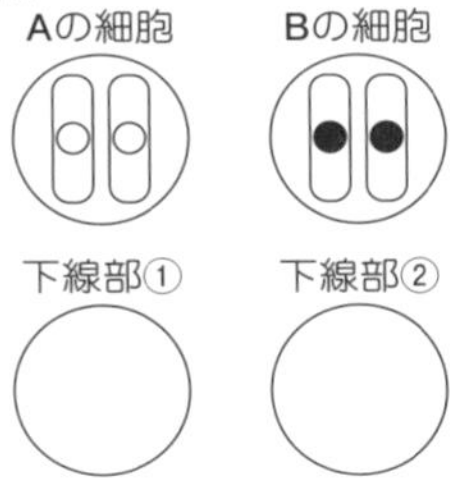

正答率71% (3) このように，ジャガイモには，いもからふやす方法と，種子からふやす方法がありますが，いもからふやすのがふつうです。いもからふやす方法の有利な点について，次のようにまとめました。（　　）に入る適切な理由を，「遺伝子」という言葉を使って書きなさい。

（　　　　　　　　　　　　　　　　　　　　　　　　）

まとめ いもからふやすと，（　　　　　）から，親がもつ有用な形質を変えずに残すことができる。このほかにも，種子からふやすよりも収穫までの時間が短いなどといった有利な点もあることから，いもからふやす方法によって新しい個体をつくる性質は，農業でしばしば利用されている。

2 遺伝の規則性 （10点×4＝40点）

エンドウの種子の形には，丸いものとしわのものがあります。エンドウの種子の形に関する遺伝子について調べるため，実験 1，2 を行いました。丸い種子をつくる形質を伝える遺伝子を A，しわのある種子をつくる形質を伝える遺伝子を a として，次の問いに答えなさい。

実験 1 丸い種子をまいて育てたエンドウのめしべに，Ⅰしわのある種子をまいて育てたエンドウの花粉をつけて他家受粉させた。その後，できた種子を調べてみると，すべてⅡ丸い種子であった。

(1) 対になっている遺伝子は，減数分裂によってそれぞれ別々の生殖細胞に入ります。この法則を何といいますか。〈佐賀県〉(　　　　)

(2) **実験１**の下線部Ⅰの花粉の中にある精細胞はどのような遺伝子をもつと考えられますか。その模式図として最も適当なものを，次の**ア～カ**から選び，その記号を書きなさい。〈佐賀県〉

(　　　　)

(3) **実験１**の下線部Ⅱの種子の中にある胚はどのような遺伝子をもつと考えられますか。その模式図として最も適当なものを，(2)の**ア～カ**から選び，その記号を書きなさい。〈佐賀県〉

(　　　　)

実験２　**実験１**でできた丸い種子をまいて育て，花をさかせ自家受粉させた。その後，できた種子を調べた。

差がつく
(4) **実験２**でできた種子の説明として正しいものを，次の**ア～エ**から選び，その記号を書きなさい。(　　　　)

ア　すべて丸い種子である。
イ　丸い種子としわのある種子が約１：１の割合である。
ウ　すべてしわのある種子である。
エ　丸い種子としわのある種子が約３：１の割合である。

3 進化 (10点×2＝20点)

現在の多様な生物は，進化によって生じたものです。シソチョウのようにハチュウ類と鳥類の両方の特徴をもつ化石があることや，生物の間に相同器官が見られることなどは，進化が実際に起きたことを示す証拠と考えられています。次の問いに答えなさい。〈愛媛県〉

(1) 次の**ア～エ**のうち，化石が発見された地層の年代が最も古いことから，地球上に最初に現れたセキツイ動物であると考えられているものはどれですか。適当なものを選び，その記号を書きなさい。(　　　　)

ア　ハチュウ類　　**イ**　両生類　　**ウ**　鳥類　　**エ**　魚類

(2) 次の**ア～エ**のうち，互いに相同器官の関係にある組み合わせはどれですか。適当なものを選び，その記号を書きなさい。(　　　　)

ア　クジラの胸びれとカニのハサミ　　**イ**　コウモリのつばさとチョウのはね
ウ　ヒトのうでとペンギンのつばさ　　**エ**　カエルのあしとタコのあし

23

電池のしくみを理解しよう！

重要度★★★

水溶液とイオン

学習日　　月　　日

ポイント整理

1 水溶液とイオン

原子の構造

大切
①原子核《げんしかく》…陽子《ようし》と中性子《ちゅうせいし》からできている。
- 陽子……＋《プラス》の電気をもつ。
- 中性子…電気をもたない。

②電子……－《マイナス》の電気をもつ。
- 陽子１個の＋の電気の量と電子１個の－の電気の量は等しい。

▼ヘリウム原子の構造

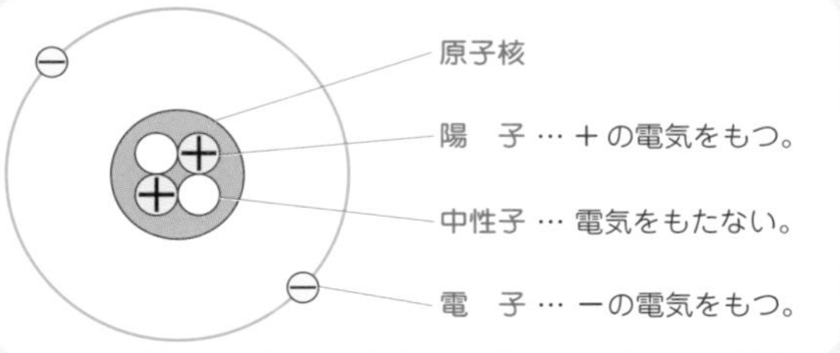

水溶液とイオン

電解質《でんかいしつ》　水にとかしたとき，その水溶液に電流が流れる物質。
例 塩化ナトリウム，塩化銅，塩化水素

非《ひ》電解質　水にとかしたとき，その水溶液に電流が流れない物質。
例 砂糖，エタノール

- 電解質の水溶液に電流が流れているときの変化

①塩化銅水溶液　$CuCl_2 \longrightarrow Cu + Cl_2$（Cu：陰極，$Cl_2$：陽極）

②塩酸　$2HCl \longrightarrow H_2 + Cl_2$（$H_2$：陰極，$Cl_2$：陽極）

イオン　原子が電気を帯びたもの。
陽《よう》イオン…原子が電子を失って＋の電気を帯びたもの。
陰《いん》イオン…原子が電子を受け取って－の電気を帯びたもの。

電離《でんり》　物質が水にとけて，陽イオンと陰イオンに分かれること。
※水にとけて電離する物質が電解質，水にとけても電離しない物質が非電解質であるということもできる。

▼おもなイオンとその化学式

陽イオン		陰イオン	
イオン	化学式	イオン	化学式
水素イオン	H^+	塩化物イオン	Cl^-
ナトリウムイオン	Na^+	水酸化物イオン	OH^-
銅イオン	Cu^{2+}	硫酸イオン	SO_4^{2-}
亜鉛イオン	Zn^{2+}	硝酸イオン	NO_3^-

▼おもな電解質の電離

$NaCl \longrightarrow Na^+ + Cl^-$
塩化ナトリウム　ナトリウムイオン　塩化物イオン

$HCl \longrightarrow H^+ + Cl^-$
塩化水素　水素イオン　塩化物イオン

$NaOH \longrightarrow Na^+ + OH^-$
水酸化ナトリウム　ナトリウムイオン　水酸化物イオン

入試によく出る実験

金属のイオンへのなりやすさを調べる実験

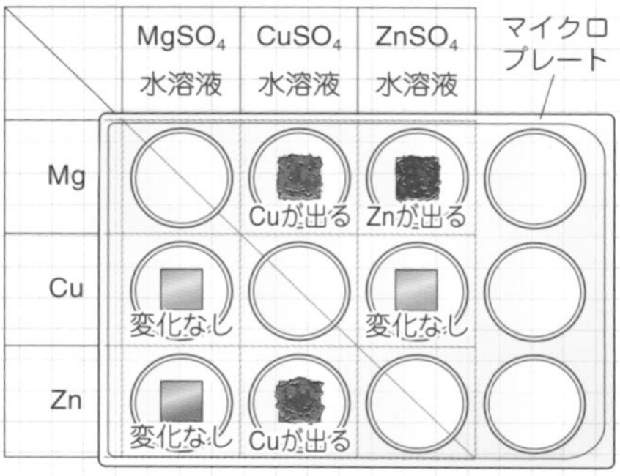

①Mgと$CuSO_4$水溶液の組み合わせ

$Mg \longrightarrow Mg^{2+} + 2e^-$
$Cu^{2+} + 2e^- \longrightarrow Cu$

イオンへのなりやすさは，Mg＞Cu

②Mgと$ZnSO_4$水溶液の組み合わせ

$Mg \longrightarrow Mg^{2+} + 2e^-$
$Zn^{2+} + 2e^- \longrightarrow Zn$

イオンへのなりやすさは，Mg＞Zn

③Znと$CuSO_4$水溶液の組み合わせ

$Zn \longrightarrow Zn^{2+} + 2e^-$
$Cu^{2+} + 2e^- \longrightarrow Cu$

イオンへのなりやすさは，Zn＞Cu

①～③より，イオンへのなりやすさは，Mg＞Zn＞Cu

即答チェックの答え　①原子核　②電子　③電解質　④イオン　⑤失ったもの　⑥電離　⑦電池（化学電池）　⑧燃料電池

② 電池とイオン

金属のイオンへのなりやすさ

A

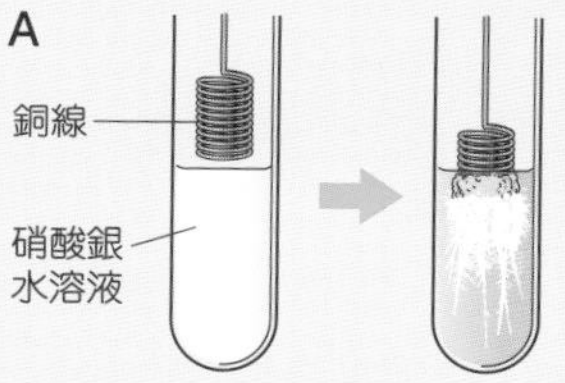

Cuがとけ出して銅イオンCu^{2+}になり，銀イオンAg^{+}が銀Agとなって出る。

$Cu \longrightarrow Cu^{2+} + 2e^{-}$ …… ①

$Ag^{+} + e^{-} \longrightarrow Ag$ …… ②

①＋②×2より，

$Cu + 2Ag^{+} \longrightarrow Cu^{2+} + 2Ag$

B

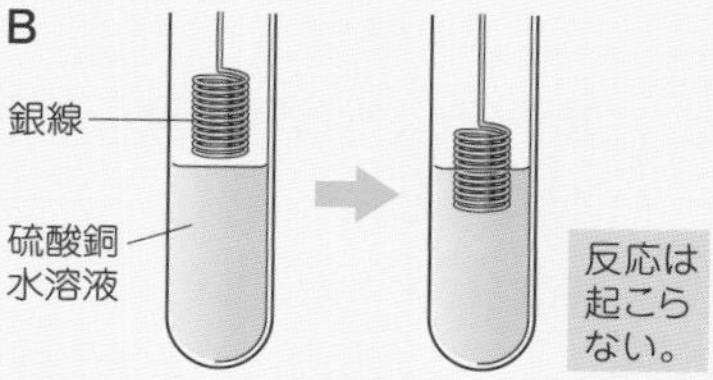

A，Bより，イオンへのなりやすさは，Cu＞Ag といえる。

電池(化学電池)…化学変化を利用して，物質がもつ化学エネルギーを電気エネルギーに変換して取り出す装置。

・ダニエル電池…**亜鉛板**を入れた**硫酸亜鉛水溶液**と**銅板**を入れた**硫酸銅水溶液**を，セロハン膜などでしきった構造の電池。

※セロハン膜などによって，2つの水溶液がすぐには混ざらなくなっているが，イオンは，セロハン膜などにあいている小さなあなを通って移動できる。

−極　亜鉛が電子を失い，**亜鉛イオン**となってとけ出す。

$Zn \longrightarrow Zn^{2+} + 2e^{-}$

＋極　銅イオンが電子を受け取り，**銅**となって出る。

$Cu^{2+} + 2e^{-} \longrightarrow Cu$

※一般に，2種類の金属が電極となる電池では，イオンになりやすいほうの金属が−極，イオンになりにくいほうの金属が＋極になる。

▼ダニエル電池の構造

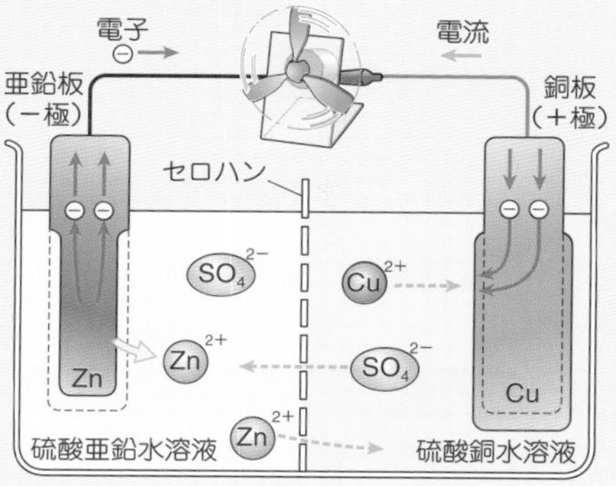

日常生活と電池

・**一次電池**…使い切りの電池。

例 アルカリマンガン乾電池，リチウム電池

・**二次電池**…充電によってくり返し使える電池。

例 鉛蓄電池，ニッケル水素電池

燃料電池　**水の電気分解とは逆の化学変化**を利用して，水素と酸素がもつ化学エネルギーを直接電気エネルギーとして取り出す装置。

燃料電池は，反応で水だけが生じるので，環境に対する悪影響が小さいと考えられているよ。

即答チェック

□ ① 原子の中心にある，陽子と中性子からできているものを何といいますか。〔　　　〕

□ ② 原子の中で，−の電気をもつ粒子を何といいますか。〔　　　〕

□ ③ 水にとかしたとき，その水溶液に電流が流れる物質を何といいますか。〔　　　〕

□ ④ 原子が電子を受け取ったり失ったりして，電気を帯びたものを何といいますか。〔　　　〕

□ ⑤ 陽イオンは，原子が電子を受け取ったものですか，失ったものですか。〔　　　〕

□ ⑥ 物質が水にとけて，陽イオンと陰イオンに分かれることを何といいますか。〔　　　〕

□ ⑦ 化学変化を利用して，物質がもつ化学エネルギーを電気エネルギーに変換して取り出す装置を何といいますか。〔　　　〕

□ ⑧ 水の電気分解とは逆の化学変化を利用して，水素と酸素がもつ化学エネルギーを直接電気エネルギーとして取り出す装置を何といいますか。〔　　　〕

23 トレーニングテスト

→別冊解答 p.19

1 塩化銅水溶液の電気分解とイオン (8点×2＝16点)

塩化銅水溶液を電気分解するために，炭素棒を電極として，図のような実験装置をつくりました。電極に電圧をかけると水溶液に電流が流れ，陽極から気体が発生し，陰極には赤い物質が付着しました。これについて，次の問いに答えなさい。 〈高知県〉

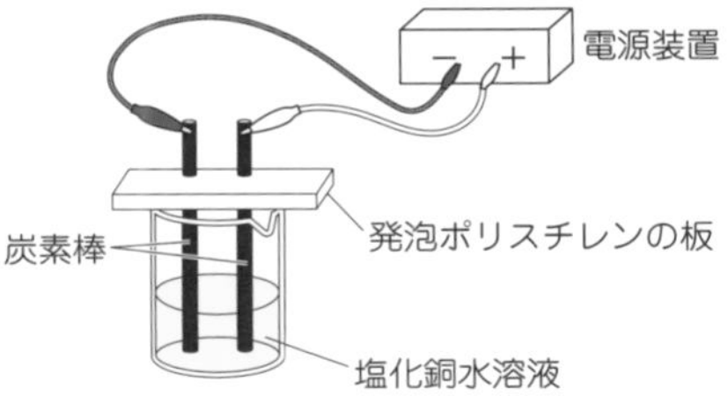

正答率 79% (1) この実験のように，水溶液に電流が流れているとき，水溶液中で起こる現象の説明として正しいものを，次のア～エから選び，その記号を書きなさい。 (　　)

ア　水溶液中の陽イオンは陽極に引かれ，陰イオンは陰極に引かれている。

イ　水溶液中の陽イオンは陰極に引かれ，陰イオンは陽極に引かれている。

ウ　水溶液中の陽イオンと陰イオンは，ともに陽極に引かれている。

エ　水溶液中の陽イオンと陰イオンは，ともに陰極に引かれている。

正答率 24% (2) 陽極で発生した気体の性質を調べるために，陽極付近の液をこまごめピペットでとり，赤インクをうすめた水に入れると，赤インクの色が脱色されました。このことから，この気体には漂白作用があることがわかりました。この気体を化学式で書きなさい。 (　　　　)

2 塩酸の電気分解とイオン (7点×5＝35点)

Eさんは，先生と次の実験を行いました。

図1

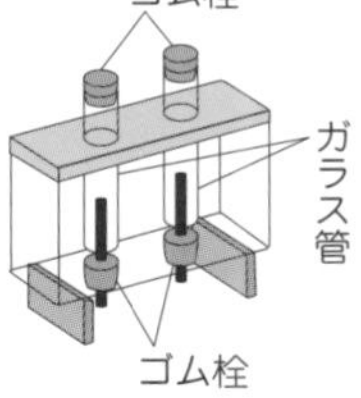

図2

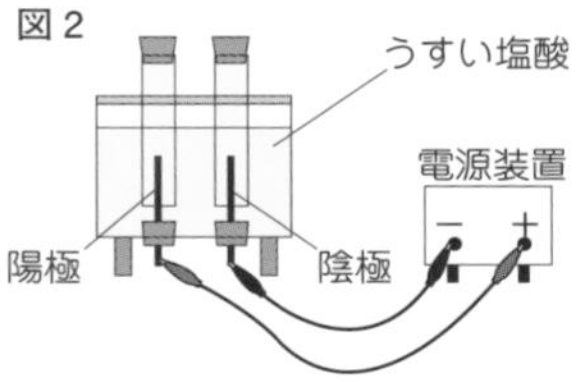

実験 **図1**のような装置を用意し，**図2**のようにガラス管の中をうすい塩酸で満たして電流を流したところ，陽極と陰極の両方から気体が発生した。しばらくしてから電流を流すのをやめ，たまった気体の量を調べたところ，陽極にたまった気体の量が，陰極にたまった気体の量よりとても少ないことがわかった。次に，陽極側にたまった気体のにおいを調べたところプールの消毒薬のにおいがした。また，陰極側にたまった気体にマッチの火を近づけたところ，音を立てて燃えた。

実験について，Eさんは先生と話をしています。あとの問いに答えなさい。 〈北海道〉

Eさん：塩酸の中では塩化水素は，(①)と(②)に電離しており，陽極と陰極に発生する気体は1：1の割合になると思っていました。でも，実験をしてみると，陽極側にたまった気体の量が，陰極側にたまった気体の量よりとても少ないのはなぜですか。

先　生：よいところに気づきましたね。陽極から発生した気体には，(③)という性質があるから，たまった量がとても少ないのです。ところで，陰極側にたまった気体は，この実験の方法以外にも発生させる方法があります。覚えていますか。

Eさん：はい。(④)を反応させることでも発生させることができますね。

先　生：そうですね。その方法でも発生させることができますね。

正答率64% (1) 会話文の(①)，(②)にあてはまる化学式を，それぞれ書きなさい。

①(　　　　) ②(　　　　)

正答率50% (2) 下線部について，陽極から発生する気体の物質名を答えなさい。また，会話文の(③)にあてはまる性質を書きなさい。 物質名(　　　　) 性質(　　　　)

正答率60% (3) 会話文の(④)にあてはまるものを，次から選び，その記号を書きなさい。 (　　)

ア 石灰石とうすい塩酸 イ 二酸化マンガンとうすい過酸化水素水

ウ 亜鉛とうすい塩酸 エ 水酸化カルシウムと塩化アンモニウム

3 ダニエル電池 (7点×6＝42点)

右の図のように，セロハンでしきった容器の一方に硫酸亜鉛水溶液，もう一方に硫酸銅水溶液を入れ，硫酸亜鉛水溶液には亜鉛板，硫酸銅水溶液には銅板をひたしました。その後，亜鉛板と銅板を電子オルゴールにつなぐと，電子オルゴールが鳴りました。

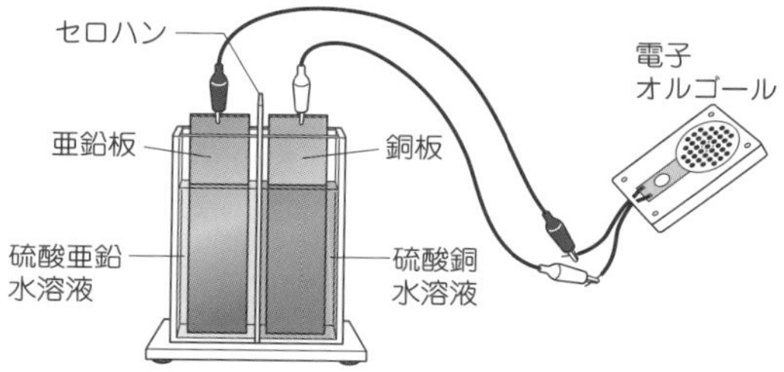

重要 (1) 電子オルゴールが鳴っているとき，亜鉛板と銅板では，どのような化学変化が起こっていますか。化学反応式で表しなさい。ただし，電子は e^- で表すものとします。

亜鉛板(　　　　　　　　) 銅板(　　　　　　　　)

(2) この実験では，亜鉛板と銅板のどちらが電池の＋極になっていますか。 (　　　　)

差がつく (3) しばらく電子オルゴールを鳴らし続けると，亜鉛板と銅板の質量はどのように変化しますか。あてはまる組み合わせを，次のア～エから選びなさい。 (　　)

ア 亜鉛板…増加する。 銅板…増加する。 イ 亜鉛板…増加する。 銅板…減少する。

ウ 亜鉛板…減少する。 銅板…増加する。 エ 亜鉛板…減少する。 銅板…減少する。

(4) 次の文章は，この実験で電子オルゴールが鳴っているときのエネルギーの変化について説明したものです。文章中の(a)，(b)にあてはまる言葉を書きなさい。

a(　　　　) b(　　　　)

容器の中では，物質がもつ(a)エネルギーが(b)エネルギーに移り変わっており，電子オルゴールは，この(b)エネルギーを使って音を出している。このように，物質がもつ(a)エネルギーを(b)エネルギーに変換する装置を化学電池という。

4 いろいろな電池 (7点)

化学変化によって電流を取り出すしくみをもつものを電池といいます。水の電気分解とは逆の化学変化を利用した電池を，次のア～エから選び，その記号を書きなさい。 〈島根県〉(　　)

ア 空気電池 イ ニッケル水素電池 ウ 燃料電池 エ 鉛蓄電池

3年／物質

24 酸・アルカリとイオン

中和について理解しよう！

重要度★★★

学習日　　月　　日

ポイント整理

① 酸・アルカリとイオン

酸とアルカリ

酸 水にとけると電離し，水素イオン（H^+）が生じる化合物。
水素イオンが酸性の性質を示す。

アルカリ 水にとけると電離し，水酸化物イオン（OH^-）が生じる化合物。
水酸化物イオンがアルカリ性の性質を示す。

おもな電解質の水溶液

性質	水溶液	溶質		化学式	電離
酸性	塩酸	塩化水素	気体	HCl	$H^+ + Cl^-$
	硫酸	硫酸	液体	H_2SO_4	$2H^+ + SO_4^{2-}$
	硝酸	硝酸	液体	HNO_3	$H^+ + NO_3^-$
	炭酸水	二酸化炭素	気体	H_2CO_3	$2H^+ + CO_3^{2-}$ ← 炭酸イオン
		〔二酸化炭素（CO_2）＋水（H_2O）→ 炭酸（H_2CO_3）〕			
中性	食塩水	塩化ナトリウム	固体	$NaCl$	$Na^+ + Cl^-$
アルカリ性	水酸化ナトリウム水溶液	水酸化ナトリウム	固体	$NaOH$	$Na^+ + OH^-$
	水酸化バリウム水溶液	水酸化バリウム	固体	$Ba(OH)_2$	$Ba^{2+} + 2OH^-$
	水酸化カリウム水溶液	水酸化カリウム	固体	KOH	$K^+ + OH^-$
	石灰水	水酸化カルシウム	固体	$Ca(OH)_2$	$Ca^{2+} + 2OH^-$
	アンモニア水	アンモニア	気体	NH_3	
		〔アンモニア（NH_3）＋水（H_2O）→ $NH_4^+ + OH^-$〕			

アンモニウムイオン（NH_4^+）

酸性・中性・アルカリ性の調べ方

pH《ピーエイチ》 酸性やアルカリ性の度合いを表す数値。pH7が中性で，値が小さいほど酸性が強く，値が大きいほどアルカリ性が強い。
※ふつう，pHは0～14の間にある。

性質	酸性	中性	アルカリ性
pH	0　小さいほど強い	7	大きいほど強い　14
リトマス紙	青から赤	変化なし	赤から青
BTB溶液	黄	緑	青
フェノールフタレイン溶液	無色	無色	赤
pH試験紙	赤↔オレンジ	緑	青緑↔青
マグネシウムとの反応	水素が発生	変化なし	変化なし

入試によく出る実験　酸性・アルカリ性を示すものの正体を調べる

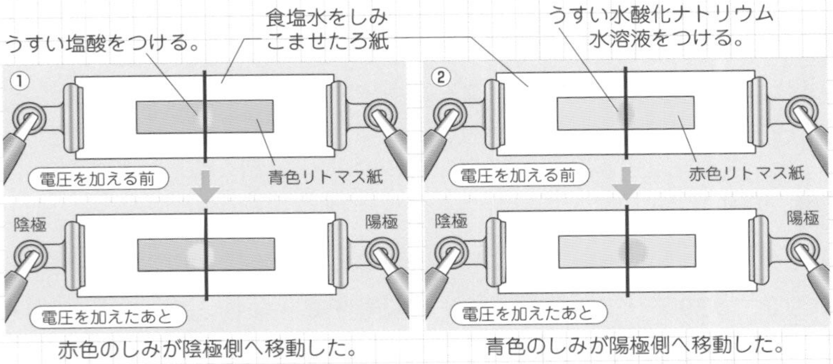

考察

①うすい塩酸の中で陰極へ移動するのは，陽イオンである水素イオン（H^+）だけなので，酸性を示しているのは**水素イオン**である。

②うすい水酸化ナトリウム水溶液の中で陽極へ移動するのは，陰イオンである水酸化物イオン（OH^-）だけなので，アルカリ性を示しているのは**水酸化物イオン**である。

即答チェックの答え　①酸　②アルカリ　③水素イオン　④酸性　⑤アルカリ性　⑥中和　⑦塩　⑧硫酸バリウム

② 中和

中和と塩《えん》

中和　酸とアルカリがたがいの性質を打ち消し合う反応。

・水素イオンと水酸化物イオンが結びついて水をつくる。

H^+ ＋ OH^- ⟶ H_2O

塩　アルカリの陽イオンと酸の陰イオンが結びついてできた物質。

例 塩酸と水酸化ナトリウム水溶液の中和で生じる塩化ナトリウム。

Na^+（アルカリの陽イオン） ＋ Cl^-（酸の陰イオン） ⟶ NaCl（塩）

▼いろいろな中和

酸		アルカリ		塩		水
HCl 塩酸（塩化水素）	＋	NaOH 水酸化ナトリウム	⟶	NaCl 塩化ナトリウム	＋	H_2O
H_2SO_4 硫酸	＋	$Ba(OH)_2$ 水酸化バリウム	⟶	$BaSO_4$ 硫酸バリウム 〔白色沈殿《ちんでん》〕	＋	$2H_2O$
HNO_3 硝酸	＋	KOH 水酸化カリウム	⟶	KNO_3 硝酸カリウム	＋	H_2O

▼塩酸に水酸化ナトリウム水溶液を加えていったときのモデル図

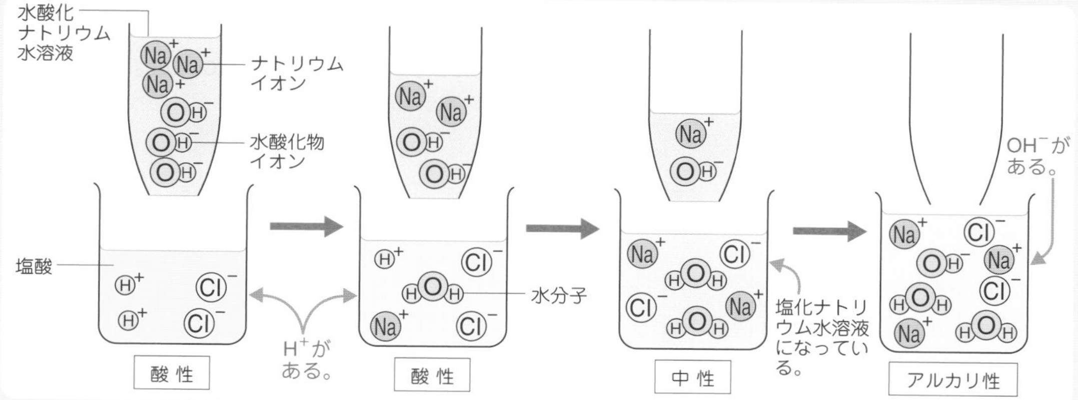

即答チェック

□ ① 水にとけると電離し，水素イオンを生じる化合物を何といいますか。〔　　〕

□ ② 水にとけると電離し，水酸化物イオンを生じる化合物を何といいますか。〔　　〕

□ ③ 酸性の性質を示すイオンの名称を答えなさい。〔　　〕

□ ④ pH が 5 の水溶液は何性ですか。〔　　〕

□ ⑤ BTB 溶液を加えたときに青色になる水溶液は何性ですか。〔　　〕

□ ⑥ 酸とアルカリがたがいの性質を打ち消し合い，水ができる反応を何といいますか。〔　　〕

□ ⑦ 中和のときに，アルカリの陽イオンと酸の陰イオンが結びついてできる物質を何といいますか。〔　　〕

□ ⑧ 硫酸と水酸化バリウムの中和でできる塩の名称を答えなさい。〔　　〕

24 トレーニングテスト

→別冊解答 p.20

1 酸・アルカリとイオン　(8点×5＝40点)

４種類の水溶液(5.0％の塩酸，5.0％の硫酸，5.0％の水酸化ナトリウム水溶液，うすいアンモニア水)を用いて，実験１，２を行いました。あとの問いに答えなさい。〈岐阜県〉

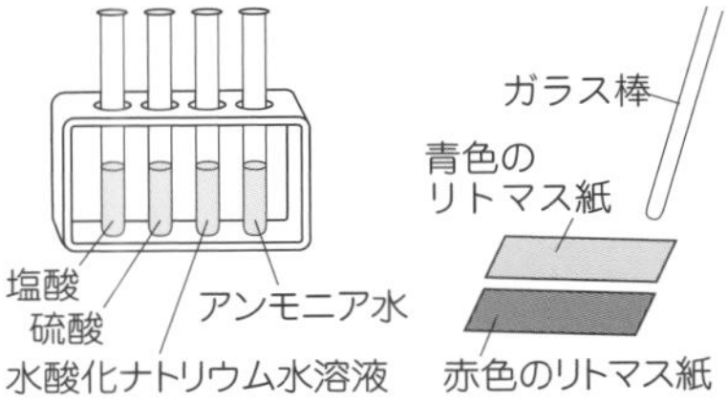

実験１　４種類のそれぞれの水溶液を，図のようにガラス棒を使って，青色のリトマス紙と赤色のリトマス紙につけ，色の変化を調べた。

実験２　４種類の水溶液を，5.0 cm^3 ずつ別々の試験管に取り，それぞれの試験管にマグネシウムリボンを入れると，塩酸と硫酸から気体が発生した。発生した気体を，それぞれ別の試験管に集めて，マッチの火を近づけると，両方ともポンという音がして燃えたため，発生した気体はどちらも水素であることがわかった。上の表は，**実験１，２**の結果をまとめたものである。

	実験１		実験２
	青色のリトマス紙の色の変化	赤色のリトマス紙の色の変化	マグネシウムリボンを入れたときの変化
塩酸	赤色に変化した	変化しなかった	水素が発生した
硫酸	赤色に変化した	変化しなかった	水素が発生した
水酸化ナトリウム水溶液	変化しなかった	青色に変化した	変化しなかった
アンモニア水	変化しなかった	青色に変化した	変化しなかった

正答率37%　(1)　塩酸は水と何の混合物ですか。　(　　　　)

正答率89%　(2)　**実験１**の結果から，塩酸と硫酸が，同じ性質であることがわかります。塩酸と硫酸は何性ですか。　(　　　　)

正答率54%　(3)　**実験１**の結果から，水酸化ナトリウム水溶液とアンモニア水が同じ性質であることがわかります。水酸化ナトリウム水溶液とアンモニア水に共通してふくまれる，赤色リトマス紙を青色に変える原因となったイオンは何ですか。化学式で書きなさい。　(　　　　)

正答率74%　(4)　水酸化ナトリウム水溶液とアンモニア水を別々の試験管に取り，それぞれの試験管にBTB溶液を１滴加えると，どちらの試験管もBTB溶液は同じ色に変化します。BTB溶液は何色に変化しますか。次の**ア**～**エ**から最も適当なものを選び，その記号を書きなさい。(　　　)

ア　黄色　　**イ**　緑色　　**ウ**　青色　　**エ**　赤色

正答率56%　(5)　**実験２**の塩酸と硫酸の結果と同じように，マグネシウムリボンを入れたときに水素が発生するものを，次の**ア**～**エ**から選び，その記号を書きなさい。　(　　　)

ア　水酸化カリウム水溶液　　**イ**　水酸化バリウム水溶液

ウ　酢酸(食酢)　　**エ**　石灰水

2 酸性を示すもの　(10点×4＝40点)

水溶液の性質を調べる実験を行いました。あとの問いに答えなさい。〈埼玉県〉

実験　ガラス板の上に，食塩水，または硫酸ナトリウム水溶液をしみこませたろ紙をのせ，その上に青色のリトマス紙と赤色のリトマス紙を置いた。さらに，うすい塩酸をしみこませた糸を両方のリトマス紙にかかるように中央に置いた。次に，両端を電極用のクリップではさんで電源につなぎ電流を流した。図は，このときのようすを示したものである。しばらくすると，図のリトマス紙のア～エのうち１か所で，リトマス紙の色が変化し，その変化した部分が電極側にしだいに広がっていくようすが観察できた。

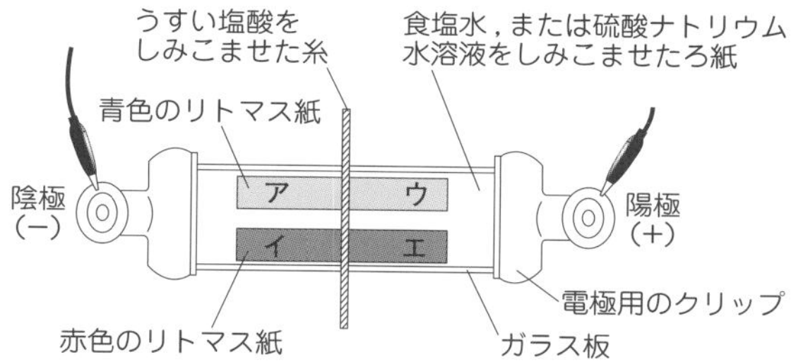

正答率64%　(1)　この実験で，純粋な水ではなく，食塩水，または硫酸ナトリウム水溶液をろ紙にしみこませた理由を書きなさい。　(　　　　)

正答率19%　(2)　図のリトマス紙のア～エのうち，電流を流したときに，色の変化した部分が電極側にしだいに広がっていくようすが観察できたのはどこですか。図のア～エから選び，その記号を書きなさい。また，その選んだ場所において，リトマス紙の色が変化する理由を，関係するイオンの名称を用いて書きなさい。さらに，リトマス紙の色の変化した部分が電極側に広がる理由を書きなさい。

記号(　　　　)

色が変化する理由(　　　　)

広がっていく理由(　　　　)

3　中和　(10点×2＝20点)

酸とアルカリの中和反応について調べるために，次の実験を行いました。あとの問いに答えなさい。

実験　〈山口県〉

1　うすい水酸化ナトリウム水溶液 10 cm^3 をビーカーに入れ，BTB溶液を数滴加えて青色にした。**図１**のように，ガラス棒でかき混ぜながら，ビーカーにうすい塩酸 2 cm^3 をこまごめピペットで少しずつ加えていったところ，水溶液は青色のままで変化は見られなかった。

図１

2　ビーカーにうすい塩酸をさらに加えていくと，水溶液が青色から緑色に変わった。

注意　(1)　1におけるビーカー内の水溶液の性質とpHの値について，正しい組み合わせを，次のア～エから選び，その記号を書きなさい。　(　　　　)

	ア	イ	ウ	エ
水溶液の性質	アルカリ性	アルカリ性	酸性	酸性
pHの値	7より小さい	7より大きい	7より小さい	7より大きい

差がつく　(2)　**図２**は，1において，ある時点での水溶液中のナトリウムイオンと，中和によって生じた水分子のようすをモデルで示したもので，(Na^+)はナトリウムイオンを，(H_2O)は中和によって生じた水分子を表しています。**図２**の状態のとき，水溶液中の塩化物イオンと，水酸化物イオンは，それぞれいくつありますか。その数だけ，塩化物イオンの記号(Cl^-)と，水酸化物イオンの記号(OH^-)を，**図２**の［　　］の中にかき入れなさい。

図２

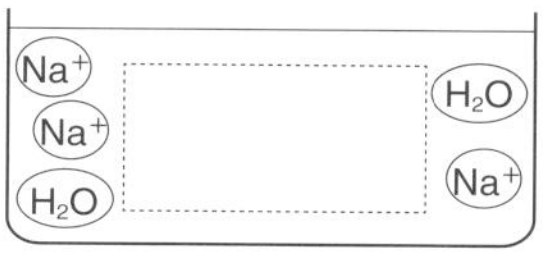

3年／エネルギー

25

いろいろな運動や力について理解しよう！

重要度★★★

運動の規則性と力のはたらき

学習日　　月　　日

ポイント整理

① いろいろな運動

速さ…単位時間あたりに移動する距離（単位：m/s，km/h など）

平均の速さ　ある区間ずっと一定の速さで移動したと考えたときの速さ。

瞬間の速さ　速度計が示す速さのように，ごく短い時間で移動した距離をもとに求めた速さ。

いろいろな運動

斜面を下る運動　速さは一定の割合で大きくなる。また，斜面の傾きが大きいほど，その変化の割合が大きくなる。

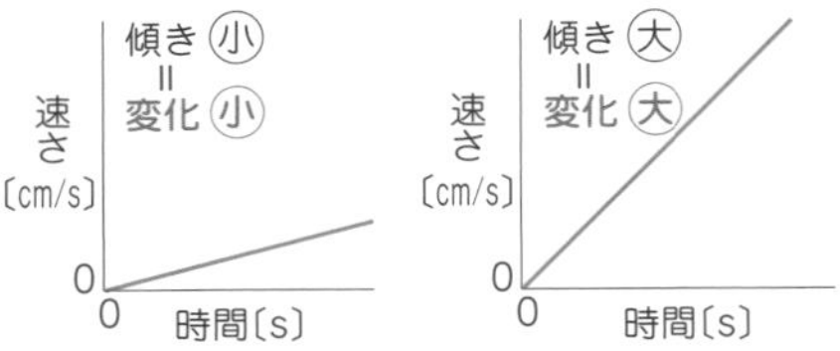

等速直線運動　速さが一定で，一直線上を進む運動。運動している物体に力がはたらいていないか，はたらいている力がつり合っているとき，物体は等速直線運動を行う。

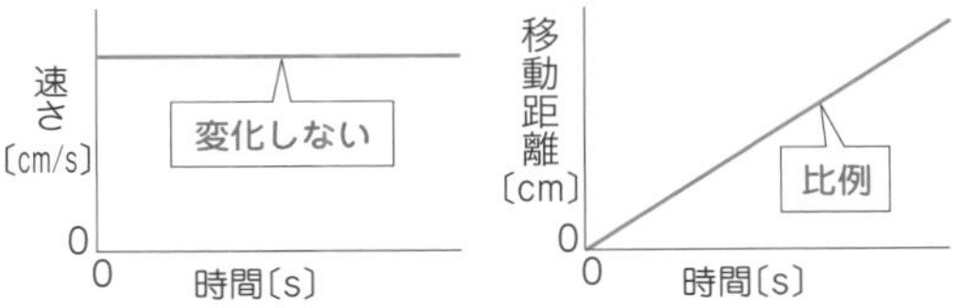

慣性《かんせい》の法則…物体に力がはたらいていないかつり合っている場合，静止している物体は静止し続け，運動している物体は等速直線運動を続けること。物体がもつこの性質を慣性という。

例 電車が急ブレーキをかけたとき

② いろいろな力のはたらき

作用・反作用の法則…物体に力を加えると，物体から逆向きで，大きさの等しい力を受けること。

入試によく出る実験

記録タイマーのテープ（0.1 秒ごとに切って左から並べる）

・東日本では 5 打点，西日本では 6 打点で 0.1 秒になる。

①斜面を下る運動（西日本）

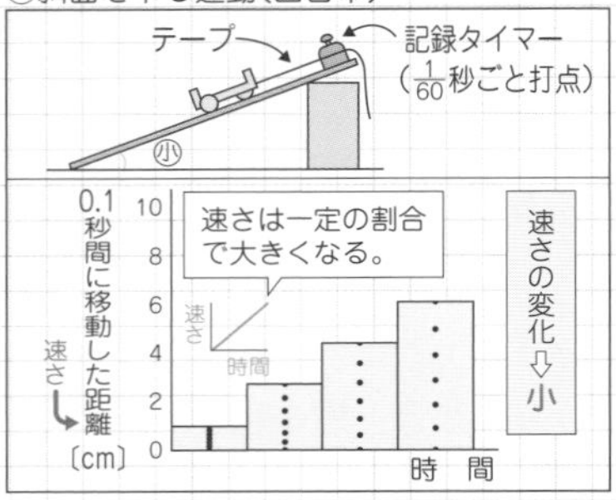

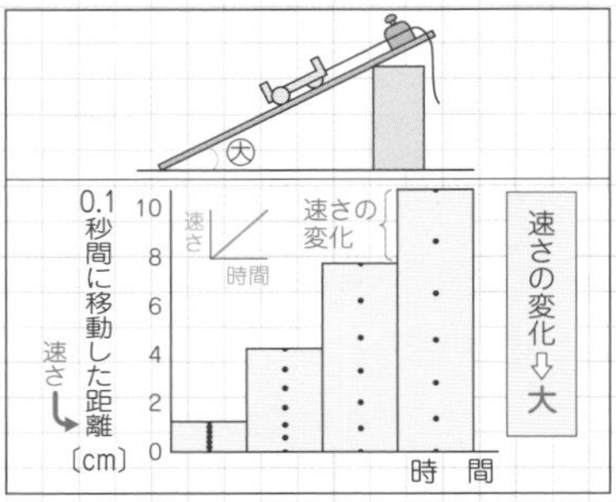

②水平面上の運動（西日本）

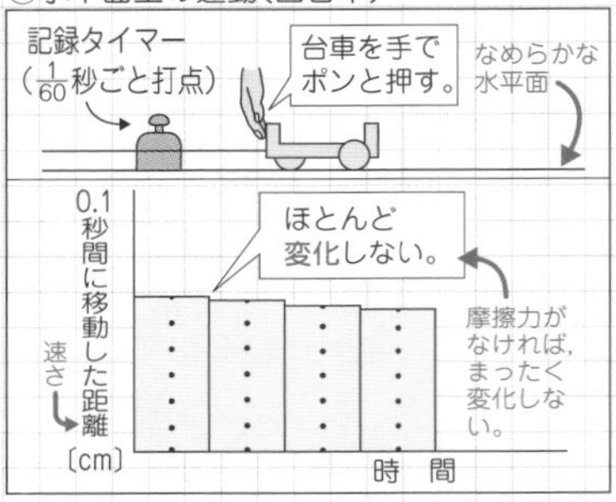

即答チェックの答え　①平均の速さ　②瞬間の速さ　③等速直線運動　④慣性　⑤作用・反作用の法則　⑥力の合成　⑦力の分解　⑧水圧　⑨浮力

入試必勝ワード　等速直線運動　慣性　作用・反作用の法則　水圧　浮力

◐力の合成と分解

力の合成　2つの力と同じはたらきをする1つの力を，2つの力の合力《ごうりょく》という。
また，合力を求めることを，力の合成という。

力の分解　1つの力を，これと同じはたらきをする2つの力に分けることを力の分解といい，分けた力をもとの力の分力《ぶんりょく》という。

①同じ向きの2力の合成
●合力の大きさ…2力の和。
●合力の向き…2力と同じ。

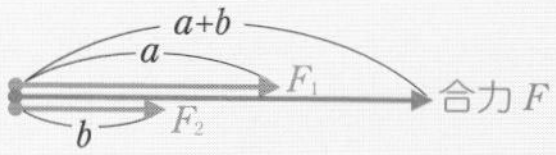

②反対向きの2力の合成
●合力の大きさ…2力の差。
●合力の向き…大きいほうと同じ。

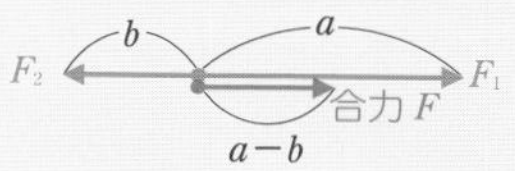

③一直線上にない2力の合成
●合成する2力を示す矢印を2辺とする平行四辺形をかいたとき，対角線が2力の合力となる。

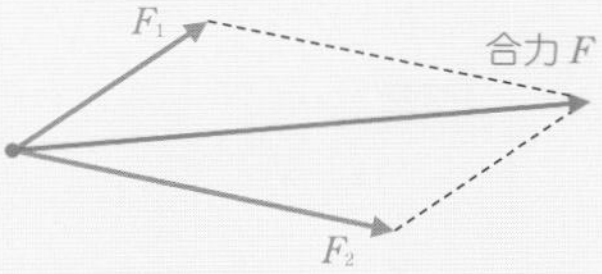

●力の分解
もとの力を対角線として，分解する向きに平行四辺形の2辺をかいたとき，この平行四辺形の2辺が求める分力となる。

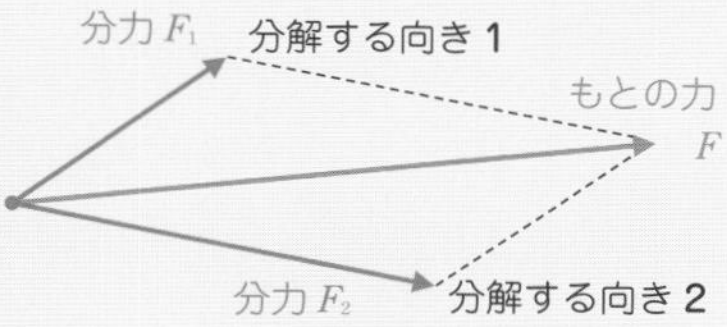

◐水圧《すいあつ》と浮力《ふりょく》

水圧　水にはたらく重力によって生じる圧力。

- 水圧は，力がはたらく面に対して垂直になるよう，あらゆる向きにはたらく。
- 水圧は，水の深さが深くなるほど大きくなる(右図)。

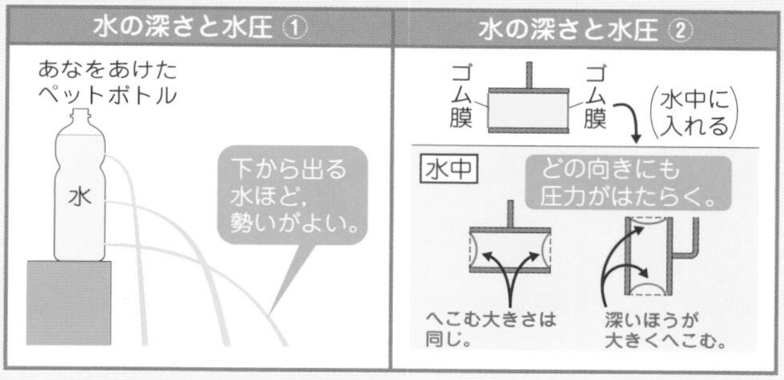

浮力　水中にある物体にはたらく上向きの力。
水中にある物体の上面と下面にはたらく水圧の差によってはたらく上向きの力である。

- 浮力の大きさは，深さに関係しない(右図の③④)。

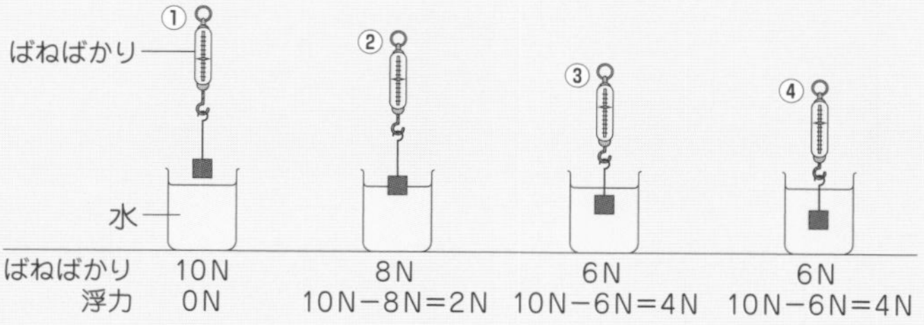

即答チェック

- □ ① ある区間を一定の速さで移動したと考えた速さを何といいますか。〔　　　〕
- □ ② ごく短い時間で移動した距離をもとに求めた速さを何といいますか。〔　　　〕
- □ ③ 速さが一定で，一直線上を進む運動を何といいますか。〔　　　〕
- □ ④ 物体が，その運動の状態を続けようとする性質を何といいますか。〔　　　〕
- □ ⑤ 物体に力を加えると，物体から逆向きで，大きさの等しい力を受けることを何の法則といいますか。〔　　　〕
- □ ⑥ 2つの力と同じはたらきをする1つの力を求めることを何といいますか。〔　　　〕
- □ ⑦ 1つの力を，同じはたらきをする2つの力に分けることを何といいますか。〔　　　〕
- □ ⑧ 水にはたらく重力によって生じる圧力を何といいますか。〔　　　〕
- □ ⑨ 水中にある物体にはたらく上向きの力を何といいますか。〔　　　〕

25 トレーニングテスト

→別冊解答 p.20

1 運動の規則性 (10点×3＝30点)

斜面と台車を使って，力と運動に関する実験を行いました。あとの問いに答えなさい。ただし，床は水平で，摩擦や空気抵抗，糸の質量は考えないものとし，斜面と床はなめらかにつないであるものとします。 〈埼玉県〉

実験

Ⅰ　右図のように，台車を斜面上に静止させ，記録テープを記録タイマーに通して台車にはりつけた。その後，静止させた状態から静かに手をはなし，斜面を下る台車の運動のようすを記録した。実験には１秒間に 50 回打点する記録タイマーを使用した。

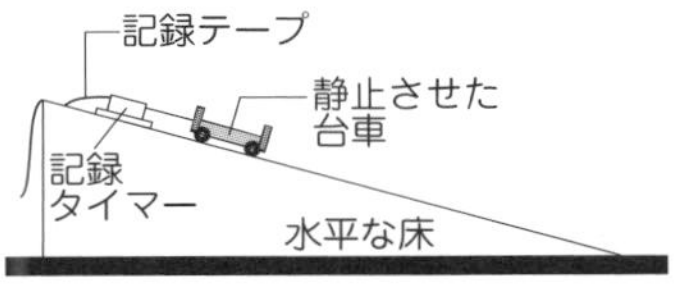

Ⅱ　斜面を下っている間の台車の運動のようすについて，記録されたテープを調べた。

　記録テープのはじめの部分は打点が重なっているのでその部分を切って除き，最初の打点から５打点ごとに切って，１本目から順に各テープの５打点ごとの長さを測った。次の表は，６本目までの５打点ごとの各テープの長さと，１本目からのテープの長さの合計についてまとめたものである。

測定したテープ	１本目	２本目	３本目	４本目	５本目	６本目	７本目
５打点ごとのテープの長さ〔cm〕	1.2	3.6	6.0	8.4	10.8	13.2	①
１本目からのテープの長さの合計〔cm〕	1.2	4.8	10.8	19.2	30.0	43.2	②

Ⅲ　斜面を下り終わった台車は，水平な床の上では等速直線運動をした。

正答率 37%　(1)　実験の表の６本目までのデータから，７本目の②は何 cm であると考えられますか。その数値を求めなさい。　(　　　　　)

正答率 31%　(2)　実験の表で，４本目のテープが記録された区間の台車の平均の速さは何 cm/s か求めなさい。　(　　　　　)

正答率 45%　(3)　実験のⅢで，台車が等速直線運動を続けているとき，台車にはたらいている力について正しく述べているものを，次の**ア**～**エ**から選び，その記号を書きなさい。　(　　　)

ア　台車には力がはたらいていない。

イ　台車には重力のみがはたらいている。

ウ　台車には進行方向のみに力がはたらいていて，その大きさは一定である。

エ　台車には重力と垂直抗力がはたらいていて，この２力がつり合っている。

HINT　(1)それぞれのテープの長さは，規則的にふえている。

2 浮力 (14点×5＝70点)

物体にはたらく力について調べるために，次の実験を行いました。あとの問いに答えなさい。ただし，ばねと糸の重さと体積は考えないものとします。なお，図1は，実験に用いたばねにおもりをつり下げたときの，おもりの質量とばねののびの関係をグラフに表したものです。また，100 g の物体にはたらく重力を 1 N とします。

〈群馬県〉

図1

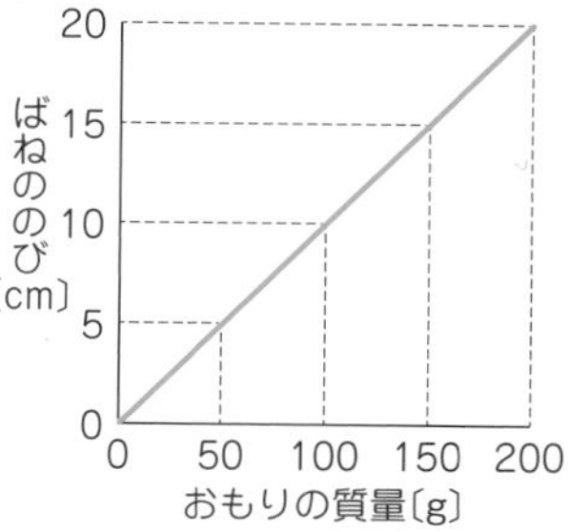

実験 図2のように，水を入れた容器を用意し，直方体の物体を糸でばねにつり下げて，物体が水に入っていない状態Aから，B，C，D，E，Fの順にゆっくりと物体を下げていき，ばねがのびていない状態Gにした。図3は，状態A～Gの間の，物体が水に入っている部分の長さと，ばねののびの関係をグラフに表したものである。

図2

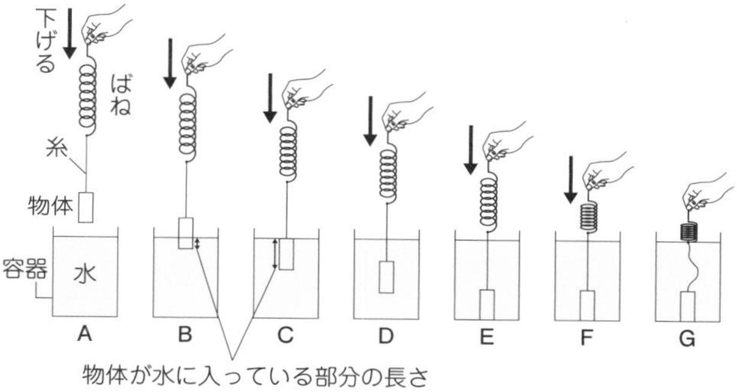

重要 (1) 図2について，次の問いに答えなさい。

① BとFのとき，物体にはたらく浮力はそれぞれいくらですか。　B(　　　　) F(　　　　)

② Gのとき，物体にはたらく垂直抗力はいくらか，書きなさい。　(　　　　)

(2) 図3のグラフから，物体にはたらく浮力についてわかることを，「体積」という語を用いて，簡潔に書きなさい。

(　　　　　　　　　　　　　　　　　　　　)

図3

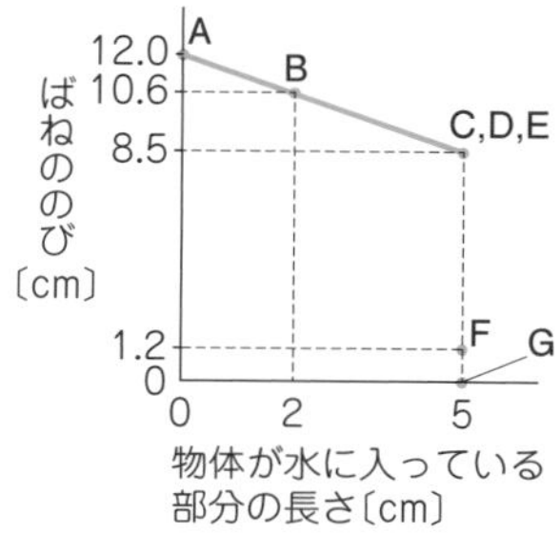

差がつく (3) この実験で用いた物体と，質量と高さが等しく，底面積が2倍で材料が異なる直方体の物体を用いて同じ実験をした場合，図3のような，物体が水に入っている部分の長さと，ばねののびの関係を表したグラフとして最も適切なものを，次のア～エから選び，記号で答えなさい。　(　　)

ア

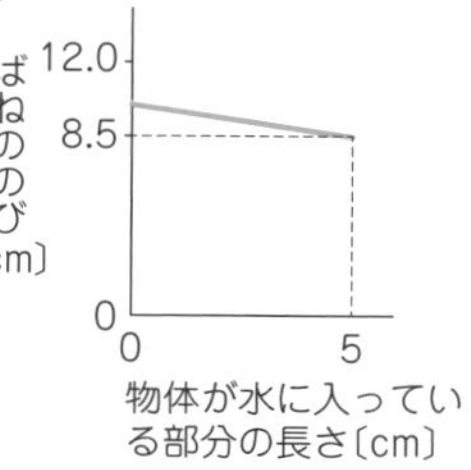

イ

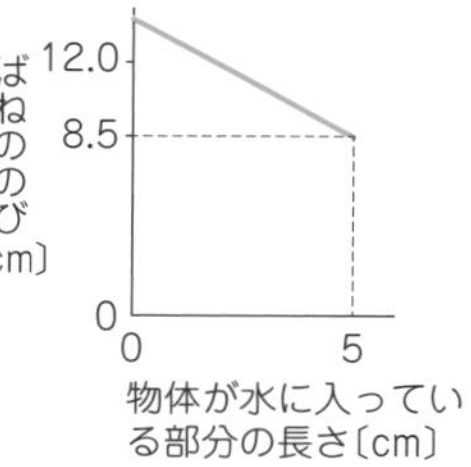

ウ

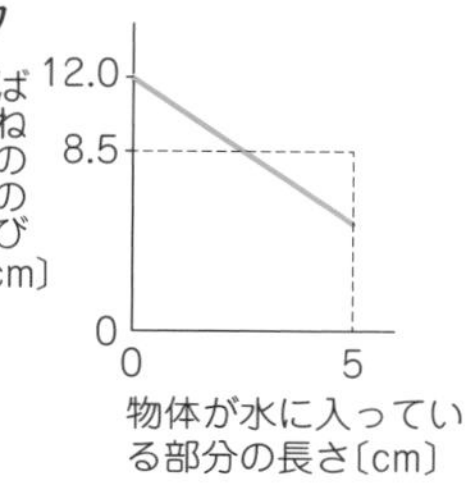

エ

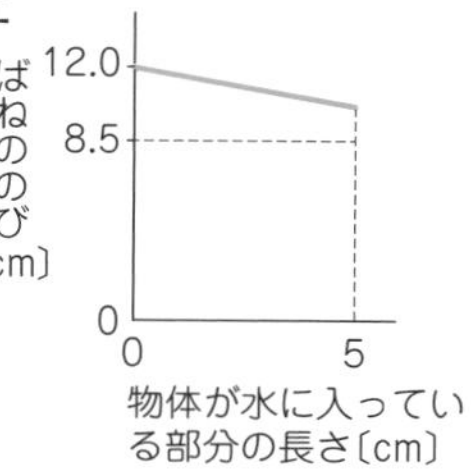

仕事の計算方法をマスターしよう！

26 仕事とエネルギー

重要度★★★

学習日　　月　　日

ポイント整理

① 仕事

仕事と仕事率《しごとりつ》

仕事　物体に力を加えて**力の向きに物体を移動させたとき，**力が物体に対して仕事をしたという。
単位…ジュール（J）

仕事率　1秒間あたりにする仕事。
単位…ワット（W）

大切
仕事〔J〕＝ 物体に加えた力〔N〕× 力の向きに動いた距離《きょり》〔m〕

$$仕事率〔W〕= \frac{仕事〔J〕}{かかった時間〔s〕}$$

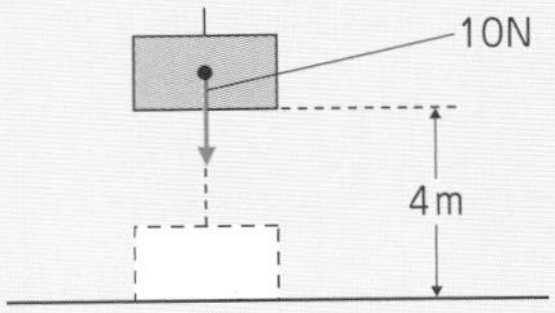

・10Nの物体を8秒間で4m持ち上げたときの仕事と仕事率

仕事＝10N×4m＝40J

$$仕事率 = \frac{40\ J}{8\ s} = 5\ W$$

下の「入試によく出る計算」で，計算方法を再確認しよう。

仕事の原理…てこや滑車《かっしゃ》などの道具および斜面《しゃめん》などを使っても，仕事の大きさは変わらないということ。

例 動滑車を使うと，物体を動かすのに必要な力は半分になるが，物体を動かす距離は2倍になるため，仕事の大きさは変わらない。

② エネルギー

エネルギー…ほかの物体に力を加えたり，熱や光などを出したりすることのできる能力。**仕事ができる能力**ということもできる。

位置エネルギー　物体の位置で決まるエネルギー。
① 位置が高いほど大きい。
　・基準面の物体なら0。
② 質量が大きいほど大きい。

運動エネルギー　運動している物体がもつエネルギー。
① 速さが速いほど大きい。
　・静止した物体なら0。
② 質量が大きいほど大きい。

入試によく出る計算　仕事・仕事率と仕事の原理

②で必要な力の大きさ x〔N〕を求める

①

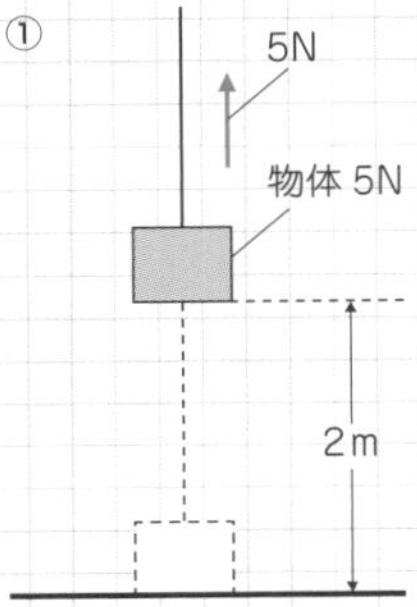

②

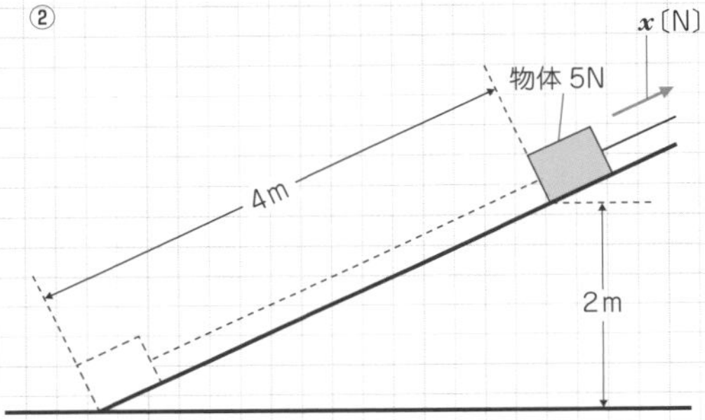

①の仕事
5N×2m＝**10J**

②の仕事（摩擦は考えないとする。）
仕事の原理より
5N×2m＝**10J**

②で物体を引く力
x×4m＝10J
x＝**2.5N**

即答チェックの答え　①ジュール　②仕事率　③6J　④5W　⑤仕事の原理　⑥位置エネルギー　⑦運動エネルギー　⑧力学的エネルギー　⑨力学的エネルギーの保存（力学的エネルギー保存の法則）

入試必勝ワード 仕事　仕事率　仕事の原理　位置エネルギー　運動エネルギー　力学的エネルギー

力学的エネルギー

…位置エネルギーと運動エネルギーの和。

力学的エネルギーの保存　位置エネルギーと運動エネルギーが移り変わっても，**力学的エネルギーは一定に保たれている。**

※「力学的エネルギー保存の法則」ともいう。

右の振り子のおもりがもつ力学的エネルギーの移り変わりは，入試でよく出題されるよ！

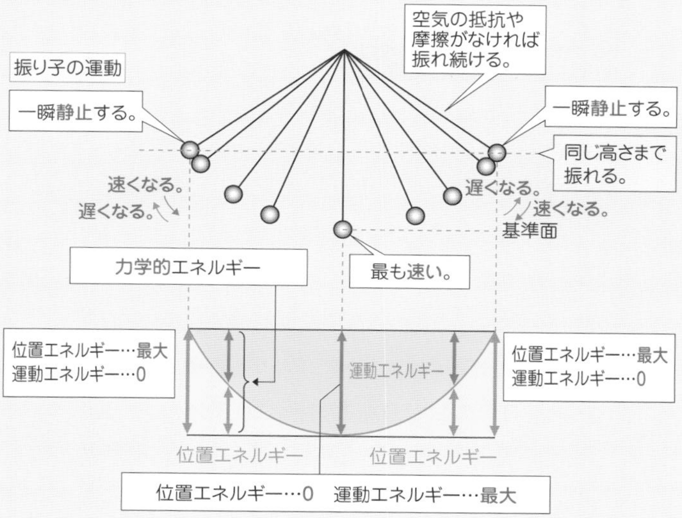

エネルギーの移り変わり

…エネルギーはジュール(J)という単位で表す。
エネルギーの大きさは仕事の大きさで表すことができる。

エネルギーの保存　エネルギーが，ほかの種類のエネルギーに変換されても，変換の前後で**エネルギーの総量は変化しない。**

※「エネルギー保存の法則」ともいう。

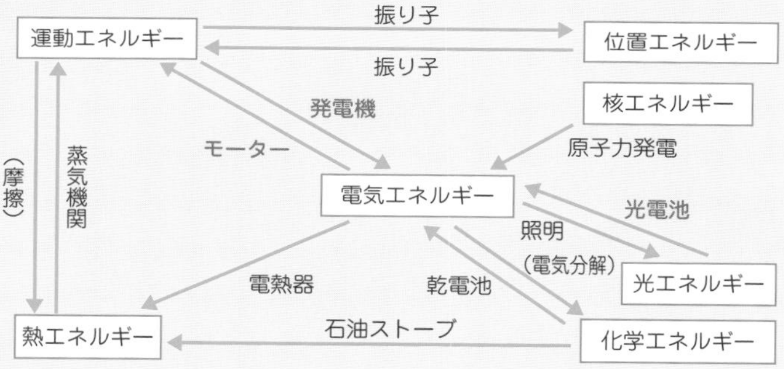

熱の伝わり方

① 伝導《でんどう》…熱源から接している物体に直接熱が伝わること。
② 対流《たいりゅう》…あたためられた気体や液体が移動して熱が伝わること。
③ 放射《ほうしゃ》…太陽光やストーブなどの熱源から出る赤外線で離れているものに熱が伝わること。

即答チェック

- □ ① 仕事の単位をカタカナで書きなさい。〔　　〕
- □ ② 1秒あたりにする仕事のことを何といいますか。〔　　〕
- □ ③ 3Nの物体を2m持ち上げたときの仕事は何Jですか。〔　　〕
- □ ④ 35Jの仕事を7秒間で行ったときの仕事率は何Wですか。〔　　〕
- □ ⑤ 道具および斜面などを使っても仕事の大きさは変わらないことを何といいますか。〔　　〕
- □ ⑥ 物体の位置で決まるエネルギーを何といいますか。〔　　〕
- □ ⑦ 運動している物体がもつエネルギーを何といいますか。〔　　〕
- □ ⑧ ⑥と⑦の和を何といいますか。〔　　〕
- □ ⑨ ⑥と⑦が移り変わっても⑧が一定に保たれることを何といいますか。〔　　〕

26 トレーニングテスト

→別冊解答 p.21

1 仕事とエネルギー (10点×4＝40点)

モーターを使い，次の実験を行いました。あとの問いに答えなさい。ただし，100 g の物体にはたらく重力を 1N とし，糸の重さや糸とプーリー，動滑車にはたらく摩擦力は考えないものとします。〈富山県〉

実験 1

図 1

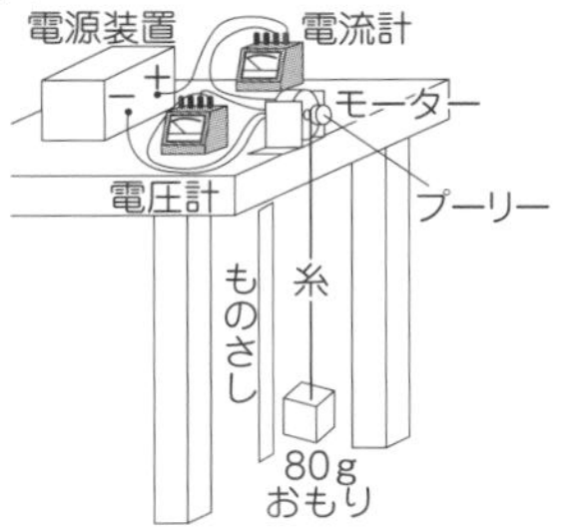

図 2

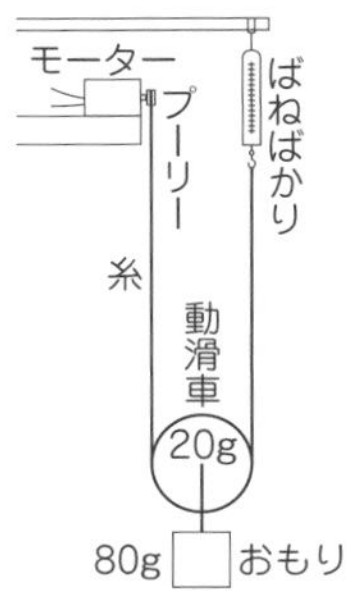

1 **図 1** のように，電源装置に電流計，電圧計，モーターを導線で接続し回路をつくった。

2 モーターには糸を巻くためのプーリーを取りつけ，糸の一端をつけた。また，糸のもう一端には 80 g のおもりをつけ，つり下げた。

3 電源装置で電圧を調節し，モーターの回転によっておもりが一定の速さで引き上げられているとき，モーターに加わる電圧は 2.0 V で，電流の大きさは 0.60 A であった。このとき，おもりを 80 cm 引き上げるのに 5.0 秒かかった。

実験 2

4 **図 2** のように 80 g のおもりをつけた 20 g の動滑車に糸を通し，一端はプーリーに，もう一端は固定されたばねばかりにつけた。

5 電源装置で電圧を調節し，おもりを一定の速さで 80 cm 引き上げた。

重要

(1) **実験 1** において，モーターがおもりを一定の速さで 80 cm 引き上げたときの仕事率は何 W ですか。小数第 3 位を四捨五入して小数第 2 位まで求めなさい。　(　　　　)

(2) **実験 1** において，モーターが 0.5 秒間で消費した電力量は何 J ですか。　(　　　　)

注意

(3) **実験 2** において，おもりが一定の速さで引き上げられているとき，ばねばかりが示す値は何 N ですか。また，おもりを 80 cm 引き上げたとき，糸は何 cm 巻かれましたか。

ばねばかり (　　　　)　糸の長さ (　　　　)

2 力学的エネルギー (10点×3＝30点)

物体の運動について，次の実験を行いました。あとの問いに答えなさい。ただし，高さの基準を水平面上の台車の中心の高さとして，それぞれの台車にはたらく摩擦，空気抵抗の影響はないものとします。〈秋田県〉

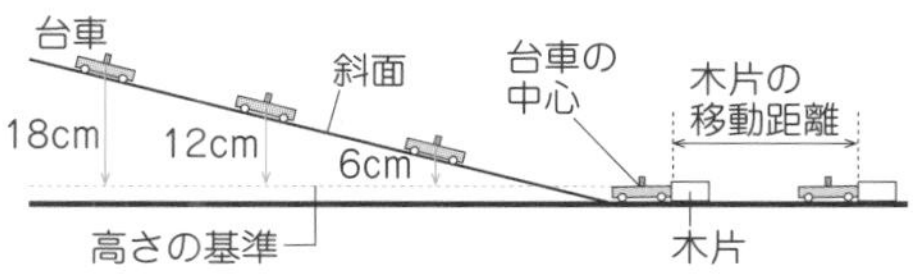

実験 右図のように，500 g の台車を 6 cm，12 cm，18 cm の高さから，静かに手をはなして水平面上に置いた木片に当て，木片が静止するまでの移動距離を調べた。次に，おもりをのせて 750 g にした台車を用いて同様に調べ，結果を次の表にまとめた。さらに，おもりをのせて 1000 g にした台車を，ある高さから静かに手をはなして木片に当てたところ，その移動距離は，35.0 cm であった。

	木片の移動距離〔cm〕	
高さ	500 g の台車	750 g の台車
6 cm	7.0	10.5
12 cm	14.0	21.0
18 cm	21.0	31.5

(1) この実験について説明した次の文が正しくなるように，（ ① ），（ ② ）にあてはまる語句をそれぞれ書きなさい。　正答率91%　①（　　　　　）　正答率40%　②（　　　　　）

> 台車のはじめの位置が高いほど，また台車の質量が（ ① ）ほど，木片の移動距離が大きい。衝突後に台車が静止することから，木片に対して台車がした（ ② ）の大きさは，衝突前にもっていた台車の力学的エネルギーの大きさに等しい。

正答率30%　(2) 下線部の高さは何 cm ですか。表の値をもとに求めなさい。　（　　　　　）

HINT (2)表より，木片の移動距離は，台車の質量や台車をはなす高さに比例していることがわかる。

3 振り子と力学的エネルギー　(15点×2＝30点)

力学的エネルギーについて調べるために，次の実験を1，2の順に行いました。ただし，摩擦や空気抵抗は考えないものとします。　〈栃木県〉

実験1 図1のように，のび縮みしない糸の一方を天井の点Oに固定し，他方におもりをつけた。糸がたるまないようにしておもりを点Pの位置まで手で持ち上げ，静かにおもりをはなした。おもりは最下点Qを通過し，点Pと同じ高さの点Rの位置で一瞬止まり，その後は，PR間で往復をくり返した。**図2**は，点Pから点Rに達するまでの，おもりのもつ位置エネルギーと点Pからの水平方向の距離との関係を示したものである。

図1
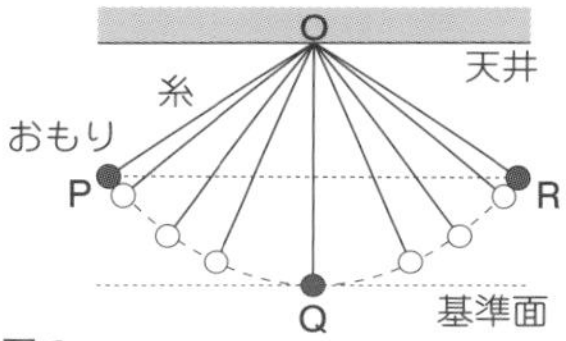

図2
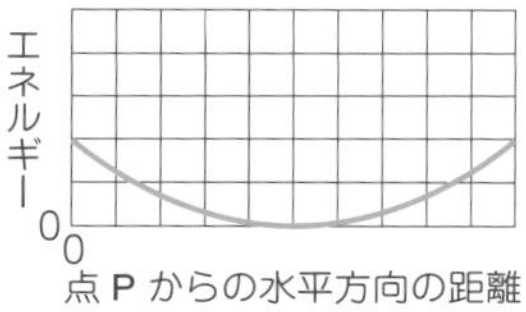

実験2 **実験1**で使ったおもりを，大きさが同じで質量の大きいものにかえて，**実験1**と同様におもりを点Pの位置で静かにはなした。ただし，糸の長さは**実験1**と同じとする。このことについて，次の問いに答えなさい。

正答率71%　(1) **実験1**の点Pから点Rに達するまでの，おもりのもつ運動エネルギーと点Pからの水平方向の距離との関係を表すグラフを，**図2**にかき加えたものとして最も適切なものを，次の**ア**～**エ**から選びなさい。　（　　　）

ア
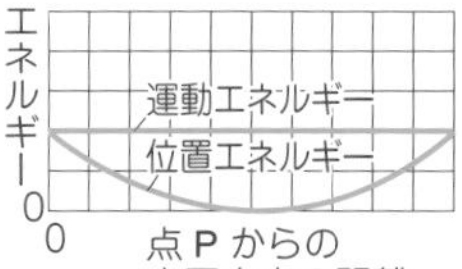

イ
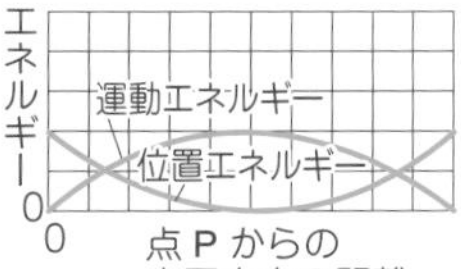

ウ
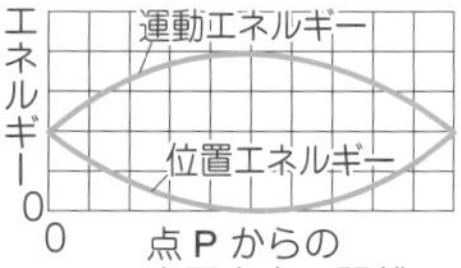

エ
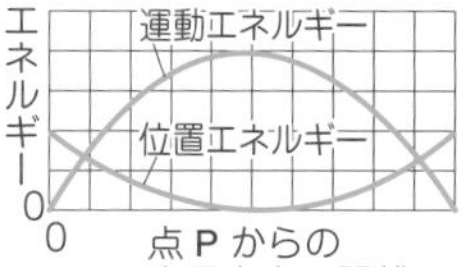

正答率26%　(2) **実験2**で，おもりが1往復する時間と，最下点Qでの運動エネルギーは，**実験1**とくらべてどうなるか。それぞれについて，正しいことを述べているものの組み合わせを，右の表の**ア**～**エ**から選びなさい。　（　　　）

	おもりが1往復する時間	最下点Qでの運動エネルギー
ア	変わらない。	大きくなる。
イ	変わらない。	変わらない。
ウ	短くなる。	大きくなる。
エ	短くなる。	変わらない。

27 天体の動き

重要度★★★

学習日　　月　　日

ポイント整理

① 星の動き

◐ 星の日周《にっしゅう》運動…星の１日の動き。

- **北の空**…北極星を中心にして１時間に約15°ずつ反時計回りに動く。
- **南の空**…左(東)から右(西)に弧《こ》をえがくように動く。
- **東の空**…右上がりに動く。
- **西の空**…右下がりに動く。

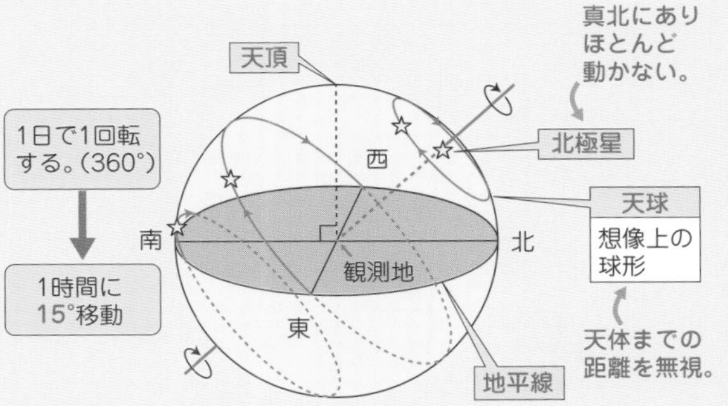

◐ 星の日周運動の原因

地球が地軸《ちじく》を中心に，１日に１回，西から東へ自転しているため。
太陽や月など，ほかの天体の日周運動(１日の動き)の原因も同じである。

◐ 季節と星

①同じ星が同じ位置に見える時刻
…１か月で約２時間ずつ早くなる。

②同じ星が同じ時刻に見える位置
…１か月で約30°ずつ，１日の動きと同じ向きに移動する。

- ①，②の原因…地球が１年に１回，自転と同じ向きに公転《こうてん》しているから。

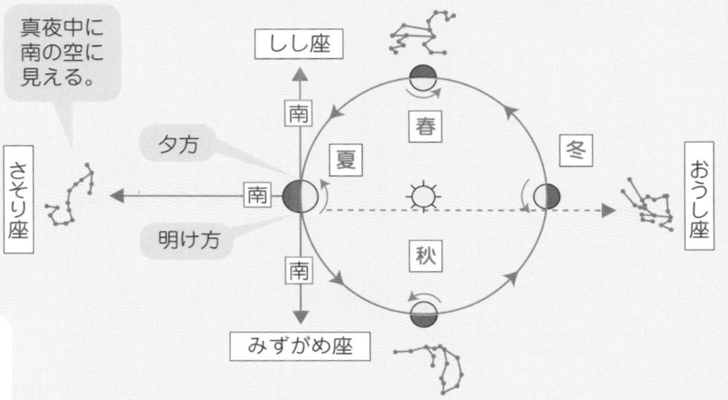

黄道《こうどう》　太陽は，各星座の間を少しずつ**西から東へ移動**し，１年間でもとの位置にもどる(太陽の年周運動)。このような，天球《てんきゅう》上の太陽の見かけの通り道を黄道という。

冬はさそり座，春はみずがめ座，夏はおうし座，秋はしし座のほうに太陽があるから，肉眼で見ることはできないよ。

入試によく出る観察　太陽の１日の動きの観測

● 方法

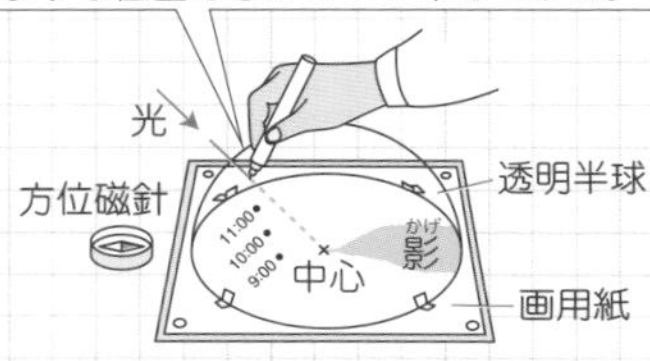

①およそ１時間ごとに，太陽の位置とそのときの時刻《じこく》を，透明半球の球面に記録する。

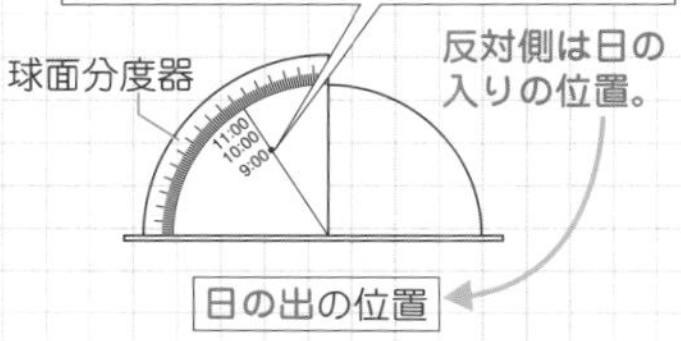

②●印をなめらかな線で結び，それを透明半球のふちまでのばす。

● まとめ

①●印をなめらかに結んだ線
➡太陽の通り道。

②●印の間隔が等しい。
➡太陽が動く速さは一定。

③太陽が真南を通るとき
➡高さが最も高くなる。

即答チェックの答え　①北極星　②自転　③公転　④黄道　⑤南中　⑥夏至　⑦秋分　⑧冬至　⑨78.4°

入試必勝ワード　日周運動　自転　公転　黄道　南中　南中高度

② 太陽の動き

◐ 太陽の日周運動…東の地平線からのぼり，南の空で最も高くなり，西の地平線に沈む。

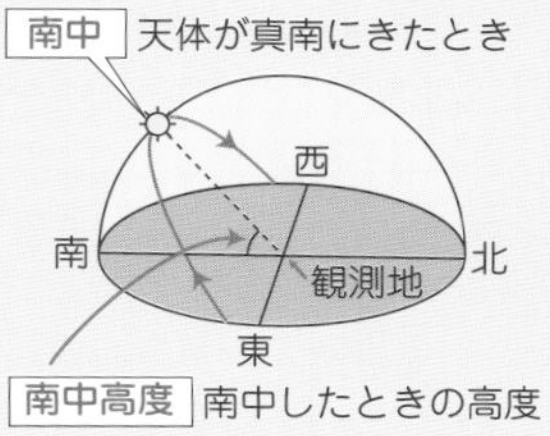

南中《なんちゅう》　太陽などの天体が真南の位置にくることを南中といい，そのときの高度を南中高度という。
太陽は，南中したとき，その日のうちで最も高度が高くなる。

◐ 季節と太陽…太陽の日周運動（1 日の動き）は，1 年を周期にして毎日少しずつ変化する。

①**春分・秋分**…真東から出て，真西に沈む。
②**夏至**…最も北寄りから出て，最も北寄りに沈む。
1 年間で南中高度が最も高い。
③**冬至**…最も南寄りから出て，最も南寄りに沈む。
1 年間で南中高度が最も低い。

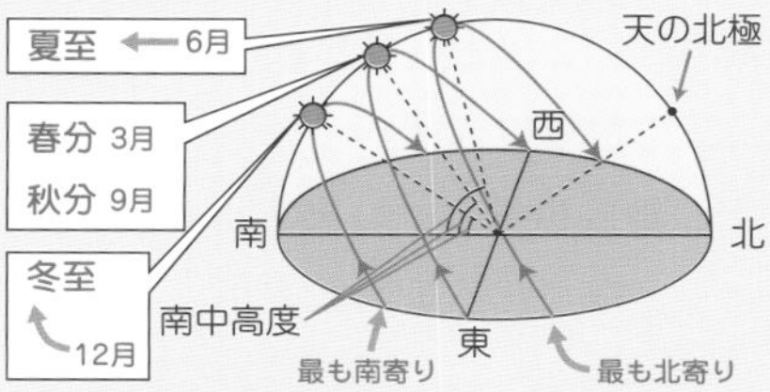

地軸の傾き　地軸の傾き…公転面に垂直な方向に対して 23.4°
（公転面に対して 66.6°）

- 太陽の 1 日の動きが 1 年を周期にして変化する理由は，右の図のように，地球が地軸を傾けたまま公転しているから。

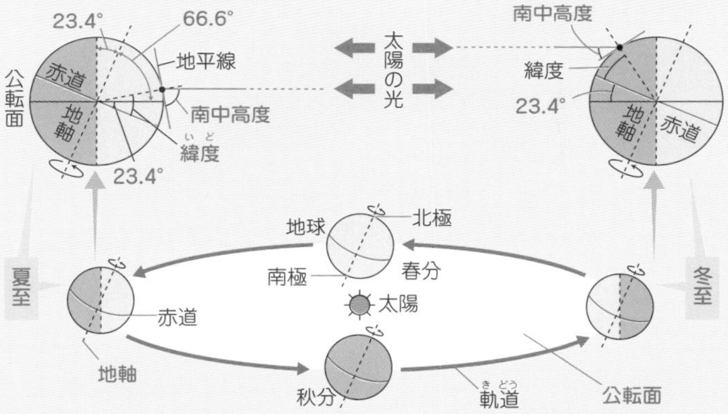

①**春分・秋分の太陽の南中高度**
90° −緯度
②**夏至の太陽の南中高度**
90° −（緯度−23.4°）
③**冬至の太陽の南中高度**
90° −（緯度＋23.4°）

◐ 昼の長さ…日の出から日の入りまでの長さ。

①**春分・秋分**…およそ 12 時間。　②**夏至**…最も長くなる。　③**冬至**…最も短くなる。
※夏至から冬至までは昼が短くなっていき，冬至から夏至までは昼が長くなっていく。

即答チェック

- □ ① 北の空の星の動きの中心で，ほとんど動かない星は何ですか。　〔　　　〕
- □ ② 星の 1 日の動きは，地球の何という動きによるものですか。　〔　　　〕
- □ ③ 季節による見える星の変化は，地球の何という動きによるものですか。　〔　　　〕
- □ ④ 天球上の太陽の見かけの通り道を何といいますか。　〔　　　〕
- □ ⑤ 天体が真南にくることを何といいますか。　〔　　　〕
- □ ⑥ 太陽が最も北寄りを通る日はいつですか。　〔　　　〕
- □ ⑦ 昼の長さがおよそ 12 時間である日は，春分といつですか。　〔　　　〕
- □ ⑧ 太陽が最も南寄りを通る日はいつですか。　〔　　　〕
- □ ⑨ 北緯 35° 地点での夏至の日の太陽の南中高度はいくらですか。ただし，地球の地軸は公転面に垂直な方向に対して 23.4° 傾いています。　〔　　　〕

→別冊解答 p.22

1 星の動き （6点×5＝30点）

岐阜県内のある場所でオリオン座を観察しました。次の問いに答えなさい。 〈岐阜県〉

図1

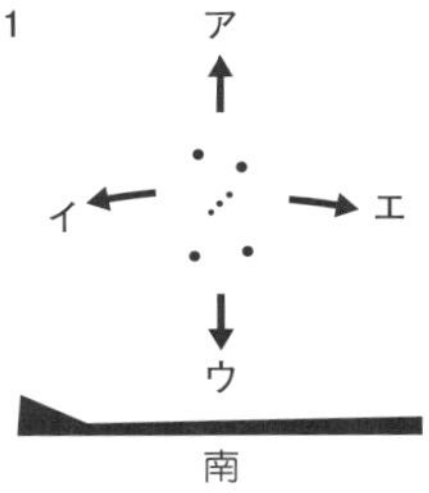

観察1 ある日の21時にオリオン座がほぼ真南の位置に見えた。**図1**は，そのスケッチである。1時間後には，オリオン座の位置が変化していた。

観察2 翌日の21時にオリオン座は，前日の21時とほぼ同じ位置に見えた。

正答率85% (1) **観察1**で，オリオン座は1時間でどの方向に動きましたか。**図1**の**ア**～**エ**から最も適当なものを選び，その記号を書きなさい。（　　　）

重要 (2) **観察1**，**2**から，オリオン座が時間の変化とともに位置を変えながら，1日後にほぼ同じ位置に見えることがわかります。このようなオリオン座の1日の見かけの動きを何といいますか。ことばで答えなさい。また，このような見かけの動きをする理由を，簡単に説明しなさい。

正答率82% 動き（　　　　　　　　）

正答率71% 理由（　　　　　　　　　　　　　　　　　　　　　　　　　　）

正答率51% (3) **観察1**を行った1か月後に，オリオン座が**図1**とほぼ同じ真南の位置に見えるのは何時頃ですか。次の**ア**～**オ**から選び，その記号を書きなさい。（　　　）

ア 19時頃　**イ** 20時頃　**ウ** 21時頃　**エ** 22時頃　**オ** 23時頃

正答率58% (4) **図2**は，太陽と地球とオリオン座の位置関係を示した模式図です。明け方にオリオン座が南中するのは，地球がどの位置にあるときですか。**図2**の**ア**～**エ**から最も適当なものを選び，その記号を書きなさい。（　　　）

図2

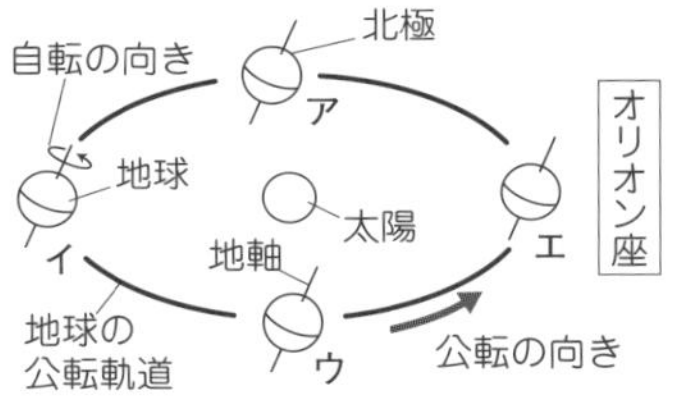

2 太陽の動き① （10点×4＝40点）

夏至の日，北緯32.0°のある地点で透明半球を使って太陽の動きを調べました。右図のCは透明半球の中心であり，曲線EIGは，この日の太陽の動きを記録したものです。ただし，Iは太陽が南中したときの位置です。 〈鹿児島県〉

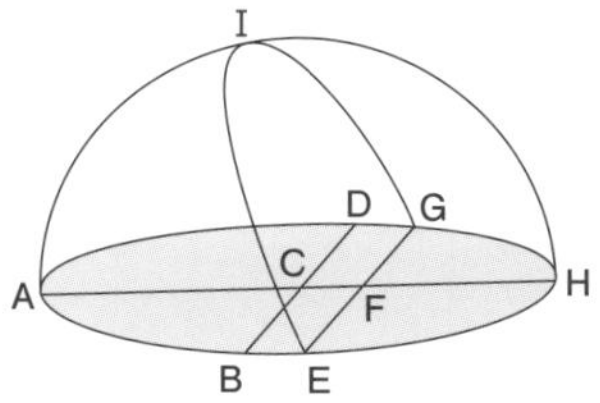

正答率78% (1) 透明半球に太陽の位置を記録するとき，ペン先の影が図のA～Iのどこと一致するように印をつけますか。（　　　）

正答率54% (2) この日の太陽の南中高度を表しているものはどれですか。次の**ア**～**エ**から選び，その記号を書きなさい。（　　　）

ア ∠AHI　**イ** ∠AFI　**ウ** ∠ACI　**エ** ∠CAI

正答率55% (3) この地域で，秋分の日の太陽の動きを透明半球に記すとどのようになりますか。右図に実線で書きなさい。ただし，右図は，この透明半球をBの方向から見たものです。また，点線は夏至の日の太陽の動きを記録したものです。

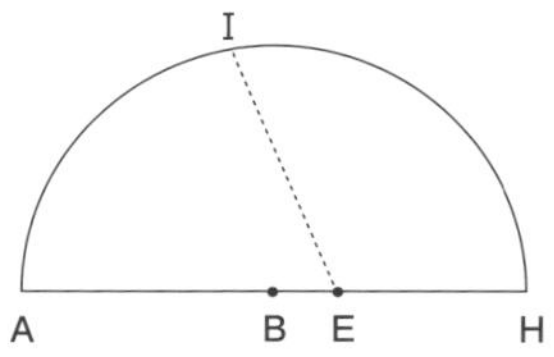

正答率32%　(4)　地球は，公転面に対して垂直な方向から地軸を 23.4° 傾けたまま公転しています。地軸の傾きが 0° であると仮定すると，この地点での太陽の南中高度はどのようになりますか。次のア～エから選び，その記号を書きなさい。　(　　　)

ア　年間を通して 23.4° で変化しない。

イ　年間を通して 58.0° で変化しない。

ウ　1 年の間に 23.4°～32.0° の範囲で変化する。

エ　1 年の間に 32.0°～58.0° の範囲で変化する。

HINT　(4)春分の日や秋分の日の太陽の南中高度は，「90° －その土地の緯度」という式で求められる。

3　太陽の動き②　(6点×5＝30点)

季節による太陽の動きと太陽から得られるエネルギーについて調べるために，大分県内のある地点 X（北緯 33.4°）で，次の観察・実験を行いました。あとの問いに答えなさい。　〈大分県〉

1　厚紙の上に透明半球と同じ直径の円をかき，円の中心 O を通る 2 本の直角に交わる線を引いて，透明半球を円に重ねた装置をつくった。

図 1

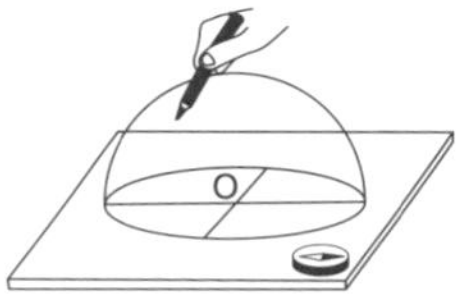

2　夏至の日に，日当たりのよい水平な場所に，方位磁針を使って 2 本の線が東西，南北の方位となるように 1 の装置を固定した。

図 1 のように，午前 9 時から午後 2 時まで 1 時間ごとに，サインペンの先端の影が円の中心 O と一致するように，太陽の位置を透明半球上に ● 印で記録した。

図 2

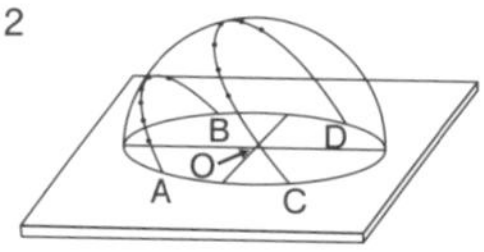

3　冬至の日に，2 と同様にして，太陽の位置を透明半球上に ● 印で記録した。

4　**図 2** のように，記録した各点をなめらかな線で結んで，透明半球のふちまでのばし，厚紙との交点を A～D とした。なめらかな線に沿ってうすい紙テープを当て，記録した点を写しとり，テープの長さと ● 印間の間隔をはかった。

図 3 は，その紙テープである。なお，● 印間の長さはいずれも 2.5 cm であった。

図 3

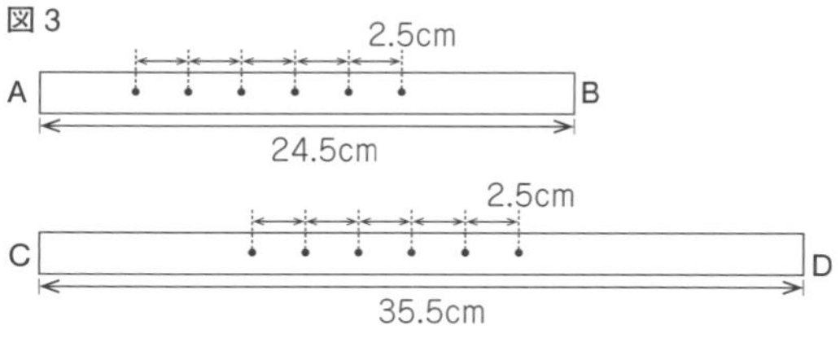

(1)　夏至の日の日の出の位置として適当なものを，**図 2** の A～D から選びなさい。　(　　　)

差がつく　(2)　夏至の日と冬至の日の昼の長さの差は何時間何分ですか。　(　　　　　)

(3)　**図 4** は，冬至の日に地点 X で太陽が南中したときの地球を模式的に表したものです。

図 4

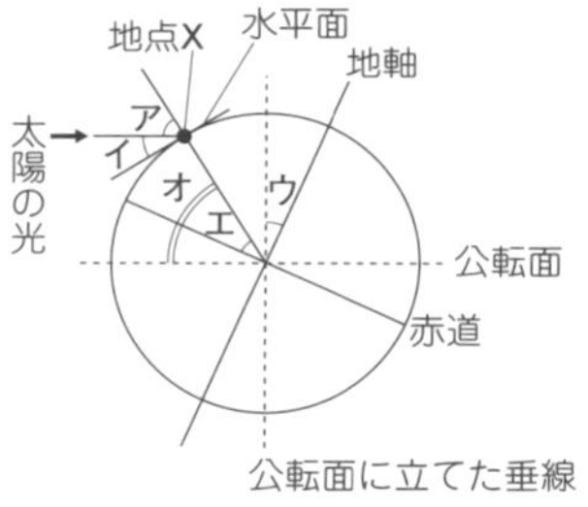

注意　①　地点 X での太陽の南中高度と地点 X の緯度を表したものはどれですか。**図 4** のア～オからそれぞれ選びなさい。

南中高度(　　　)　緯度(　　　)

②　太陽の光が当たっていない地球の部分を，**図 4** に，ぬりつぶして示しなさい。

重要度★★★

太陽系と銀河系

学習日　月　日

ポイント整理

①太陽と月

太陽…自ら光を放つ恒星《こうせい》で，高温のガスでできた球形をしている。
①直径は，地球の約109倍である。
②地球から約１億5000万kmはなれている。
③赤道付近の自転周期は約25日である。

太陽の表面
- **表面温度**…約 6000 ℃。
- 黒点…まわりより温度が低い（約 4000 ℃）ので，黒く見える部分。
- コロナ…太陽をとり巻くガスの層。
- プロミネンス…炎のように見えるガスの動き。

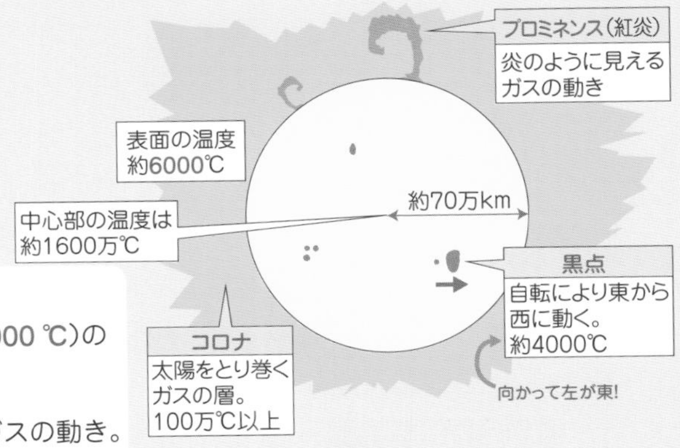

月…地球のまわりを公転《こうてん》している衛星《えいせい》（惑星のまわりを公転する天体）である。
①同時刻の月の位置は，１日に約 12° ずつ**西から東へ移動**する。
②同じ位置に見える時刻は，１日に約 50 分ずつ遅くなる。

月の満ち欠け
太陽の光を反射して光って見えているので，太陽・地球・月の位置関係によって，右図のように満ち欠けが起こる。

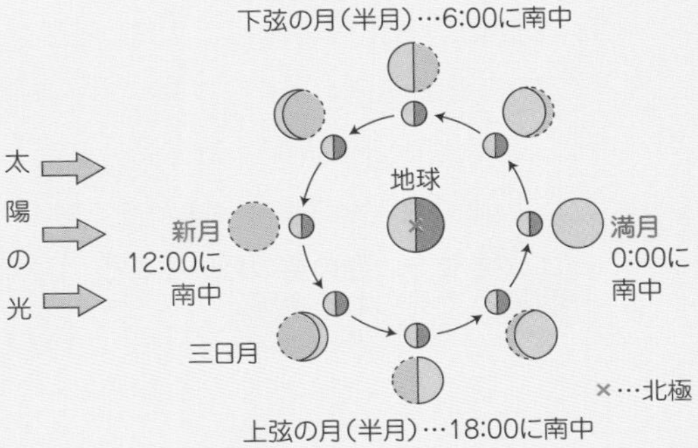

日食と月食

日食
太陽が月によってかくされる現象。起こるのは新月のとき。

月食
月が地球の影に入る現象。起こるのは満月のとき。

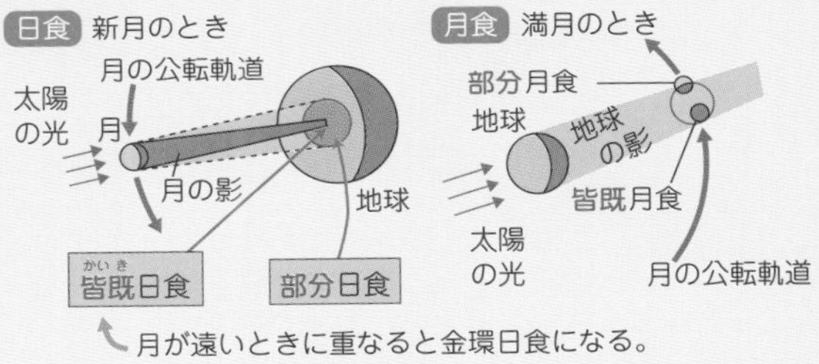

入試によく出る観察　太陽の黒点の観察

注意　肉眼や望遠鏡で太陽を直接見ないこと。

①右図のように，投影板《とうえいばん》をとりつけ，記録用紙を固定する。
②望遠鏡を太陽に向け，記録用紙の円の大きさに太陽の像を合わせるようにピントを合わせる。
③黒点の位置・形をスケッチし，日時を記入しておく。
④１週間ほど，同じ時刻に観察する。

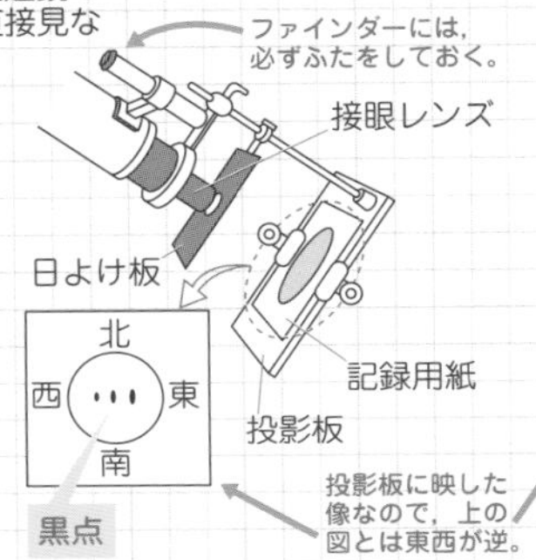

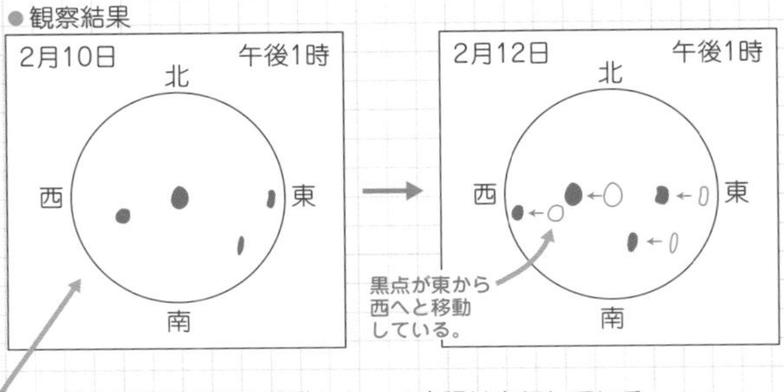

- 黒点は**東から西へ移動**した。➡太陽は自転している。
- 黒点は**端へいくほど形が細くなる**。➡太陽は球形である。

即答チェック の答え　①恒星　②黒点　③日食　④月食　⑤惑星　⑥衛星　⑦小惑星　⑧東　⑨銀河系

入試必勝ワード 恒星　黒点　日食　月食　惑星　衛星　銀河系

② 太陽系と銀河系

太陽系

太陽系…太陽を中心とした惑星《わくせい》などの天体の集まり。

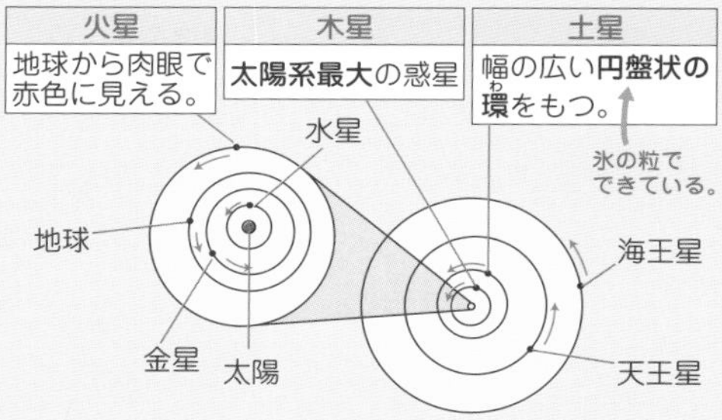

①惑星…太陽のまわりを公転している８つの大きな天体。
- 地球型惑星…小型で密度が大きい惑星。おもに岩石。
  水星・金星・地球・火星
- 木星型惑星…大型で密度が小さい惑星。おもに気体。
  木星・土星・天王星《てんのうせい》・海王星

※地球より内側の２つ(水星，金星)を内惑星といい，外側の５つを外惑星という。

②衛星…惑星のまわりを公転している天体。地球の衛星は月。
③小惑星…おもに火星と木星の軌道の間にある小さな天体。イトカワ，リュウグウなど。
④**太陽系外縁天体《がいえんてんたい》**…海王星より外側を公転している天体。冥王星《めいおうせい》，エリスなど。
⑤すい星…氷の粒，細かいちり，ガスなどからできている。だ円形の軌道をもつものもあり，太陽に近づくと長い尾を引くこともある。

金星の動きと満ち欠け

…水星や金星などの内惑星は，真夜中に見ることはできないが，外惑星とくらべて満ち欠けが大きい。

よいの明星　夕方，西の空の低いところで見られる金星。

明けの明星　明け方，東の空の低いところで見られる金星。

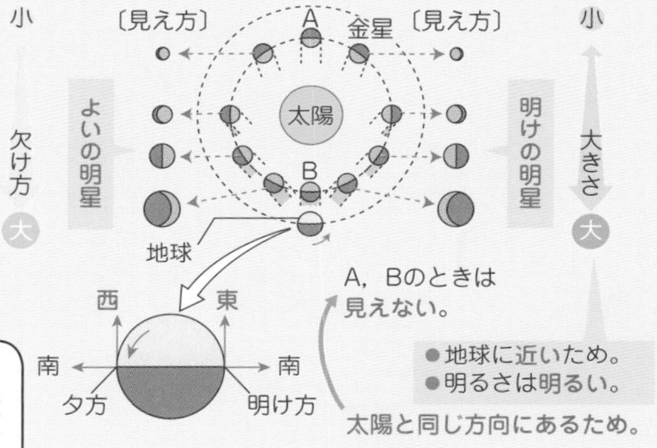

地球に近づくほど，見かけの大きさは大きくなるけど，欠け方も大きくなるの。

銀河《ぎんが》と銀河系

①**銀河**…非常に多くの恒星の集まり。例 アンドロメダ銀河
②**銀河系**…太陽系をふくむ銀河。(右図参照)
③**星団**…銀河系の中の恒星の集団。例 プレアデス星団
④**星雲**…銀河系の中のガスのかたまり。例 オリオン座のオリオン星雲

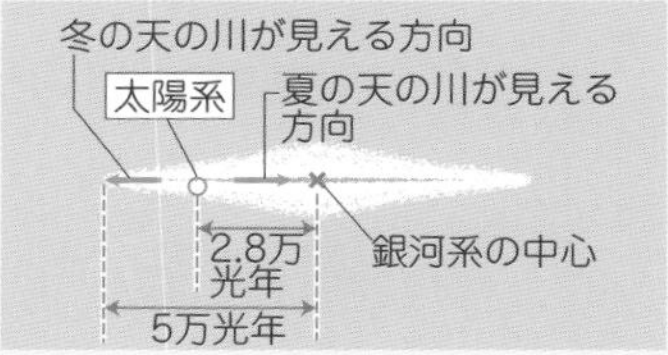

即答チェック

- □ ① 太陽のように，自ら光を放つ天体を何といいますか。〔　　〕
- □ ② 太陽の表面で黒いしみのように見える部分を何といいますか。〔　　〕
- □ ③ 太陽が月によってかくされる現象を何といいますか。〔　　〕
- □ ④ 月が地球の影に入って欠けて見える現象を何といいますか。〔　　〕
- □ ⑤ 地球のように，太陽のまわりを公転している８つの大きな天体を何といいますか。〔　　〕
- □ ⑥ 月のように，⑤のまわりを公転している天体を何といいますか。〔　　〕
- □ ⑦ おもに火星と木星の軌道の間にある小さな天体を何といいますか。〔　　〕
- □ ⑧ 明け方に金星が見えるのは，東・西・南・北のどの方位ですか。〔　　〕
- □ ⑨ 太陽系をふくむ，非常に多くの恒星の集まりを何といいますか。〔　　〕

28 トレーニングテスト

→別冊解答 p.23

1 太陽の観察 (10点×5=50点)

太陽の表面のようすを調べるために，夏のある日に新潟県のある場所で，次の[1]～[3]の手順で観察を行いました。この観察に関して，あとの問いに答えなさい。

〈新潟県〉

[1] **図1**のように，天体望遠鏡にしゃ光板と太陽投影板をとり付け，直径 120 mm の円をかいた記録用紙を，太陽投影板の上に固定した。また，ファインダーの対物レンズにふたをした。

[2] 天体望遠鏡を太陽に向け，投影された太陽の像が，記録用紙にかいた円と同じ大きさになるように，太陽投影板と記録用紙の位置を調整した。

[3] **図2**のように，記録用紙に写った，ある黒点の位置と形を，太陽投影板上の記録用紙に，すばやくスケッチした。

図1

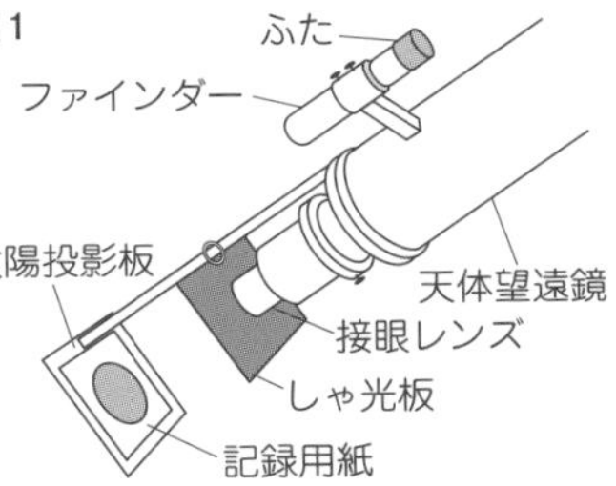

図2

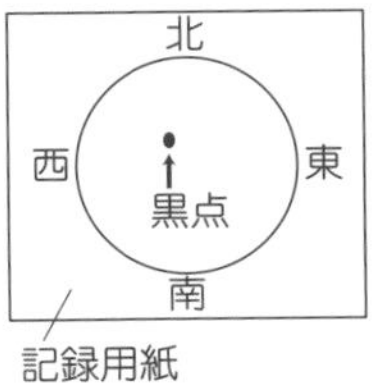

正答率78% (1) 太陽のように，自ら光を放つ天体を何といいますか。　(　　　　)

正答率85% (2) 天体望遠鏡で月を観察するときは接眼レンズを直接のぞきますが，太陽の表面を観察するときは接眼レンズを直接のぞいてはいけません。その理由を，「太陽光」という用語を用いて書きなさい。

(　　　　　　　　　　　　　　　　　　　　　　　　　　　　)

正答率48% (3) 次の文は，手順[3]のときにみられる現象とその理由を説明したものです。文中の(X)，(Y)にあてはまる用語の組み合わせとして，最も適当なものを，下の**ア**～**エ**から選び，その記号を書きなさい。　(　　　)

> 天体望遠鏡の向きを固定したまま観察を続けると，太陽の像が記録用紙の外側へしだいに移動していく。これは，(X)が，(Y)しているためである。

ア　X．太陽　Y．自転

イ　X．太陽　Y．公転

ウ　X．地球　Y．自転

エ　X．地球　Y．公転

正答率82% (4) 黒点が黒く見えるのはなぜですか。その理由を書きなさい。

(　　　　　　　　　　　　　　　　　　　　　　　　　　　　)

正答率40% (5) この観察を行った日の２日後，手順[3]で黒点を記録したときと同じ時刻に，[1]～[3]の手順で太陽の表面を観察すると，ある方向に黒点の位置が移動していました。記録用紙のどの方向に移動していましたか。最も適当なものを次の**ア**～**エ**から選び，その記号を書きなさい。　(　　　)

ア 東　　イ 西　　ウ 南　　エ 北

2 金星の動きと満ち欠け （10点×3＝30点）

右の図は，地球と金星および太陽の位置関係を模式的に表したものです。図中のＡとＰはある日における地球と金星の位置をそれぞれ示しており，ＢとＱはそれから１か月後の位置をそれぞれ示しています。これについて，次の問いに答えなさい。 〈栃木県〉

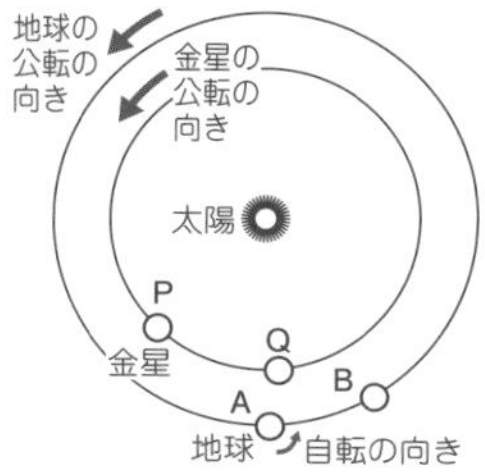

正答率72％ (1) 図のＰの位置に金星があるとき，地球から見た太陽の方向と金星の方向のなす角度は 45° でした。この日の金星は，太陽が地平線に沈んでから何時間後に沈みますか。ただし，金星は太陽が沈んだ位置とほぼ同じ位置に沈むものとします。 （　　　　　）

正答率50％ (2) 図のＰの位置にある金星を望遠鏡で観測したところ，その半分が光って見えました。この日から１か月間，毎日同じ時刻に観測したときの金星の見かけの大きさと満ち欠けについて，正しいことを述べているものはどれですか。次の**ア**～**エ**から選び，その記号を書きなさい。 （　　　）

ア　しだいに小さくなり，満ちていく。
イ　しだいに小さくなり，欠けていく。
ウ　しだいに大きくなり，満ちていく。
エ　しだいに大きくなり，欠けていく。

正答率42％ (3) 金星が太陽のまわりを一周して図のＰの位置に再びきたとき，金星を観測すると，いつごろ，どの方角の空に見えますか。次の**ア**～**エ**から選び，その記号を書きなさい。ただし，地球の公転周期は１年，金星の公転周期は 0.62 年とします。 （　　　）

ア　明け方，東の空に見える。　　**イ**　明け方，西の空に見える。
ウ　夕方，東の空に見える。　　**エ**　夕方，西の空に見える。

HINT (3)0.62 年後の地球の位置を考える。

3 銀河系 （10点×2＝20点）

右の図は，銀河系のようすを表したものです。これについて，次の問いに答えなさい。

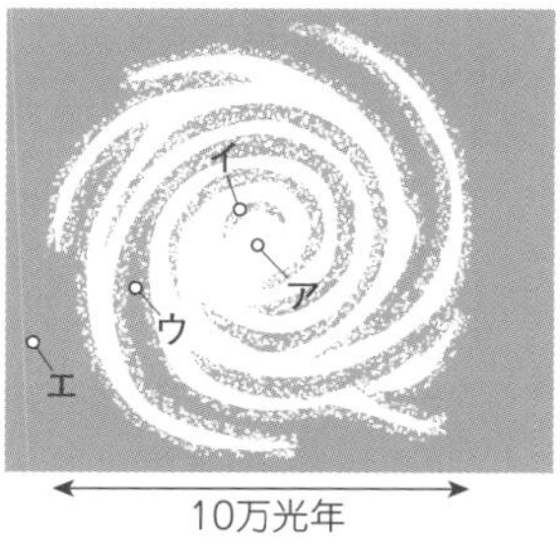

正答率56％ (1) 太陽系の位置は，図の**ア**～**エ**のうちのどこですか。最も適当なものを選び，その記号を書きなさい。 〈千葉県〉（　　　）

(2) 銀河系は非常に多くの恒星の集まりですが，その中でも，とくに恒星が集まっているところが無数にみられます。このような恒星の集団を何といいますか。次の**ア**～**エ**から選び，その記号を書きなさい。 （　　　）

ア　銀河　　**イ**　星団　　**ウ**　星雲　　**エ**　ブラックホール

3年／環境

29

酸素・二酸化炭素・有機物の循環を理解しよう！

重要度★★★

生物界のつながり

学習日　　月　　日

ポイント整理

1 食物連鎖による生物界のつながり

生態系《せいたいけい》と食物連鎖《しょくもつれんさ》

生態系　ある地域の生物と生物以外の環境（水，空気，土など）を総合的にとらえたもの。

食物連鎖　「食べる・食べられる」という関係での生物どうしの一連のつながり。

食物網《しょくもつもう》　食物連鎖による網の目のようなつながり。

生産者　光合成で**有機物**をつくる生物（おもに植物）。

消費者　生産者がつくり出した有機物を直接的（植物を食べる），あるいは間接的に食べて（動物を食べる），栄養分を得る生物（動物など）。

植物 ➡ 草食動物 ➡ 肉食動物

生産者　　消費者

※A➡B…AがBに食べられる。

生物の個体数

ある地域の生物の数量的な関係は，食物連鎖で下位の生産者である植物から，食物連鎖で**上位の消費者**（草食動物→肉食動物の順）へいくほど，その**個体数は少なくなる**ことが多い。この数量的な関係は，右の図のような，植物を最下層とした**ピラミッド**の形で表すことができる。

生物の個体数のつり合い

ある地域で，何らかの原因で，ある生物の個体数が急激に減少したり増加したりすると，一時的に個体数のつり合いがくずれるが，増減をくり返しながら，再び**もとのつり合い**にもどることが多い。

▼生物の個体数のつり合いの例

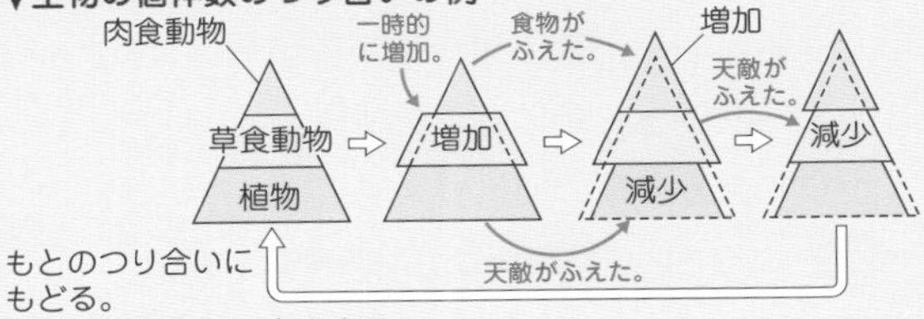

※変化が大きすぎると，もとのつり合いにもどることができないこともある。

入試によく出る実験　菌類や細菌類のはたらきを調べる実験

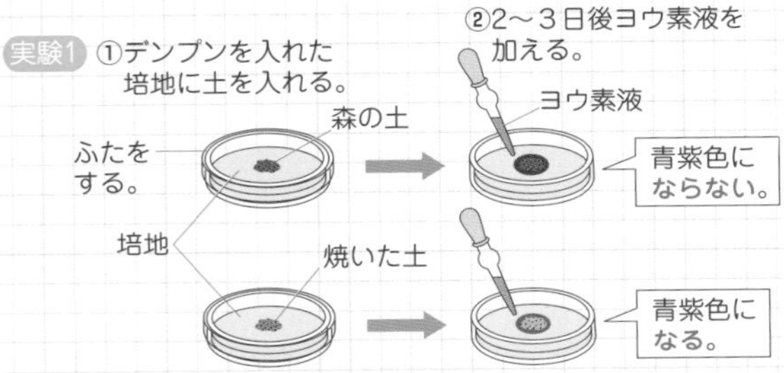

考察　森の土には菌類や細菌類がふくまれていて，これがデンプンを分解する。

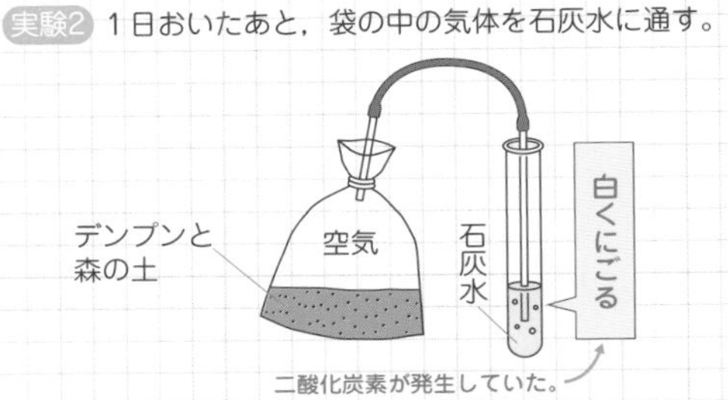

考察　森の土にふくまれていた菌類や細菌類がデンプンを分解して，二酸化炭素が発生した。

即答チェックの答え　①生態系　②食物連鎖　③食物網　④生産者　⑤消費者　⑥菌類　⑦分解者

入試必勝ワード　生態系　食物連鎖　食物網　生産者　消費者　分解者

② 土の中の小動物と微生物

◐ 土の中の小動物

①枯れ木や落ち葉→草食動物(ダンゴムシやミミズ)→肉食動物(カニムシ，ムカデ)，という食物連鎖がある。
②右図のツルグレン装置などで，土の中の小動物を集めることができる。

▼ツルグレン装置

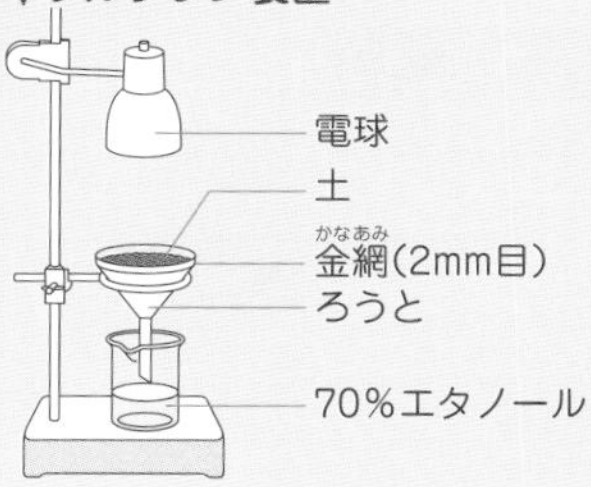

●土の中の小動物は次の①～③の性質があるため，下へ移動してエタノールの中へ落ちる。

①光をきらう。
②熱をきらう。
③乾燥をきらう。

◐ 土の中の微生物…菌類《きんるい》や細菌類《さいきんるい》などの微生物は，葉緑体をもたず，落ち葉などの生物の遺がいや動物の排出物などの有機物を利用している。

- 菌類……カビやキノコのなかま。
- 細菌類…乳酸菌，納豆菌，大腸菌など。

◐ 分解者…生物の遺がい(落ち葉や動物の遺がいなど)や，動物の排出物などにふくまれる有機物を，呼吸により二酸化炭素や水などの無機物に分解してエネルギーを取り出し生きている生物。

①土の中の小動物。ダンゴムシ，ミミズ，センチコガネなど。
②菌類や細菌類。
※分解者は，もともと生産者がつくった有機物を取り入れていることになるので，消費者でもある。

③ 自然界での物質の循環

炭素は，二酸化炭素や有機物として循環しているよ。

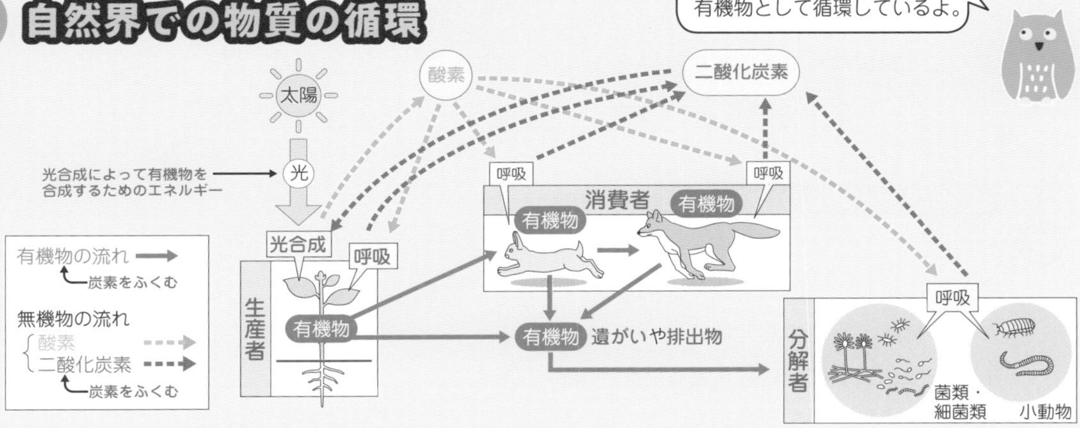

即答チェック

□ ① ある地域の生物と生物以外の環境とを総合的にとらえたものを何といいますか。〔　　　　〕
□ ②「食べる・食べられる」という関係での生物どうしの一連のつながりを何といいますか。〔　　　　〕
□ ③ ②による網の目のようなつながりを何といいますか。〔　　　　〕
□ ④ 光合成で有機物をつくる生物を，その役割から何といいますか。〔　　　　〕
□ ⑤ ④がつくった有機物を直接的あるいは間接的に食べて栄養分を得る生物を，その役割から何といいますか。〔　　　　〕
□ ⑥ カビやキノコのなかまは菌類，細菌類のどちらですか。〔　　　　〕
□ ⑦ 生物の遺がいや排出物にふくまれる有機物を分解し，そのとき取り出されるエネルギーを利用して生きている生物を，その役割から何といいますか。〔　　　　〕

29 トレーニングテスト

→別冊解答 p.24

1 生物どうしのつながり （12点×3=36点）

右の図は，ある池で観察された生物どうしの，食べる，食べられるというつながりを矢印→で表したものです。これ以外の食べる，食べられるというつながりはないものとして，次の問いに答えなさい。

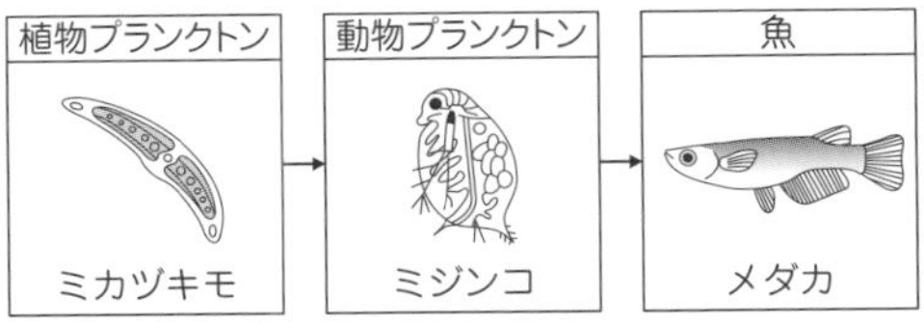

〈新潟県〉

正答率 85% (1) この生物どうしの，食べる，食べられるというつながりを何といいますか。（　　　　　）

正答率 88% (2) 生態系でミジンコなどの動物プランクトンやメダカのようにほかの生物を食べる動物を消費者といいます。これに対し，ミカヅキモなどの植物プランクトンやアサガオのように光合成をして栄養分をつくり出す生物を何といいますか。（　　　　　）

正答率 62% 注意 (3) 何らかの原因で，魚の数量が急激に減少すると，植物プランクトンと動物プランクトンの数量はその後，一時的にどのようになりますか。最も適当なものを，次のア～エから選び，その記号を書きなさい。（　　）

ア　動物プランクトンも植物プランクトンも，ともに増加する。

イ　動物プランクトンも植物プランクトンも，ともに減少する。

ウ　動物プランクトンは減少するが，植物プランクトンは増加する。

エ　動物プランクトンは増加するが，植物プランクトンは減少する。

2 生物の個体数のつり合い （16点）

正答率 32% ある地域における２種の動物ＸとＹは食べる・食べられるという関係にあり，右のグラフはＸとそれを食べるＹの個体数の変化を表しています。このグラフについての説明として最も適当なものを次のア～エから選び，その記号を書きなさい。 〈神奈川県〉

（　　）

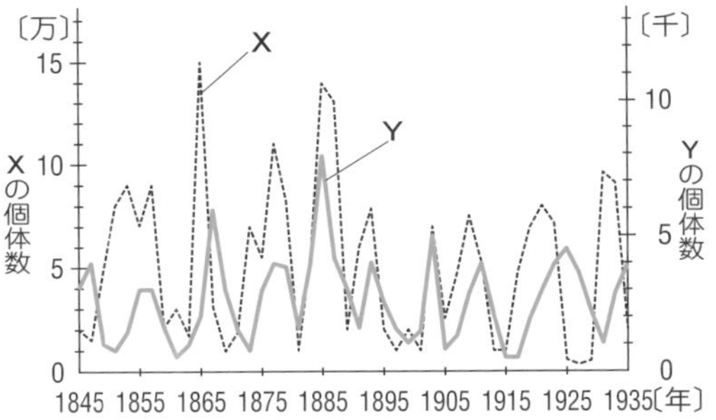

ア　個体数が最大になった年は，ＸとＹどちらも 1855 年から 1875 年の間である。

イ　1875 年から 1905 年の間について，Ｘの個体数が最大になった年はＹも最大となっており，その年のＹの個体数はＸの個体数の半数以上となっている。

ウ　1875 年から 1905 年の間について，毎年の個体数をくらべると，Ｘの個体数はＹの個体数を常に上回っている。

エ　1905 年から 1915 年の間について，Ｙの個体数が最小になった年はＸも最小となっており，その年のＸの個体数はＹの個体数の２～３倍の範囲にある。

HINT Ｘの個体数は左側の縦軸，Ｙの個体数は右側の縦軸の目盛りを使って読み取る。

3 土の中の小動物 （12点×4＝48点）

土の中の生物のはたらきを調べるため，次の観察や実験を行いました。これについて，あとの問いに答えなさい。

〈千葉県〉

観察 林の落ち葉の下の土を**図 1** のような採集装置の金網に入れ，60 W の電球をつけた。しばらくすると，エタノール水溶液の入ったビーカーに**図 2** の**ア～エ**のような生物が採集できた。

図 1

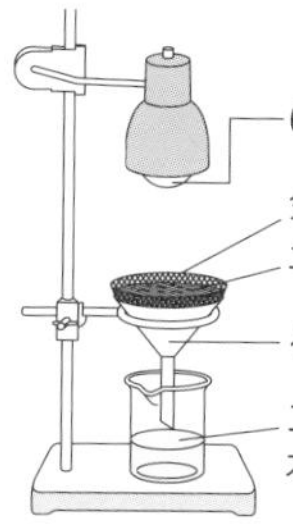

図 2

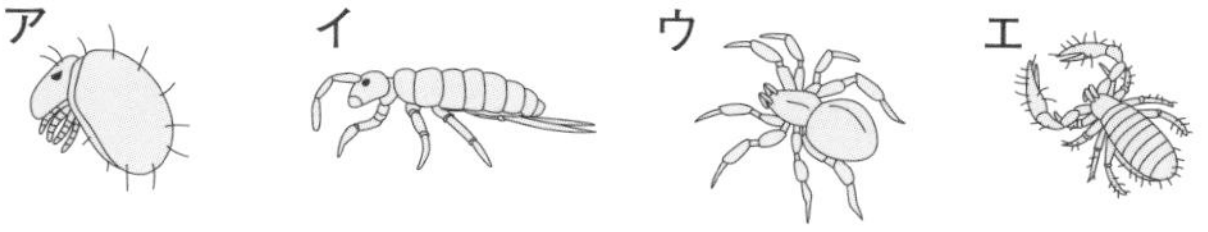

実験 水の入ったビーカーに林の落ち葉の下の土を入れ，よくかき混ぜてしばらく放置した。２本の試験管**A**，**B**を用意し，ビーカーの上ずみ液をそれぞれ５mL ずつ入れた。試験管**A**はそのままにし，試験管**B**では上ずみ液を煮沸した。次に，それぞれの試験管の液体を，ポリエチレンの袋(袋**A**，**B**)に移し，１%のデンプンのりをどちらの袋にも同じ量加え，空気を入れて密閉し放置した。

３日後，袋**A**，**B**の気体をそれぞれ，別に用意した石灰水に通して変化を調べた。さらに，それぞれの袋の中の液体にヨウ素液を加えて変化を調べた。**図 3** は，実験の概略を表したものである。下の表は，実験の結果をまとめたものである。

図 3

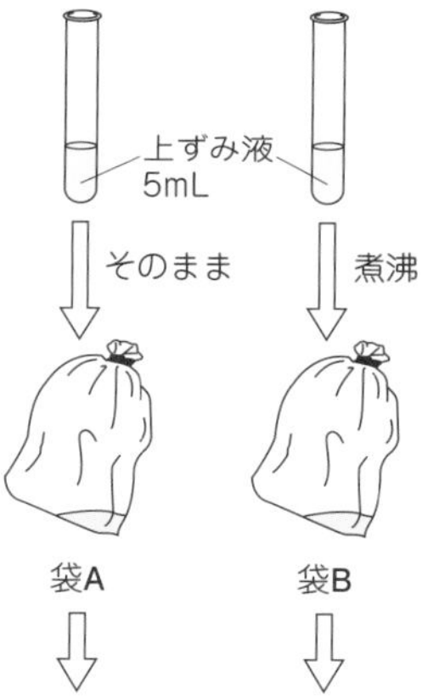

	袋の中の気体を石灰水に通したときの変化	袋の中の液体にヨウ素液を加えたときの変化
袋A	白くにごった	変化がなかった
袋B	変化がなかった	青紫色になった

正答率 52% (1) **図 2** の**ア～エ**の生物のうち，トビムシを選び，その記号を書きなさい。　（　　）

正答率 83% (2) 試験管**B**では上ずみ液を煮沸しましたが，その操作は何のために行ったのですか。その理由として最も適当なものを，次の**ア～エ**から選び，その記号を書きなさい。　（　　）

ア 上ずみ液の中にいる微生物のはたらきを強めるため。

イ 上ずみ液の中にある有機物を分解するため。

ウ 上ずみ液の中にいる微生物を死滅させるため。

エ 上ずみ液の中にいる微生物がもつエネルギーを放出させるため。

正答率 63% (3) 実験の結果から，わかったことは何ですか。袋**A**と袋**B**について，次の**ア～エ**から最も適当なものをそれぞれ選び，その記号を書きなさい。　袋**A**（　　）　袋**B**（　　）

ア 二酸化炭素は発生せず，デンプンは分解されていない。

イ 二酸化炭素は発生せず，デンプンは分解されている。

ウ 二酸化炭素が発生し，デンプンは分解されていない。

エ 二酸化炭素が発生し，デンプンは分解されている。

30 発電方法の長所と短所を理解しよう！

重要度★★★

科学技術と自然環境

学習日　　月　　日

ポイント整理

① 科学技術

発電…日本の電力は，以前は火力発電と原子力発電と水力発電によって全電力の約98％がまかなわれていたが，2011年3月11日に起こった東北地方太平洋沖地震以降ほとんどの原子力発電所の稼働が停止した。これにより，電力の3割近くをまかなっていた原子力発電にかわり，現在は大部分が火力発電と水力発電によってまかなわれている。

▼火力発電・原子力発電・水力発電のしくみ

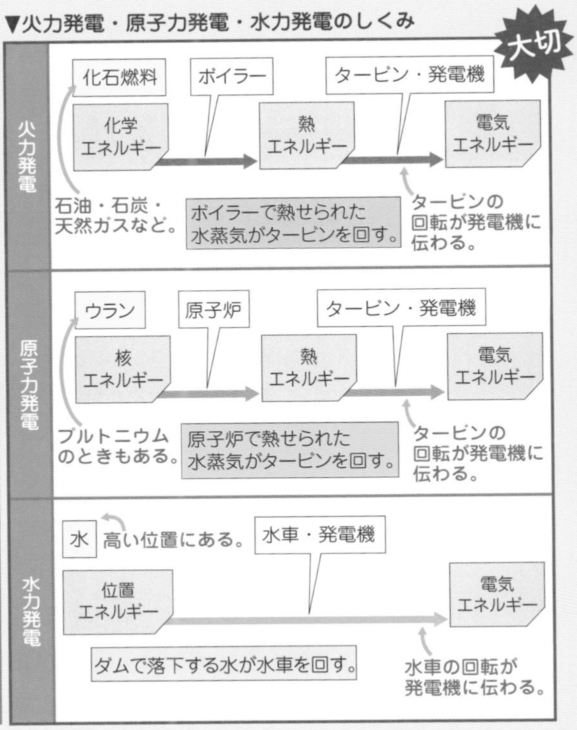

▼各発電の長所と短所

発電方法	長　所	短　所
火力	燃料があつかいやすく，出力調整しやすい。	二酸化炭素が大量に発生し，資源の埋蔵量にも限りがある。
原子力	少量の燃料から大量のエネルギーを得ることができる。	事故や放射性物質の処理など，安全面に問題がある。
水力	二酸化炭素などの有害物質が発生せず，クリーンである。	ダム建設のため，自然が大きく破壊される。

放射線…α《アルファ》線，β《ベータ》線，γ《ガンマ》線，X《エックス》線のほかに，中性子の流れである中性子線などがある。さまざまな場面で利用される一方で，人体に影響をあたえるという問題もある。

放射線の人体への影響
- 放射線を受けることを被曝《ひばく》という。
- 大量に被曝すると細胞やDNAが傷ついて，健康被害を生じることがある。

原子力発電で使う核燃料からは放射線が出ているので，安全対策をしっかり行う必要があるよ。

入試によく出る観察

マツの葉の気孔《きこう》を使った大気の調査

①右図のように，昨年のびたマツの葉の気孔のよごれを顕微鏡で観察する。

②いろいろな場所のマツの葉のよごれた気孔の割合と交通量の関係を調べる。

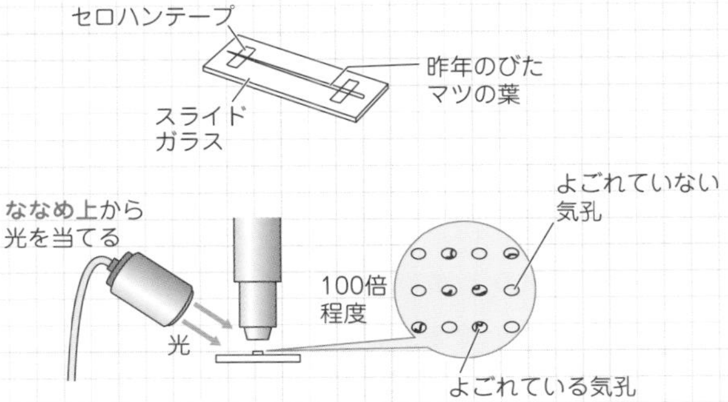

即答チェックの答え　①火力発電　②水力発電　③原子力発電　④火力発電　⑤中性子線　⑥再生可能エネルギー　⑦プラスチック　⑧地球温暖化　⑨温室効果ガス

入試必勝ワード　火力発電　原子力発電　水力発電　再生可能エネルギー　地球温暖化

◐ **再生可能エネルギー**…資源《しげん》が枯渇《こかつ》せず，廃棄物が環境に悪影響をあたえることがないクリーンなエネルギーのこと。
例 太陽光発電，風力発電，地熱発電，バイオマス発電，燃料電池

再生可能エネルギーには，「発電量が少ない」，「発電設備が高価」などの問題点があるものが多いよ。

◐ **プラスチック**…石油などを原料として人工的に合成された有機物。軽くて加工しやすい，電気や熱を通しにくい，くさったりさびたりしないなどの共通の性質をもつ。

▼いろいろなプラスチックの性質

プラスチック名	密度〔g/cm³〕	特徴	用途例
ポリプロピレン(PP)	0.90～0.91	100 ℃でも変形しない。	弁当箱
ポリエチレンテレフタラート(PET)	1.38～1.40	うすい透明な容器をつくりやすい。	ペットボトル
ポリエチレン(PE)	0.92～0.97	水や薬品に強い。	レジ袋
ポリ塩化ビニル(PVC)	1.2～1.6	燃えにくい。薬品に強い。	水道管
ポリスチレン(PS)	1.06	軽い発泡材料になる。	食器

◐ **新素材**…ファインセラミックス，炭素繊維，吸水性高分子，生分解性プラスチックなど。

② 自然環境

◐ **身近な自然環境の調査**

①マツの葉の気孔やカイヅカイブキの葉を使った大気の調査
(→ p.126 の入試によく出る観察)。
②水生生物による川の水質調査
川のいろいろな場所で生物を採集し，どの指標生物が多かったかということから，水質を判断する。

▼川の水質の指標生物

きれいな水	ややきれいな水	きたない水	とてもきたない水
サワガニ	ゲンジボタル	タニシ	アメリカザリガニ
			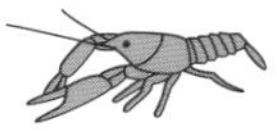
カワゲラ，ウズムシ	カワニナ，ヤマトシジミ	ヒル，ミズムシ	セスジユスリカ

◐ **環境問題**

①**地球温暖化**…**化石燃料の大量消費や森林の大量伐採《ばっさい》**によって，温室効果ガスである二酸化炭素が急増し，地球全体の気温が上昇していると考えられている。
②その他…オゾン層の破壊，水質汚染，大気汚染など。
（水質汚染←赤潮，アオコ　大気汚染←酸性雨，光化学スモッグ）

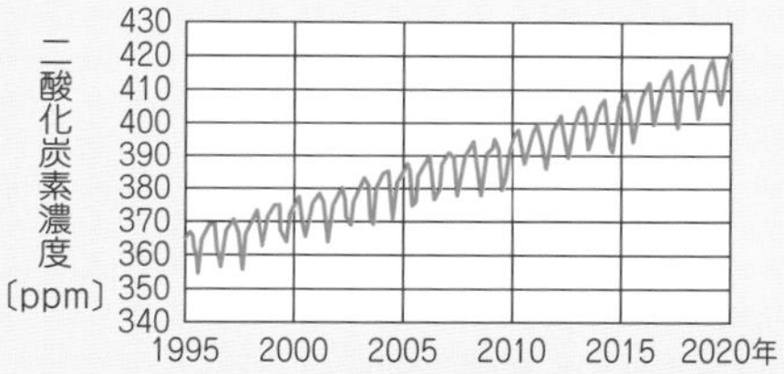

大気中の二酸化炭素濃度(月平均値)の変化

即答チェック

- □ ① 現在，最も発電量が多い発電方法は何ですか。〔　　　〕
- □ ② ダムから落ちる水のエネルギーを使って発電する方法を何といいますか。〔　　　〕
- □ ③ 事故や放射性物質の処理など，安全面に問題がある発電方法は何ですか。〔　　　〕
- □ ④ 二酸化炭素が大量に発生する発電方法は何ですか。〔　　　〕
- □ ⑤ 放射線のうち，中性子の流れであるものは何ですか。〔　　　〕
- □ ⑥ 資源が枯渇せず，環境に悪影響がないエネルギーを何といいますか。〔　　　〕
- □ ⑦ ポリエチレンやポリ塩化ビニルのように，石油などを原料として人工的に合成された有機物を何といいますか。〔　　　〕
- □ ⑧ 地球全体の気温が上昇していることを何といいますか。〔　　　〕
- □ ⑨ 二酸化炭素など，地球の熱を保つ気体のことを何といいますか。〔　　　〕

30 トレーニングテスト

→別冊解答 p.24

1 発電方法 （13点×4＝52点）

次の会話文を読んで，あとの各問いに答えなさい。 〈三重県・改〉

先生：石油，石炭，天然ガスなどの化石燃料を用いた①火力発電は，資源の枯渇や環境への影響が課題になっています。これからは，資源の有効利用や地球温暖化などについて考える必要があります。

生徒：エネルギーを効率よく利用するために，工場やビルなどでは，自家発電によって電気エネルギーを得て，そのときに発生する排熱を給湯や暖房に利用する（　X　）が実用化されていると聞いたことがあります。

先生：よく知っていますね。ところで，新しいエネルギー資源を利用した発電は知っていますか。

生徒：はい。②バイオマス発電があります。森林の間伐材を燃料にしたり，稲わらなどの植物繊維や家畜の糞《ふん》尿から得られるアルコールやメタンを利用したりして，発電します。

先生：これからは，地球全体の環境について考えていく必要があります。

注意

(1)　下線部①について，右の図は，火力発電における，石油から始まるエネルギーの移り変わりを模式的に表したものです。図の（　A　），（　B　）に入る言葉として最も適当なものはどれですか。次のア〜エからそれぞれ１つずつ選び，その記号を書きなさい。

A（　　　）　B（　　　）

ア　位置　　イ　核　　ウ　熱

エ　化学

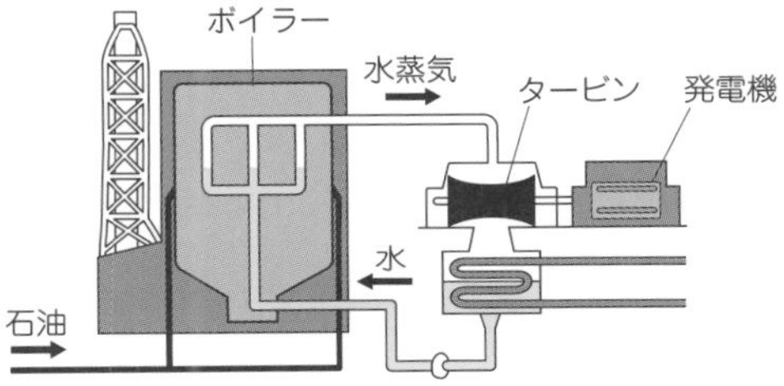

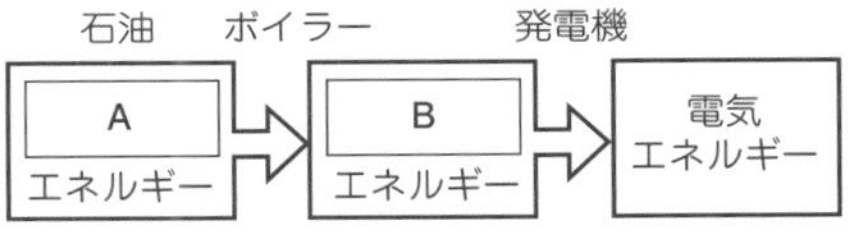

(2)　文中の（　X　）にあてはまるシステムは何ですか。（　　　　　　　　　　）

差がつく

(3)　下線部②について，バイオマス発電は，資源の枯渇に備えて，近年，開発されてきた発電の１つです。化石燃料が限りあるエネルギー資源であるのに対して，バイオマス発電に利用される間伐材や，稲わらなどの植物繊維，家畜の糞尿が遠い将来まで利用できるエネルギー資源であると考えられるのはなぜですか。その理由を簡単に書きなさい。

（　　　　　　　　　　　　　　　　　　　　　　　　　　　　　　）

2 プラスチック （12点×2＝24点）

次の会話を読んで，あとの問いに答えなさい。 〈鳥取県〉

あきらさん：プラスチックはさまざまな種類があり，その性質に応じていろいろな製品に利用されているね。

なおこさん：プラスチックを廃棄する際には，プラスチック以外の物質と分けたり，種類別に回収したりしているね。

まさとさん：そのために，①プラスチック製品には，リサイクルのための識別マークがついているものがあるよね。

あきらさん：リサイクルすることは，資源の有効利用や環境保全という点で重要だよね。

なおこさん：そういえば，ニュースでもプラスチックの小さな破片が，海にすむ生物に影響をあたえていると伝えていたよ。

まさとさん：最近では，②微生物のはたらきによって分解されるプラスチックも使われ始めているらしいよ。

(1) 下線部①について，右の図はプラスチック製品に記されている識別マークの1つです。この識別マークが示すプラスチックは，衣類などの繊維製品にリサイクルされていることがわかりました。このプラスチックの種類は何ですか。次の**ア**～**エ**から選び，記号で答えなさい。（　　）

ア　ポリプロピレン　　**イ**　ポリエチレン

ウ　ポリスチレン　　**エ**　ポリエチレンテレフタラート

差がつく

(2) 下線部②について，このようなプラスチックを何といいますか。

（　　　　　　　　　　）

3 大気の調査 (12点×2=24点)

自動車の排出ガスによる空気のよごれについて，次の観察を行いました。 〈山口県〉

観察

1　自動車の交通量が多い道路沿いに生えているマツの木の地面から高さ 1.5 m にある葉を採集してきた。

2　採集したマツの葉を，平らな部分を上にして，**図1**のようにテープでスライドガラスにとめた。

3　顕微鏡に2のスライドガラスをのせ，ななめ上から光を当て，倍率100倍にして気孔を観察した。

4　顕微鏡の視野の中で観察した，気孔の総数に対する，よごれでつまった気孔の数の割合を，気孔のよごれの度合いとし，この値を空気のよごれのめやすとした。

図1

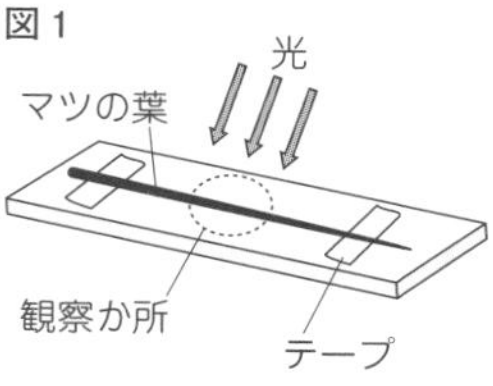

重要

(1) **図2**は，**観察**の3において，マツの葉の気孔を顕微鏡で観察したときのよごれのようすを，模式的に表したものです。観察の下線部の方法で計算すると，**図2**の気孔のよごれの度合いは何%ですか。（　　　）

図2

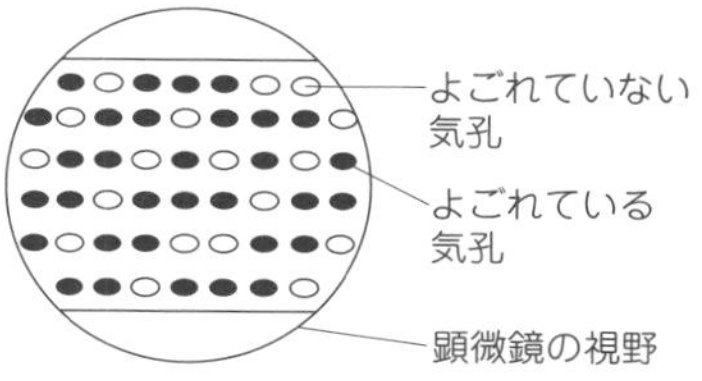

(2) 自動車の排出ガスが，空気のよごれに影響をあたえているかどうかを確かめるためには，**観察**で使用したマツの葉のほかに，「複数の場所」から採集したマツの葉の気孔を観察し，結果を比較する必要があります。「複数の場所」を決めるときの条件は何ですか。

（　　　　　　　　　　）

ポイントチェック③　21~30

学習日　　月　　日

用語チェック

▶ 3年・生命

21 ① 細胞分裂のときに核に見られる，ひも状のものを何といいますか。（　　）

② 生殖細胞をつくるときの特別な細胞分裂を何といいますか。（　　）

22 ① 対になっている遺伝子が分かれて別々の生殖細胞に入ることを何といいますか。（　　）

② 現在の形やはたらきは異なるが，基本的なつくりが同じで，起源が同じものであったと考えられる器官を何といいますか。（　　）

▶ 3年・物質

23 ① 原子の中の－の電気をもつ粒子を何といいますか。（　　）

② 水にとかしたとき，その水溶液に電流が流れる物質を何といいますか。（　　）

24 ① 酸の性質を示すイオンを化学式で書きなさい。（　　）

② アルカリの性質を示すイオンを化学式で書きなさい。（　　）

③ 中性の水溶液の pH は何ですか。（　　）

▶ 3年・エネルギー

25 ① ある区間を一定の速さで移動したと考えた速さを何といいますか。（　　）

② 物体が，その運動の状態を続けようとする性質を何といいますか。（　　）

③ 水中にある物体にはたらく上向きの力を何といいますか。（　　）

26 ① １秒間あたりにする仕事を何といいますか。（　　）

② 道具などを使っても仕事の大きさは変わらないことを何といいますか。（　　）

▶ 3年・地球

27 ① 北の空の星は，何という星を中心にして動いて見えますか。（　　）

② 天球上の太陽の見かけの通り道を何といいますか。（　　）

③ 太陽などの天体が真南にくることを何といいますか。（　　）

28 ① 太陽のように，自ら光を放つ天体を何といいますか。（　　）

② 地球のように，太陽のまわりを公転している天体を何といいますか。（　　）

③ 月のように，②のまわりを公転している天体を何といいますか。（　　）

▶ 3年・環境

29 ① 生物どうしの「食べる・食べられる」という一連の関係を何といいますか。（　　）

② 植物のように光合成で有機物をつくる生物を何といいますか。（　　）

30 ① 現在，日本で最も発電量の多い発電方法は何ですか。（　　）

② 地球全体の気温が上昇していることを何といいますか。（　　）

答え

21 ①染色体
②減数分裂

22 ①分離の法則
②相同器官

23 ①電子
②電解質

24 ①H^+
②OH^-
③ 7

25 ①平均の速さ
②慣性
③浮力

26 ①仕事率
②仕事の原理

27 ①北極星
②黄道
③南中

28 ①恒星
②惑星
③衛星

29 ①食物連鎖
②生産者

30 ①火力発電
②地球温暖化

総合チェック

→別冊解答 p.25

1 右の図のように，丸形の種子をつくる純系のエンドウとしわ形の種子をつくる純系のエンドウを交配させました。これについて，次の各問いに答えなさい。ただし，丸形が顕性形質であるものとします。 >>> 22

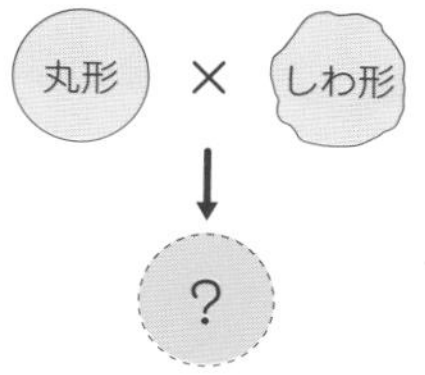

(1) 純系の丸形の遺伝子の組み合わせをAA，純系のしわ形の遺伝子の組み合わせをaaとするとき，これらを交配させてつくった子の代の遺伝子の組み合わせを書きなさい。（　　　）

(2) (1)の子どうしを交配させたとき，孫の代の形質はどのようになりますか。次のア〜エから選びなさい。（　　　）

ア　すべて丸形　　イ　丸形：しわ形＝1：1
ウ　丸形：しわ形＝3：1　　エ　丸形：しわ形＝1：3

2 右の図のような装置で，糸にしみこませる水溶液を変えて，両端のクリップに電圧を加えました。これについて，次の各問いに答えなさい。 >>> 24

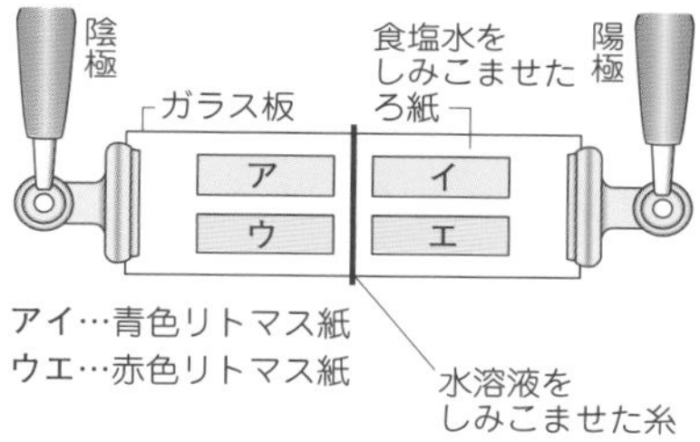

(1) 糸にうすい塩酸をしみこませて電圧を加えたときに，色が変化するリトマス紙はどれですか。図中のア〜エから選びなさい。
（　　　）

(2) 糸にうすい水酸化ナトリウム水溶液をしみこませて電圧を加えたときに，色が変化するリトマス紙はどれですか。図中のア〜エから選びなさい。（　　　）

3 仕事と仕事率について，次の問いに答えなさい。 >>> 26

(1) 物体に5Nの力を加え，力の向きに8m動かしました。このとき物体にした仕事は何Jですか。（　　　）

(2) 90Jの仕事を15秒で行いました。このときした仕事の仕事率は何Wですか。（　　　）

1～3年

31 実験・観察操作

実験器具・観察器具の使い方を身につけよう！

重要度★★★

学習日　　月　　日

ポイント整理

① 実験と実験器具の使い方

◐ 炭酸水素ナトリウムの分解とガスバーナーの使い方

手順

①右図のような装置で，試験管内の炭酸水素ナトリウムをガスバーナーで加熱する。このとき，生じた液体が逆流して加熱部分に流れこみ試験管が割れるのを防ぐため，**試験管の口を少し下げる。**
②発生した**気体を**石灰水**に通す。**
③試験管の口付近についた**液体に，青色の**塩化コバルト紙**をつけて変化を見る。**
④気体が発生しなくなったら石灰水からガラス管をぬいて，ガスバーナーの火を消す(石灰水の逆流をふせぐため)。
⑤加熱後に試験管に残った物質と炭酸水素ナトリウムを，次のA，Bのように比較する。
　A：同量の物質を同量の水にとかして，**とけやすさを比較する。**
　B：Aでつくった2つの水溶液に，フェノールフタレイン溶液**を数滴加える。**

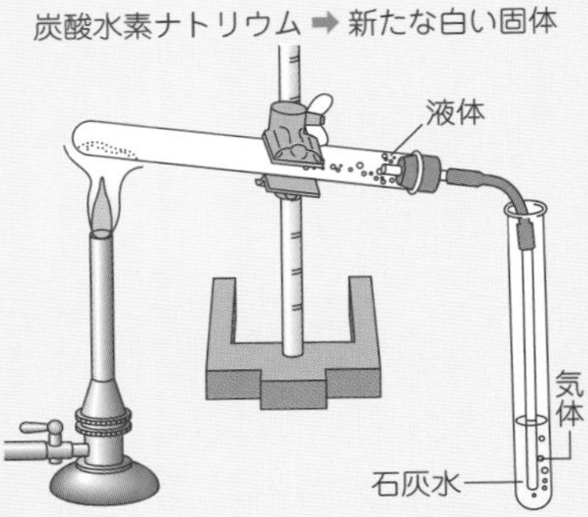

結果

②**石灰水**が**白くにごる。** ➡
③**塩化コバルト紙**が赤(桃)色に変化する。 ➡
⑤A：加熱後の物質のほうがとけやすい。 ➡
　B：加熱後の物質の水溶液のほうが濃い赤色になる。

考察

②二酸化炭素が発生した。
③水が発生した。
⑤加熱後の物質は，炭酸水素ナトリウムより水にとけやすく，その水溶液は強いアルカリ性を示す。→炭酸ナトリウム

●**ガスバーナーの使い方**(火をつけるときの手順)

①**ガス調節ねじ**と**空気調節ねじ**が閉じていることを確認して元栓《もとせん》を開く(コックつきのものは，元栓のあとにコックも開く)。
②マッチの火をななめ下から近づけ，**ガス調節ねじ**を開いて火をつける。
③**ガス調節ねじ**を回して，炎の大きさを10 cmくらいに調節する。
④ガス調節ねじを押さえて，**空気調節ねじ**を開き，空気の量を調節して青色の炎にする。

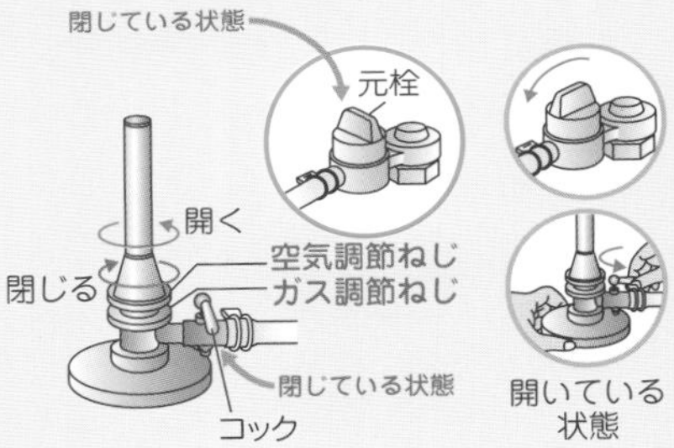

火を消すときは，つけるときと逆の順に閉じていこう。

◐ その他の実験器具の使い方

①**メスシリンダーの使い方**

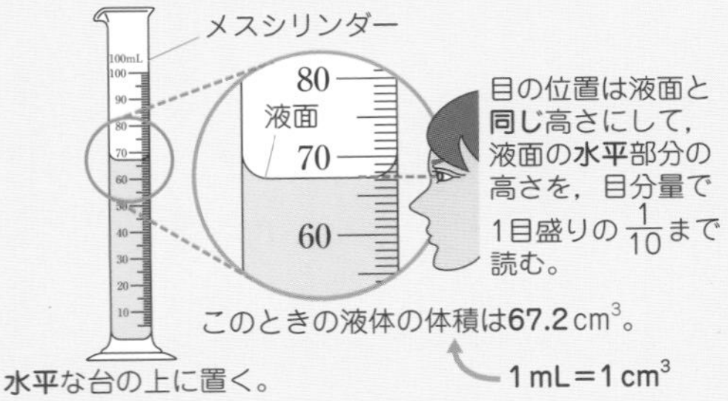

②**こまごめピペットの使い方**

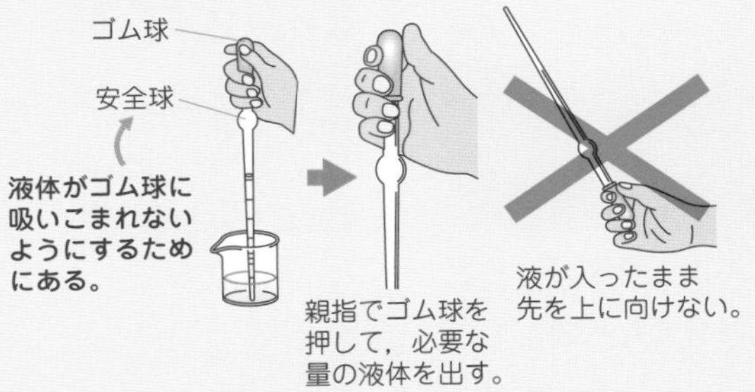

入試必勝ワード　石灰水　塩化コバルト紙　顕微鏡　ルーペ　双眼実体顕微鏡

② 観察と観察器具の使い方

◐ ヒメダカの尾びれの血管の観察と顕微鏡《けんびきょう》の使い方

手順

①ヒメダカを水といっしょに小さなポリエチレンの袋に入れ，顕微鏡のステージの上にのせる。
②ヒメダカの尾びれの部分を 100～150 倍で観察する。

結果　血液の流れが観察できる。

ポイント　ヒメダカを水といっしょに小さなポリエチレンの袋に入れて観察するのは，ヒメダカを生かしたまま観察するためである(死ぬと，血液が流れなくなる)。

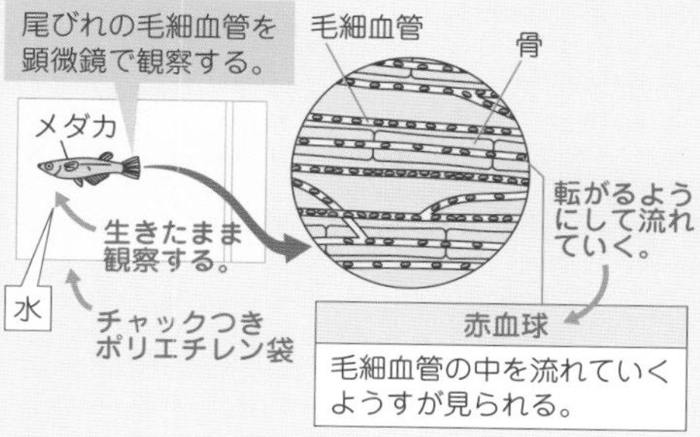

●**顕微鏡の使い方**(観察するときの手順)

①**直射日光の**当たらない**明るいところ**に置く。
②**接眼レンズ**を取りつけてから，**対物レンズ**を取りつける。
③最も低倍率の対物レンズを使い，反射鏡としぼりで明るさを調節する。
④プレパラートをステージにのせ，真横から見ながら**プレパラートと対物レンズを近づける。**
⑤接眼レンズをのぞき，プレパラートと対物レンズを遠ざけながらピントを合わせる。

●**顕微鏡の特徴**

①**倍率＝接眼レンズの倍率×対物レンズの倍率**
②高倍率にすると，**視野はせまくなり，暗くなる。**
③高倍率の対物レンズを使うと，対物レンズが長くなるため，**対物レンズとプレパラートとの間がせまくなる。**
④観察物の上下左右が反対に見える。観察物が右上に見えるとき，実際には左下にあるので，観察物を中央へ移動させるためには，プレパラートを右上に動かす。
※観察物が見える方向にプレパラートを動かすと，観察物は中央へ移動するというように，覚えておくとよい。

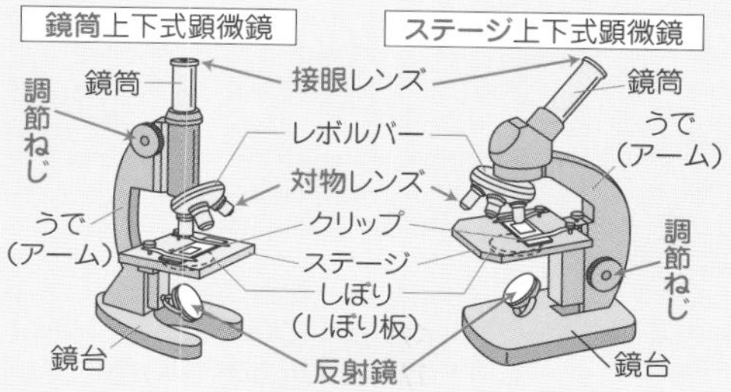

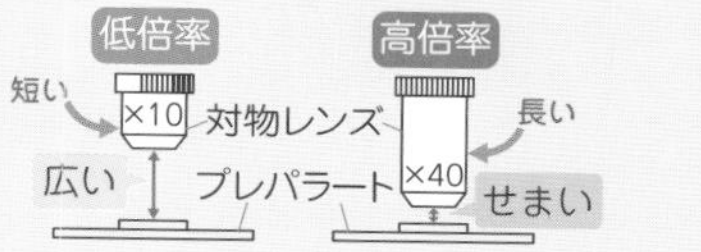

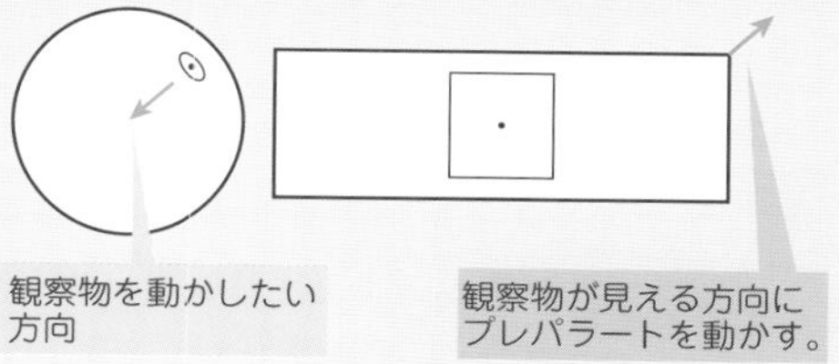

◐ その他の観察器具の使い方

①ルーペは目に近づけて持つ。
②双眼実体顕微鏡は両目を接眼レンズにつけて観察する。
・双眼実体顕微鏡では立体的に見える。

即答チェック

□ ① 石灰水を白くにごらせる気体は何ですか。〔　　〕
□ ② 青色の塩化コバルト紙を赤(桃)色に変える物質は何ですか。〔　　〕
□ ③ フェノールフタレイン溶液を加えたとき赤色になる水溶液は何性ですか。〔　　〕
□ ④ ガスバーナーの炎は，何色になるように調節しますか。〔　　〕
□ ⑤ メスシリンダーで液体の量を調べるとき，1 目盛りの何分の 1 まで読み取りますか。〔　　〕
□ ⑥ 血管の流れを観察するとき，ヒメダカのどこを顕微鏡で見ますか。〔　　〕
□ ⑦ 顕微鏡で，左下に観察物が見えたとき，観察物を中央に向かって移動させるにはスライドガラスをどの向きに動かせばよいですか。〔　　〕

31 トレーニングテスト

→別冊解答 p.25

1 炭酸水素ナトリウムの分解 (7点×4＝28点)

次の実験について，あとの問いに答えなさい。 〈沖縄県〉

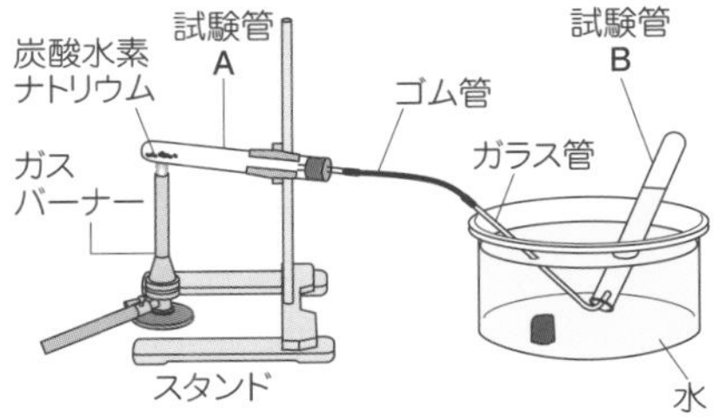

実験 乾いた試験管Aに炭酸水素ナトリウムを入れ，右図のように試験管Aの口を底よりもわずかに下げた状態で実験装置を組み立て加熱した。発生した気体を試験管Bに集めてから水中でゴム栓をして取り出した。その後，①ガラス管の先を水の中から取り出して加熱をやめ，試験管Aを観察すると白い物質が残っていた。また，試験管Aの口の内側には②無色の液体がついていた。さらに，試験管Bに石灰水を入れてよく振ると白くにごった。試験管Aがよく冷えてから残った白い物質を水にとかし，フェノールフタレイン溶液を加えてみると，同じようにして調べた炭酸水素ナトリウムより濃い赤色になった。

(1) 下線部①の手順通りに行わないと試験管が割れるおそれがあります。それはなぜですか。理由を答えなさい。 (　　　　　　　　　　　　　　　　)

(2) 下線部②の物質を調べるのに最も適当なものはどれですか。次のア～エから選び，その記号を書きなさい。 (　　　)

ア BTB溶液　　イ リトマス紙　　ウ ヨウ素溶液　　エ 塩化コバルト紙

(3) 発生した気体は何ですか。次のア～エから選び，その記号を書きなさい。 (　　　)

ア 酸素　　イ 二酸化炭素　　ウ 水素　　エ アンモニア

差がつく
(4) 試験管Aにできた白い物質の名称を答えなさい。 (　　　　　　)

2 ガスバーナーの使い方 (9点)

注意

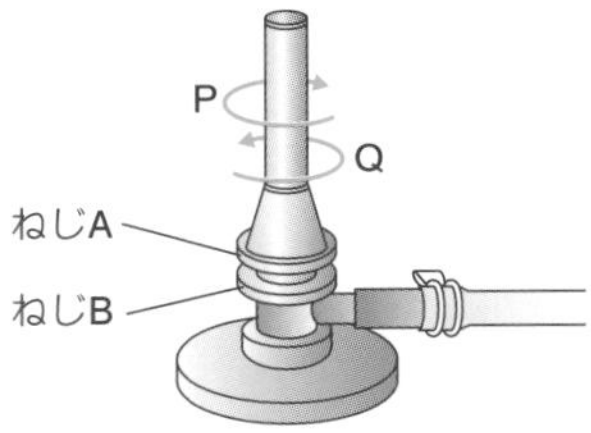

ガスバーナーに点火すると，はじめは空気の量が不足していたため，炎が赤色(オレンジ色)でした。ガスの量を変えずに，空気の量をふやして青色の炎にするには，右図のねじAとねじBをどのように操作すればよいですか。その方法を説明した文として最も適当なものを，次のア～エから選び，その記号を書きなさい。〈愛知県〉 (　　　)

ア ねじAを動かさないで，ねじBをPの向きに回して調整する。

イ ねじAを動かさないで，ねじBをQの向きに回して調整する。

ウ ねじBを動かさないで，ねじAをPの向きに回して調整する。

エ ねじBを動かさないで，ねじAをQの向きに回して調整する。

3 メスシリンダーの使い方 (9点×3＝27点)

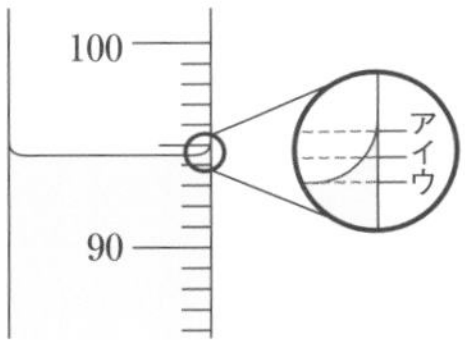

右図のように，100 mLのメスシリンダーに水を入れました。

正答率 63%
(1) 次の文は，メスシリンダーの目盛りの正しい読み方について述べたものです。文中の{　　}から適当なものを1つずつ選び，その記号を書きなさい。
〈大阪府〉

①(　　　)　②(　　　)

> メスシリンダーを水平な台の上に置き，真横から図中に示されている①{ア．アの位置　イ．イの位置　ウ．ウの位置}を，最小目盛り（1目盛り）の②{エ．$\frac{1}{10}$　オ．$\frac{1}{2}$}まで読む。

注意 (2) 図のメスシリンダーに入っている水の体積を答えなさい。　〈宮崎県・改〉(　　　　　)

4 顕微鏡の使い方 (9点×3＝27点)

図1のような顕微鏡の使い方について，次の問いに答えなさい。

図1

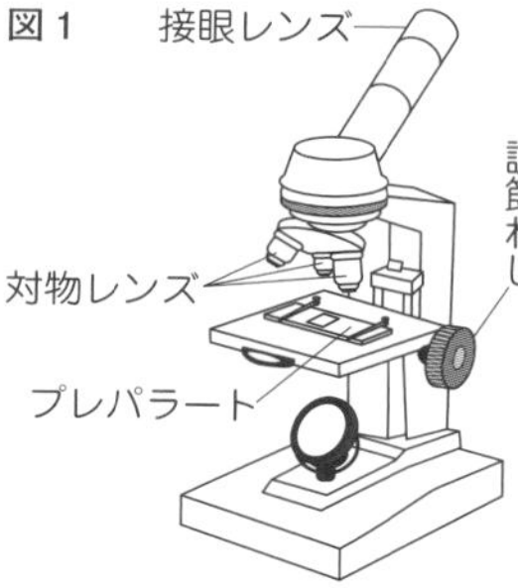

重要 (1) 顕微鏡で観察を行うときの注意点を示した次の文の①，②の{　}の中から，それぞれ適当なものを1つずつ選び，その記号を書きなさい。　〈愛媛県〉①(　　　)　②(　　　)

Ⅰ．顕微鏡は，直射日光の①{ア．当たる　イ．当たらない}明るい場所に置く。

Ⅱ．観察するときは，まず顕微鏡を横から見ながら調節ねじを回し，対物レンズとプレパラートを，できるだけ②{ウ．近づける　エ．遠ざける}。その後，接眼レンズをのぞきながら，調節ねじを下線部のときと反対に回してピントを合わせる。

(2) **図2**は，**図1**の顕微鏡のステージを真上から見た模式図です。**図1**の顕微鏡で，エンドウの花粉を観察したところ，**図3**のように，視野のすみに花粉が見えました。花粉を視野の中央に移動させるためには，**図2**のプレパラートをどの向きに動かせばよいですか。適切なものを**図2**のア〜エから1つ選び，その記号を書きなさい。　〈大分県〉(　　　)

図2

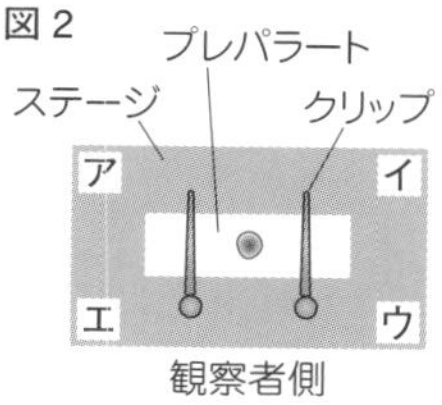

図3

5 ルーペの使い方 (9点)

観察するものが動かせるときのルーペの正しい使い方を説明した文として，最も適当なものを次のア〜エから選び，その記号を書きなさい。　〈鳥取県〉(　　　)

ア　ルーペと観察するものを，両方とも前後に動かして，ピントを合わせる。

イ　ルーペを観察するものに近づけて持ち，観察するものを動かさずに，ルーペを前後に動かしてピントを合わせる。

ウ　ルーペを目から遠ざけて持ち，ルーペを動かさずに，観察するものを前後に動かしてピントを合わせる。

エ　ルーペを目に近づけて持ち，ルーペを動かさずに，観察するものを前後に動かしてピントを合わせる。

32 計算問題

→別冊解答 p.26

学習日　　月　　日

入試攻略のカギ

質量パーセント濃度，フックの法則，圧力，オームの法則，仕事に関係する計算問題を解くのに必要な公式やきまりをしっかり覚えておきましょう。実験データの読み取りも大切です。

1 生命に関する計算

思考力▶ **1** 植物の葉の表と裏，および茎からの蒸散の量について調べるために次の実験を行いました。あとの問いに答えなさい。〈大分県〉

1　ほぼ同じ大きさの葉で，枚数がそろっているアジサイの枝A～Cを用意した。Aは葉の表に，Bは葉の裏にそれぞれワセリンをぬり，Cには何もぬらなかった。

2　右図のように，メスシリンダーに水を入れ，水中に切ったA～Cの枝をそれぞれさし，最後に油を注いだ。この直後にそれぞれ水位を測定した。

3　風通しのよい明るい場所に置き，2時間後にそれぞれ水位を測定した。下の表は，2，3の結果をまとめたものである。

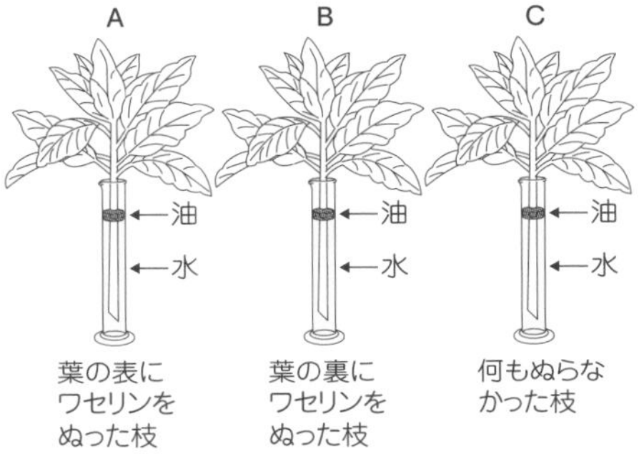

	A	B	C
水の減少量〔cm^3〕	2.4	0.7	2.8

次の文は，この実験をもとに蒸散の量についてまとめたものです。文中の（　a　）～（　c　）の空欄にあてはまる数値を，それぞれ求めなさい。

a（　　　　）　b（　　　　）　c（　　　　）

> 表から，2時間での蒸散の量は，葉の表側から（　a　）cm^3，葉の裏側から（　b　）cm^3，茎から（　c　）cm^3となり，葉の裏側からの蒸散の量が最も多いことがわかる。

2 物質に関する計算

2 右の図は，硫酸銅と食塩について，それぞれの物質が100 gの水にとける質量の温度による変化を表したものです。次の問いに答えなさい。〈佐賀県〉

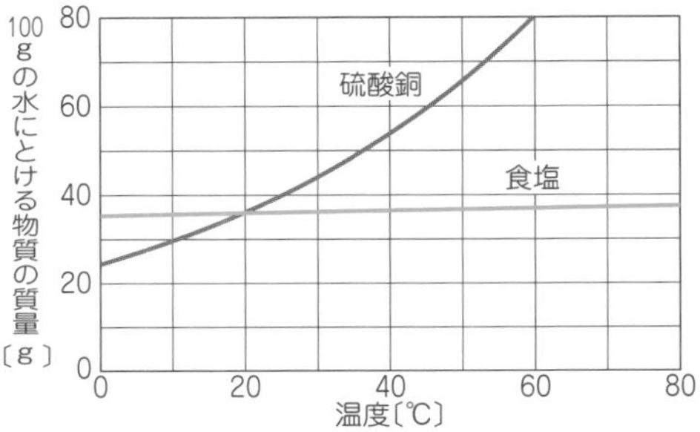

(1)　60 ℃の食塩の飽和水溶液の質量パーセント濃度は何%ですか。答えは小数第1位を四捨五入して整数で書きなさい。（　　　　）

(2)　60 ℃の水100 gに硫酸銅70 gをとかしたところ，すべてとけました。この水溶液を20 ℃に冷やすと，とけきれずに結晶として現れた硫酸銅を取り出すことができました。このとき，とけきれずに現れた硫酸銅の質量は何gですか。最も適当なものを，次のア～エから選び，その記号を書きなさい。（　　）

ア　23 g　　イ　33 g　　ウ　43 g　　エ　53 g

3 エネルギーに関する計算

3 右の図は，あるばねを引く力の大きさを横軸に，ばねののびを縦軸にとって作成したグラフです。物体**A**をこのばねにつるしたときのばねののびは 4.8 cm でした。物体**A**の質量は何 g ですか。ただし，100 g の物体にはたらく重力を 1 N とします。

〈京都府〉(　　　　　　)

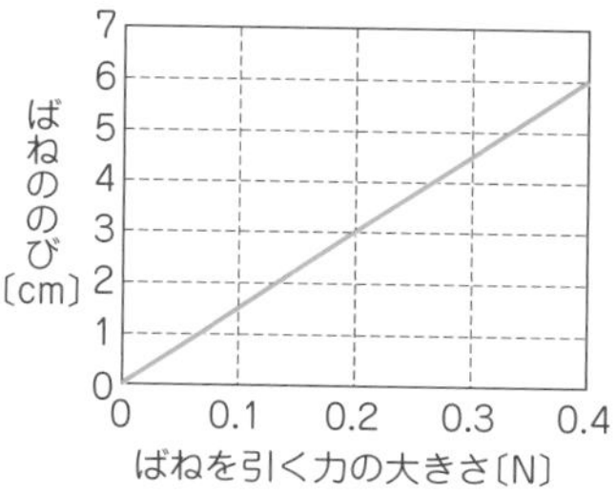

4 右の図のような装置で，電流計が 0.5 A，電圧計が 2.0 V を示しました。このとき，電熱線の抵抗は何Ωですか。

〈千葉県〉

(　　　　　　)

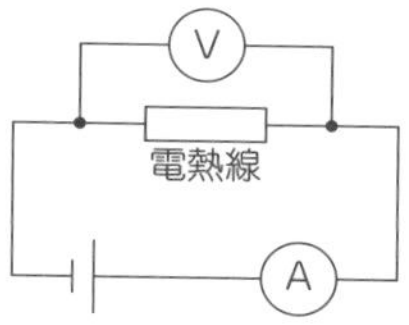

5 右の図のように，物体をゆっくり持ち上げました。このときの力が 20 N でした。この物体を 1 m 持ち上げるのに必要な仕事は何 J ですか。 〈千葉県〉

(　　　　　　)

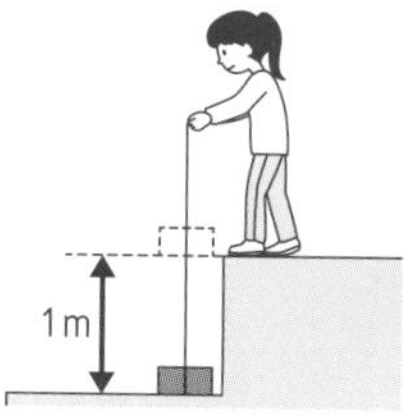

6 クレーン車が，300 kg の荷物を，18 m 真上に引き上げるのに 1 分かかりました。このときの仕事率は何 W ですか。ただし，100 g の物体にはたらく重力の大きさを 1 N とします。 〈静岡県〉

(　　　　　　)

4 地球に関する計算

7 右のグラフは，ある地震のＰ波・Ｓ波がとどくまでの時間と震源からの距離との関係を表したものです。次の問いに答えなさい。 〈兵庫県〉

正答率 63% (1) 観測地点**A**では，初期微動継続時間が 10 秒でした。震源から観測地点**A**までの距離は何 km ですか。 (　　　　　　)

正答率 37% (2) 観測地点**A**では，初期微動が 8 時 43 分 15 秒から始まりました。この地震が発生した時刻を求めなさい。 (　　　　　　　　)

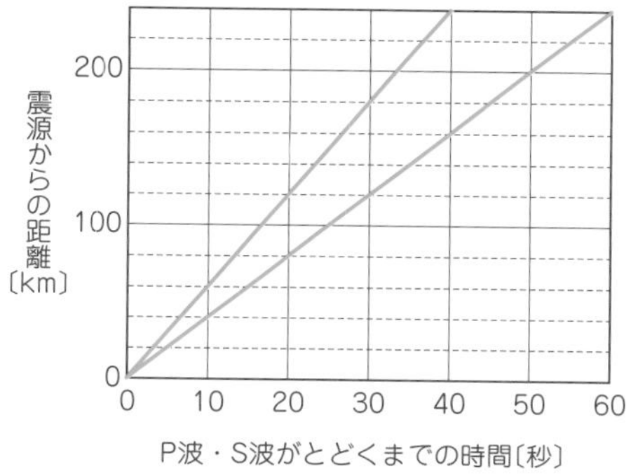

判断力 **8** 右の図のようにして，質量 2 kg の直方体のレンガをスポンジの上に置き，**ア**～**ウ**のそれぞれの面を下にしたときのスポンジのへこみ方を調べました。スポンジが最も深くへこむのは，どの面を下にして置いたときですか。図の**ア**～**ウ**から 1 つ選び，その記号を書きなさい。また，最も深くへこんだとき，スポンジがレンガによって受ける圧力を，単位をつけて答えなさい。ただし 100 g の物体にはたらく重力を 1 N とします。 〈静岡県〉

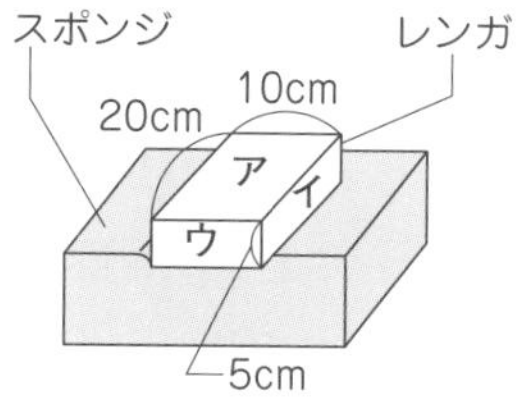

面(　　　)　圧力(　　　　　　)

読み取り問題①　縦軸の値と横軸の値の関係を見つけよう！

33 グラフ問題

→別冊解答 p.27

学習日　　月　　日

入試攻略のカギ

縦軸と横軸に何を取っているグラフであるのかを確認することが重要です。
また，原点を通る直線となるグラフは，縦軸の値が横軸の値に比例しています。

1　ばねに加えた力とばねののびの関係を表すグラフ

思考力 **1** 次の**実験1**～**4**を行いました。あとの問いに答えなさい。ただし，100 g の物体にはたらく重力の大きさを 1 N とし，ばね**A**，**B**の質量は考えないものとします。〈千葉県・改〉

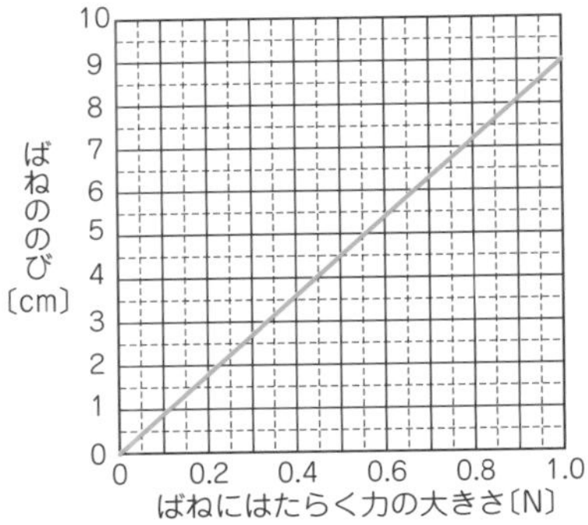

実験1 「ばねにはたらく力の大きさ」と「ばねののび」が右図のような関係にあるばね**A**に物体**P**をつるしたところ，ばね**A**は 5.4 cm のびて静止した。

実験2 ばねの下方に台を置き，ばね**A**に物体**P**をつるしたところ，物体**P**が台の上に接して静止した。このときばね**A**は 4.5 cm のびた。

実験3 別のばね**B**を用いて，**実験2**と同様に，物体**P**をつるしたところ，ばね**B**はのびたが，物体**P**は台に接していなかった。なお，ばね**A**とばね**B**は，何もつるさない状態では同じ長さであった。

実験4 ばね**B**を床の上に置いた質量のわからない物体**Q**につないで，真上にゆっくりと引いたところ，ばね**B**が 3.0 cm のびたところで，物体**Q**は床から離れた。

(1) **実験2**で，物体**P**が台を押す力の大きさは何 N ですか。　（　　　　）

(2) **実験3**，**4**より，次の文中の（　x　）にあてはまる数値のうち，最も大きなものを書きなさい。ただし，ばね**B**はフックの法則を満たしているものとする。　（　　　　）

物体**Q**の質量は（　x　）g より大きい。

2　溶解度のグラフ

2 右の図は，硫酸銅，ミョウバン，塩化ナトリウム，ホウ酸の溶解度の温度による変化を表したグラフです。硫酸銅，ミョウバン，塩化ナトリウム，ホウ酸を 30 g ずつ取り，それぞれを 40 ℃の水 100 g が入った 4 個のビーカーに別々に入れてよくかき混ぜました。加えた物質が完全にとけるものはどれですか，その物質名をすべて答えなさい。〈茨城県〉

（　　　　　　　　　　　　）

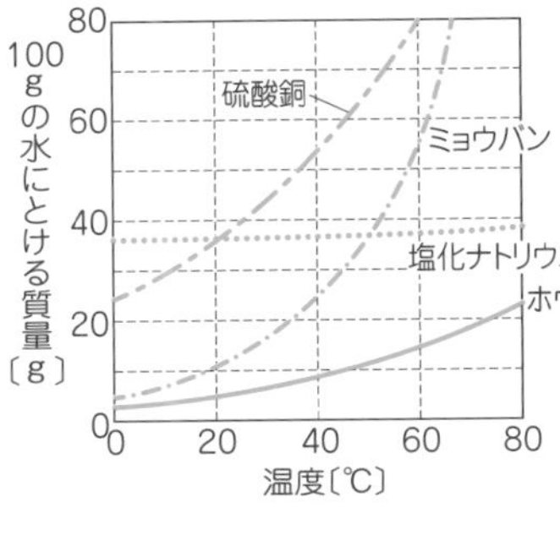

3 酸とアルカリの中和する割合を表したグラフ

3 右の図は，水酸化ナトリウム水溶液**X**と塩酸**Y**を混ぜ合わせて水溶液全体が中性になるときの，それぞれの水溶液の体積の関係を表したものです。ビーカーに塩酸**Y**を50 cm³入れ，水を加えて全体の体積を100 cm³にしたあと，よく混ぜました。この水溶液から40 cm³を取り，別のビーカーに入れました。このビーカーに，水溶液全体が中性になるまで，水酸化ナトリウム水溶液**X**を加えました。このとき加えた水酸化ナトリウム水溶液**X**は何cm³ですか。最も適当なものを次の**ア**～**カ**から選び，その記号を書きなさい。　〈愛知県〉(　　　)

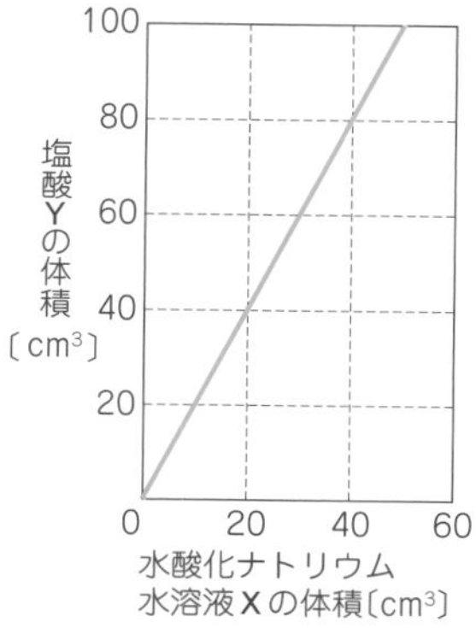

ア　5 cm³　　**イ**　10 cm³　　**ウ**　20 cm³
エ　25 cm³　　**オ**　45 cm³　　**カ**　50 cm³

4 飽和水蒸気量のグラフ

4 表は，ある年の10月に理科室で露点を調べた結果をまとめたものです。また，図は，温度と飽和水蒸気量との関係をグラフに表したものです。次の問いに答えなさい。　〈愛媛県〉

日時	19日16時	29日8時	30日8時	30日10時
室温〔℃〕	18.5	12.9	13.5	18.5
露点〔℃〕	15.4	8.8	8.8	12.5

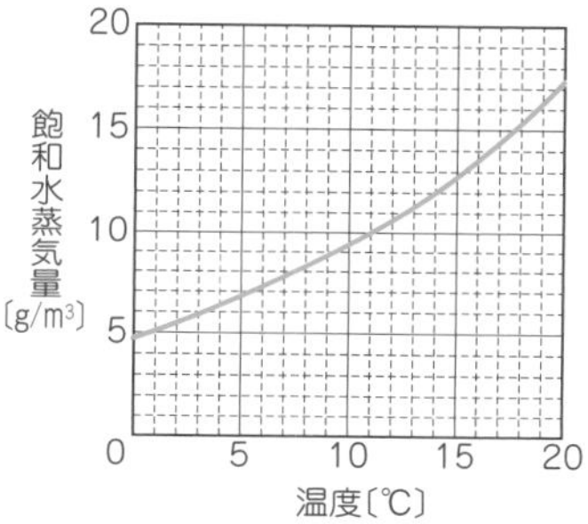

(1) 表の19日16時における，理科室の空気1 m³中にふくまれる水蒸気量はおよそ何gですか。次の**ア**～**エ**から最も適当なものを1つ選び，その記号を書きなさい。　(　　　)

ア　3 g　　**イ**　6 g　　**ウ**　13 g　　**エ**　16 g

(2) 表の日時を示した次の**ア**～**エ**のうち，理科室の湿度が最も低かったのはいつですか。適当なものを1つ選び，その記号を書きない。　(　　　)

ア　19日16時　　**イ**　29日8時　　**ウ**　30日8時　　**エ**　30日10時

5 地震波のグラフ

判断力 **5** **図1**は，ある地震のゆれを観測地点**A**の地震計で記録したもので，**図1**の①と②は，それぞれP波の到着による小さなゆれの始まりとS波の到着による大きなゆれの始まりを示しています。**図2**は，この地震について，P波・S波が到着するまでの時間と震源からの距離との関係を表したものです。**図1**と**図2**から，この地震の震源から観測地点**A**までの距離は何kmか求めなさい。　〈埼玉県〉(　　　)

図1

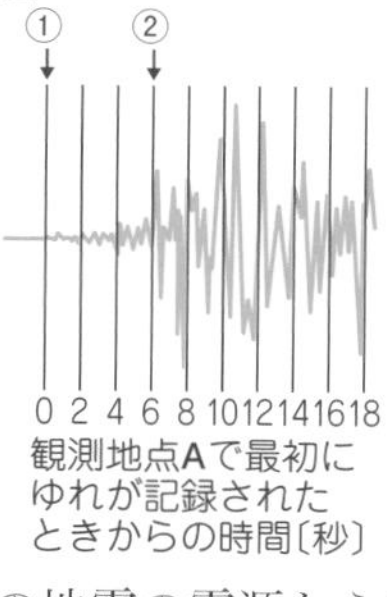

図2

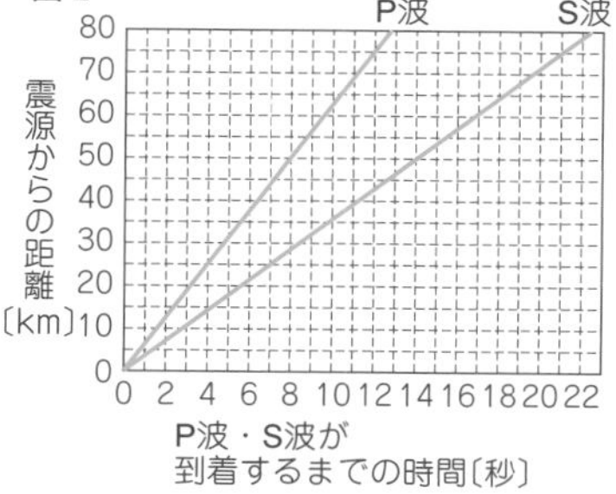

34 長文問題

→別冊解答 p.27

学習日　　月　　日

入試攻略のカギ

近年，入試では，レポート形式で情報をあたえる問題がふえつつあります。このような問題では設問文が長くなりがちですが，落ち着いて読み，注意すべき条件や数値に印をつけましょう。

思考力▶ **1** 科学部のWさんは中和反応によってできる塩に興味をもち，実験を行ってレポートにまとめました。あとの問いに答えなさい。〈20 埼玉県〉

レポート

課題． 中和反応では，酸とアルカリの組み合わせによって，水にとけない塩ができたり，水にとける塩ができたりする。これによって，反応後の水溶液の性質にどのようなちがいが生じるのだろうか。

実験１． うすい硫酸とうすい水酸化バリウム水溶液の中和反応

①**図１**のように，４つのビーカー**A１〜A４**にうすい硫酸をそれぞれ10.0 gずつ，４つのビーカー**B１〜B４**にうすい水酸化バリウム水溶液を7.5 g，15.0 g，22.5 g，30.0 g入れた。

図１

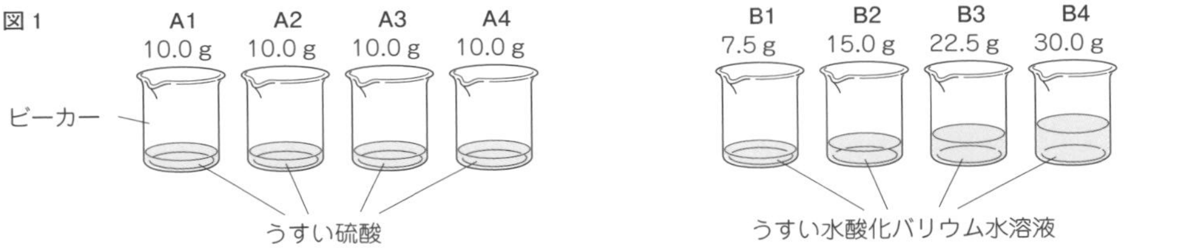

②**図２**のようにビーカー**A１**と**B１**の質量をいっしょにはかった。ビーカー**A１**の水溶液にビーカー**B１**の水溶液をすべて加えて，よく混ぜ合わせて反応させると，白い沈殿ができた。反応後，再びビーカー**A１**と**B１**の質量をいっしょにはかり，反応前の質量と比較した。なお，混合後の水溶液を**X１**とした。

図２

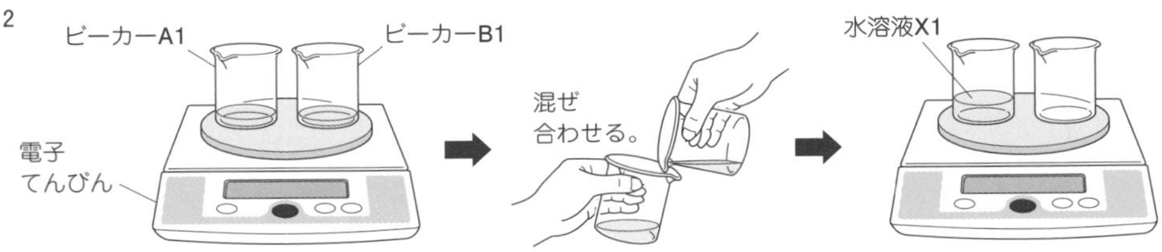

③水溶液**X１**を試験管に白い沈殿を入れないように1 cm^3取り，BTB溶液を加えて色の変化を調べた。

④水溶液**X１**をビーカーに白い沈殿を入れないように10.0 cm^3取り，**図３**のような装置で3 Vの電圧を加え，水溶液に電流が流れるかどうかを，豆電球が点灯するかどうかで調べた。

図３

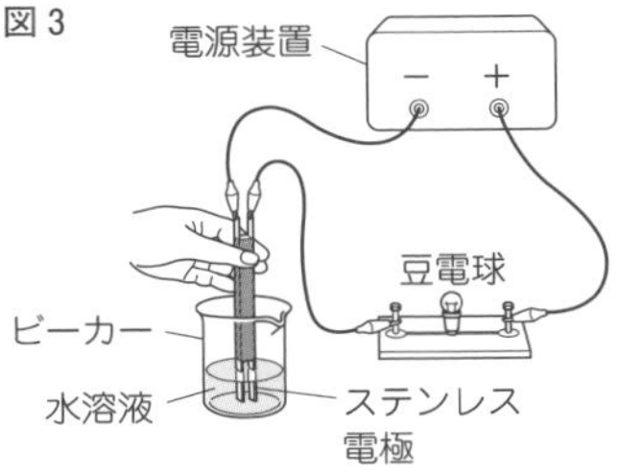

⑤ビーカーA2とB2，A3とB3，A4とB4についても②と同じ操作を行い，混合後の水溶液X2〜X4について③，④と同じ操作を行った。

⑥水溶液X1〜X4の中の白い沈殿を集めて蒸留水で洗浄し，乾燥させて質量をはかった。

実験2． うすい塩酸とうすい水酸化ナトリウム水溶液の中和反応

実験1で用いたうすい硫酸をうすい塩酸に，うすい水酸化バリウム水溶液をうすい水酸化ナトリウム水溶液にそれぞれかえて，**実験1**の①〜⑤と同じ操作を行った。混合後の水溶液を，加えた水酸化ナトリウム水溶液の量が少ないほうから，それぞれY1，Y2，Y3，Y4とした。なお，②と同じ操作を行ったとき，Y1〜Y4のいずれも沈殿はできなかった。

結果.

○**実験1**，**実験2**のいずれにおいても化学変化の前後で物質全体の質量に変化はなかった。

○BTB溶液の色，豆電球の点灯，沈殿の質量については，次の表のとおりである。

	実験1				実験2			
水溶液	X1	X2	X3	X4	Y1	Y2	Y3	Y4
BTB溶液の色	黄色	黄色	緑色	青色	黄色	黄色	緑色	青色
豆電球の点灯	あり	あり	なし	あり	あり	あり	あり	あり
沈殿の質量〔g〕	0.1	0.2	0.3	0.3	—	—	—	—

正答率15% (1) **実験1**の下線部について，この化学変化を化学反応式で表しなさい。

(　　　　　　　　　　　　　　　　)

正答率12% (2) 表中の水溶液**X3**で電流が流れなかったのはなぜだと考えられますか。水溶液**X3**と水溶液**Y3**を比較し，生じた塩の性質にふれながら，イオンという語を使って，その理由を書きなさい。

(　　　　　　　　　　　　　　　　)

正答率30% (3) 表中の水溶液**Y3**は中性になりました。このとき，水溶液**Y1**〜**Y3**から塩を取り出すために行う操作と，その操作を行うことで塩が純粋な物質として得られる水溶液の組み合わせとして正しいものを，右の**ア**〜**エ**の中から1つ選び，その記号を書きなさい。(　　　)

	水溶液に行う操作	塩が純粋な物質として得られる水溶液
ア	冷却する	Y1，Y2，Y3
イ	冷却する	Y3
ウ	蒸発させる	Y1，Y2，Y3
エ	蒸発させる	Y3

正答率40% (4) **実験1**で使用した水酸化バリウム水溶液の質量パーセント濃度は1％でした。うすい硫酸の濃度を変えず，うすい水酸化バリウム水溶液の濃度のみを2％に変えて**実験1**と同じ操作を行います。加える水酸化バリウム水溶液の質量と生じる沈殿の質量の関係を表すグラフを，次の**ア**〜**カ**の中から1つ選び，その記号を書きなさい。ただし，グラフの横軸は加える水酸化バリウム水溶液の質量〔g〕，縦軸は生じる沈殿の質量〔g〕を表すものとします。(　　　)

ア

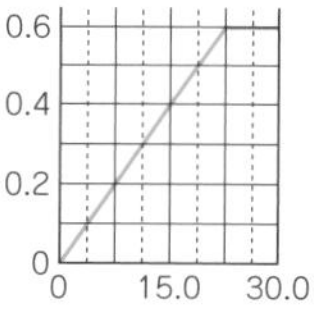

イ

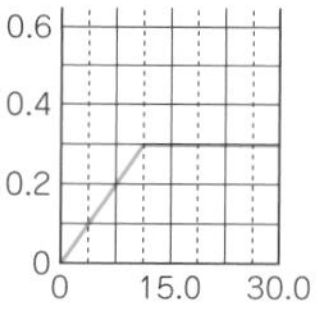

ウ

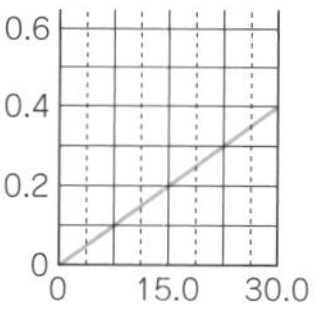

エ

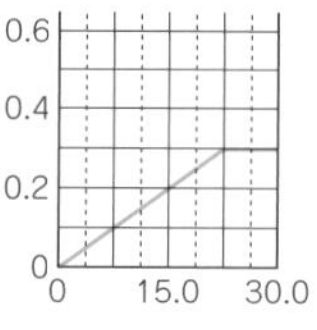

オ

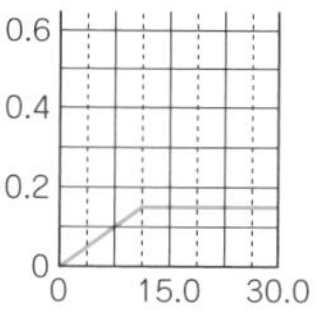

カ

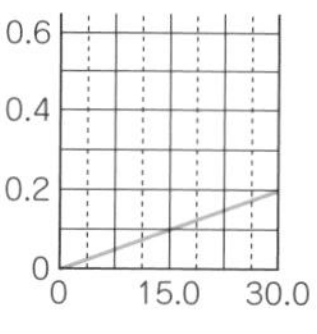

表現力問題①　何をかいていればよいのか，ポイントを見逃さないようにしよう！

35 作図問題

→別冊解答 p.28

学習日　　月　　日

入試攻略のカギ

作図問題では，何でもかんでも詳しくかけばよいわけではありません。出題者が求めているポイントを，シンプルにわかりやすくかきましょう。

1　生命に関係する作図

1 子葉が１枚の植物のなかまの葉脈と，根のつき方の特徴がわかるように，図で右に表しなさい。〈富山県〉

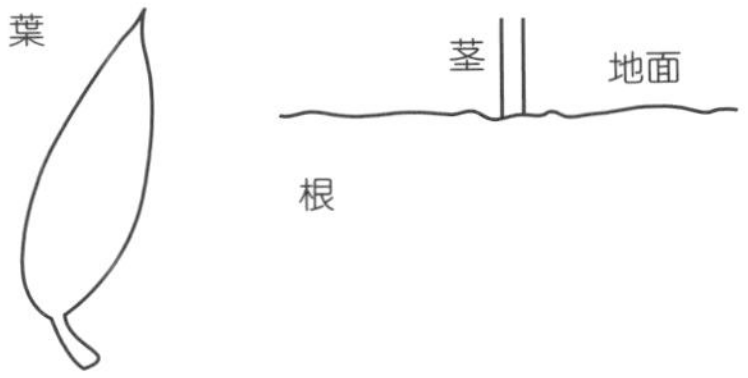

2 ジャガイモAのめしべの柱頭に，ジャガイモAとは異なる形質をもつジャガイモBの花粉が受粉して種子ができました。この種子をまいて育て，ジャガイモCをつくりました。ジャガイモA，Bにおける体の細胞の染色体の一部が，右のような模式図に示されるとき，次の細胞(1)，(2)に見られる染色体はどのように表されるか，模式図にならって右図に記入しなさい。〈長崎県〉

(1)　ジャガイモAにできる生殖細胞

(2)　ジャガイモCの体の細胞

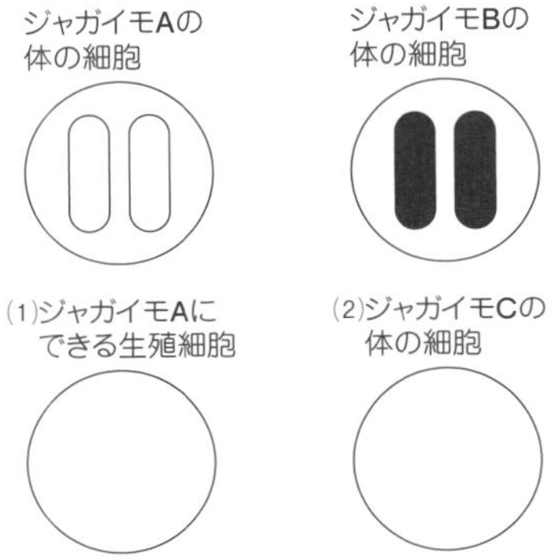

2　物質に関係する作図

表現力 **3** 銅の粉末を0.8ｇはかり取り，じゅうぶんに加熱し，すべて酸素と反応させて，加熱後の質量をはかりました。銅の質量を，1.2ｇ，1.6ｇ，2.0ｇに変えて，同様の操作を行いました。加熱前の銅の質量と完全に酸化してできた酸化銅の質量を下の表にまとめました。

銅の質量〔g〕	0.8	1.2	1.6	2.0
酸化銅の質量〔g〕	1.0	1.5	2.0	2.5

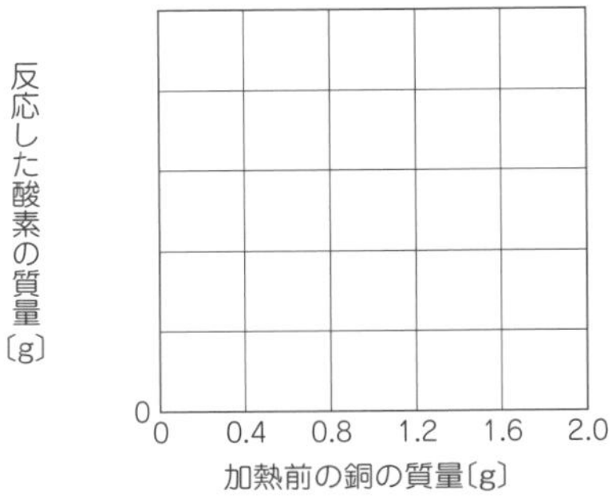

この実験結果から，「加熱前の銅の質量」と「反応した酸素の質量」の関係を表すグラフはどのようになりますか。右の図の縦軸に目盛りとして適当な数値を書き，グラフをかき入れなさい。

〈岩手県〉

3　エネルギーに関係する作図

思考力 **4** 右図で，アの位置から出た光が鏡で反射したあとに進む道筋を右にかき入れなさい。〈秋田県・改〉

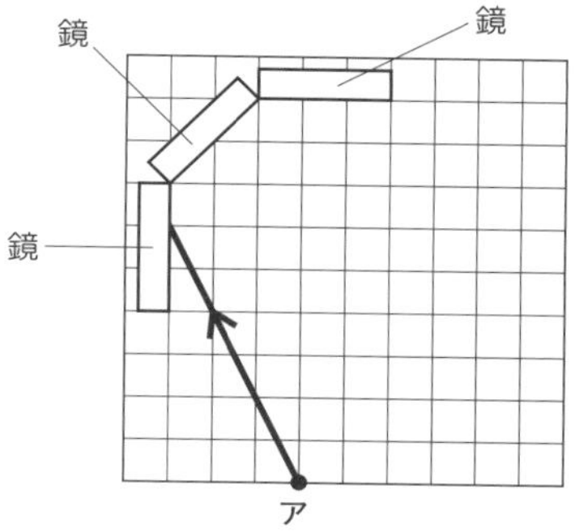

5 斜面上の質量 1 kg の金属球にはたらく重力を右図に記入しなさい。ただし，質量 100 g の物体にはたらく重力の大きさを 1 N とし，図の 1 ますを 2 N とします。また，図中の • は力の作用点を示しています。〈沖縄県〉

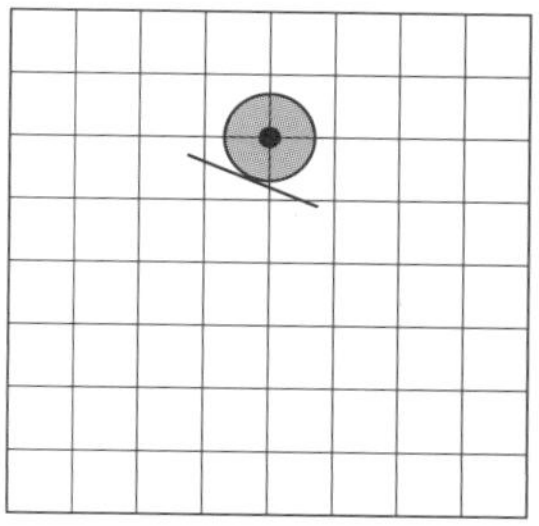

4　地球に関係する作図

6 正答率 15% **図 1** は，空全体のようすを特殊なレンズをつけたカメラでとった写真です。**図 2** は，このときの風向計を上から見たようすをスケッチしたものです。また，樹木の細かい小枝のゆれぐあいを風力階級表にあてはめたところ，風力 3 と判断されました。この観測結果から，このときの風向・風力・天気を**図 3** に記号でかきなさい。〈千葉県〉

図 1

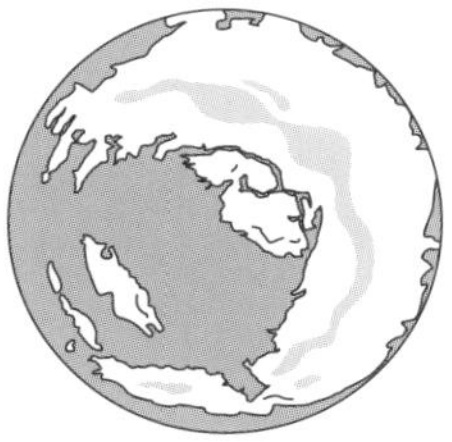

図 2

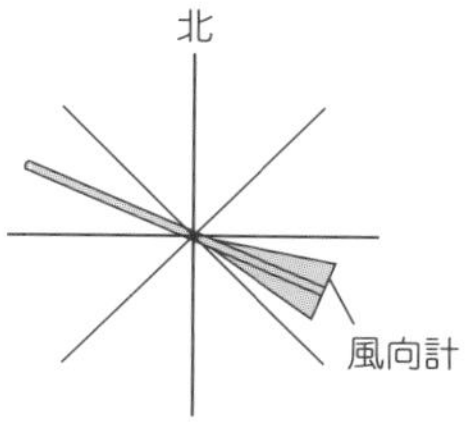

図 3

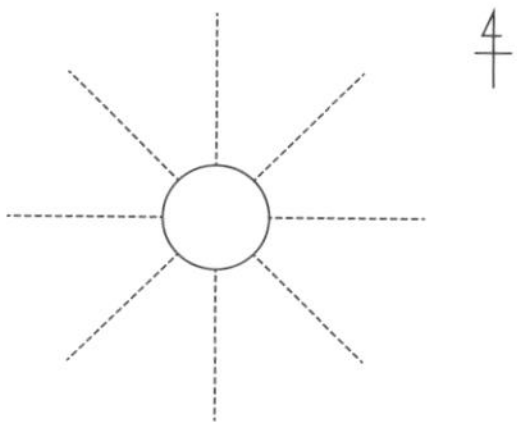

判断力 **7** **図 1** は，日本列島付近の，春分の日における日の出から日の入りまでの太陽の通り道を天球上に示したものです。**図 2** 中の点線(---------)のうち，夏至の日における日の出から日の入りまでの太陽の通り道はどれですか。最も適当な点線をなぞって実線(——)で示しなさい。〈京都府〉

図 1

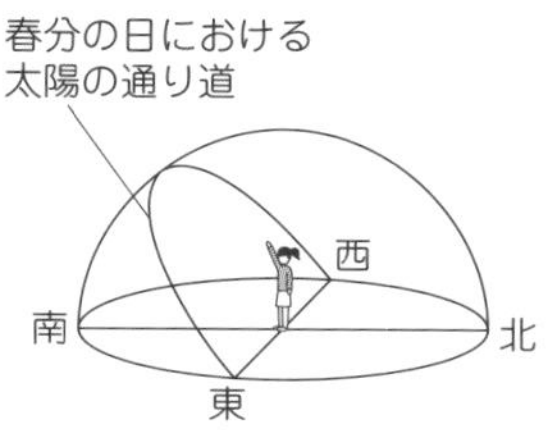

図 2

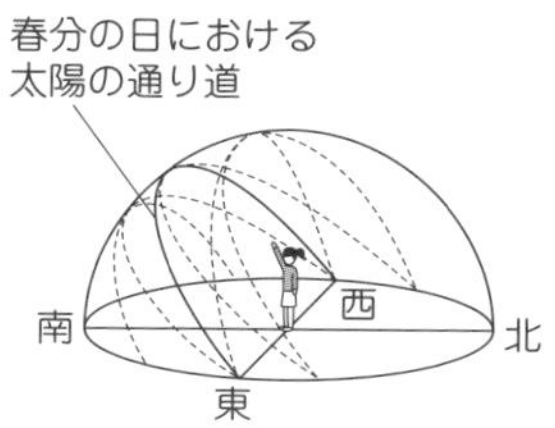

36 記述問題

→別冊解答 p.28

学習日　　月　　日

入試攻略のカギ

高校入試では，記述式で答える問題が多く出題されます。記述式の問題を解くときは，まず答えとなる重要なキーワードを探します。キーワードがわかったら，問題文に合わせて説明しましょう。

1　現象を説明する問題

思考力▶ **1** 振り子を振らせたとき，摩擦や空気の抵抗があると，運動エネルギーと位置エネルギーの和が保存されないのはなぜですか。「摩擦力や空気の抵抗などのために，」に続く形で，「熱や音などのエネルギー」と「一部」という2つの言葉を使った一文で説明しなさい。〈茨城県〉

(摩擦力や空気の抵抗などのために，　　　　　　　　　　　　　　　　　　　　　　)

2 次の文は，季節の変化が起こる原因についてまとめたものです。文中の(　　)にあてはまる言葉を「公転」という語句を用いて，簡潔に書きなさい。〈大分県〉

夏は冬よりも昼の長さが長く，南中高度が高いため気温が高くなる。季節によって昼の長さや太陽の南中高度が変化するのは，(　　　　　　　　　　　　　　　　　)からである。

(　　　　　　　　　　　　　　　　　　　　　　　　　　　　　　　　　　　　　)

3 打ち上げ花火を鑑賞しているとき，花火が開くときの光が見えてから，その花火の音が聞こえるまでの時間差が生じるのはなぜですか。その理由を「光の速さ」という言葉を使って簡単に書きなさい。〈三重県〉

(　　　　　　　　　　　　　　　　　　　　　　　　　　　　　　　　　　　　　)

4 一定量の銅粉をステンレス皿に入れ，ガスバーナーで5分間加熱し，冷えてから全体の質量をはかりました。再びガスバーナーで5分間加熱し，冷えてから全体の質量をはかりました。このような操作をくり返すと，ある回数を超えると，加熱後の質量が一定の値になり，それ以上ふえなくなりました。その理由を，「一定の質量の銅と」の書き出しに続けて簡単に書きなさい。〈愛媛県・改〉

(一定の質量の銅と　　　　　　　　　　　　　　　　　　　　　　　　　　　　　)

2　しくみを説明する問題

表現力▶ **5** ある砂岩の層からビカリアの化石が発見されたことから，この砂岩の層が堆積した年代を推定することができます。地層が堆積した年代を推定することができるこのような化石を示準化石といいます。示準化石となる生物の特徴を，40字以内で述べなさい。
ただし，「示準化石となる生物は，…」という書き出しで始め，「生活していた範囲」，「生存していた期間」という語を用いること。〈愛知県〉

(示準化石となる生物は，　　　　　　　　　　　　　　　　　　　　　　　　　　)

6 右図のようなつくりをもつ火成岩は，どのようにしてできたものですか。そのでき方を，「マグマ」という用語を用いて書きなさい。〈新潟県〉

（　　　　　　　　　　　　　　　　　　　　　　　　　　　　　）

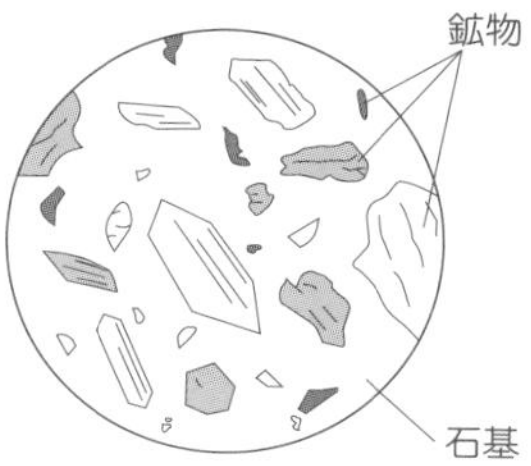

3　操作について説明する問題

7 正答率72%　三角フラスコに発泡入浴剤と 60 ℃の湯を入れて二酸化炭素を発生させ，発生した二酸化炭素を水上置換法で試験管に集めました。このとき，はじめに出てくる気体を捨ててから，気体を集めました。その理由を簡潔に書きなさい。〈宮崎県〉

（　　　　　　　　　　　　　　　　　　　　　　　　　　　　　）

8 だ液にふくまれる消化酵素のはたらきを調べる実験で，試験管Aにはデンプンの水溶液とうすめただ液を入れ，試験管Bにはデンプンの水溶液と水を入れて，それぞれの試験管を約 40 ℃の湯で 10 分間あたためてからヨウ素液を加えて変化を観察しました。この実験で，試験管を約 40 ℃の湯であたためる理由を，簡単に書きなさい。〈福井県・改〉

（　　　　　　　　　　　　　　　　　　　　　　　　　　　　　）

判断力▶ **9** 水を電気分解して，陰極で発生した気体を集めました。この気体が水素であることを確認するための操作とその結果を，簡潔に書きなさい。〈佐賀県〉

（　　　　　　　　　　　　　　　　　　　　　　　　　　　　　）

10 試験管に入れた液体をガスバーナーで加熱するとき，沸騰石を入れて加熱します。このように，加熱するときに沸騰石を入れるのはなぜですか。その理由を書きなさい。〈徳島県〉

（　　　　　　　　　　　　　　　　　　　　　　　　　　　　　）

4　答えとその理由を説明する問題

表現力▶ **11** ジャガイモAの地下にできた「いも」を土に植えて育て，ジャガイモBをつくりました。ジャガイモBの形質について，ジャガイモAとくらべたときどのようなことがいえますか。理由をふくめて説明しなさい。〈長崎県〉

（　　　　　　　　　　　　　　　　　　　　　　　　　　　　　）

12 セキツイ動物の前あしの骨格の基本的なつくりには共通点があります。これは，前あしの基本的なつくりが同じである過去のセキツイ動物から変化した証拠と考えられます。このように，生物が長い年月をかけて，代を重ねる間に変化することを何といいますか。また，そのような変化がなぜ起こったのか，「生息する環境に」に続けて簡単に書きなさい。〈富山県〉

変化（　　　　　　）　理由（生息する環境に　　　　　　　　　　　　　　　　　）

13 消化された栄養分は，小腸の内側にある右図のような小さな突起から吸収されます。この突起を何といいますか，書きなさい。また，この突起があることにより，消化された栄養分が効率よく吸収されます。その理由は何ですか，書きなさい。〈徳島県〉

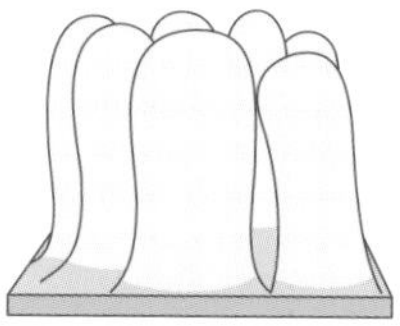

名称（　　　　　　）　理由（　　　　　　　　　　　　　　　　　　　　　　　　）

思考力問題①　実験・観察での操作の目的や原理を理解しよう！

37 実験・観察の操作の問題

→別冊解答 p.29

学習日　　月　　日

入試攻略のカギ

実験・観察における操作には，必ず目的があります。その操作を省略すると，どのような問題が起こってしまうか考えましょう。

1　どのような操作を行うかを答える問題

1 アンモニアのにおいを確かめるとき，どのような方法が適切か，書きなさい。〈群馬県〉

(　　　　　　　　　　　　　　　　　　　　　　　　　　　　　　)

判断力▶ **2** 次の会話文は，健さん，咲さんと先生の間でのものです。

正答率 74%

先　生：今日は化学かいろをつくりましょう。まず，水平な台の上に上皿てんびんを置き，調節ねじで左右をつり合わせたら，鉄粉６g，活性炭３g，食塩５gを正確にはかり取ってください。今回は粉末の薬品を使うので薬包紙を使います。では，鉄粉をはかり取ってください。

健さん：上皿てんびんがつり合ったから，これでいいかな。

咲さん：それだと鉄粉が６gより少なくなってしまうから，(　　　　　　)必要があるよ。

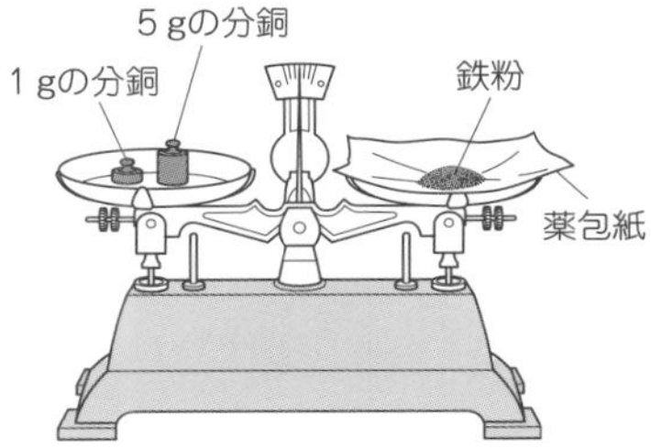

図は，健さんが下線部のように咲さんにたずねたときの上皿てんびんの状態です。会話文中の(　　)に入る会話文として最も適当なものは，次のどれですか。〈長崎県〉(　　　)

ア　鉄粉の下の薬包紙を水でぬらす　　イ　分銅が置いてある皿にも薬包紙をのせる

ウ　分銅を軽いものにかえる　　エ　鉄粉が置いてある皿にも分銅を置く

思考力▶ **3** 日本のある地域で，天体望遠鏡を使って太陽の表面を観察する実習を行いました。

実習　晴れた日の同じ時刻に，下記の操作を行い，１週間続けて黒点の位置を観察した。

操作
・図１のように，望遠鏡に投影板としゃ光板を取りつけ，投影板に記録用紙を固定した。
・対物レンズを太陽に向けてピントを合わせたところ，図２のように太陽の像が投影された。
・太陽の像の大きさを記録用紙の円に合わせる操作をして，図３のようにした。

図１

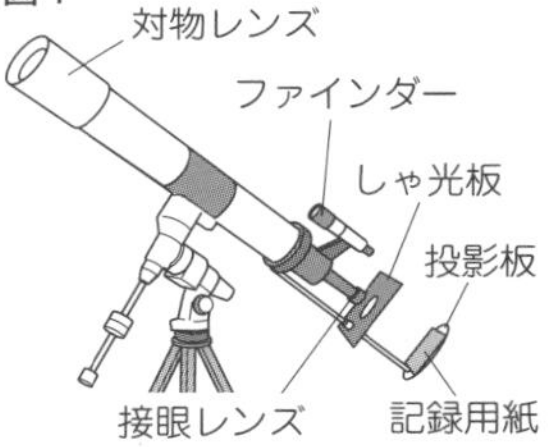

図２

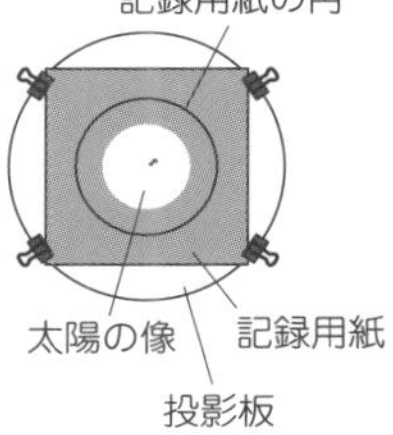

図３

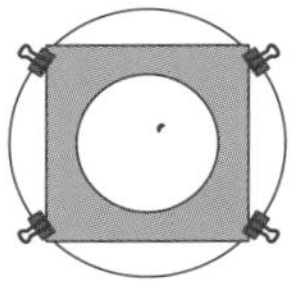

下線部について，どのような操作をしましたか。「接眼レンズ」「投影板」の２つの語句を用いて簡潔に書きなさい。〈福井県〉

(　　　　　　　　　　　　　　　　　　　　　　　　　　　　　　)

2 操作の目的や原理を答える問題

4 光合成について調べるために，鉢植えしたアサガオのふ入りの葉を使って実験を行いました。

正答率 72%

実験 右の図のように，葉の一部を表裏ともにアルミニウムはくでおおい，暗いところに一晩置いたあと，じゅうぶんに光を当てる。次に，茎から葉を切り取り，アルミニウムはくを外して，あたためたエタノールにひたす。最後に，エタノールから葉を取り出して水洗いし，ヨウ素液につけ，葉の色の変化を観察する。

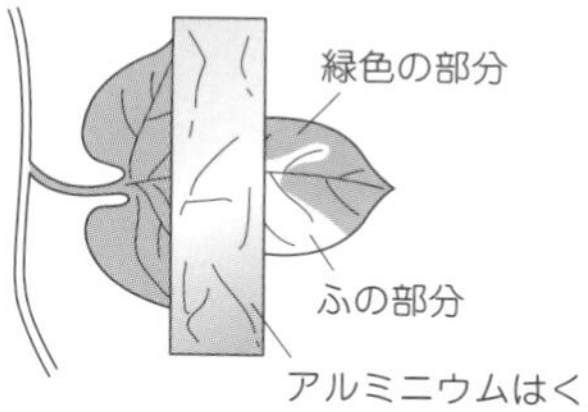

下線部の操作を行ったのは，エタノールにどのようなはたらきがあるからか，簡潔に書きなさい。

〈福岡県〉

(　　　　　　　　　　　　　　　　　　　　　　　　　　　　　　)

5 生物の成長について調べるため，タマネギの細胞分裂のようすを調べました。

観察 タマネギの種子から出た根を，先端から 5 mm 切り取り，約 60 ℃にあたためたうすい塩酸に数分間ひたしたあと，染色液で染色し，顕微鏡で観察した。

下線部の処理をするのはなぜですか。その理由として最も適当なものを，次のア～エから選びなさい。

〈北海道〉(　　　)

ア 細胞を染色液で染まりやすくするため。　イ 細胞の分裂を活発にするため。
ウ 細胞にふくまれる水分を取り除くため。　エ 細胞どうしを離れやすくするため。

6 デンプンを 1.0 g はかり取り，20 ℃の水が 20.0 g 入ったビーカーに入れてかき混ぜたところ，液全体が白くにごりました。この液をろ過したところ，ろ過した液は透明になり，ろ紙にはデンプンが残りました。

正答率 71%

下線部のようになるのはなぜですか。水の粒子とデンプンの粒子の大きさに着目して，「ろ紙のすきま」という語句を用いて書きなさい。

〈青森県〉

(　　　　　　　　　　　　　　　　　　　　　　　　　　　　　　)

7 理科室の空気にふくまれる水蒸気が凝結し始める温度を調べた実験について，次の問いに答えなさい。

実験 ①室温の水を金属製のコップに 3 分の 1 程度まで入れて，コップの中の水の温度をはかったところ，18.7 ℃で，このときの理科室の湿度は 62.5 % であった。

②図のように，コップの中の水をガラス棒でかき混ぜながら，ビーカーに入れた氷水を少しずつ加え，コップの表面に水滴がつき始めたときの，コップの中の水の温度をはかったところ，11.0 ℃であった。

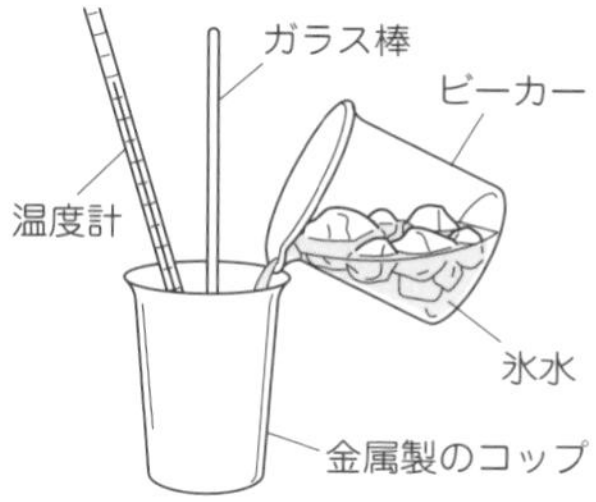

次の文は，実験で，金属製のコップを用いた理由について述べたものです。内容が正しくなるように，Aのア，イ，Bのウ，エからそれぞれ1つ選び，記号で答えなさい。〈宮城県〉A(　　　)　B(　　　)

> 金属製のコップを用いたのは，金属が熱をA(ア．伝えやすく　イ．伝えにくく)，コップの中の水の温度と，コップの表面付近の温度がB(ウ．同じになる　エ．大きく異なる)ようにできるからである。

38 仮説を立てて検証する問題

→別冊解答 p.29

学習日　　月　　日

入試攻略のカギ

仮説を立てて実験を行う設定の問題では，仮説が正しければどのような結果が得られるかを想定し，それにもとづいて実験結果の考察を進めましょう。

思考力▶ **1** Aさんと Bさんは，消化を促す胃腸薬にタンパク質を分解する消化酵素がふくまれていることを知り，そのはたらきを調べようと考え，次の作業と実験を行いました。あとの問いに答えなさい。

〈山口県〉

胃腸薬と，タンパク質を主成分とする脱脂粉乳(牛乳からつくられる加工食品)を用意し，胃腸薬のはたらきについて次の仮説を立て，あとの作業と実験を行った。

仮説Ⅰ　白くにごった脱脂粉乳溶液は，胃腸薬によってじょじょに分解され透明になる。

作業　液の「透明の度合い」を測定するために，**図1**のような二重十字線をかいた標識板をつくり，**図2**のようにメスシリンダーの底に標識板をはりつけた「装置」をつくった。

この装置で透明の度合いを測定する手順を，**図3**のようにまとめた。

図1

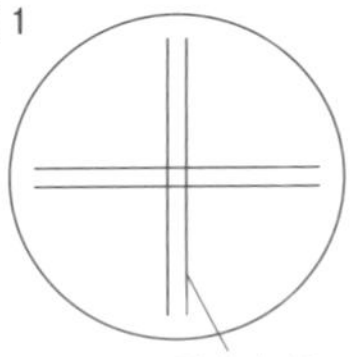

図2

図3

〈透明の度合いを測定する手順〉

1. 下の図のように，矢印⇨の方向から標識板を見ながら，装置に液を注ぐ。
2. 二重十字線がはっきり見えなくなったところで注ぐのをやめる。
3. このときの液の深さをものさしではかって透明の度合いとする。

➡ 深いほど，透明の度合いが大きい。

実験1　①三角フラスコに水と胃腸薬を入れてよく混ぜ，「酵素液」とした。

②ビーカーに水 90 mL と脱脂粉乳 0.5 g を入れてよく混ぜ「脱脂粉乳溶液」とし，**図4**のように，①の三角フラスコといっしょに 40 ℃の水を入れた水槽に入れた。

③酵素液 10 mL を②のビーカーに加え，よく混ぜると同時にストップウォッチのスタートボタンを押した。

④0分，1分，2分，…，10分経過したときに，ビーカーから取った液の透明の度合いを，**作業**でつくった装置を用いて測定した。

⑤結果を**表1**にまとめた。透明の度合いは，時間の経過とともに大きくなった。

図4

表1

経過した時間〔分〕	0	1	2	3	4	5	6	7	8	9	10
透明の度合い〔mm〕	8	8	8	9	11	13	16	20	25	31	37

Aさんと Bさんは，さらに，次の仮説を立て，あとの実験を行った。

仮説Ⅱ 胃腸薬のはたらきの強さは，温度が高いほど大きくなる。

実験2 ①**実験1**の②の水槽の温度を 50 ℃，60 ℃に変えて，**実験1**と同様の操作を行った。

②結果を，**実験1**の結果と合わせて，**図5**のようにまとめた。

図5

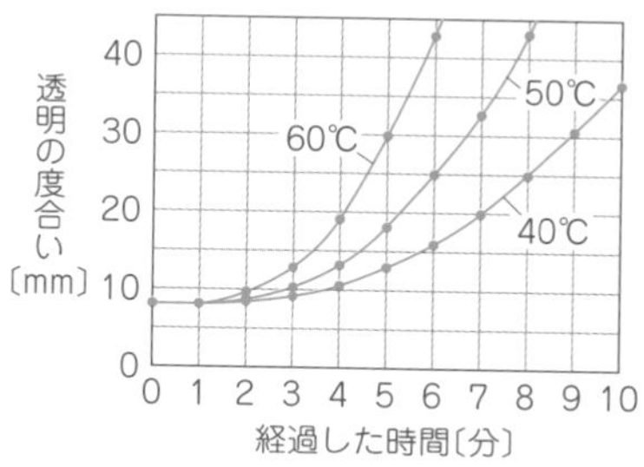

(1) 下線部は有機物であり，砂糖やほかの有機物と同じように，燃やすとある気体を発生します。酸素がじゅうぶんある状態で有機物を燃やしたときに，水蒸気以外に共通して発生する気体を化学式で書きなさい。

(　　　　　　　)

(2) 脱脂粉乳溶液が白くにごって見えるのは，脱脂粉乳溶液にタンパク質の分子が多数集まってできた粒子がふくまれており，この粒子に光が当たっていろいろな方向にはね返るためです。光がでこぼこした面に当たって，いろいろな方向にはね返ることを何といいますか。答えなさい。

(　　　　　　　)

(3) **仮説Ⅰ**を正しく検証するには，**実験1**の対照実験を行う必要があります。次の文が，その対照実験の計画を示したものとなるように，(a)に入る物質と，(b)に入る適切な語句を書きなさい。

a (　　　　　　　)　b (　　　　　　　　　　　　　　　)

> **実験1**の③においてビーカーに加える液を(a)10 mL にかえ，②～④の操作と同様の操作を行い，ビーカー内の液が(b)であることを確かめる。

(4) Aさんと Bさんは，**図5**をもとに，**仮説Ⅱ**が正しいといえるかどうかについて，次のような会話をしました。Bさんの発言が，**仮説Ⅱ**が正しいといえる根拠を示したものとなるように，**図5**をもとにして，(　　　)に入る適切な語句を書きなさい。

(　　　　　　　　　　　　　　　　　)

> Aさん：胃腸薬のはたらきの強さは，透明の度合いが変化するのにかかる時間を比較することで判断することができるよね。
>
> Bさん：はい。例えば，透明の度合いが 20 mm から 30 mm になるまでの時間は，(　　　　　)ね。
>
> Aさん：そうだね。だから，**仮説Ⅱ**は正しいといえるね。

思考力問題③　ふだんから「なぜ」「どうして」という視点をたいせつに！

39 日常生活に関係する問題

→別冊解答 p.29

学習日　　月　　日

入試攻略のカギ

身のまわりのものや現象，生き物は，すべて理科に関係しています。ふだんから，「どうしてそのような現象が起こるのか」「どうしてそのような形なのか」などと考える習慣がたいせつです。

表現力▶ **1** カーブミラーのつくりに興味をもった純さんは，カーブミラーが**図1**のように中央部分がふくらんだ鏡になっていることに気づき，その理由を調べるため，**実験Ⅰ，Ⅱ**を行いました。あとの問いに答えなさい。〈秋田県〉

図1

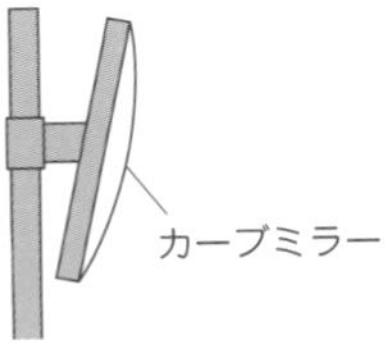

図2　（真上から見た図）

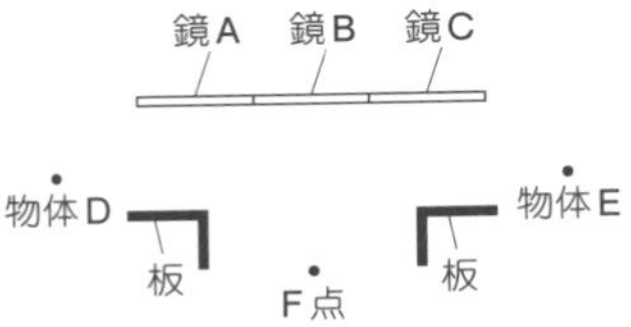

図3　（真上から見た図）

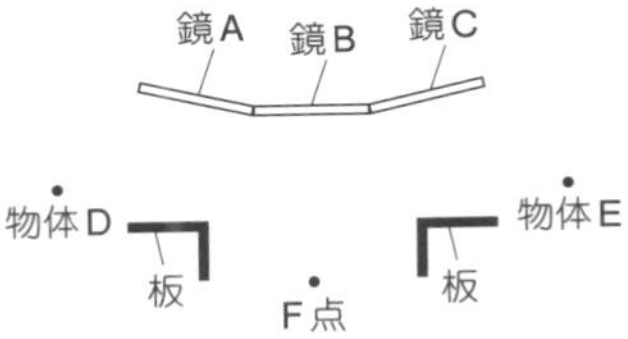

実験Ⅰ　図2のように，鏡A～C，物体D，E，板を置き，F点から鏡を見たところ，D，Eは鏡にうつらず見えなかった。ただし，F点からD，Eは直接見えないものとする。

実験Ⅱ　図2の状態から，図3のようにAとCに角度をつけてカーブミラーに見立てた。その後，F点から鏡を見ると，D，Eは鏡にうつって見えた。

正答率48%　(1)　**図4**は，**図3**の一部です。Eからの光が鏡で反射してF点にとどくまでの光の進む道筋を，**図4**にかきなさい。

図4

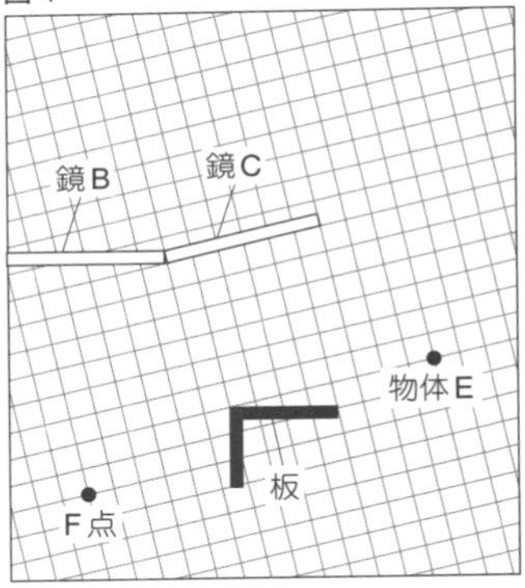

正答率42%　(2)　純さんは，カーブミラーの中央部分がふくらんでいる理由を次のようにまとめました。まとめが正しくなるように，（　　　）にあてはまる内容を書きなさい。

（　　　　　　　　　　　　　　　　　　　　）

実験Ⅰ，Ⅱから，カーブミラーの中央部分がふくらんでいるのは，（　　　　）ためといえる。

思考力▶ **2** 地震が多く発生する日本では，地震災害から身を守るためのさまざまなくふうがされています。例えば右の図では，変形したゴムがもとにもどろうとするゴムの弾性という性質を利用して，地震による建物のゆれを軽減するくふうがされています。このようなくふうで地震のゆれを軽減することができる理由を，「運動エネルギー」「弾性エネルギー」の語を用いて説明しなさい。〈茨城県〉

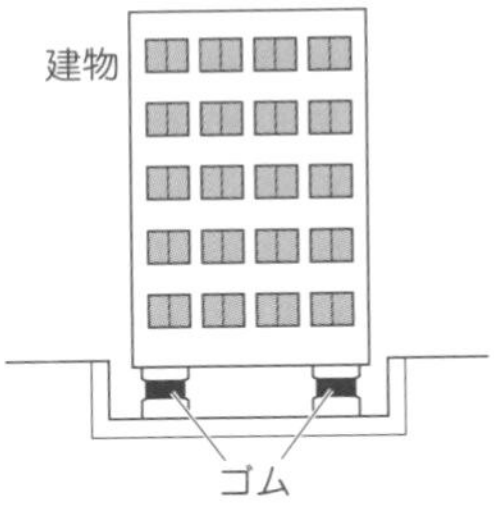

（　　　　　　　　　　　　　　　　　　　　）

3 リンゴやイチゴなどを栽培するときは，有性生殖と無性生殖の2種類の生殖方法が使い分けられています。新しい品種を開発するときには有性生殖が利用され，開発した品種を生産するときには無性生殖が利用されます。次の文は，開発した品種を生産するときに，無性生殖を利用する理由について述べたものです。「染色体」「形質」という2つの語句を使って，(　　)に入る適当な言葉を書きなさい。

正答率 66%

〈山梨県〉

(　　　　　　　　　　　　　　　　　　　　　　　　　　　　　　　　　　)

> 無性生殖では，子は(　　　　　　)ため，開発した品種と同じ品種を生産することができるから。

判断力 **4** 大気圧について調べるため，次の実験を行いました。あとの問いに答えなさい。　〈和歌山〉

実験 ①フックを取りつけたゴム板をなめらかな面でできた容器の内側に押しつけて，ゴム板と容器の間の空気を追い出した(**図1**)。

②フックにおもりを取りつけ，容器を逆さまにしても落ちないことを確認した(**図2**)。

③容器にふたをし，簡易真空ポンプを使って，容器内の空気を少しずつ抜いた(**図3**)。

図1　容器の内側にゴム板を置いたようす

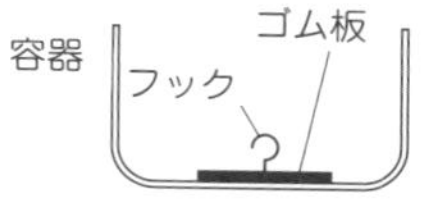

図2　容器を逆さまにしたようす

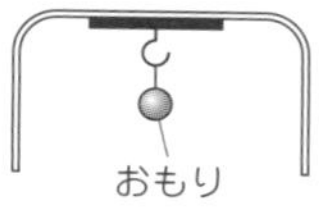

図3　容器内の空気を抜くようす

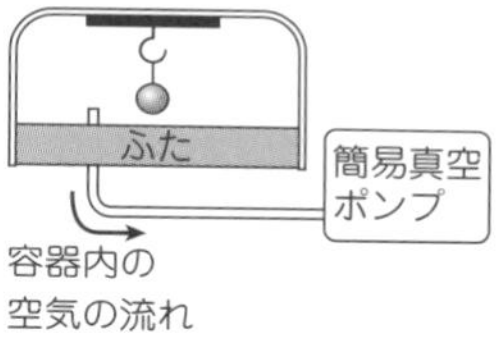

(1)　実験の①のとき，ゴム板は大気圧を受けて容器の内側にはりつき，真上に持ち上げても容器から外れませんでした。このとき，ゴム板が大気から受ける力は何Nか，書きなさい。ただし，容器の底の大気圧を1000 hPa，ゴム板の面積は25 cm^2 とします。また，1 hPaは100 Paです。

(　　　　　　)

(2)　実験の③で，容器内の空気を抜いていくと，ゴム板はおもりとともに容器から外れて落下しました。ゴム板が落下した理由を，簡潔に書きなさい。ただし，実験器具は変形しないものとします。

(　　　　　　　　　　　　　　　　　　　　　　　　　　　　　　　　　　)

5 水素の貯蔵方法の1つに，水素を液体にする方法があります。次の問いに答えなさい。　〈岡山県〉

正答率 85%

(1)　右の**ア**～**ウ**は，固体，液体，気体の粒子の集まりを表したモデルです。液体と気体のモデルとして最も適当なのは，**ア**～**ウ**のうちではどれですか。それぞれ1つ答えなさい。

ア　　　イ　　　ウ

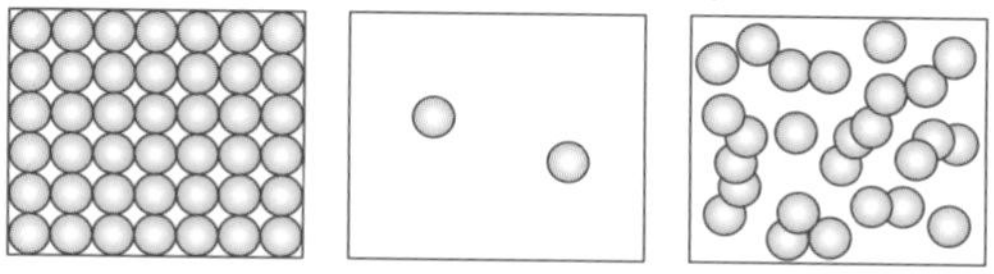

液体(　　　)　気体(　　　)

正答率 43%

(2)　気体の水素を液体にして貯蔵する利点を，「質量」「体積」という語を使って説明しなさい。

(　　　　　　　　　　　　　　　　　　　　　　　　　　　　　　　　　　)

時間 45 分　目標 75 点　→別冊解答 p.30

第 1 回 入試模擬テスト

学習日	月	日
		／100点

1 ヒトの消化・吸収に関して，次の問いに答えなさい。(4 点×4＝16 点)

(1) 胃では胃液によって，タンパク質がより小さな物質に分解されます。胃液にふくまれる消化酵素は何ですか。次の**ア**～**エ**から選び，その記号を書きなさい。

ア アミラーゼ　**イ** 酢酸　**ウ** ペプシン　**エ** デンプン

(2) 小腸の内側には多くのひだがあり，そのひだの表面には多数の突起があります。アミノ酸や脂肪が分解されてできた脂肪酸とモノグリセリドなどがこの突起から吸収されます。

① この突起を何といいますか。その名称を書きなさい。

② 脂肪が分解されてできた脂肪酸とモノグリセリドが，この突起から吸収され，全身の細胞へ運ばれるまでについて述べた文として，最も適当なものを，次の**ア**～**エ**から選び，その記号を書きなさい。

ア そのまま毛細血管に入り，肝臓をへて全身の細胞へ運ばれる。

イ 再び脂肪となって毛細血管に入り，肝臓をへて全身の細胞へ運ばれる。

ウ そのままリンパ管に入り，その後，血管と合流し，全身の細胞へ運ばれる。

エ 再び脂肪となってリンパ管に入り，その後，血管と合流し，全身の細胞へ運ばれる。

(3) 肝臓は，小腸で吸収されたブドウ糖の一部をある物質に変えて，一時的にたくわえるはたらきをもちます。ある物質の名称を，次の**ア**～**エ**から選び，その記号を書きなさい。

ア グリコーゲン　**イ** アンモニア　**ウ** 尿素　**エ** ヘモグロビン

(1)		(2)	①		②		(3)	

2 スギゴケとイヌワラビを観察し，それぞれ，図 1 と図 2 のようにまとめました。次の問いに答えなさい。(5 点×3＝15 点)

図 1　スギゴケ

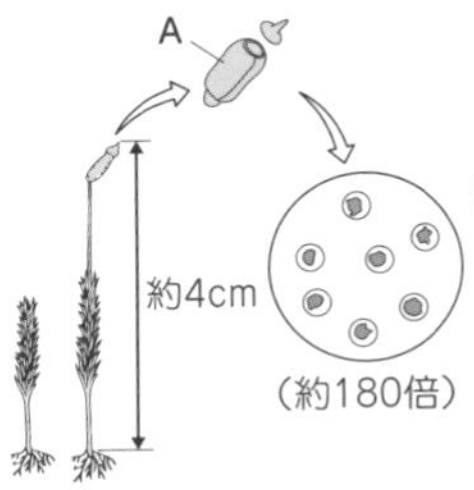

図 2　イヌワラビ

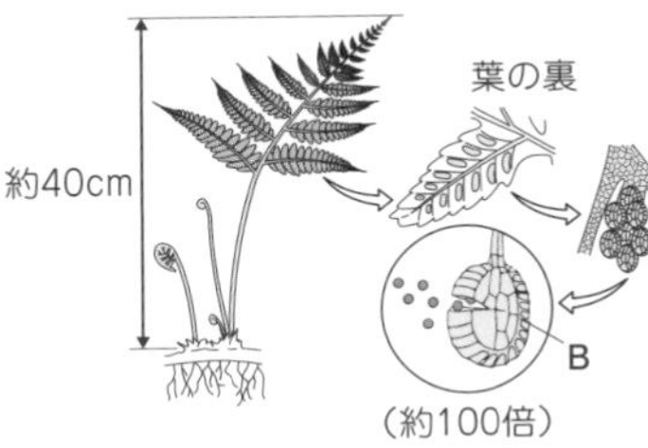

(1) スギゴケとイヌワラビのうち，スギゴケだけにあてはまる特徴はどれですか。最も適当なものを，次の**ア**～**エ**から選び，その記号を書きなさい。

ア 雄株と雌株に分かれている。　**イ** 維管束がある。　**ウ** 光合成を行う。　**エ** 種子をつくる。

(2) **図 1** に示した**A**と**図 2** に示した**B**は，同じ名称でよばれています。これらの部分を何といいますか。その名称を書きなさい。

(3) イヌワラビと同じなかまに分類される植物を，次の**ア**～**オ**から選び，その記号を書きなさい。

ア タンポポ　**イ** ユリ　**ウ** イチョウ　**エ** ゼンマイ　**オ** ゼニゴケ

(1)		(2)		(3)	

3 パルミチン酸の状態と温度の変化との関係を調べるために，次の実験を行いました。これについて，あとの問いに答えなさい。

(5 点×2=10 点)

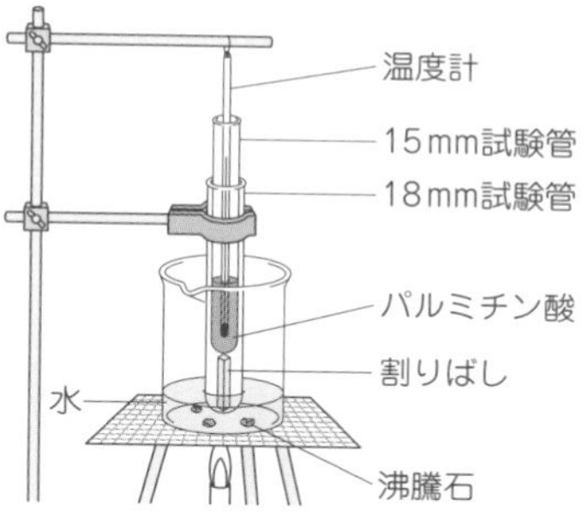

実験 直径が 15 mm の試験管に固体のパルミチン酸を入れ，右の図のような装置を組み立て，パルミチン酸をゆっくり加熱した。加熱し始めてからパルミチン酸の温度はじょじょに上昇したが，パルミチン酸がとけ始めたときから全体が液体になるときまでは，温度が変化しなかった。全体が液体になると，再び温度が上昇し始めた。

(1) 下線部のように，固体がとけ始めたときから全体が液体になるまで，温度が上昇しません。このときの温度を何といいますか。

(2) この実験で，液体となったパルミチン酸をさらに加熱し続けると，温度はやがて一定となりましたが，パルミチン酸が沸騰するようすは見られませんでした。この理由として正しいものを，次の**ア**～**エ**から選び，その記号を書きなさい。

ア パルミチン酸の沸点は，一定ではないから。
イ パルミチン酸の沸点は，水の沸点と同じだから。
ウ パルミチン酸の沸点は，水の沸点よりも高いから。
エ パルミチン酸の沸点は，水の沸点よりも低いから。

(1)		(2)	

4 金，銀，砂糖，塩化銅の４種類の粉末の混合物があります。この混合物について，次の実験を行いました。これについて，あとの問いに答えなさい。(5 点×3=15 点)

実験 1 混合物にじゅうぶんな水を加えよくかき混ぜたところ，とけずに残っている物質があった。これらをろ過し，水にとけない物質のみを取り出すために，ろ紙に残った物質を水でよく洗い，その後よく乾燥させ，ビーカーに取り出した。

実験 2 ろ過した水溶液を，電極に炭素棒を用いて電気分解したところ，陰極に金属が付着し，陰極の質量が 2.24 g 増加した。

(1) **実験 1** でビーカーに取り出した物質は何であると考えられますか。その物質の名称をすべて書きなさい。

(2) 下線部の水溶液中に存在するすべてのイオンを，化学式で書きなさい。

(3) **実験 2** で，陰極に付着した金属の体積は何 cm^3 ですか。右の表の値をもとにして答えなさい。

金属	金	銀	銅
密度〔g/cm^3〕	19.32	10.50	8.96

(1)		(2)		(3)	

5 物体の運動について調べるため，次のような実験を行いました。これについて，あとの問いに答えなさい。ただし，小球と斜面，台との間の摩擦はないものとします。(4点×3=12点)

実験1

1 **図1**のように，水平な台の上に傾きが一定の斜面abを固定した。

2 質量40gの小球をa点から静かにはなし，運動する小球の0.2秒ごとの位置をストロボ装置を使って撮影した。**図2**は，この運動を模式的に表したもので，小球が動き出す瞬間とストロボ装置の1回目の発光は同時であった。

図1

図2

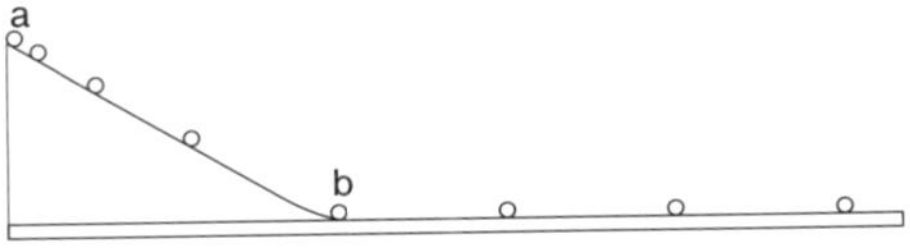

実験2

3 **図1**の実験装置にさらに斜面cdを追加して固定し，小球をa点から静かにはなした。**図3**はこの運動を模式的に表したもので，小球はd点で空中に飛び出し，e点で最高点となった。ただし，斜面cdは台となめらかにつながっているものとする。

図3

(1) 2で，小球がa点から動き出してからb点に達するまでの時間は何秒ですか。

(2) 2で，b点を通過したあとの小球の位置の間隔は等しくなりました。小球がa点から動き出してから，台の右端に達するまでの，時間と速さの関係をグラフに表すとどのようになりますか。次の**ア**～**エ**から選び，その記号を書きなさい。

ア

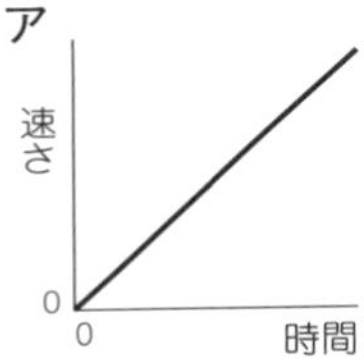

イ

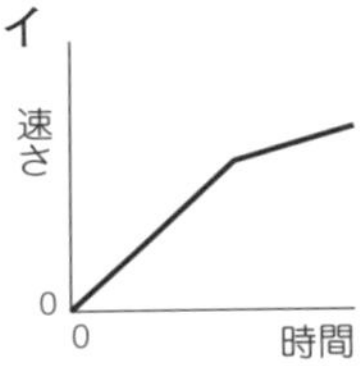

ウ

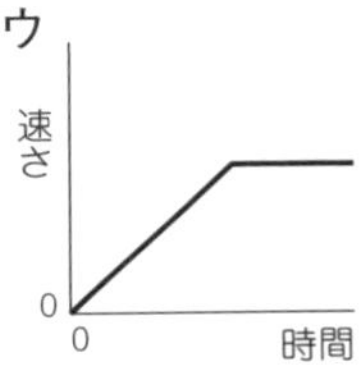

エ

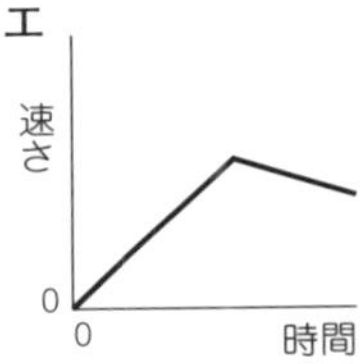

(3) 3で，e点の高さは，a点の高さより低くなりました。このことから，e点における小球の運動エネルギーについてどのようなことがわかりますか。次の**ア**～**エ**から選び，その記号を書きなさい。ただし，水平な台を位置エネルギーの基準とします。

ア 0である。　**イ** a点における小球の位置エネルギーより小さい。

ウ a点における小球の位置エネルギーと等しい。

エ a点における小球の位置エネルギーより大きい。

(1)		(2)		(3)	

6 図1のように透明な直方体の厚いガラスをとおして鉛筆を観察しました。

(4点×3=12点)

図1

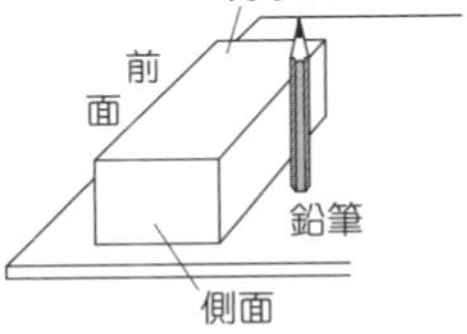

ガラスの前面から鉛筆を見ると，ガラスごしに見える部分は，直接見える部分とずれて見える部分がありました。また，側面からガラスごしに見る

と，どの位置からも鉛筆は見えませんでした。

(1) 次の文の(①)，(②)に適する語句を入れ，文を完成しなさい。

> 前面から見たとき，鉛筆がずれて見えたのは，光が(①)するためである。また，側面から鉛筆が見えなかったのは，(②)が起こっているためである。

図2

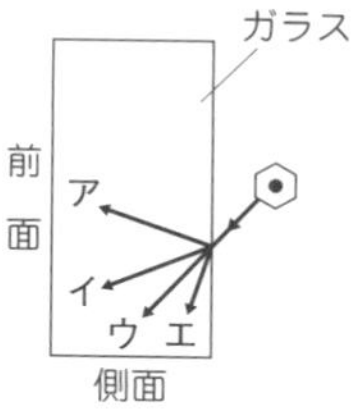

(2) **図2**は，**図1**を真上から見た図です。鉛筆から矢印の方向に進んだ光は，ガラス中ではどの方向に進みますか。最も適当なものを**図2**の中の**ア**～**エ**から選び，その記号を書きなさい。ただし，**ウ**は，光がそのまま直進した場合の方向を示しています。

(1)	①		②		(2)	

7 マグマが冷え固まってできた火成岩のつくりについて調べるために，花こう岩と安山岩の表面を，倍率10倍のルーペで観察しました。右の図は，そのときのスケッチです。これについて，次の問いに答えなさい。(4点×2=8点)

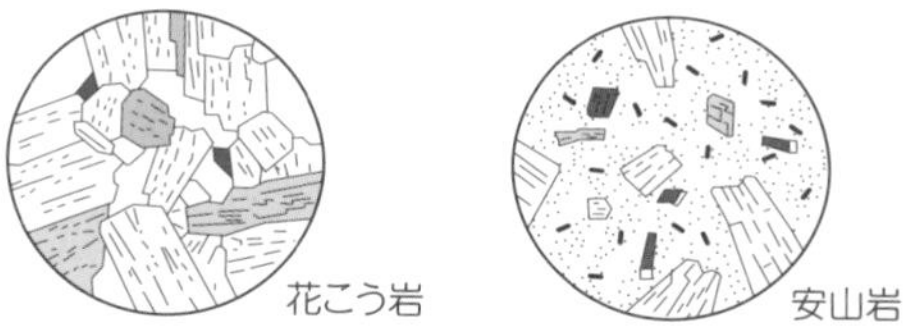

(1) 図のように，花こう岩は安山岩にくらべて，同じくらいの大きさの鉱物がきっちりと組み合わさったつくりになっています。このような岩石のつくりを何といいますか。

(2) 図からわかる花こう岩と安山岩のつくりのちがいは，マグマの冷え方のちがいによって生じたものです。花こう岩ができるときのマグマの冷え方を，安山岩ができるときのマグマの冷え方とくらべて書きなさい。

(1)		(2)	

8 天体について，次の問いに答えなさい。(4点×3=12点)

(1) 次の文の(①)にあてはまる数字を書きなさい。また，(②)にあてはまる語句を書きなさい。

> 太陽系には，太陽のまわりを公転している惑星が(①)個ある。この太陽系は，渦を巻いたレンズ(円盤)状の形をした，約1000億個から2000億個の恒星の集団である(②)系に属している。

(2) 右の図は，太陽と月，地球の位置関係を模式的に示したものであり，◐A～Hは，月の位置を示しています。日食が起こるときの月の位置として，最も適当なものを，A～Hから選び，その記号を書きなさい。

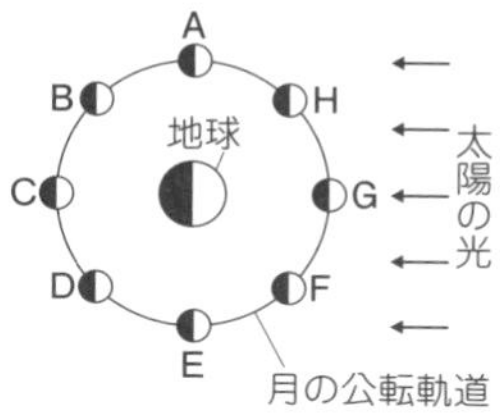

(1)	①		②		(2)	

時間 45 分　目標 75 点　→別冊解答 p.31

第 2 回　入試模擬テスト

学習日　　月　　日
／100点

1 動物の生殖や発生について，次の問いに答えなさい。(3 点× 5 ＝15 点)

図 1

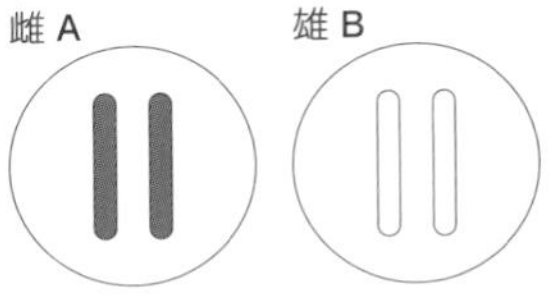

図 2　　図 3

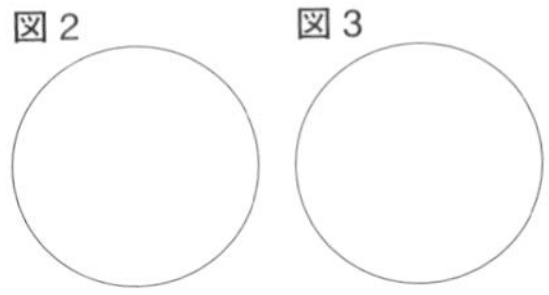

(1)　図 1 は，ある動物の雌 A と雄 B の体の細胞にふくまれる核の染色体を，それぞれ模式的に表したものです。

①　この動物の雌 A の生殖細胞にふくまれる核の染色体を，図 2 の○の中に模式図でかきなさい。

②　この動物の雌 A と雄 B の生殖細胞が受精してできた子 C の体にふくまれる核の染色体を，図 3 の○の中に模式図でかきなさい。

(2)　遺伝の規則性における「分離の法則」の説明として最も適当なものを，次のア～エから選び，その記号を書きなさい。

ア　細胞分裂のときに，それぞれの染色体が複製されて 2 倍になり，別々の細胞に入る。

イ　対立形質をもつ純系の親どうしをかけ合わせると，その子には顕性形質が現れる。

ウ　受精という過程を経ないで，体が分裂することによって個体がふえる。

エ　減数分裂のときに，対になっている遺伝子が分かれて別々の生殖細胞に入る。

(3)　受精卵が細胞分裂を始めてから，自分で食物を取り始めるまでの間の個体を何といいますか。

(4)　有性生殖と無性生殖では，親から子への遺伝子や形質の受けつがれ方にちがいがあります。有性生殖と無性生殖のそれぞれの特徴を，「遺伝子」，「形質」という用語を用いて書きなさい。

(1)	①	図 2 に記入	②	図 3 に記入	(2)		(3)	
(4)								

2 右の図は，自然界の物質の循環を模式的に表したもので，A～C は生産者，消費者，分解者のいずれか，D，E は気体を示しています。これについて，次の問いに答えなさい。(4 点× 3 ＝12 点)

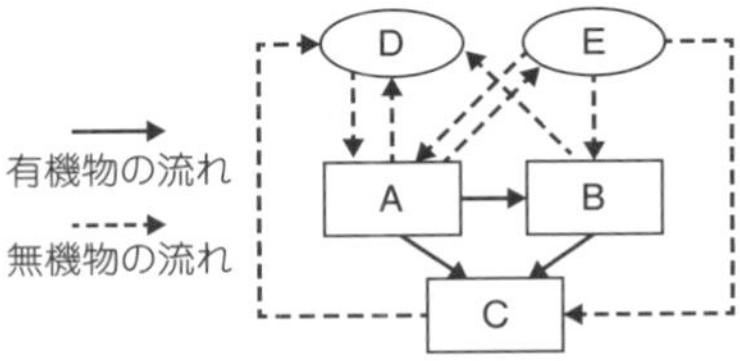

(1)　E にあてはまる気体は何ですか。名前を書きなさい。

(2)　A にあてはまる生物として適切なものを，次のア～カから 2 つ選び，その記号を書きなさい。

ア　ミミズ　　イ　ケイソウ　　ウ　乳酸菌

エ　リス　　オ　コナラ　　カ　ミジンコ

(3)　ある環境の中で，そこに生きる生物と，生物どうしやその環境との関連性を 1 つのまとまりとしてとらえたものを何といいますか。

(1)		(2)		(3)	

3 鉄と硫黄の反応について，次の実験を行いました。あとの問いに答えなさい。(4点×3＝12点)

実験

	鉄粉〔g〕	硫黄の粉末〔g〕
試験管A	7.0	3.2
試験管B	7.0	3.2
試験管C	2.8	3.2

Ⅰ　試験管A，B，Cを用意し，鉄粉と硫黄の粉末をそれぞれ表のとおりにはかりとり，よく混ぜ合わせてからそれぞれの試験管に入れた。

Ⅱ　試験管BとCは，脱脂綿でゆるく栓をし，それぞれを図のように加熱すると，どちらも鉄と硫黄が反応し黒色の硫化鉄ができた。試験管Aについては加熱しなかった。

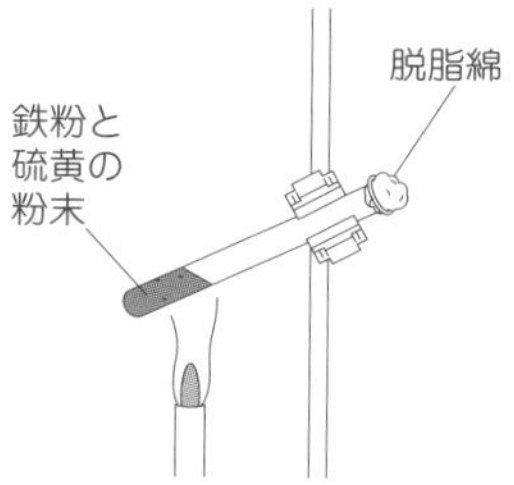

Ⅲ　試験管BとCがじゅうぶんに冷えてから，試験管A，B，Cに磁石を近づけた。その結果，試験管Aは磁石に強く引きつけられた。試験管Bも磁石に引きつけられたが，その力は試験管Aのときより弱かった。試験管Cは磁石にほとんど引きつけられなかった。

(1)　次のうち，実験Ⅱのように化学変化によって化合物ができるものはどれですか。次のア～エから選び，記号で答えなさい。

ア　酸化銀の加熱　　イ　水の冷却　　ウ　水の電気分解　　エ　水素の燃焼

(2)　実験Ⅲにおいて，試験管Bが磁石に弱く引きつけられた理由を，「化学変化」という語を用いて簡潔に書きなさい。

(3)　試験管Bからは8.8g，試験管Cからは4.4gの硫化鉄が得られたとします。硫化鉄の質量と結びついた鉄の質量との比を，最も簡単な整数比で表しなさい。ただし，試験管BとCは，鉄粉または硫黄の粉末のどちらか一方が完全に反応したものとします。

(1)		(2)	
(3)	硫化鉄：鉄＝		

4 ビーカーにうすい塩酸を入れてBTB溶液を数滴加えると黄色になり，さらに，うすい水酸化ナトリウム水溶液を1滴ずつ加えて混ぜていくと，ビーカー中の水溶液が緑色になりました。この緑色になった水溶液をスライドガラスに少量とって乾燥させ，ルーペで観察すると，四角い結晶が見られました。この実験について，次の問いに答えなさい。(3点×3＝9点)

(1)　右の図は，この実験におけるイオンの反応について考えるために，水溶液中のイオンや分子の種類と数をモデルで表したものです。図の○にはイオンの化学式を，3つの⬭には共通する化学式を入れると，図が完成します。図の○に入るイオンの化学式と⬭に入る化学式を書きなさい。

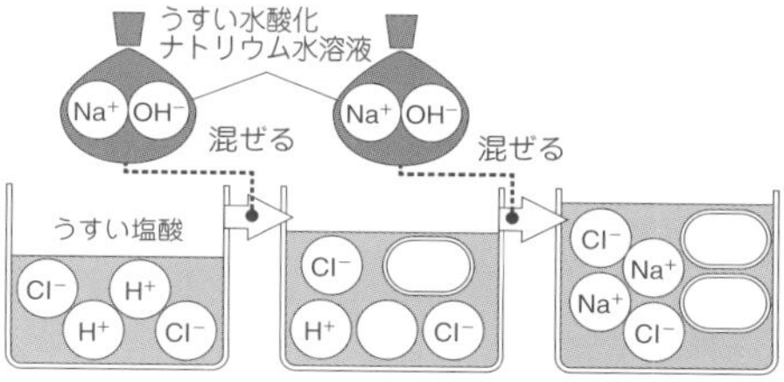

(2)　中性を示すpHの値として適当なものを，次のア～オから選び，その記号を書きなさい。

ア　0　　イ　4　　ウ　7　　エ　10　　オ　14

(1)	イオンの化学式		化学式		(2)	

5 コイルを流れる電流とU字形磁石がつくる磁界との関係を調べるため，直流電源装置や抵抗箱(10 Ω)などの実験装置を用いて，図1のような回路をつくり，実験を行いました。回路に電流を流すと矢印の向きにコイルが動きました。これについて，次の問いに答えなさい。(3点×5=15点)

図1
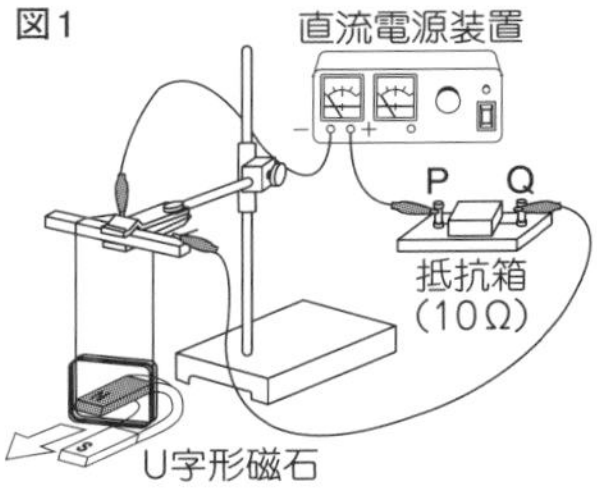

(1) U字形磁石はそのままで，コイルに流れる電流の向きを逆向きにした場合，コイルの動く向きはどうなりますか。最も適当なものを次の**ア～ウ**から選び，その記号を書きなさい。

ア 矢印と逆向きに動く。　**イ** 矢印と同じ向きに動く。　**ウ** 動かない。

(2) **図1**の装置の抵抗箱の部分だけを変えた場合，コイルが最も大きく動くのはどれですか。最も適当なものを次の**ア～エ**から選び，その記号を書きなさい。

ア　**イ**　**ウ**　**エ**
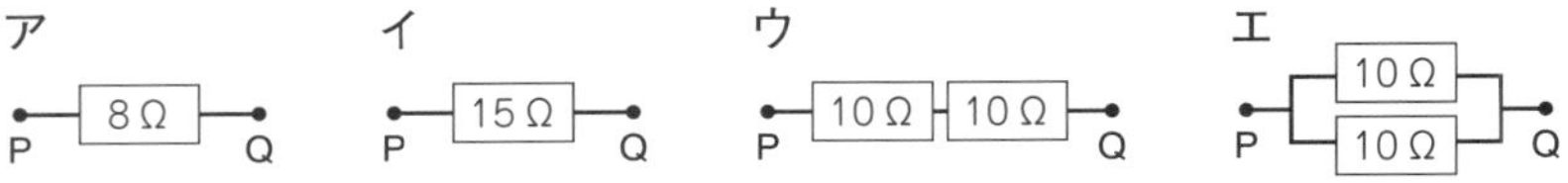

(3) 電流が磁界から受ける力を利用して，コイルが連続的に回転するようにくふうされたものを何といいますか。

(4) コイルを取り外したあと，**図2**のように検流計に接続しました。コイルを固定し棒磁石を出し入れすると，検流計の針が振れました。この現象を何といいますか。漢字で答えなさい。

図2
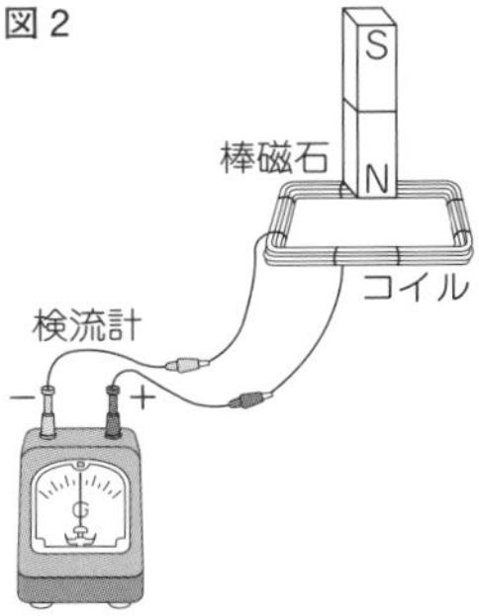

(5) **図2**の実験で，N極を下にしてコイルの中心を通るように棒磁石を落下させました。検流計の針はどのように振れましたか。最も適当なものを次の**ア～エ**から選び，その記号を書きなさい。

ア 左に振れたあと，中心にもどり止まった。

イ 左に振れたあと，中心を通過し，右に振れ，中心にもどり止まった。

ウ 左に振れたあと，中心にもどり，もう一度左に振れ，中心にもどり止まった。

エ 左に振れたままで止まった。

(1)		(2)		(3)		(4)		(5)	

6 右の図のように，70 kgの物体を2 m引き上げる仕事を滑車，クレーン車などを使って行いました。これについて，次の問いに答えなさい。ただし，滑車やロープの重さ，滑車にはたらく摩擦力は考えないものとします。また，質量100 gの物体にはたらく重力の大きさを1 Nとします。(3点×5=15点)

図1
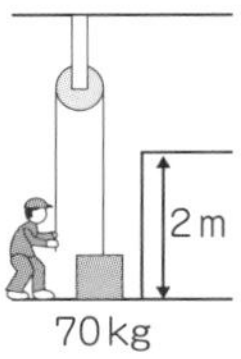

図2
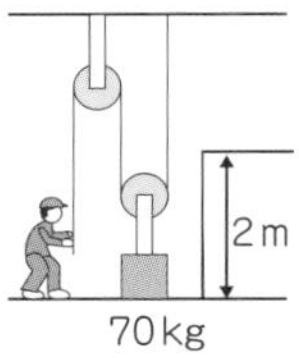

図3
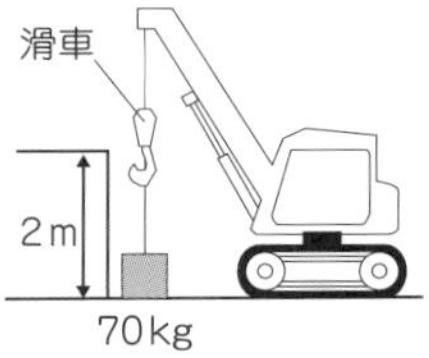

(1) **図1**の人のした仕事は何Jですか。

(2) **図2**の人の引く力の大きさ〔N〕，ロープを引く距離〔m〕を，それぞれ答えなさい。

(3)　**図3**のクレーン車が荷物を持ち上げるのに5秒かかりました。このときの仕事率〔W〕を答えなさい。

(4)　クレーン車の滑車の中を模式的に表すと**図4**のように4つの動滑車と定滑車が連結されている状態でした。クレーン車の巻き上げ機の引くロープの長さ〔m〕を答えなさい。

図4

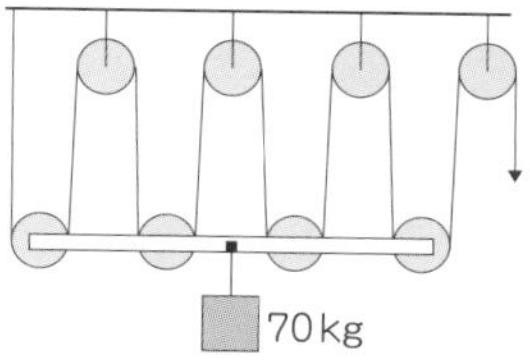

(1)		(2)	力		距離		(3)		(4)	

7

右の表は，ある地震のA～Cの3地点における地震計の観測記録をまとめたものです。次の問いに答えなさい。ただし，この地震によって発生した地震波は一定の速さで伝わるものとします。(3点×2=6点)

地点	震源からの距離〔km〕	初期微動が始まった時刻
A	56	10時53分50秒
B	（　X　）	10時53分58秒
C	140	10時54分2秒

(1)　表の空欄(　X　)にあてはまる数値を求めなさい。

(2)　表の地震の発生時刻は，何時何分何秒ですか。

(1)		(2)	

8

冷たい空気と暖かい空気の動き方を調べるために，図1のような装置で実験を行いました。図2は，しきり板をゆっくり引き上げたときのようすを示したものです。これについて，次の問いに答えなさい。(4点×4=16点)

図1

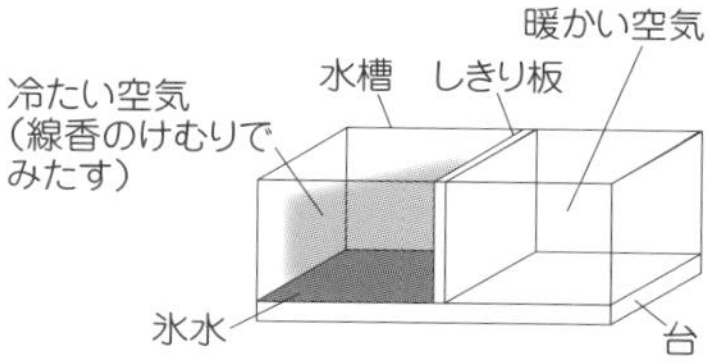

図2

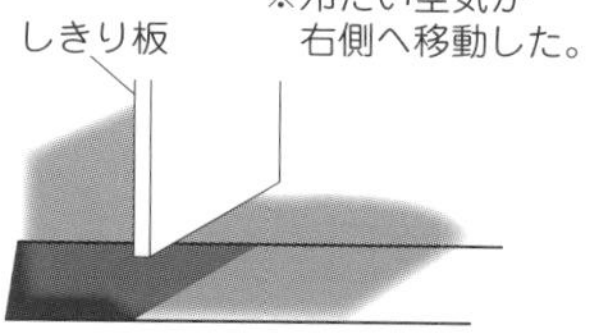

(1)　この実験の空気の動き方のように，大気中で寒気が暖気の下に入りこむときにできる前線について，

①　この前線を何といいますか。

②　寒気と暖気の境の面を何といいますか。

③　**図3**は，この前線と同じ種類の前線が，ある地点を通過した日の気象観測の記録です。この地点を前線が通過したのは，何時から何時までの間と考えられますか，最も適切なものを，次の**ア**～**エ**から選び，その記号を書きなさい。

ア　0時～6時　　**イ**　6時～12時

ウ　12時～18時　　**エ**　18時～24時

図3

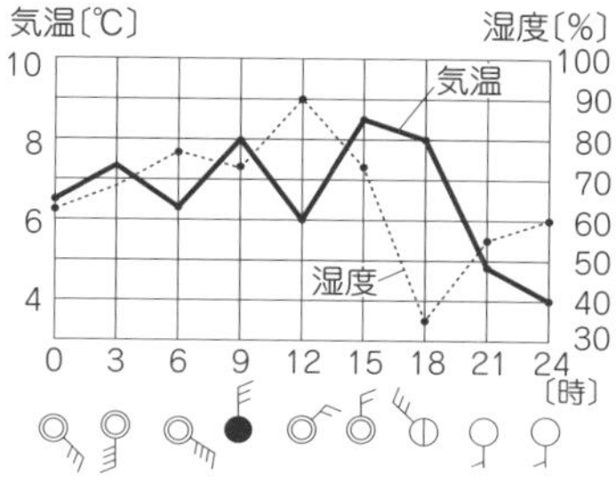

(2)　前線をともなった低気圧が西から東へと移動していくのは，日本が位置する中緯度の上空で，西から東に向かう強い風がふいているからです。この強い風を何といいますか。

(1)	①		②		③		(2)	

□ 執筆協力　西村賢治　㈱アポロ企画

□ 編集協力　㈱アポロ企画　出口明憲　矢守那海子

□ 本文デザイン　山口秀昭（Studio Flavor）

□ DTP　㈱明友社

□ 図版作成　㈱大知　㈱明友社

シグマベスト

今日からスタート高校入試
理科

編　者　文英堂編集部

発行者　益井英郎

印刷所　中村印刷株式会社

発行所　株式会社文英堂

〒601-8121　京都市南区上鳥羽大物町28

〒162-0832　東京都新宿区岩戸町17

(代表)03-3269-4231

●落丁・乱丁はおとりかえします。

Σ BEST
シグマベスト

今日からスタート高校入試
理科

解答・解説

★本体からとりはずして，お使いいただけます。

Step1 要点をおさえる！

01 植物の特徴となかま分け

トレーニングテスト

1 イ

2 (1) Xの袋…花粉《かふん》のう　小さな粒…花粉

(2) ア…子房《しぼう》　イ…裸子《らし》

3 (1) 胚珠《はいしゅ》　(2) イ

4 (1) シダ　(2) イ，エ

(3) 葉脈のようす

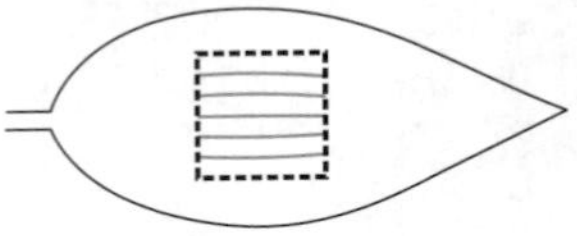

根のようす

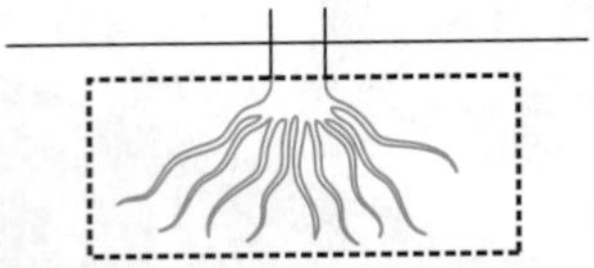

(4) 記号…ア，イ

特徴…花弁が離れている。

採点基準　4 (4) 正答例と同じ意味の解答であれば○。

解説

1 アは花弁《かべん》，イはめしべ，ウはおしべ，エはがくである。

2 (1) Aは雌花《めばな》なので，りん片には**胚珠**がついていて，Bは雄花なので，りん片には**花粉**が入っている**花粉のう**がついている。

(2) マツの雌花には子房がなく，りん片には**胚珠がむき出し**のまま直接ついている。このように，子房がなく，胚珠がむき出しになっている花をつける植物を**裸子植物**という。

3 (1) **子房**の中の**胚珠**が**種子**になる。

(2) アブラナは**被子《ひし》植物**の**双子葉類《そうしようるい》**なので，葉脈は**網目状**(**網状脈**)で，根は**主根《しゅこん》**と**側根**からできている。

4 (2) 種子植物のうち，胚珠がむき出しになっているものを裸子植物という。アのアサガオとウのイネは，胚珠が子房の中にある**被子植物**である。

(3) **単子葉類《たんしようるい》**の葉脈は**平行**(**平行脈**)で，根は**たくさんの細い根**(**ひげ根**)が広がっている。

(4) 双子葉類のうち，花弁がくっついているものを**合弁花類**といい，花弁が離れているものを**離弁花類**という。タンポポの花は，たくさんの小さな花が集まってできていて，その1つ1つの小さな花は花弁がくっついているので，合弁花類である。

02 動物のなかま分け

トレーニングテスト

1 (1) ① ウ　② イ

(2) 目が前向きについており，前方の広い範囲を立体的に見ることができるから。

2 (1) ア　(2) 胎生《たいせい》　(3) ア

(4) 子のときはえら(と皮膚《ひふ》)で呼吸し，成長すると肺(と皮膚)で呼吸する。

3 (1) イ，エ　(2) イ，ウ

4 ウ

5 (1) 外とう　(2) ① イ　② イ　(3) R

採点基準　1 (2)，2 (4) 正答例と同じ意味の解答であれば○。

解説

1 (1) **肉食動物**は獲物をとらえるための**犬歯が発達**している。一方，**草食動物**は草をすりつぶすための**臼歯《きゅうし》が発達**している。

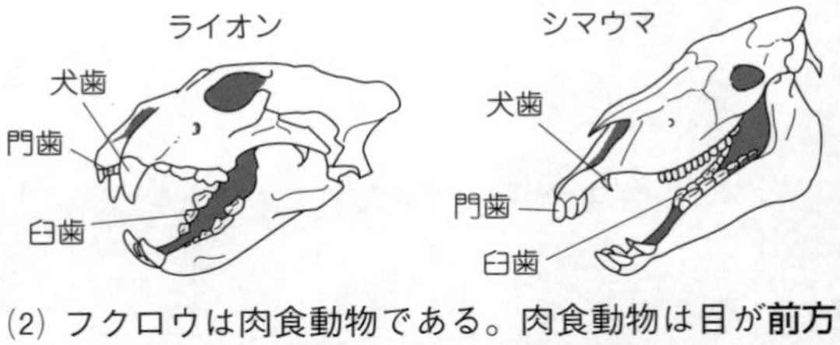

(2) フクロウは肉食動物である。肉食動物は目が**前方**についており，**立体的に見える範囲が広い**ので，獲物との距離をはかりやすい。

2 (1) ハチュウ類の体表は，**うろこ**やこうらでおおわれている。

(3) イモリとカエルは**両生類**，カメとトカゲとヘビは**ハチュウ類**である。

(4) 両生類は，子のときは水中で生活するので**えら**と皮膚で呼吸し，成長して成体になると陸上で生活するので**肺**と皮膚で呼吸をする。

3 (1) アは**セキツイ動物**の特徴，ウは**軟体動物**の特徴である。

(2) 軟体動物は，骨格や節はなく，内臓が**外とう膜**でつつまれている動物である。水中で生活するものが多い。ミジンコ，カブトムシ，カニは**節足**《せっそく》**動物**である。

4 カブトムシは**昆虫**《こんちゅう》**類**，クモは**クモ類**，ミジンコは**甲殻**《こうかく》**類**である。

5 (2) トカゲは陸上で生活するので，**肺**で呼吸をする。また，ハチュウ類なので体表は**うろこ**やこうらでおおわれている。

(3) 子が母体内で育ってからうまれてくるうまれ方を**胎生**《たいせい》といい，セキツイ動物のホニュウ類のみがあてはまる。ニワトリは鳥類，トカゲはハチュウ類，コウモリはつばさをもっているがホニュウ類である。

03 物質のすがた

トレーニングテスト

1 (1) ア　(2) 有機物《ゆうきぶつ》　(3) イ，ウ

2 (1) 46.5 cm^3　(2) 2.7 g/cm^3

(3) アルミニウムの密度《みつど》は，水の密度より大きいから。

(4) ア

3 (1) たまった液体の中に入らないようにする。

(2) イ　(3) c と d…ア　d と e…エ

採点基準　**2** (1) 46.4 cm^3～46.6 cm^3 の範囲であれば○。

2 (3)，**3** (1) 正答例と同じ意味の解答であれば○。

解説

1 (1) ①で，水に完全にとけなかった物質Cはデンプンである。よって，物質Bは砂糖か食塩のいずれかである。また，②で物質Bは燃焼しているので，砂糖であることがわかる。

(2) 物質Bの砂糖や物質Cのデンプンのように，**炭素**をふくんでいて，燃えると**二酸化炭素**が発生する物質を，**有機物**という。

(3) ペットボトルの材料である**プラスチックは有機物**だということを覚えておこう。

2 (1) 水面を真横から見たときの，**液面の最も低い位置**の目盛りを，最小目盛りの $\frac{1}{10}$ まで目分量で読み取る。

(2) **密度**〔g/cm³〕$= \dfrac{\textbf{物質の質量}〔g〕}{\textbf{物質の体積}〔cm^3〕}$

$$= \frac{40\ g}{14.8\ cm^3} = 2.70\cdots g/cm^3$$

(3) 物質が液体に浮くか沈むかは，その物質の密度が液体の密度より大きいか，小さいかで決まる。液体よりも密度が大きい物質はその液体に沈み，液体よりも密度が小さい物質は，その液体に浮く。

(4) **密度**〔g/cm³〕$= \dfrac{\textbf{物質の質量}〔g〕}{\textbf{物質の体積}〔cm^3〕}$ より，

質量が同じとき，体積が大きいほど密度が小さくなる。

3 (1) ガラス管の先がたまった液体の中に入ったままだと，たまった液体がフラスコ内に**逆流**するおそれがあるので，ガラス管の先が液体にふれないようにする。

(2) 6分を過ぎたあたりからグラフの傾きが急激に小さくなっているので，このころ**沸点**の低いエタノールが**沸騰**《ふっとう》し始め，高温のエタノールの蒸気が出てきて，試験管Aにエタノールを多くふくむ液体がたまり始めたと考えられる。

(3) c と d：試験管Cではプラスチック片が沈んだので，液体の密度はプラスチック片より小さいといえる。試験管Dではプラスチック片が浮いたので，液体の密度はプラスチック片より大きいといえる。

d と e：試験管A～Cの液体はよく燃えたので，エタノールが大部分をしめていると考えられる。また，試験管Cの液体（大部分がエタノール）の密度は前述の解説からプラスチック片より小さい。一方，試験管Eの液体は，においもなく燃えなかったので，大部分が水であるといえ，プラスチック片が浮いたことから，液体の密度はプラスチック片より大きいといえる。さらに，試験管Dの液体は少しは燃えていることから，試験管Eの液体よりエタノールが多くふくまれていると考えられる。水よりエタノールのほうが密度が小さいので，エタノールを多くふくむ試験管Dの液体のほうが，試験管Eの液体より密度が小さいといえる。

04 気体の性質

トレーニングテスト

1 (1) 窒素《ちっそ》 (2) ウ

2 (1) ① イ ② ア (2) ウ

3 (1) ① 空気 ② 水上 (2) エ

4 (1) ① ウ

② 集め方…下方置換《ちかん》法

性質…空気より密度《みつど》が大きい。(空気より重い。)

(2) ① アンモニア ② イ

採点基準 **4** (1) ② 正答例と同じ意味の解答であれば○。

解説

1 (1) 空気中の気体は，体積の割合で，**約78%を窒素**が，**約21%を酸素《さんそ》**がしめている。

(2) **二酸化マンガンにうすい過酸化水素水《かさんかすいそすい》**を加えると過酸化水素が分解されて**酸素**が発生する。このとき，二酸化マンガンはまったく変化せず，過酸化水素の分解を手助けするだけである。また，アでは水素，イでは二酸化炭素，エではアンモニアが発生する。

2 (1) **二酸化炭素の密度**は，空気の**約1.5倍**である。また，二酸化炭素が水にとけた水溶液《すいようえき》を**炭酸水《たんさんすい》**といい，**酸性**を示す。

(2) 二酸化炭素は水にとけるが，その量は少量なので，**水上置換法**によって集めることができる。また，**密度**は空気の**約1.5倍**(空気より明らかに大きい)なので，**下方置換法**によっても集めることができる。

3 (1) ① はじめは，発生した気体によって，装置内の空気が押し出されてくる。

② 水にとけにくい気体は**水上置換法**によって集める。

(2) アでは気体が発生せず，イでは二酸化炭素，ウでは酸素，エでは水素が発生する。

4 (1) ① アは酸素，イは水素，ウは二酸化炭素，エはアンモニアが発生する。

(2) ① アンモニアは水にとけやすいので，図1のような**水上置換法**では集められず，アンモニア水は**アルカリ性**なので**BTB溶液**を加えると**青色**になる。よって，アンモニアではないといえる。

② ほかのものが燃えるのを手助けするはたらきがあるのは**酸素**である。酸素は体積の割合で空気中の約**21%**をしめ，火をつけても燃えない。また，無臭で，漂白作用はない。

05 水溶液の性質

トレーニングテスト

1 (1) ア…溶質《ようしつ》 イ…溶媒《ようばい》

(2) ① A…○

B…×

② 塩化ナトリウムの溶解度《ようかいど》は水の温度によってほとんど変化しないから。

2 (1) 28 g (2) 24% (3) 水を蒸発《じょうはつ》させる。

3 (1) ウ (2) ア (3) ウ (4) 8 g (5) 再結晶《さいけっしょう》

採点基準 **1** (2) ②，**2** (3) 正答例と同じ意味の解答であれば○。

解説

1 (1) **溶液**にとけている物質を**溶質**といい，溶質をとかしている液体を**溶媒**という。

(2) ① 図3のグラフより，硝酸《しょうさん》カリウムは40 ℃の水10 cm^3に6.5 gまでとけるが，塩化ナトリウムは40 ℃の水10 cm^3に3.8 gまでしかとけない。

② 塩化ナトリウムのように溶解度があまり変化しない物質は，水溶液の温度を下げてもほとんど結晶《けっしょう》が出てこない。

2 (1) グラフより，硝酸カリウムの20 ℃のときの溶解度は32 gなので，出ていた結晶の質量は，

60 g－32 g＝28 g

(2) **質量パーセント濃度《のうど》**〔%〕

$$=\frac{\textbf{溶質の質量〔g〕}}{\textbf{溶媒の質量〔g〕＋溶質の質量〔g〕}}\times 100$$

$$=\frac{32\text{ g}}{100\text{ g}+32\text{ g}}\times 100$$

＝24.2… よって24 %

(3) 温度によって溶解度があまり変化しない物質がとけている場合，**水を蒸発**させて**結晶**を取り出す。

3 (1) 100 gの水にとける物質の限度の量を**溶解度**という。

(2) **質量パーセント濃度**〔%〕

$$=\frac{\textbf{溶質の質量〔g〕}}{\textbf{溶媒の質量〔g〕＋溶質の質量〔g〕}}\times 100$$

$$=\frac{36\,\mathrm{g}}{100\,\mathrm{g}+36\,\mathrm{g}}\times 100$$

$=26.4\cdots$　よって26％

(3) (4) 10℃の水100 gに塩化ナトリウムは30 g以上とけるが，硝酸カリウムは22 gまでしかとけないので，温度を10℃に下げたとき，8 gの硝酸カリウムがとけきれなくなって出てくる。また，(3)のアは塩化ナトリウム，イはミョウバン，ウは硝酸カリウム，エは雪の結晶である。

(5) 一度水にとかした物質を，水溶液の温度を下げたり，水を蒸発させたりして再び結晶として取り出す操作を**再結晶**という。

06 光と音

トレーニングテスト

1 (1) 下図

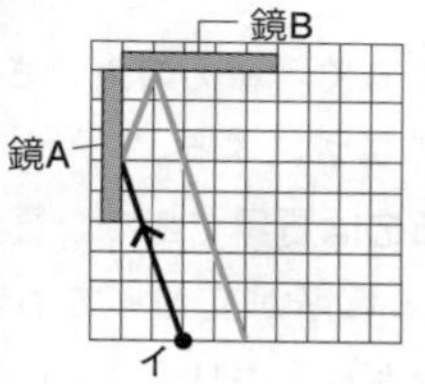

(2) 40°　(3) 0°

2 (1) a…60　b…全反射《ぜんはんしゃ》

(2) ア

(3) 下図

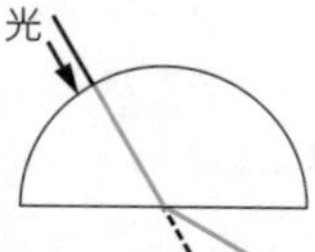

3 (1) 10.0 cm　(2) ウ

4 (1) ① エ　② ア　(2) イ

(3) 弦《げん》が細くなると音が高くなるので，音を低くするためには，PQ間を長くすればよいから，アの向きに動かせばよい。

採点基準 **2** (3) 正答例のように，入射角より屈折角のほうが大きくなっていれば○。

4 (3) 正答例と同じ意味の解答であれば○。

解説

1 (1) **入射角《にゅうしゃかく》**と**反射角《はんしゃかく》**が等しくなるように**反射《はんしゃ》**する。

(2) 次の図のように作図して考える。

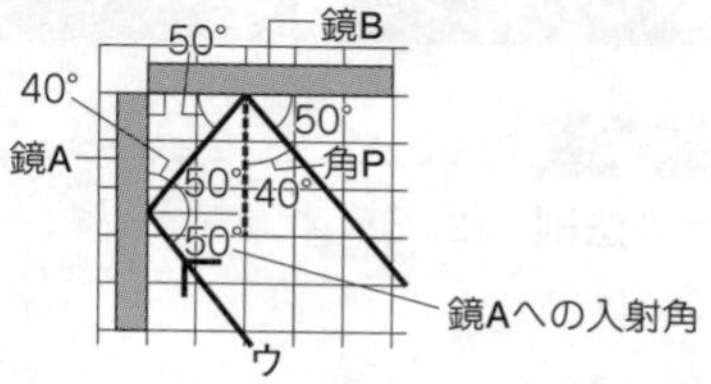

(3) 入射光と反射光が重なるのは，次の図のように鏡に対して垂直に入射したときである。

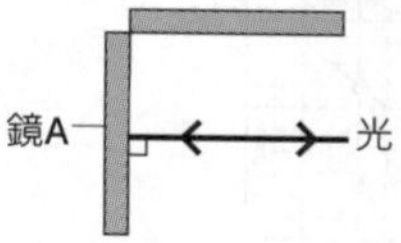

2 (1) a：反射角は，反射する点から水面に垂直な直線と反射光がなす角である。

b：水中やガラス中から空気中との境界面に光が進むとき，入射角がある角度より大きくなると，すべての光が反射する。このような現象を**全反射**という。

(2) 右図のように，チョークの表面で反射した光がガラスと空気の境界面で**屈折《くっせつ》**して点Pにとどく。このため，図のようにガラスを通して見えるチョークの像(下部分)は左にずれて見える。

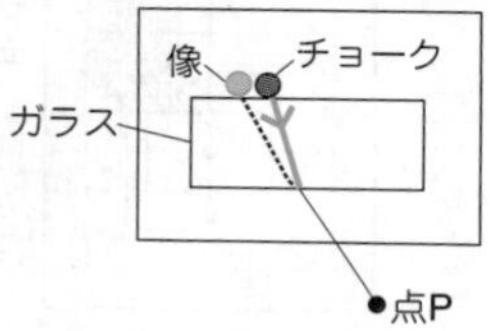

(3) 半円形レンズの表面から中心方向へ進もうとするとき，入射する点の曲面の接面に対して垂直に入射することになるので屈折しない。境界面から空気中へ光が出るときは，**入射角より屈折角のほうが大きくなる**ように屈折する。

3 (1) **焦点距離《しょうてんきょり》の2倍の位置**に物体を置くと，反対側の焦点距離の2倍の位置に物体と**同じ大きさ**の**実像《じつぞう》**ができる。よって，焦点距離は20.0 cmの半分の長さの10.0 cmである。

(2) 焦点の10.0 cmより外側で，**焦点に近いほど実像が大きくなる。**

4 (1) ① PQ間の長さは変わらないので**振動数《しんどうすう》**は図2と同じである。強くはじくので，**振幅《しんぷく》**は大きくなる。

② PQ間を短くすると，振動数が多くなる。

(2) 弦《げん》の張り方を強くすると，振動数が多くなる。**振動数が多くなると，音が高くなる。**

(3) 細い弦に変えたことによって音が高くなる。この音をもとの高さの音にするためには，PQ間を長くして音を低くすればよい。

07 力の表し方とつり合い

トレーニングテスト

1 (1) **フックの法則**　(2) **35 g**

2 **イ**

3 (1) 下図

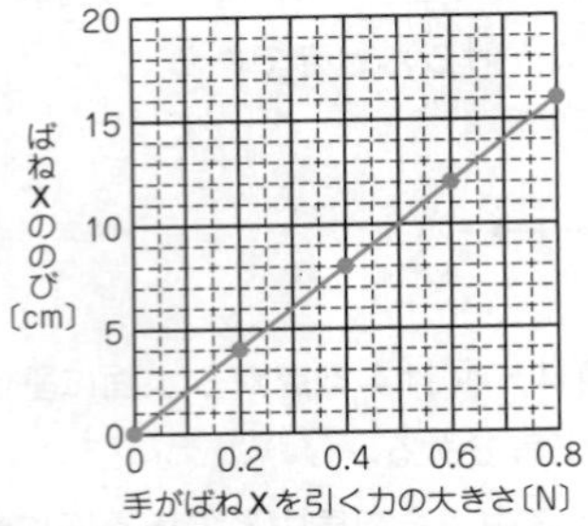

(2) **50 g**　(3) **9.0 cm**

4 下図

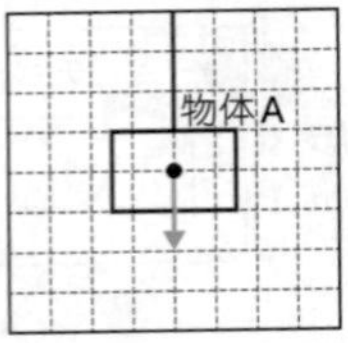

5 X…**300**　Y…**0.5**

6 下図

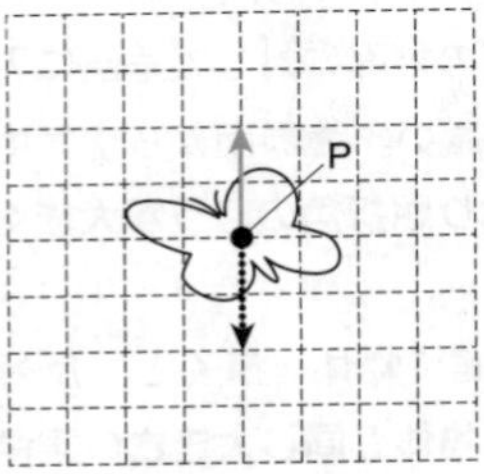

解説

1 (2) ばねは0.50 Nの力を加えたときに4.0 cmのびている。ばねののびを2.8 cmにするときに必要な力の大きさをxとすると，

4.0 cm：2.8 cm＝0.50 N：x　　x＝0.35 N

よって，おもりの質量《しつりょう》は，100 g×0.35＝35 g

2 ばねAののび…200 gのおもりにはたらく重力《じゅうりょく》の大きさは2 Nなので，

0.4 N：2 N＝2 cm：a　a＝10 cm

ばねBののび…150 gのおもりにはたらく重力の大きさは1.5 Nなので，

0.8 N：1.5 N＝6 cm：b　b＝11.25 cm

ばねCののび…70 gのおもりにはたらく重力の大きさは0.7 Nなので，

0.4 N：0.7 N＝6 cm：c　c＝10.5 cm

よって，$a<c<b$となる。

3 (1) 手がばねXを引く力の大きさは，「質量80 gの物体Aにはたらく重力の大きさ(0.8 N)－電子てんびんが物体Aから受ける力」で求められる。また，ばねののびはばねに加わる力の大きさに**比例**するので，グラフは**原点を通る直線**になる。

(2) (1)のグラフより，ばねXののびが6.0 cmのときに手がばねXを引く力の大きさは0.3 Nであることから，電子てんびんが物体Aから受ける力は，

0.80 N－0.30 N＝0.50 N

よって，電子てんびんが示す値は50 gである。

(3) 手がばねXを引く力の大きさは，

1.2 N－0.75 N＝0.45 N

(1)のグラフより，このときのばねXののびは，9.0 cmである。

4 **重力**は**鉛直《えんちょく》下向き**にはたらく。重力の大きさが2 Nなので，矢印は2目盛りの長さにする。

5 **上皿てんびんではかれるのは質量**である。質量は物体そのものの量で，はかる場所が変わっても変わらない。よって，300 gのおもりとつり合う。一方，**ばねばかりではかれるのは重さ**(物体にはたらく重力の大きさ)なので，月面上では約6分の1になる。

$$3\,\mathrm{N}\times\frac{1}{6}=0.5\,\mathrm{N}$$

6 チョウにはたらく**電気の力**は，チョウにはたらく**重力とつり合っている**ので，重力と向きが反対で大きさが等しい矢印をP点からかけばよい。

08 火山と地震

トレーニングテスト

1 (1) エ

(2) 岩石のつくり…斑状《はんじょう》組織　記号…ア

2 (1) 石基《せっき》

(2) 地下深くでゆっくりと冷え固まった

3 (1) 5時47分00秒　(2) 4 km/s　(3) イ

(4) ウ

4 (1) 主要動　(2) 7秒後

採点基準 **2** (2) 正答例と同じ意味の解答であれば○。

解説

1 (1) PQ：マグマのねばりけが小さいと傾斜がゆるやかな火山となり，マグマのねばりけが大きいとドーム状の火山となる。

XY：ねばりけの小さいマグマが冷えてできた溶岩や火山灰の色は黒っぽく，ねばりけの大きいマグマが冷えてできた溶岩や火山灰の色は白っぽい。

(2) 図2で，マグマが地表または地表付近で急に冷やされたために大きな結晶になれなかった部分を**石基**といい，まばらにふくまれる鉱物の結晶を**斑晶《はんしょう》**という。また，このようなつくりを**斑状組織**という。これは，**安山岩**などの**火山岩《かざんがん》**の特徴である。花こう岩とせん緑岩は**深成岩《しんせいがん》**で，れき岩は**堆積岩《たいせきがん》**である。

2 (1) 図1は，**火山岩**の特徴を示す**斑状組織**となっている。この中で，比較的大きな鉱物を**斑晶**といい，そのまわりの細かい粒などでできた部分を**石基**という。

(2) 図2のような**等粒状《とうりゅうじょう》組織**は，マグマが地下深くでゆっくりと冷え固まってできた**深成岩**の特徴である。

3 (1) 図1より，観測地点Aでは**初期微動**が5時47分00秒に始まったことが読み取れる。

(2) **P波**は**初期微動**を起こす地震波，**S波**は**主要動**を起こす地震波である。震源からの距離が80 kmである観測地点Aでは，5時46分50秒に発生した地震のS波が5時47分10秒に到達している。20秒で80 km伝わっているので，S波の速さは，

$$\frac{80\ \text{km}}{20\ \text{s}}=4\ \text{km/s}$$

(3) 次の図のように，同じ時刻に地震波が到達した地点をなめらかな曲線で結ぶと円のような形となる。このとき，その円の中心付近に**震央《しんおう》**があると考えられる。

各地の地震波到達時刻

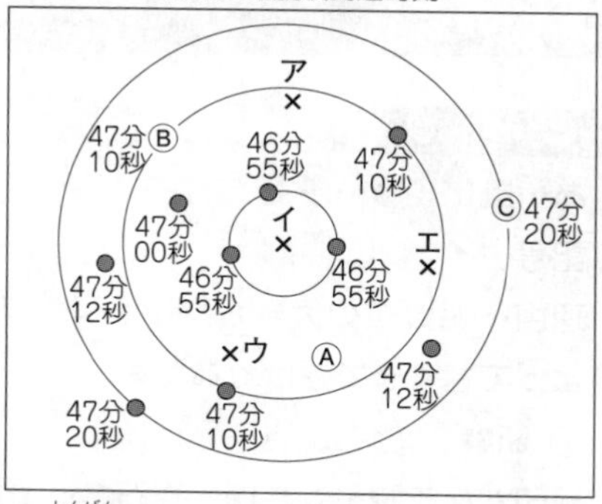

(4) 同じ震源《しんげん》で発生した地震では，**P波**と**S波**の速さは，それほど大きく変化しない。よって，震源からの距離が変わらない場合，**初期微動継続時間も変化しない**。しかし，**マグニチュード**(地震の規模)が異なると，震源からの距離が同じであれば，ゆれの強さも異なる。

4 (1) はじめに起こる**P波**による小さいゆれを**初期微動**といい，あとから起こる**S波**による大きいゆれを**主要動**という。

(2) 地震が発生してから緊急地震速報《きんきゅうじしんそくほう》が出されるまでの時間は，

$$\frac{132\ \text{km}}{6\ \text{km/s}}+10\ \text{s}=32\ \text{s}$$

地震が発生してからTさんの自宅にS波がとどくまでの時間は，

$$\frac{156\ \text{km}}{4\ \text{km/s}}=39\ \text{s}$$

したがって，緊急地震速報が出されてからTさんの自宅にS波がとどくまでの時間は，

$$39\ \text{s}-32\ \text{s}=7\ \text{s}$$

09 大地の変化

トレーニングテスト

1 (1) あ…風化《ふうか》　い…侵食《しんしょく》

(2) 記号…イ

理由…泥は粒の大きさが小さく，流水によって遠くまで運ばれるため。

(3) ① 断層《だんそう》　② 石灰岩

③ 目印となる層…かぎ層　岩石名…凝灰岩

2 (1) ① ウ　② Ⅰ…ア　Ⅱ…しゅう曲

(2) ① ウ　② 数字…50　記号…エ

採点基準　**1** (2) 正答例と同じ意味の解答であれば○。

解説

1 (1) 岩石の表面が，温度変化や水のはたらきなどによって，表面からくずれていくことを**風化**という。また，川などの流水が風化した岩石の表面や川岸などをけずるはたらきを**侵食**という。

(2) 河口近くから，れき，砂，泥の順に**堆積**《たいせき》する。

(3) ① 大地に大きな力が加わると，ある面でずれることがある。これを**断層**といい，断層ができるときや，もとからあった断層がさらにずれるときなどに地震が発生する。

② **石灰岩**には，フズリナなどの化石《かせき》がふくまれることが多く，**うすい塩酸**をかけると**二酸化炭素**が発生する。

③ 同じ種類の火山灰の層や同じ**示準**《しじゅん》**化石**をふくんだ層などは，同じ時期に堆積したことを示すので，地層の広がりを知る目印となる。このような層を**かぎ層**という。

2 (1) ① 化石を見つけた場合は，可能であれば採集するが，危険をともなう場所で見つかることも多いので，必ず採集しなくてはならないわけではない。

② 東西方向に広がる地層《ちそう》なので，下図のように，東西方向から押し縮められて曲がったと考えられる。このように，大地に加わった大きな力によって少しずつ曲げられた地層を**しゅう曲**という。

(2) ① アンモナイトやティラノサウルスは**中生代**に栄えた生物，ナウマンゾウは**新生代**に栄えた生物，三葉虫やフズリナは**古生代**に栄えた生物である。

② C地点では，凝灰岩の層とれき岩の層の境界面は，地表から15 mの深さに見られる。C地点の地表の標高は65 mなので，境界面の標高は，

65 m－15 m＝50 m

また，BとCの境界面の標高の比較から，BC間では東に5 m下がるように傾いていることがわかる。BC間とDE間の距離は等しいので，DE間でも東に5 m下がるように傾いていると考えられる。しかし，E地点の標高はD地点の標高より5 m低いので，B地点とC地点の柱状図がまったく同じになっているのと同様に，D地点とE地点の柱状図もまったく同じになるといえる。したがって，地表から深さ12 mのところでは，れき岩が得られる。

ポイントチェック①

1 (1) 72.6 g　(2) 15.1 g
(3) 水を蒸発させる。
2 (1) 1.0 N　(2) 3.5 cm
3 (1) 8 km/s　(2) 96 km

採点基準　**1** (3) 正答例と同じ意味の解答であれば○。

解説

1 (1) 表より，40 ℃の水100 gに36.3 gの食塩がとけることができるので，40 ℃の水200 gにとけることのできる食塩の質量は，

$$36.3\ \mathrm{g} \times \frac{200\ \mathrm{g}}{100\ \mathrm{g}} = 72.6\ \mathrm{g}$$

(2) 表より，20 ℃の水100 gにとけることのできるホウ酸の質量は4.9 gなので，とけきれずに出てくるホウ酸の質量は，

$$20.0\ \mathrm{g} - 4.9\ \mathrm{g} = 15.1\ \mathrm{g}$$

(3) 水溶液の温度を変化させても，食塩の**溶解度**は，あまり変化しない。そのため，**飽和水溶液**《ほうわすいようえき》の温度を下げても，あまり**結晶**《けっしょう》は出てこない。食塩のように溶解度があまり変化しない物質の結晶を取り出すには，水を蒸発させる。

2 (1) ばねは0.2 Nの力を加えたときに1.0 cmのびている。ばねののびを5.0 cmにするときに必要な力の大きさをxとすると，

$$1.0\ \mathrm{cm} : 5.0\ \mathrm{cm} = 0.2\ \mathrm{N} : x \qquad x = 1.0\ \mathrm{N}$$

(2) 70 gのおもりにはたらく重力の大きさは0.7 Nなので，0.7 Nの力を加えたときのばねののびをyとすると，

$$1.0\ \mathrm{cm} : y = 0.2\ \mathrm{N} : 0.7\ \mathrm{N} \qquad y = 3.5\ \mathrm{cm}$$

3 (1) $\textbf{速さ} = \dfrac{\textbf{距離}}{\textbf{時間}} = \dfrac{72\ \mathrm{km}}{9\ \mathrm{s}} = 8\ \mathrm{km/s}$

(2) P波とS波の速さが一定なので，**初期微動継続時**《しょきびどうけいぞくじ》**間**《かん》は**震源**《しんげん》**からの距離**に**比例**する。震源からの距離が72 kmのA地点での初期微動継続時間は，

$$18\ \mathrm{s} - 9\ \mathrm{s} = 9\ \mathrm{s}$$

よって，初期微動継続時間が12秒であったB地点の震源からの距離は，

$$72\ \mathrm{km} \times \frac{12\ \mathrm{s}}{9\ \mathrm{s}} = 96\ \mathrm{km}$$

10 細胞のつくりと刺激・反応

トレーニングテスト

1 (1) ① 葉緑体《ようりょくたい》　② 核《かく》
(2) 細胞壁《さいぼうへき》があるが，動物の細胞にはないから。
2 (1) ① カ　② イ　(2) 反射
3 (1) 水の流れと逆方向に泳ぐ。
(2) 記号…ア　器官…目
(3) せきずい　(4) エ

採点基準　**1** (2)，**3** (1) 正答例と同じ意味の解答であれば○。

解説

1 (1) ①オオカナダモのような植物の細胞の中に見られる緑色の粒を**葉緑体**という。葉緑体では**光合成**《こうごうせい》が行われている。
② 一般に，**核**は1個の細胞に1個あり，**酢酸**《さくさん》**カーミン溶液**などの染色液によって染まりやすい。
(2) 植物の細胞では，細胞膜《まく》の外に厚い**細胞壁**があるので，境界の線がはっきりする。

2 (1) ① 皮膚《ひふ》で受けた刺激《しげき》をAの**感覚神経**がせきずいに伝え，Cのせきずいから Bの**運動神経**に命令が出されて筋肉が反応する。
② 皮膚で受けた刺激の信号がAの感覚神経からE→Fと伝わって脳で熱さを感じる。
(2) 下線部(a)では，(1)の①で示したように，刺激の信号が脳を通らない経路で伝わって反応が起こる。このように，刺激に対して無意識に起こる反応を**反射**という。

3 (1) 水によって流されないようにするために，水の流れに逆らって泳ぐ。
(2) 目でまわりの縦じまもようの動きを見て，流されていると錯覚し，流されないようにしようとして，縦じまもようの動きと同じ向きに泳ぐ。
(3) ③は**反射**なので，皮膚で受けとった刺激の信号は**せきずい**に伝えられ，せきずいから命令が出されて筋肉に伝えられる。よって，Aはせきずいである。
(4) Aがせきずいなので，Bはもう1つの命令を出す部分(**中枢**《ちゅうすう》**神経**)である**脳**だと考えられる。④の反応は，刺激の信号が，皮膚→感覚神経→せきずい→脳→せきずい→運動神経→筋肉と伝わって起こる。したがって，エが適当である。

11 動物の体のつくりとはたらき

トレーニングテスト

1 (1) ① イ　② オ　(2) アミラーゼ　(3) 柔毛《じゅうもう》
(4) イ，エ　(5) 呼吸

2 (1) 物質と接する表面積が大きくなるから。
(2) 組織液《そしきえき》

3 (1) 肺静脈
(2) 酸素の多いところ…酸素と結びつく。
酸素の少ないところ…酸素をはなす。

採点基準　**2** (1)，**3** (2) 正答例と同じ意味の解答であれば○。

解説

1 (1) ① **デンプンの有無**は**ヨウ素液**によって調べる。ヨウ素液を加えたとき，デンプンがあれば**青紫色**に変化する。
② **ブドウ糖がいくつか結びついたものなどの有無**は**ベネジクト液**によって調べる。ベネジクト液を加えて**加熱**したとき，ブドウ糖がいくつか結びついたものなどがあれば**赤褐色の沈殿**を生じる。
(2) 消化酵素には，**デンプン**を分解する**アミラーゼ**のほかに，**タンパク質**を分解する**ペプシン**や**トリプシン**，**脂肪**を分解する**リパーゼ**などがある。
(3) 小腸の内側の壁はひだになっていて，そこには柔毛という小さな突起が無数にある。このことによって**小腸の表面積が大きくなり，栄養分を効率よく吸収できる。**
(4) 小腸から吸収される養分には，デンプンが消化されてできた**ブドウ糖**，タンパク質が消化されてできた**アミノ酸**，脂肪が消化されてできた**脂肪酸《しぼうさん》**と**モノグリセリド**などがある。**尿素**は，血液中のアンモニアが**肝臓《かんぞう》**でつくりかえられてできたもので，**グリコーゲン**は肝臓で血液中のブドウ糖を使ってつくられたものである。
(5) 全身の細胞では，血液によって送られてきた**栄養分**を，**酸素**を使って**二酸化炭素**と**水**に分解し，**生命活動のエネルギー**をつくり出している。細胞のこのようなはたらきを，**細胞の呼吸**（**細胞による呼吸・細胞呼吸**）という。

2 (1) **肺胞《はいほう》**や**柔毛**などがあることによって凹凸《おうとつ》がふえるため，**表面積**が大きくなる。
(2) **組織液**は，細胞でいらなくなった二酸化炭素やそのほかの不要物を毛細血管《もうさいけっかん》に受けわたすはたらきもしている。

3 (1) 心臓から出ていく血液が流れる血管が**動脈**，心臓へもどってくる血液が流れる血管が**静脈**である。静脈のうち，肺から心臓へもどる血液が流れる血管を**肺静脈**という。

12 植物のつくりとはたらき

トレーニングテスト

1 (1) 気孔《きこう》　(2) ア　(3) イ

2 (1) 道管《どうかん》　(2) 根から水を吸い上げるはたらき。

3 (1) 葉緑体《ようりょくたい》　(2) ウ　(3) イ

4 (1) 蒸散
(2) 水面から水が蒸発するのを防ぐため。
(3) 3倍

採点基準　**2** (2)，**4** (2) 正答例と同じ意味の解答であれば○。

解説

1 (1) ①のようなすきまを**気孔**といい，ここから**気体が出入りする**。気孔を囲むまわりの2個（1対）の細胞を**孔辺細胞《こうへんさいぼう》**という。
(2) (3) 図2の②は根から吸収した水や水にとけた養分が運ばれる**道管**なので，食紅で着色した水にホウセンカをさすと，**赤く染まる**。図2の③は葉でつくられた栄養分が運ばれる**師管《しかん》**である。②の道管と③の師管が集まって束になっているところを**維管束《いかんそく》**といい，道管は内側を，師管は外側を通っている。

2 (1) 葉の維管束では，**表側**に近いほうを**道管**が通り，**裏側**に近いほうを**師管**が通る。

3 (1) **光合成《こうごうせい》**は，植物の細胞の中の緑色の粒である**葉緑体**（おもに葉の中の細胞にある）で行われる。
(2) 植物は**1日中呼吸をしている**が，**光がじゅうぶんに当たっていると呼吸よりも光合成のほうがさかんに行われる**ため，全体としては二酸化炭素を取り入れて酸素を出す。
(3) 植物は**光が当たっていないと**光合成を行うことができないため，**呼吸だけ**を行い，酸素を取り入れて二酸化炭素を出す。

4 (1) **蒸散**はおもに**気孔**で行われる。
(2) 蒸散した分の水を吸い上げるので，水の減少量を調べることによって蒸散量を調べることができる。しかし，水面から水が蒸発すると，その分だけ誤差が出るので，**水面から水が蒸発しないように**，油を注いで水面をおおう。
(3) ワセリンは油の一種である。ワセリンをぬった場所では気孔がふさがれるので，蒸散することができない。A～Cの蒸散できる場所をまとめると，Aでは(葉の表・葉の裏・茎)，Bでは(葉の裏・茎)，Cでは(葉の表・茎)となる。よって，

葉の裏側からの蒸散量＝A－C＝3.6 g

葉の表側からの蒸散量＝A－B＝1.2 g

したがって，求める値は，

$\frac{3.6\,\mathrm{g}}{1.2\,\mathrm{g}}=3$　→3 (倍)

13 物質のなりたち

トレーニングテスト

1 (1) エ　(2) 炎を出して激しく燃えた。
(3) ア
(4) 下図

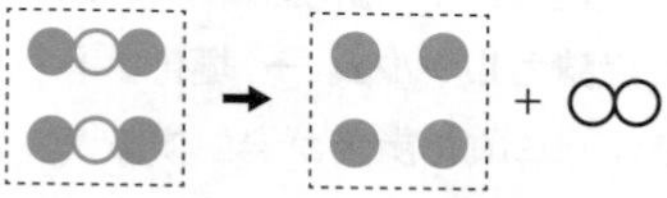

2 (1) CO_2　(2) ① ウ　② イ
(3) $2H_2O \longrightarrow 2H_2 + O_2$
(4) ① 炭酸ナトリウム　② エ

3 (1) 化合物
(2) 水に電流が流れるようにするため。
(3) ア
(4) 水だけが少なくなるから。

採点基準　**1** (2)，**3** (2) (4) 正答例と同じ意味の解答であれば○。

解説

1 (1) アンモニア(NH_3)は窒素《ちっそ》(N)と水素(H)の化合物である。
(2) 酸素は，ほかの物体を燃やすはたらきがある。
(3) 銀などの金属には特有の光沢《こうたく》(**金属光沢**)が見られる。また，力を加えることによって，うすく広げたり，のばしたりできる。
(4) 酸化銀《さんかぎん》の分解を化学反応式で示すと，

$2Ag_2O \longrightarrow 4Ag + O_2$

2 (1) (2) **炭酸水素ナトリウム**を加熱すると，**炭酸ナトリウム**と**水**と**二酸化炭素**に分解される。二酸化炭素は石灰水を**白くにごらせ**，水に青色の塩化コバルト紙をつけると塩化コバルト紙が**赤色(桃色)**になる。
(3) 水に電流を流すと水素と酸素に分解される。
(4) **炭酸ナトリウム**は炭酸水素ナトリウムより**水にとけやすく**，その水溶液は炭酸水素ナトリウムの水溶液より**強いアルカリ性**を示す。

3 (1) 1種類の元素でできている物質は**単体**という。
(2) 純粋な水には電流が流れにくいが，水酸化ナトリウムを少量とかすと，電流が流れやすくなる。
(3) ア：酸化銀が酸素と銀に分解される。
イ：鉄と硫黄《いおう》が結びついて硫化鉄ができる。
ウ：水が水蒸気に変化する(状態《じょうたい》変化)。
エ：銅が空気中の酸素と結びついて酸化銅になる。
(4) 水だけが分解されて減少する。これによって，溶質の質量が変わらずに溶媒だけが少なくなる(固体の水溶液の水を蒸発させたのと同じ状態になる)ので，水溶液は少しずつ濃くなっていく。

14 いろいろな化学変化

トレーニングテスト

1 (1) ① 酸素　② エ
(2) ① $Fe + S \longrightarrow FeS$　② 硫化鉄
(3) ① 手であおいでにおいをかぐ。
② 試験管C…エ　試験管D…ア
(4) 電流が流れるか調べる。たたいて広がるか調べる。みがいて光沢《こうたく》が出るか調べる。のうちから2つ

2 (1) 酸化
(2) 名称…酸化銅　色…黒色
(3) ア　(4) H_2　(5) イ

採点基準　**1** (3) ①，(4) 正答例と同じ意味の解答であれば○。

解説

1 (1) ① 空気中でスチールウールを加熱すると，**鉄**でで

きたスチールウールが**酸素**《さんそ》と結びついて**酸化鉄**《さんかてつ》になる。

② ア：酸化銀を加熱すると酸素と銀に**分解**される。

イ：水を加熱すると水蒸気に変化する（**状態**《じょうたい》**変化**）。

ウ：炭酸水素ナトリウムを加熱すると，炭酸ナトリウムと二酸化炭素と水に**分解**される。

エ：炭素の粉末を加熱すると，空気中の酸素と結びついて二酸化炭素になる。

(2) 鉄と硫黄《いおう》が結びついて，**硫化鉄**ができる。

(3) ① 気体には有毒なものもあるので，多く吸いこまないように，**手であおぐようにしてかぐ**。

② 試験管Cには鉄と硫黄が結びついてできた硫化鉄があるので，うすい塩酸を加えると**硫化水素**が発生する。試験管Dには鉄があるので，うすい塩酸を加えると**水素**が発生する。

(4) 鉄は電流が流れ，たたくと広がり，みがくと金属光沢が出るが，酸化鉄や硫化鉄は電流は流れず，たたくとボロボロとくずれ，みがいても金属光沢は見られない。

2 (1) 物質が酸素と結びつくことを**酸化**という。**燃焼**も酸化の1つである。

(2) 空気中で銅の粉末を加熱すると，**銅**が空気中の酸素と結びついて黒色の**酸化銅**《さんかどう》になる。

(3) (4) **酸化銅**が**水素**によって**還元**《かんげん》されて，**銅**と**水**ができる。この化学変化を化学反応式で表すと，

$CuO + H_2 \longrightarrow Cu + H_2O$

(5) ア：使い捨てかいろ（化学かいろ）には鉄粉が入っていて，鉄粉が空気中の**酸素**と反応するときの熱を利用している。

イ：炭酸水素ナトリウムを加熱すると，炭酸ナトリウムと二酸化炭素と水に分解される。この反応は**空気中の酸素を利用していない**。

ウ：木炭に火をつけると空気中の**酸素**と反応し燃える。

エ：燃料電池の燃料は水素で，水素が空気中の**酸素**と結びついて水ができる反応によって，化学エネルギーを電気エネルギーに変換して取り出す装置である。

15 化学変化と物質の質量

トレーニングテスト

1 (1) ウ (2) 炭酸カルシウム (3) 質量保存

(4) ウ

2 0.3 g

3 (1) 酸化マグネシウム (2) 3.5 g

(3) 下図

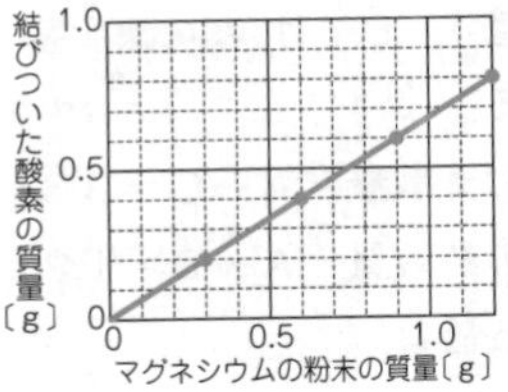

(4) 4：1

採点基準 **3** (3) 4か所の点の位置が正しく，4つの点と，原点とをつないだ直線になっていれば○。

解説

1 (1) アでは酸素，イでは水素，ウでは二酸化炭素，エではアンモニアが発生する。

(2) **実験2**では，次のような化学変化が起こる。

炭酸ナトリウム ＋ 塩化カルシウム

⟶ 炭酸カルシウム ＋ 塩化ナトリウム

(3) **実験1**では，二酸化炭素が発生するが，密閉容器の中での反応で，密閉容器から気体は出ていけないので1回目と2回目で質量は変わらない。**実験2**では，沈殿は生じるが気体は生じないので，1回目と2回目で質量は変わらない。

2 結びついた酸素の質量は，**加熱後の粉末の質量－加熱前の銅の粉末の質量**で求めることができる。

1.5 g－1.2 g＝0.3 g

3 (1) マグネシウムと酸素の反応を化学反応式で表すと，次のようになる。$2Mg + O_2 \longrightarrow 2MgO$

(2) 求める値を x とすると，

0.3 g：2.1 g＝0.5 g：x　　x＝3.5 g

(3) 次の式を用いて，結びついた酸素の量を求める。

結びついた酸素の質量

＝加熱後の物質の質量－マグネシウムの質量

そして，それぞれの測定値から求めた値の座標に点を打ち，直線で結ぶ。このとき，**原点を通る直線**となるので，結びついた酸素の質量はマグネシウムの質量に

比例するといえる。

(4) 酸素と結びついた銅の質量は，

1.6 g − 0.4 g ＝ 1.2 g

結びついた酸素の質量は，

1.9 g − 1.6 g ＝ 0.3 g

したがって，

銅：酸素＝1.2 g：0.3 g＝4：1

16 電流と回路

トレーニングテスト

1 (1) ① 下図

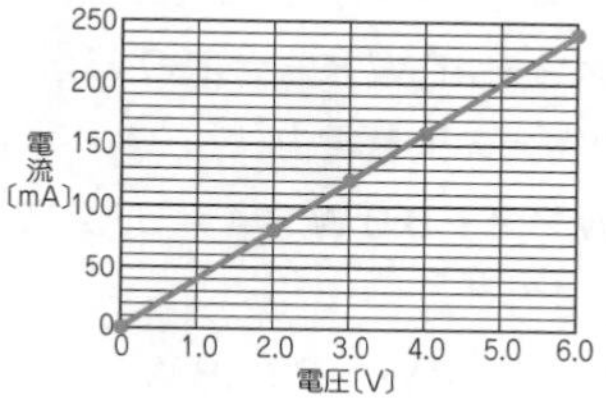

② 25 Ω　③ 9.8 V

(2) 80 mA　(3) イ

2 (1) オームの法則　(2) (a) ア　(b) B

(3) 8.0 V　(4) (a) 1.8 A　(b) 6.7 Ω

(5) 81%

採点基準　**1** (1) ① 5か所の点の位置が正しく，それをつないだ直線になっていれば○。

解説

1 (1) ① 各実験データをもとに点を打ち，直線でつなげると，**原点を通る直線**となるので，**電流**は**電圧**《でんあつ》に**比例**しているといえる。

② $\textbf{抵抗}《ていこう》=\frac{\textbf{電圧}}{\textbf{電流}}=\frac{2.0\ \text{V}}{0.08\ \text{A}}=25\ \Omega$

③ 電熱線aを流れる電流は，

$\text{電流}=\frac{\text{電圧}}{\text{抵抗}}=\frac{7.0\ \text{V}}{25\ \Omega}=0.28\ \text{A}$

よって，電熱線bに加わる電圧は，

電圧＝抵抗×電流＝35 Ω × 0.28 A＝9.8 V

別解　直列回路の場合，電源の電圧が抵抗の大きさに比例して配分される。

よって，bに加わる電圧を x とすると，

25 Ω：35 Ω＝7.0 V：x

x＝9.8 V

(2) 並列回路では，どこにも同じ大きさの電圧が加わるので，電熱線bの両端にも1.4 Vの電圧が加わっている。よって，電熱線bに流れる電流は，

$\textbf{電流}=\frac{\textbf{電圧}}{\textbf{抵抗}}=\frac{1.4\ \text{V}}{35\ \Omega}=0.04\ \text{A}=40\ \text{mA}$

したがって，電熱線cに流れる電流は，

120 mA − 40 mA＝80 mA

(3) **電力＝電圧×電流**より，それぞれの電熱線に流れる電流と加わる電圧を求めて比べる。直列回路である図1の電熱線には，それぞれ180 mAの電流が流れる。よって，それぞれの電熱線に加わる電圧は，

図1の電熱線a：25 Ω × 0.18 A＝4.5 V

図1の電熱線b：35 Ω × 0.18 A＝6.3 V

また，(2)より，図2の電熱線cに流れる電流は，図2の電熱線bの2倍になる(回路全体を流れる電流が，電熱線bと電熱線cに1：2の割合で配分される)ので，それぞれの電熱線を流れる電流は，

図2の電熱線b：$180\ \text{mA}\times\frac{1}{2+1}=60\ \text{mA}$

図2の電熱線c：$180\ \text{mA}\times\frac{2}{2+1}=120\ \text{mA}$

それぞれの電熱線に加わる電圧は，

図2の電熱線b：35 Ω × 0.06 A＝2.1 V

図2の電熱線c：17.5 Ω × 0.12 A＝2.1 V

よって，電圧と電流がともに最も大きい図1の電熱線bの電力が最も大きくなる。

2 (1) 電流は電圧に比例することを，この法則の発見者の名前をとって**オームの法則**という。

(2) (a) 電圧計の−端子は3 V，電流計の−端子は500 mAが使われていることに注意する。

(b) 図2のグラフで，2.0 Vの電圧を加えたときに100 mAの電流が流れているのは抵抗器Bである。

(3) 図3は直列回路なので，どの部分にも160 mAの電流が流れている。図2で，抵抗器Bに2 Vの電圧を加えたときに100 mAの電流が流れているので，160 mAの電流を流すために必要な電圧を x とすると，

100 mA：160 mA＝2 V：x　　x＝3.2 V

図2で，抵抗器Cに6 Vの電圧を加えたときに200 mAの電流が流れているので，160 mAの電流を流すために必要な電圧を y とすると，

200 mA：160 mA＝6 V：y　　y＝4.8 V

したがって，回路全体に加えた電圧は，

3.2 V＋4.8 V＝8.0 V

別解　図2より，抵抗器Bに2 Vの電圧を加えたとき

に100 mA (0.1 A)の電流が流れているので，抵抗器Bの電気抵抗は，

$$\text{抵抗}=\frac{\text{電圧}}{\text{電流}}=\frac{2\ \text{V}}{0.1\ \text{A}}=20\ \Omega$$

図2より，抵抗器Cに6Vの電圧を加えたときに200 mA (0.2 A)の電流が流れているので，抵抗器Cの電気抵抗は，

$$\text{抵抗}=\frac{\text{電圧}}{\text{電流}}=\frac{6\ \text{V}}{0.2\ \text{A}}=30\ \Omega$$

図3の回路全体の電気抵抗は，

$$20\ \Omega+30\ \Omega=50\ \Omega$$

したがって，回路全体に加えた電圧は，

$$\text{電圧}=\text{抵抗}\times\text{電流}=50\ \Omega\times0.16\ \text{A}=8.0\ \text{V}$$

(4) (a) **並列回路**では，どの部分にも**電源の電圧と同じ**大きさの電圧が加わる。**図2**より，抵抗器Aに10 Vの電圧が加わると1 A (1000 mA)の電流が流れたので，12.0 Vの電圧を加えたときの電流をxとすると，

$$10\ \text{V}:12.0\ \text{V}=1\ \text{A}:x \qquad x=1.2\ \text{A}$$

図2より，抵抗器Bに2Vの電圧を加えたときに0.1 A (100 mA)の電流が流れているので，12.0 Vの電圧を加えたときに流れる電流をyとすると，

$$2\ \text{V}:12.0\ \text{V}=0.1\ \text{A}:y \qquad y=0.6\ \text{A}$$

したがって，回路全体に流れる電流は，

$$1.2\ \text{A}+0.6\ \text{A}=1.8\ \text{A}$$

別解1　**図2**より，抵抗器Aに2Vの電圧を加えると200 mA (0.2 A)の電流が流れているので，抵抗器Aの電気抵抗は，

$$\text{抵抗}=\frac{\text{電圧}}{\text{電流}}=\frac{2\ \text{V}}{0.2\ \text{A}}=10\ \Omega$$

よって，抵抗器Aに12.0 Vの電圧を加えたときに流れる電流は，

$$\text{電流}=\frac{\text{電圧}}{\text{抵抗}}=\frac{12.0\ \text{V}}{10\ \Omega}=1.2\ \text{A}$$

(3)の別解より，抵抗器Bの電気抵抗は20 Ω。

よって，抵抗器Bに12.0 Vの電圧を加えたときに流れる電流は，

$$\text{電流}=\frac{\text{電圧}}{\text{抵抗}}=\frac{12.0\ \text{V}}{20\ \Omega}=0.6\ \text{A}$$

したがって，回路全体を流れる電流は，

$$1.2\ \text{A}+0.6\ \text{A}=1.8\ \text{A}$$

別解2　別解1より，抵抗器Aの電気抵抗は10 Ω，抵抗器Bの電気抵抗は20 Ωなので，回路全体の電気抵抗の値をR〔Ω〕とすると，

$$\frac{1}{10\ \Omega}+\frac{1}{20\ \Omega}=\frac{1}{R} \qquad R=\frac{20}{3}\ \Omega$$

したがって，回路を流れる電流は，

$$\text{電流}=\frac{\text{電圧}}{\text{抵抗}}=12.0\ \text{V}\div\frac{20}{3}\ \Omega=\frac{36}{20}\ \text{A}=1.8\ \text{A}$$

(b) 12.0 Vの電圧を加えたときに1.8 Aの電流が流れているので，回路全体の電気抵抗は，

$$\text{抵抗}=\frac{\text{電圧}}{\text{電流}}=\frac{12.0\ \text{V}}{1.8\ \text{A}}=6.66\cdots\Omega\fallingdotseq6.7\ \Omega$$

別解　(a)の別解2より，

$$\frac{20}{3}\ \Omega=6.66\cdots\Omega\fallingdotseq6.7\ \Omega$$

(5) 通常の電球の場合の消費電力は，

$$60\ \text{W}\times2+40\ \text{W}\times4=280\ \text{W}$$

LED電球の場合の消費電力は，

$$10.6\ \text{W}\times2+8.0\ \text{W}\times4=53.2\ \text{W}$$

節電された電力は，

$$280\ \text{W}-53.2\ \text{W}=226.8\ \text{W}$$

よって，節電された割合を百分率で求めると，

$$\frac{226.8\ \text{W}}{280\ \text{W}}\times100=81 \quad \rightarrow 81\,\%$$

17 磁界と静電気

トレーニングテスト

1 エ

2 ウ

3 (1) 6.0 V　(2) ウ

4 (1) 誘導電流《ゆうどうでんりゅう》　(2) 磁界《じかい》が変化しなかった　(3) イ

採点基準　**4** (2) 正答例と同じ意味の解答であれば○。

解説

1 電流が流れていくほうへ向かって右回りの磁界が導線のまわりに同心円状にできる。また，磁界の中に置かれた方位磁針は，**N極が磁界の向きをさす**ように振れる。

2 コイルに流れる電流の向きに合わせて右手でコイルをにぎって親指だけのばしたとき，次の図のように，**コイルの中の磁界の向きは親指のさす向きと同じ向き**になっている。

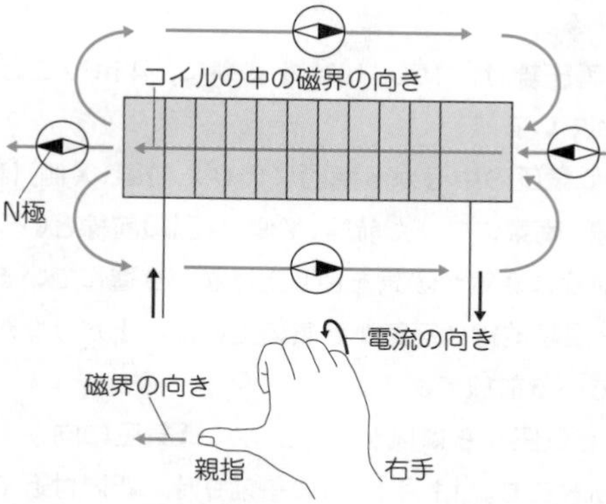

3 (1) 端子AとBの間の抵抗は10Ωで，流れた電流の大きさは0.6Aなので，A，B間にかかる電圧は，

電圧＝抵抗×電流＝10Ω×0.6A＝6.0V

(2) アとエは，磁界に影響される電流の向き(コイルの下側なので右から左)が変わらずに磁界の向きが反対になっているので，1と反対向きにコイルが振れる。イは，磁界に影響される電流の向き(コイルの上側なので左から右)は反対になっていて，磁界の向きは変わらないので，1と反対向きに振れる。ウは，磁界に影響される電流の向き(コイルの上側なので左から右)は反対になっていて，磁界の向きも反対になっているので，1と同じ向きに振れる。

4 (1) コイルの中の磁界のようすを変えると，コイルに電圧が生じる。このような現象を**電磁誘導**《でんじゆうどう》といい，この電圧によって流れる電流を**誘導電流**という。

(2) 棒磁石もコイルも動かさないので，コイルの中の磁界が変化しない。

(3) 針を大きく振れさせるためには磁界の変化を大きくすればよいので，棒磁石を速く動かせばよい。また，アではコイルに近づける磁石の極が図2とは異なるので，コイルの中の磁界の変化も反対となり，誘導電流の向きも逆向きになる。イでは，図2とはコイル側の磁石の極が異なるが，図2で近づけたのに対してイでは遠ざけているので，コイルの中の磁界の変化は図2と同じになり，コイルに流れる誘導電流の向きも図2と同じになる。

18 気圧と雲の発生

トレーニングテスト

1 (1) 20 N (2) $\frac{1}{2}$倍[0.5倍] (3) 2000 Pa

2 エ

3 (1) ① 露点《ろてん》 ② ア (2) ① 26.5 ② 125

(3) 飽和《ほうわ》水蒸気量が大きくなって，水滴《すいてき》が蒸発し水蒸気となったため

4 (1) ① 下がり ② 下がる (2) ウ

採点基準 **3** (2) ① 26.4または26.6でも○。

3 (3) 正答例と同じ意味の解答であれば○。

解説

1 (1) 物体をどの向きに置いても，スポンジには物体にはたらく**重力**と同じ大きさの力が加わる。

(2) 同じ力が加わる場合，**圧力**《あつりょく》の大きさは，力のはたらく**面積**に**反比例**する。Cの面の面積はAの面の面積の2倍なので，Cの面を下にしたときにスポンジにはたらく圧力は，Aの面を下にしたときにスポンジにはたらく圧力の$\frac{1}{2}$倍(0.5倍)となる。

(3) Cの面の面積は，

$0.05\ \mathrm{m} \times 0.20\ \mathrm{m} = 0.01\ \mathrm{m}^2$

$$\textbf{圧力}=\frac{\textbf{力}}{\textbf{面積}}=\frac{20\ \mathrm{N}}{0.01\ \mathrm{m}^2}=2000\ \mathrm{Pa}$$

2 **矢の向きが風向**を表し，**矢羽根の数が風力**を表す。天気記号は，晴れとくもりをかんちがいしやすいので注意が必要である。

3 (1) ① 空気中の水蒸気が凝結《ぎょうけつ》して水滴になり始める温度を**露点**という。

② 部屋の湿度《しつど》が高いほど，気温と露点は近い値を示す。

(2) ① グラフより，気温が11℃のときの**飽和水蒸気量**は10 g/m³である。湿度は40％なので，求める部屋の気温のときの飽和水蒸気量をxとすると，

$$\frac{10\ \mathrm{g/m^3}}{x}\times 100 = 40$$

$x = 25\ \mathrm{g/m^3}$

グラフより，飽和水蒸気量が25 g/m³となっている気温は，26.5℃であることが読み取れる。

② まず部屋の空気1 m³について考える。気温26.5℃

の空気1 m^3の湿度が60 %になったときに空気中にふくまれる水蒸気の量は，

$$25\,g/m^3 \times \frac{60}{100} = 15\,g/m^3$$

したがって，空気1 m^3あたりに補給する水蒸気の量は，

$$15\,g - 10\,g = 5\,g$$

部屋の空気の体積は25 m^3なので，湿度を60 %に加湿するために補給する水蒸気の量は，

$$5\,g/m^3 \times 25\,m^3 = 125\,g$$

(3) 気温が上がると飽和水蒸気量が大きくなるため，地表に浮かんでいた水滴が水蒸気にもどり，霧が消える。

4 (1) ピストンを引くとフラスコ内の**空気が膨張《ぼうちょう》**するため，**気圧**が下がり，**温度**も下がる。

(2) a：冷たい空気は暖かい空気より重いので，冷たい空気が暖かい空気の上にはい上がることはない。

b：太陽の光によってあたためられた空気は膨張して軽くなるため上昇する。

c：空気が山に衝突《しょうとつ》すると，その山を越えようとして，山に沿って上昇する。

19 天気の変化

トレーニングテスト

1 ウ

2 (1) 温暖前線　(2) イ，ア，ウ　(3) 1008 hPa

3 (1) ウ　(2) ア

4 ① ア　② ア

解説

1 まわりより気圧が高いところを**高気圧**，低いところを**低気圧**という。風は気圧の高いところから低いところに向かってふく。また，低気圧の中心付近では，まわりからふきこんだ大気が上昇《じょうしょう》気流になり，逆に，高気圧の中心付近では，地表付近でふき出した大気を補うように下降《かこう》気流が生じる。

2 (1) 日本付近では，低気圧の**東側に温暖前線**，**西側に寒冷前線**ができることが多い。

(2) 高積雲は，小さいかたまりの雲で，群れて広がるようにできる。巻雲は，絹のような繊維状に見える雲で，雲の中で最も高いところにできる。**乱層雲**は，灰色で空をおおうようにできる雲で，おだやかな雨を降らせる。

(3) **等圧線**は，1000 hPaを基準に，**4 hPaごと**に引かれている。

3 (1) 低気圧の中心から**南西**にのびた前線（X側）は**寒冷前線**，**南東**にのびた前線（Y側）は**温暖前線**という。寒冷前線は寒気が暖気を押し上げながら進んでいる前線で，温暖前線は暖気が寒気の上にはい上がりながら進んでいる前線である。

(2) 高気圧からは風がふき出し，低気圧に向かって風がふきこむ。11月19日の午前9時，新潟付近では南東の風がふいている。11月20日午前9時では，低気圧の位置と等圧線のようすから，北西の風がふいていると考えられる。

4 13時から14時にかけて，気温が急激に下がっていて，風向が南寄りから北寄りに変化しているので，この間に**寒冷前線**が通過したと考えられる。

20 日本の天気

トレーニングテスト

1 (1) ウ　(2) ア

2 (1) 気圧…1016 hPa

単位の読み…ヘクトパスカル

(2) エ

(3) 日本海をわたるときにたくさんの水蒸気をふくむから。

3 (1) 右図

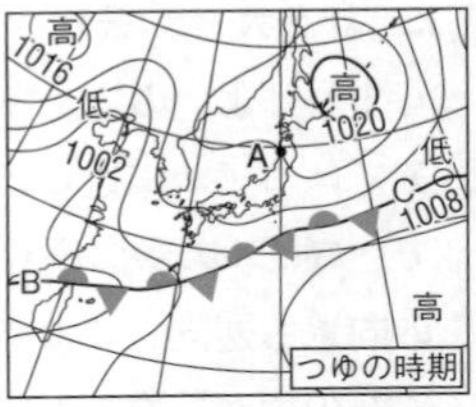

(2) 気団…R

特徴…ウ

4 偏西風の影響を受けるから。

採点基準　**2** (3)，**4** 正答例と同じ意味の解答であれば○。

解説

1 (1) 観測地での海風の風向は東，陸風の風向は西である。

(2) 上昇気流が生じると地表の気圧は低くなる。逆に，下降気流が生じると地表の気圧は高くなる。陸上から海上に向かってふく風（**陸風**）は，陸上の気圧が海上よりも高くなったときにふく風である。

2 (1) 1000 hPaの等圧線と1040 hPaの等圧線を比較すると，等圧線が4 hPaずつ引かれていて，20 hPaずつ太線で引かれていることがわかる。地点Aは1020 hPaの等圧線より1本分1000 hPaの等圧線に近い等圧線の上にあるので，1016 hPaである。
なお，「ヘクト」とは100倍を示すので，

1 hPa＝100 Pa

である。

(2) 保冷剤の上の冷やされた空気は下降し，湯の上のあたためられた空気は上昇する。

3 (1) 冷たい空気は北から南へ向かってふき，暖かい空気は南から北へ向かってふくことを理解して，**停滞前線**の前線記号をかくこと。

(2) Pは**シベリア気団**で，冷たく乾いている。Qは**オホーツク海気団**で，冷たく湿っている。Rは**小笠原《おがさわら》気団**で，暖かく湿っている。夏の気候に影響をあたえるのは，Rの小笠原気団である。

4 日本上空では1年中，**偏西風**という強い西風がふいており，台風もその影響を受けて進路を変えることが多い。

ポイントチェック②

1 (1) e　(2) g　(3) b
2 (1) 3.0 g　(2) 0.9 g　(3) 1.2 g
3 (1) 0.3 A　(2) 9 V　(3) 20 Ω　(4) 1.2 W

解説

1 (1) 消化された栄養分は**小腸**で吸収されるので，小腸を通ったばかりのeの血管を通る血液に最も多くの栄養分がふくまれている。

(2) 血液中の**尿素**などの不要物は**じん臓**でこし出されて，**尿**となって排出されるので，じん臓を通ったばかりのgの血管を通る血液には不要物が少ない。

(3) 酸素は，肺で血液中に取り入れられるので，肺を通ったばかりのbの血管を通る血液に最も多くの酸素がふくまれている。

2 (1) 銅粉1.6 gがすべて酸素と反応すると酸化銅2.0 gになるので，銅粉2.4 gがすべて酸素と反応したときにできる酸化銅の質量を x とすると，

$1.6\,\mathrm{g} : 2.4\,\mathrm{g} = 2.0\,\mathrm{g} : x \qquad x = 3.0\,\mathrm{g}$

(2) 銅粉1.6 gと反応する酸素の質量は，

$2.0\,\mathrm{g} - 1.6\,\mathrm{g} = 0.4\,\mathrm{g}$

銅粉3.6 gと反応することのできる酸素の質量を y とすると，

$1.6\,\mathrm{g} : 3.6\,\mathrm{g} = 0.4\,\mathrm{g} : y \qquad y = 0.9\,\mathrm{g}$

(3) 反応した酸素の質量は，

$3.2\,\mathrm{g} - 2.8\,\mathrm{g} = 0.4\,\mathrm{g}$

0.4 gの酸素と反応する銅の質量は1.6 g ((2)より)。
したがって，酸化せずに残っている銅の質量は，

$2.8\,\mathrm{g} - 1.6\,\mathrm{g} = 1.2\,\mathrm{g}$

3 (1) $\textbf{電流} = \dfrac{\textbf{電圧}}{\textbf{抵抗《ていこう》}} = \dfrac{6\,\mathrm{V}}{20\,\Omega} = 0.3\,\mathrm{A}$

(2) $\textbf{電圧} = \textbf{抵抗} \times \textbf{電流} = 10\,\Omega \times 0.9\,\mathrm{A} = 9\,\mathrm{V}$

(3) 250 mA＝0.25 Aなので，

$\textbf{抵抗} = \dfrac{\textbf{電圧}}{\textbf{電流}} = \dfrac{5\,\mathrm{V}}{0.25\,\mathrm{A}} = 20\,\Omega$

(4) 電熱線に流れた電流は，

$\textbf{電流} = \dfrac{\textbf{電圧}}{\textbf{抵抗}} = \dfrac{6\,\mathrm{V}}{30\,\Omega} = 0.2\,\mathrm{A}$

したがって，電熱線で消費される電力は，

$\textbf{電力} = \textbf{電圧} \times \textbf{電流} = 6\,\mathrm{V} \times 0.2\,\mathrm{A}$
$= 1.2\,\mathrm{W}$

21 生物の成長と生殖

トレーニングテスト

1 (1) 酢酸オルセイン溶液(酢酸カーミン溶液, 酢酸ダーリア溶液)

(2) ア→オ→ウ→エ→イ

(3) 根は, 先端に近い部分で細胞の数がふえ, それぞれの細胞が大きくなることで成長する。

(4) 染色体《せんしょくたい》が複製されるから。

2 (1) 無性生殖《むせいせいしょく》 (2) ア, イ, ウ

3 (1) 柱頭

(2) ① 減数分裂《げんすうぶんれつ》 ② X…胚《はい》 Y…種子

4 (1) ア→イ→エ→オ→ウ (2) 発生

採点基準 **1** (3) (4) 正答例と同じ意味の解答であれば○。

解説

1 (2) まず, 核の形が消えて**染色体**が見えるようになり(オ), 染色体が中央に並ぶ(ウ)。染色体が細胞の両端に移動し(エ), しきりができて染色体が核になって(イ), 細胞分裂《さいぼうぶんれつ》が終わる。

(3) 動物も植物も, 体が成長するときは, 細胞分裂によって**体細胞の数がふえる。**この細胞分裂を体細胞分裂という。分裂した細胞は, **それぞれが大きくなり,** 生物の体は成長する。

(4) 染色体は分裂前に**複製**されることで2倍にふえ, 分裂によって2つに分けられるので, 1つの細胞の染色体の数は体細胞分裂をくり返しても変わらない。

2 (1) 受精《じゅせい》によって子をつくるふえ方を**有性生殖**《ゆうせいせいしょく》というのに対して, 受精を行わず, 分裂したり体の一部から新しい子ができたりするふえ方を**無性生殖**という。

(2) イソギンチャクは体の一部が分かれて新しい個体になる。オランダイチゴは茎から新しい個体をつくる**栄養生殖**でふえる。ミカヅキモのような単細胞生物は分裂によって新しい個体をつくる。

3 (1) 図2でもわかるように, 花粉が**柱頭**につくと**花粉管**をのばし始める。よって, 図1の砂糖水は, 柱頭と似た状態をつくったものである。

(2) ① 植物の**精**《せい》**細胞**や**卵**《らん》**細胞**, 動物の**精子**《せいし》や**卵**のような**生殖細胞**がつくられるときは, 体細胞の半分の数の染色体しかもたない生殖細胞がつくられる分裂が起こる。このような, 生殖細胞をつくるときだけに行われる特別な細胞分裂を**減数分裂**という。

② 種子植物で**受精**が行われると, **受精卵**は**胚**(芽が出たあと, 葉・茎・根に育つところ)になり, **胚珠**《はいしゅ》は**種子**になる。

4 (1) 受精卵は, 体細胞分裂によって細胞の数をふやしながら**胚**(自分で食べ物をとり始める前までの状態)になる。ウは細胞分裂をくり返して, 頭や尾ができ始めている状態である。

(2) 受精卵から胚を経て, 成体(生殖可能な個体)になるまでの過程を**発生**という。

22 遺伝の規則性と生物の進化

トレーニングテスト

1 (1) 無性生殖《むせいせいしょく》

(2) 下線部① 下線部②

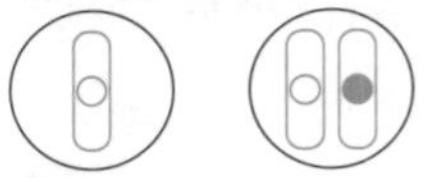

(3) 子は親とまったく同じ遺伝子《いでんし》を受けつぐ

2 (1) 分離の法則 (2) イ (3) オ (4) エ

3 (1) エ (2) ウ

採点基準 **1** (3) 正答例と同じ意味の解答であれば○。

解説

1 (1) 受精《じゅせい》によって子をつくるふえ方を**有性生殖**《ゆうせいせいしょく》というのに対して, 受精を行わず, 分裂したり体の一部から新しい子ができたりするふえ方を**無性生殖**という。

(2) 卵《らん》細胞は, 減数分裂《げんすうぶんれつ》によってAの細胞(めしべ)とくらべて染色体《せんしょくたい》の数が半分になっている。また, 受精卵は, Aの細胞の染色体の半分をもつ生殖細胞とBの細胞の染色体の半分をもつ生殖細胞が受精してできるので, Aの細胞の染色体とBの細胞の染色体の半分ずつをもつ。

(3) いもからふやすような**無性生殖**では, **子が親とまったく同じ遺伝子を受けつぐ**ので, **子の形質が親の形質とまったく同じになる。**

2 (2) しわのある種子をまいて育てた花粉なので, もっている遺伝子はaである。また, 花粉の中の精《せい》細胞は生殖細胞なので, 染色体の数は体細胞の半分である。

よって，イのようになる。

(3) **実験1**でできた種子はすべて丸い種子であることから，Aの遺伝子をもつことがわかる。また，受粉による有性生殖なので，しわのある種子をつくる親のaの遺伝子も受けつがれている。よって，**実験1**でできた種子の遺伝子はAaになる。

(4) **実験1**でできた丸い種子のもつ遺伝子の組み合わせはAaなので，Aaどうしを交配させると，子(孫)のもつ遺伝子の組み合わせは右の表のように，

	A	a
A	AA	Aa
a	Aa	aa

AA：Aa：aa＝1：2：1

となる。

AAとAaはどちらも丸い種子をつくるので，

丸い種子：しわのある種子＝3：1

となる。

3 (1) 魚類は古生代の前半，両生類は古生代の中ごろ，ハチュウ類は古生代の後半に現れた。その後，中生代のはじめにホニュウ類が，中ごろに鳥類が現れた。

(2) 現在の形やはたらきは異なるが，基本的なつくりが同じで，起源が同じものであったと考えられる器官を**相同器官**《そうどうきかん》という。ヒトのうでや鳥類のつばさ，クジラの胸びれなど，**セキツイ動物の前あし**にあたる部分は，骨格の基本的なつくりがよく似ており，相同器官にあてはまる。

23 水溶液とイオン

トレーニングテスト

1 (1) イ　(2) Cl_2

2 (1) ① H^+　② Cl^-

(2) 物質名…塩素　性質…水にとけやすい

(3) ウ

3 (1) 亜鉛板…$Zn \longrightarrow Zn^{2+} + 2e^-$

銅板…$Cu^{2+} + 2e^- \longrightarrow Cu$

(2) 銅板　(3) ウ　(4) a…化学　b…電気

4 ウ

採点基準 **2** (1) ①と②は順不同。

2 (2) 正答例と同じ意味の解答であれば○。

解説

1 (1) 陽《よう》イオンは＋《プラス》の電気をもつので陰極に引かれ，陰《いん》イオンは－《マイナス》の電気をもつので陽極に引かれる。

(2) 塩化銅のように，水にとかしたときに**電離**《でんり》して，その水溶液に電流が流れる物質を**電解質**という。塩化銅は塩化物イオン(Cl^-)と銅イオン(Cu^{2+})に電離する。陽極に引かれた**塩化物イオン**(Cl^-)が陽極に電子1個を受け渡して**塩素原子**(Cl)となり，これが2個結びついて**塩素分子**(Cl_2)となって気体の塩素として発生する。塩素には漂白《ひょうはく》作用があるので，漂白剤などに利用されることもある。

2 (1) 塩酸は**塩化水素**(HCl)の水溶液で，**水素イオン**(H^+)と**塩化物イオン**(Cl^-)に**電離**している。

(2) 塩化物イオンは陰イオンなので陽極に引かれて**塩素**として発生するが，塩素は**水にとけやすい**気体なので，水と置き換えて集めようとしても(水上置換《ちかん》法)，あまり集めることができない。

(3) 陰極で発生した気体は**水素**である。水素は亜鉛などの金属と酸を反応させても発生する。また，アでは二酸化炭素，イでは酸素，エではアンモニアが発生する。

3 (1) 亜鉛板では，亜鉛原子(Zn)が**電子を失って**，亜鉛イオン(Zn^{2+})になってとけ出す。一方，銅板では，水溶液中の銅イオン(Cu^{2+})が移動してきた**電子を受け取って**銅原子(Cu)になり，表面に付着する。

(2) ダニエル電池では，**イオンになりやすい金属のほうが－極**になる。

(3) 亜鉛板では，**亜鉛原子が亜鉛イオンになってとけ出している**ので，質量は減少する。銅板では，新たな銅が付着するので，質量は増加する。

24 酸・アルカリとイオン

トレーニングテスト

1 (1) 塩化水素　(2) 酸性　(3) OH^-　(4) ウ
(5) ウ

2 (1) 電流が流れるようにするため。
(2) 記号…ア
色が変化する理由…塩酸中に水素イオンがふくまれているから。
広がっていく理由…水素イオンは陽《よう》イオンであるため陰極《いんきょく》側に引き寄せられるから。

3 (1) イ
(2) 下図

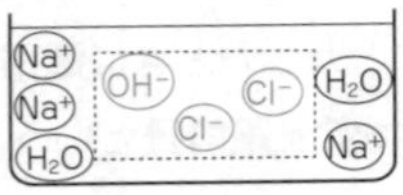

採点基準　**2** (1) (2) 正答例と同じ意味の解答であれば○。

解説

1 (1) **塩酸**とは，水に**塩化水素**をとかしてつくった水溶液である。水溶液は，水と溶質との混合物であるということもできる。
(2) 青色リトマス紙を赤色に変える水溶液の性質は酸性，赤色リトマス紙を青色に変える水溶液の性質はアルカリ性である。
(3) 酸性を示すイオンはH^+(**水素イオン**)，アルカリ性を示すイオンはOH^-(**水酸化物イオン**)である。
(4) BTB溶液は，**酸性で黄色**，**中性で緑色**，**アルカリ性で青色**を示す。
(5) マグネシウムは，酸性の水溶液と反応して水素を発生する。ア～エで，ウの酢酸以外の水溶液は，すべてアルカリ性の水溶液である。

2 (1) 純粋な水は電流が流れにくい。
(2) うすい塩酸は酸性である。酸性の性質を示すのは水素イオン(H^+)で，これは陽イオンなので電圧を加えると陰極側へ引かれて移動する。したがって，糸より陰極側の青色リトマス紙が赤色に変わっていく。

3 (1) BTB溶液を加えて青色のままだったので，アルカリ性である。pH《ピーエイチ》は，中性のときが7，7より小さいと酸性，7より大きいとアルカリ性を示す。
(2) Na^+が3個あるということは，OH^-も3個あったことを示す。また，H_2Oが2個あるということは，2個のOH^-と2個のH^+が反応したことを表すので，HClを2個入れたことがわかる。したがって，2個のHClが電離《でんり》してできた2個のCl^-と，反応できずに残っている1個のOH^-のモデルをかけばよい。

25 運動の規則性と力のはたらき

トレーニングテスト

1 (1) 58.8 cm　(2) 84 cm/s　(3) エ

2 (1) ① B…0.14 N　F…0.35 N　② 0.85 N
(2) 水に入っている部分の体積が大きいほど，物体にはたらく浮力は大きくなる。(物体にはたらく浮力の大きさは，物体の水中部分の体積に比例する。)
(3) ウ

採点基準　**2** (2) 正答例と同じ意味の解答であれば○。

解説

1 (1) 表から，各記録テープの長さは規則的に長くなっていることがわかる。テープ1本ごとに2.4 cmずつ長くなっているので，①の長さは，

$$13.2\text{ cm} + 2.4\text{ cm} = 15.6\text{ cm}$$

よって，②の長さは，

$$43.2\text{ cm} + 15.6\text{ cm} = 58.8\text{ cm}$$

別解　表より，1本目からのテープの長さの合計はテープの本数の2乗に比例していることがわかる。したがって，②の長さは，

$$1.2\text{ cm} \times 7^2 = 58.8\text{ cm}$$

(2) 1本分を打点する時間は，1秒間に50打点するうちの5打点分なので，0.1秒である。したがって，4本目のテープが記録された区間の台車の平均の速さは，

$$8.4\text{ cm} \div 0.1\text{ s} = 84\text{ cm/s}$$

(3) 台車に対して運動の向きには力がはたらいておらず，台車にはたらいている**重力**と**垂直抗力**《すいちょくこうりょく》が**つり合っている**ため，台車は**等速直線運動**を行うのである。

2 (1) ① B…Aのとき12.0 cmだったばねののびがBでは10.6 cmになっている。図1より，このばねは1 N（100 gの物体にはたらく重力）で10 cmのびるので，Bのとき，物体にはたらく浮力《ふりょく》は，

$$1\,\mathrm{N}\times\frac{(12.0-10.6)\,\mathrm{cm}}{10\,\mathrm{cm}}=0.14\,\mathrm{N}$$

F…C～Gのとき，物体はすべて水中にあるので，物体にはたらいている浮力はすべて等しい。C～Eのときのばねののびは8.5 cmなので，このとき物体にはたらく浮力は，

$$1\,\mathrm{N}\times\frac{(12.0-8.5)\,\mathrm{cm}}{10\,\mathrm{cm}}=0.35\,\mathrm{N}$$

Fのときに物体にはたらく浮力も等しいので，0.35 Nである。

② 物体の重さは，Aのときにばねにかかる力に等しい。Aのときのばねののびは12.0 cmなので，物体の重さは，

$$1\,\mathrm{N}\times\frac{12.0\,\mathrm{cm}}{10\,\mathrm{cm}}=1.20\,\mathrm{N}$$

Gのときのばねののびは0 cmなので，ばねには力がかかっていない。①のFの解説より，物体にはたらいている浮力の大きさは0.35 Nなので，物体が容器の底の面を押す力は，

$$1.20\,\mathrm{N}-0.35\,\mathrm{N}=0.85\,\mathrm{N}$$

物体にはたらく**垂直抗力**はこの力と**作用・反作用**の関係にあるので，0.85 Nである。

(2) A→B→Cと，水に入っている部分の体積が大きいほど，ばねののびが短くなっている。

(3) 図3と比較して，物体が水に入っている部分の長さが等しいとき，物体が水に入っている部分の体積は2倍になるので，はたらく浮力も2倍になる。つまり，底面積が2倍になると，ばねののびの変化も2倍になる。

質量が同じなので，はじめのばねののびは12 cmである。また，物体が水に入っている部分の長さが5 cmのとき，図3でのばねののびは，水に入れる前とくらべて3.5 cm短くなっているので，底面積が2倍の物体でのばねののびは，

$$12.0\,\mathrm{cm}-3.5\,\mathrm{cm}\times2=5.0\,\mathrm{cm}$$

これが成立するグラフはウだけである。

26 仕事とエネルギー

トレーニングテスト

1 (1) 0.13 W (2) 0.6 J
(3) ばねばかり…0.5 N 糸の長さ…160 cm

2 (1) ① 大きい ② 仕事 (2) 15 cm

3 (1) イ (2) ア

解説

1 (1) 80 g（0.8 N）のおもりを80 cm（0.8 m）引き上げたので，このときした**仕事**は，

仕事〔J〕＝加えた力〔N〕×力の向きに動いた距離《きょり》〔m〕
＝0.8 N×0.8 m＝0.64 J

この仕事をするのに5.0秒かかったので，このときの**仕事率**《しごとりつ》は，

$$\textbf{仕事率〔W〕}=\frac{\textbf{仕事〔J〕}}{\textbf{仕事にかかった時間〔s〕}}$$

$$=\frac{0.64\,\mathrm{J}}{5.0\,\mathrm{s}}=0.128\,\mathrm{W}\fallingdotseq0.13\,\mathrm{W}$$

(2) モーターに加わる**電圧**は2.0 V，流れる**電流**は0.60 A，電流を流した**時間**は0.5秒なので，

電力量〔J〕＝電力〔W〕×時間〔s〕
＝電圧〔V〕×電流〔A〕×時間〔s〕
＝2.0 V×0.60 A×0.5 s
＝0.6 J

(3) 80 g（0.8 N）のおもりと20 g（0.2 N）の動滑車《かっしゃ》にはたらく重力がばねばかりとプーリーの2つに分かれるので，ばねばかりの示す値は，

(0.8＋0.2) N÷2＝0.5 N

このときモーターがした仕事は，

(0.8＋0.2) N×0.8 m＝0.8 J

モーターが引いた力はばねばかりにかかっていた力と同じ0.5 Nなので，巻かれた糸の長さ（力の向きに動いた距離）を x とすると，**仕事の原理**より，

$0.5\,\mathrm{N}\times x=0.8\,\mathrm{J}$

$x=1.6\,\mathrm{m}=160\,\mathrm{cm}$

別解　動滑車が80 cm上がると，動滑車の左右のひもの80 cm分を巻き取らなくてはならないので，巻かれた糸の長さは，

80 cm×2＝160 cm

注意　この問題だけであれば別解のように解いたほうが簡単だが，ほかの問題でも仕事の原理が使われる

ので，仕事の原理を使って解く練習をしておこう。

2 (1) ① 表より，台車の高さが同じとき，500 gの台車のときより750 gの台車のときのほうが木片の移動距離が大きくなっている。

② 台車がもっていた力学的エネルギーが木片の力学的エネルギーに変換されることによって台車が木片に**仕事**をしたといえる。

(2) 表の結果から，**木片の移動距離**は**台車の質量**に**比例**しているといえるので，1000 gの台車を6 cmの高さから手をはなしたときの木片の移動距離をxとすると，

500 g：1000 g＝7.0 cm：x　　x＝14.0 cm

また，表の結果から，**木片の移動距離**は**台車をはなす高さ**に**比例**しているといえるので，1000 gの台車を木片に衝突させて，木片が35.0 cm移動したときに台車をはなした高さをyとすると，

6 cm：y＝14.0 cm：35.0 cm　　y＝15 cm

別解　表の結果より，木片の移動距離は台車の質量に比例し，台車をはなす高さにも比例するので，500 gの台車を6 cmの高さからはなしたときに木片が7.0 cm移動したことを基準とし，求める「ある高さ」をyとすると，次のような式ができる。

$$7.0\text{ cm}\times\frac{1000\text{ g}}{500\text{ g}}\times\frac{y}{6\text{ cm}}=35.0\text{ cm}$$

y＝15 cm

3 (1) 静止した物体の運動エネルギーは0である。また，運動エネルギーは，位置エネルギーが減少した分だけ増加し，位置エネルギーが増加した分だけ減少する。そのため，位置エネルギーと運動エネルギーの和である力学的エネルギーは一定に保たれている。このことを，**力学的エネルギーの保存**(**力学的エネルギー保存の法則**)という。

(2) 糸の長さやおもりの大きさが変わらないので振り子の長さ(支点からおもりの重心までの長さ)も変わらない。振り子が**1往復する時間**は，おもりの重さや振れ幅には関係なく，**振り子の長さによって決まる**ので，振り子の長さが変わらなければ，おもりが1往復する時間も変わらない。また，運動エネルギーは運動する物体の質量に比例するので，おもりを質量の大きなものに変えると，**実験1**と比べて最下点Qでの運動エネルギーは大きくなる。

27 天体の動き

トレーニングテスト

1 (1) エ

(2) 動き…日周《にっしゅう》運動

理由…地球が西から東へ自転《じてん》しているから。

(3) ア　(4) ウ

2 (1) C

(2) ウ

(3) 下図

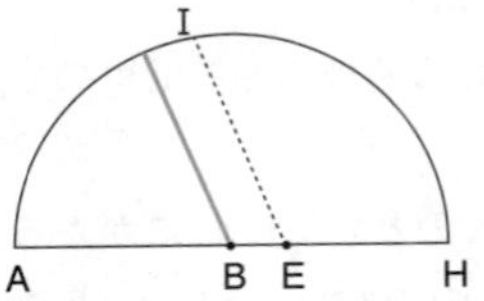

(4) イ

3 (1) C

(2) 4時間24分

(3) ① 南中《なんちゅう》高度…イ　緯度…エ

② 下図

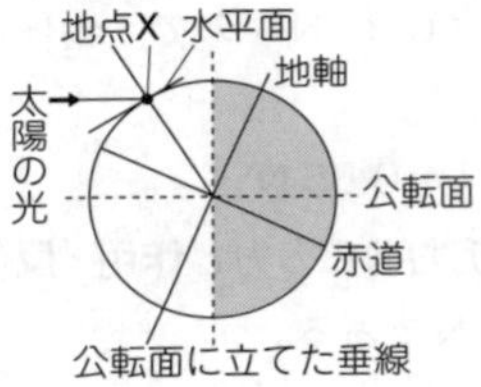

採点基準　**1** (2) 正答例と同じ意味の解答であれば○。
2 (3) Bを通り，IEに平行な直線なら○。

解説

1 (1) 南の空に見える星は，東→南→西(左から右へ)と動いていくように見える。

(2) オリオン座に限らず，天体の1日の動きを**日周運動**という。天体の日周運動は，**地球の自転によって起こる見かけの運動**である。

(3) 地球が公転《こうてん》していることによって，同じ星が同じ位置に見える時刻は，**1か月で2時間ずつ早くなる**。よって，21時の2時間前である19時頃に同じ位置に見える。

(4) アでは夕方，イでは真昼，ウでは明け方，エでは真夜中に南中する。イの位置の地球からはオリオン座が太陽と同じ方位にあり，明るすぎて見ることができない。

2 (1) 透明半球の中心Cは，**観測地**を表している。

(2) 観測地CからＩの位置にある太陽を見たときの高度である。

(3) **秋分の日**は，太陽が**真東から出て真西に沈む**ので，Bが日の出の位置である。また，太陽の1日の動きは毎日少しずつ平行移動して，1年でもとにもどるので，秋分の日の太陽の動きも夏至の日の太陽の動きと**平行**である。

(4) もし地軸が公転面に対して垂直であれば，太陽は，毎日真東から出て真西に沈む春分の日や秋分の日と同じ動きをする。北緯32°の地点の**春分(秋分)の日の太陽の南中高度**は，

90° − **緯度** = 90° − 32.0° = 58.0°

したがって，太陽の南中高度は1年を通して58.0°で変化しない。

3 (1) 太陽の通り道が傾いている側が南で，その反対側が北である。よって，手前側が東で向こう側が西である。したがって，東側のAとCは日の出の位置で，BとDは日の入りの位置である。夏至の日の日の出の位置は最も北寄りになるので，Cが夏至の日の日の出の位置，Dが夏至の日の日の入りの位置である。

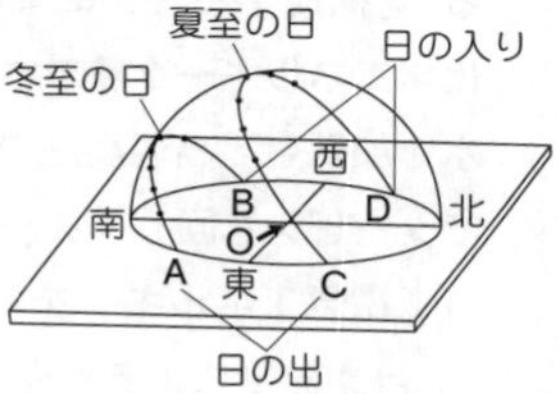

(2) AB間とCD間のテープの長さの差は，

35.5 cm − 24.5 cm = 11.0 cm

1時間あたりの長さが2.5 cmなので，11.0 cmの時間は，

11.0 cm ÷ 2.5 cm = 4.4時間

0.4時間を「分」に直すと，

0.4 × 60分 = 24分

したがって，AB間(冬至の日の太陽の動き)とCD間(夏至の日の太陽の動き)のときの昼の長さの差は，4時間24分となる。

(3) ① 水平面から太陽が南中した位置までの高度が**太陽の南中高度**なのでイ，赤道からその地点までの角度が**緯度**なのでエである。

② 太陽の光に対して反対側には光が当たっていない。

28 太陽系と銀河系

トレーニングテスト

1 (1) 恒星《こうせい》

(2) 太陽光により，目をいためるから。

(3) ウ　(4) 黒点は周囲よりも温度が低いから。

(5) イ

2 (1) 3時間後　(2) エ　(3) ア

3 (1) ウ　(2) イ

採点基準　**1** (2) (4) 正答例と同じ意味の解答であれば○。

解説

1 (1) 星座をつくっている星も，すべて自ら光を放つ**恒星**である。

(2) 太陽光は非常に強い光で，さらに凸《とつ》レンズを使った望遠鏡でのぞくと，光が集まり目をいためてしまう。

(3) 地球が西から東へ自転《じてん》していることにより，太陽が東から西へ動くため，太陽の像が記録用紙の外へしだいに移動する。

(4) 太陽の表面温度は約6000 ℃であるが，**黒点**の部分の温度は約4000 ℃である。

(5) 太陽は，東から西へ**自転**している。

2 (1) 天体の**日周《にっしゅう》運動**は**地球の自転**によるものなので，どの天体も24時間でおよそ360°，すなわち1時間に約15°ずつ動く。太陽と金星のなす角度が45°なので，太陽が沈んでから金星が沈むまでの時間は，

45° ÷ 15° = 3 (時間)

(2) 1か月後のBの地球とQの金星のように，金星がしだいに地球へ近づいてくるので，金星の見かけの大きさはしだいに大きくなる。また，金星がPの位置から地球に近づいてくるにつれて，太陽−地球−金星の順に結んだときにできる角が小さくなるため，欠け方はしだいに大きくなる。

(3) 地球が0.62年で公転する角度は，

$$360° \times \frac{0.62}{1} = 223.2°$$

よって，およそ右図のような位置関係になっている。したがって，このとき金星は，明け方の東の空に見えることがわかる。

3 (1) **太陽系**は，**銀河《ぎんが》系**の中心から約2.8万光年はなれた位置にある。

29 生物界のつながり

トレーニングテスト

1 (1) 食物連鎖《しょくもつれんさ》　(2) 生産者　(3) エ

2 ウ

3 (1) イ　(2) ウ　(3) 袋A…エ　袋B…ア

解説

1 (3) 魚が急激に減少することによって，天敵がいなくなった動物プランクトンが増加する。植物プランクトンにとっては天敵である動物プランクトンがふえるので，植物プランクトンは減少する。

2 **Xの個体数は左の縦軸**で読み，**Yの個体数は右の縦軸**で読むことに注意する。

ア：Yの個体数が最大になったときは1885年なので誤り。

イ：1875年から1905年ではどちらも1885年に最大になっているが，Xの個体数は約14万，Yの個体数は約8千で，Yの個体数はXの個体数の半数以下なので誤り。

エ：1905年から1915年の間ではどちらも1915年に最小になっているが，Xの個体数は約1万，Yの個体数は約600で，Xの個体数はYの個体数の約17倍なので誤り。

3 (1) アはダニ，イはトビムシ，ウはクモ，エはカニムシである。

(2) 土の中の微生物(**菌類《きんるい》・細菌類《さいきんるい》**)が存在しているものと存在していないものを比較するので，試験管Bの上ずみ液は煮沸して微生物を**死滅《しめつ》**させる。

(3) 袋Aでは，**石灰水が白くにごった**ことから**二酸化炭素**が発生したことがわかり，**ヨウ素液**を加えても変化が見られなかったことから**デンプンが分解されている**ことがわかる。これは，土の中の微生物が，デンプンを呼吸によって分解することによって二酸化炭素が発生したためである。袋Bでは，石灰水が変化しなかったことから二酸化炭素は発生しなかったことがわかり，ヨウ素液を加えたときに青紫色になったことからデンプンが分解されずに残っていることがわかる。これは，袋Bの液の中に微生物が存在していなかったためである。

30 科学技術と自然環境

トレーニングテスト

1 (1) A…エ　B…ウ

(2) コージェネレーションシステム

(3) 再生可能な資源《しげん》だから。くり返し生産できる資源だから。　などから1つ

2 (1) エ　(2) 生分解性プラスチック

3 (1) 64 %

(2) 自動車の交通量にちがいがあること。

採点基準　1 (3)，3 (2) 正答例と同じ意味の解答であれば○。

解説

1 (1) 火力発電では石油などの**化石燃料**(近年では天然ガスが最も多く利用され，次に石炭，石油の順である)を燃焼することによって，化石燃料がもっていた**化学エネルギー**を**熱エネルギー**に変換する。この熱で水を加熱して高温高圧の水蒸気をつくり，その水蒸気でタービンを回し，タービンに連結された発電機を回して**電気エネルギー**を得ている。

(2) 自家発電による排熱を給湯や暖房に利用するシステムを**コージェネレーションシステム**という。これは，通常の送電にともなうエネルギーの損失を省くことができ，エネルギーを非常に効率よく利用できることから，大規模ビルディングなどで実用化されている。

(3) **バイオマス(生物資源)**は，あらたに生産できるため，枯渇《こかつ》の心配が少ない。

2 (1) 図の識別マークにある「PET」は，**ポリエチレンテレフタラート**の略称である。ポリエチレンテレフタラートは，ペットボトルの原料としても用いられる。

3 (1) 顕微鏡の視野の中に見られる気孔の数は50個である。その中で，よごれている気孔の数は32個である。したがって，よごれの度合いを百分率で表すと，

$$\frac{32}{50}\times 100 = 64 \quad \rightarrow 64\ \%$$

(2) 自動車の排出ガスが関係しているかどうかを調べるので，自動車の排出ガスの量にちがいがある地点を比較しなければならない。

ポイントチェック③

1 (1) Aa (2) ウ
2 (1) ア (2) エ
3 (1) 40 J (2) 6 W

解説

1 (1) 純系《じゅんけい》の丸形のエンドウがつくる生殖《せいしょく》細胞がもつ遺《い》伝子《でんし》はA，純系のしわ形のエンドウがつくる生殖細胞がもつ遺伝子はaで，これらが受精してつくる受精卵《じゅせいらん》がもつ遺伝子の組み合わせはAaとなる。

(2) Aaの遺伝子をもつ子どうしの交配なので，孫に現れる遺伝子の組み合わせは，次の表のようになる。

	A	a
A	AA	Aa
a	Aa	aa

よって，遺伝子の組み合わせは，次のような割合で現れる。

AA：Aa：aa＝1：2：1

AAとAaは丸形の形質を現し，aaはしわ形の形質を現すので，孫に現れる形質の割合は，

丸形：しわ形＝(1＋2)：1＝3：1

2 (1) うすい塩酸の中では，塩化水素が水素イオン(H^+)と塩化物イオン(Cl^-)に電離《でんり》していて，**酸性**を示すのは**水素イオン**である。水素イオンは陽《よう》イオンなので陰極へ移動し，アの青色リトマス紙を赤色に変える。

(2) うすい水酸化ナトリウム水溶液の中では，水酸化ナトリウムが水酸化物イオン(OH^-)とナトリウムイオン(Na^+)に電離していて，**アルカリ性**を示すのは**水酸化物イオン**である。水酸化物イオンは陰《いん》イオンなので陽極へ移動し，エの赤色リトマス紙を青色に変える。

3 (1) **仕事〔J〕**
＝加えた力〔N〕×力の向きに動いた距離〔m〕
＝5 N×8 m＝40 J

(2) **仕事率〔W〕＝$\dfrac{\text{仕事〔J〕}}{\text{仕事にかかった時間〔s〕}}$**

$=\dfrac{90\ \text{J}}{15\ \text{s}}=6\ \text{W}$

31 実験・観察操作

トレーニングテスト

1 (1) 水が逆流して加熱部分に流れ込むから。
(2) エ (3) イ (4) 炭酸ナトリウム
2 エ
3 (1) ① ウ ② エ (2) 94.5 mL (94.5 cm^3)
4 (1) ① イ ② ウ (2) エ
5 エ

採点基準 **1** (1) 正答例と同じ意味の解答であれば○。

解説

1 (1) ガラス管の先を水の中に入れたまま加熱をやめると，試験管Aの中の空気が冷えて気圧が下がり，水槽の水が試験管Aの中に逆流して**試験管Aが割れるおそれがある**。

(2) 試験管Aの口の内側についていた無色の液体は，炭酸水素ナトリウムが熱によって分解されてできた**水**である。水の有無を調べるには青色の塩化コバルト紙を使い，**青色の塩化コバルト紙を水につけると赤色(桃色)になる**。

(3) 発生した気体によって**石灰水が白くにごった**ので，発生した気体は**二酸化炭素**である。

(4) **炭酸水素ナトリウム**を加熱すると，**炭酸ナトリウム**(白色の固体)と**水**と**二酸化炭素**に**分解**される。

2 ねじAは**空気調節ねじ**，ねじBは**ガス調節ねじ**である。空気の量をふやすには，Aの空気調節ねじをQの向き(左回り)に回して開く。

3 (1) メスシリンダーで液体の体積を測定するときは，目の高さを液体の水平面と同じ高さにして，**水平面の目盛りを読み取る**。このとき，目分量で**最小目盛りの10分の1まで読み取る。**

(2) 液体の水平面の高さが，94 mL (cm^3) と95 mL (cm^3)の目盛りのちょうど中間になっている。

4 (1) ① 顕微鏡は，**直射日光の当たらない明るいところ**で使用する。直射日光が当たっているところでは明るすぎて，目をいためてしまうおそれがある。

② 顕微鏡のピントを合わせるときは，対物レンズとプレパラートをぶつけてカバーガラスを割るなどしないように，まず横から見ながら対物レンズとプレパラートをできるだけ近づけて，その次に接眼レンズを

のぞきながら，対物レンズとプレパラートをゆっくり遠ざけていき，ピントが合ったところで止める。

(2) 顕微鏡では，**上下左右が逆に見える**ので，図3の左下に見える花粉は，実際には中央より右上にある。したがって，これを視野の中央に移動させるためには，プレパラートを左下に動かせばよい。視野の端に見えるものを中央へ移動させるには，物体が見える方へプレパラートを動かせばよいのである(物体が左下に見えるのであれば，プレパラートを左下へ動かす)。

5 観察するものが動かせるときも動かせないときも，ルーペは必ず目に近づけて持つ。ピントを合わせるときは，観察するものが動かせるときは観察するものを前後に動かし，観察するものが動かせないときは，自分が近づいたり離れたりして，はっきり見える位置をさがす。

Step2 ｜総合力をつける！

32 計算問題

1 a…0.4　b…2.1　c…0.3

2 (1) 27 %　(2) イ

3 32 g

4 4.0 Ω

5 20 J

6 900 W

7 (1) 120 km　(2) 8時42分55秒

8 面…ウ　圧力…4000 Pa (4000 N/m^2)

解説

1 蒸散《じょうさん》できる場所を整理すると，A：葉の裏・茎《くき》，B：葉の表・茎，C：葉の表・葉の裏・茎となる。

a＝葉の表＝C－A

$= 2.8\ cm^3 - 2.4\ cm^3 = 0.4\ cm^3$

b＝葉の裏＝C－B

$= 2.8\ cm^3 - 0.7\ cm^3 = 2.1\ cm^3$

c＝茎＝A＋B－C

$= 2.4\ cm^3 + 0.7\ cm^3 - 2.8\ cm^3 = 0.3\ cm^3$

2 (1) $\dfrac{37\ g}{100\ g + 37\ g} \times 100 = 27.0\cdots$　→27 %

(2) $70\ g - 37\ g = 33\ g$

3 $0.2\ N : x = 3\ cm : 4.8\ cm$　　$x = 0.32\ N$

よって，32 g

4 $\dfrac{2.0\ V}{0.5\ A} = 4.0\ \Omega$

5 $20\ N \times 1\ m = 20\ J$

6 300 kgの物体にはたらく重力の大きさは3000 N，1分は60秒なので，

$\dfrac{3000\ N \times 18\ m}{60\ s} = 900\ W$

7 (1) グラフから，P波とS波の到達時間の差が10秒になっている地点の震源《しんげん》からの距離《きょり》を読み取る。

(2) 震源からの距離が120 kmの地点では，地震が発生してからP波がとどくまでに20秒かかっている。したがって，地震が発生した時刻は，

8時43分15秒－20秒＝8時42分55秒

8 $\dfrac{20\ N}{(0.05 \times 0.10)\ m^2} = 4000\ Pa\ (4000\ N/m^2)$

33 グラフ問題

1 (1) 0.1 N　(2) 40
2 塩化ナトリウム，硫酸銅
3 イ
4 (1) ウ　(2) エ
5 50 km

解説

1 (1) グラフより，ばねAが4.5 cmのびたときにばねにはたらいている力の大きさは0.5 Nである。また，**実験1**で，物体Pをばねにつるしたときに5.4 cmのびているので，物体Pの重さを x〔N〕とすると，

4.5 cm：5.4 cm＝0.5 N：x　x＝0.6 N

したがって，**実験2**で，物体Pが台を押す力は，

0.6 N－0.5 N＝0.1 N

(2) **実験3**より，ばねBに60 gの物体Pをつるし，0.6 Nの力を加えたときののびは，4.5 cmより短いことがわかる。また，**実験4**より，ばねBに物体Qをつるすと，3.0 cmのびることがわかる。
ここで，60 gの物体Pをつるしたときに4.5 cmのびるばねCがあると考える。ばねCを3.0 cmのばすのに必要な物体の質量を y〔g〕とすると，

60 g：y＝4.5 cm：3.0 cm　y＝40 g

ばねBはばねCよりのびにくいので，3.0 cmのびるときの物体Qの質量は，40 gより大きい値のいずれかになる。

2 40 ℃の溶解度をくらべると，ミョウバンは約24 g，ホウ酸は約9 gまでしかとけないが，塩化ナトリウムや硫酸銅は30 gすべてとける。

3 取り出した塩酸中にふくまれる H^+ や Cl^- の量は，もとの塩酸Yで考えると，

$$50\ \text{cm}^3 \times \frac{40\ \text{cm}^3}{100\ \text{cm}^3} = 20\ \text{cm}^3$$

なので，20 cm^3 に相当する。グラフより，水酸化ナトリウム水溶液X 20 cm^3 を完全に中和するのに必要な塩酸Yが40 cm^3 なので，

X：Y＝20 cm^3：40 cm^3＝x：20 cm^3

x＝10 cm^3

4 (1) グラフから，露点《ろてん》である15.4 ℃のときの飽和《ほうわ》水蒸気量を読み取る。

(2) 室温が高くて露点が低いと湿度《しつど》が低くなるので，湿度はイよりウのほうが低く，アよりエのほうが低い。よって，ウとエのみの湿度を求めて比較すればよい。

$$\text{ウの湿度} = \frac{8.5\ \text{g/m}^3}{11.5\ \text{g/m}^3} \times 100 = 73.9\cdots \quad \rightarrow 74\ \%$$

$$\text{エの湿度} = \frac{11.0\ \text{g/m}^3}{16.0\ \text{g/m}^3} \times 100 = 68.75 \quad \rightarrow 69\ \%$$

5 図1より，**初期微動継続時間**は6秒である。図2より，初期微動継続時間が6秒になっているのは，震源《しんげん》からの距離が50 kmのときである。

34 長文問題

1 (1) $H_2SO_4 + Ba(OH)_2 \longrightarrow BaSO_4 + 2H_2O$
(2) Y3には，塩化ナトリウムが水にとけているため，水中に<u>イオン</u>が多くあるのに対し，X3には，硫酸バリウムが水にとけないため，水中に<u>イオン</u>がないと考えられるから。
(3) ウ　(4) イ

採点基準 **1** (2) 正答例と同じ意味の解答であれば○。

解説

1 (1) **硫酸**（H_2SO_4）は水溶液中で**水素イオン**（H^+）と**硫酸イオン**（SO_4^{2-}）に**電離《でんり》**している。また，**水酸化バリウム**（$Ba(OH)_2$）は水溶液中で**バリウムイオン**（Ba^{2+}）と**水酸化物イオン**（OH^-）に電離している。この2つの水溶液を混ぜると，水素イオンと水酸化物イオンが結びついて**水**ができ，硫酸イオンとバリウムイオンが結びついて**硫酸バリウム**ができる。

(2) 水溶液中にイオンが存在すると，水溶液に電流が流れる。

(3) Y1，Y2，Y3には，塩《えん》として塩化ナトリウムができている。塩化ナトリウムのように，**温度が変化しても溶解度があまり変化しない**物質は，温度を下げる方法は適さないので，水を蒸発させる。

(4) 水酸化バリウム水溶液の濃度を2倍にしても，硫酸の濃度はそのままなので，生じる沈殿の質量は変わらず0.3 gである。ただし，0.3 gの沈殿が生じるのに必要な水酸化バリウム水溶液の質量は**実験1**のときの半分になる。中性になるまでに加える水酸化バリウム水溶液の質量は，

22.5 g÷2＝11.25 g

35 作図問題

1

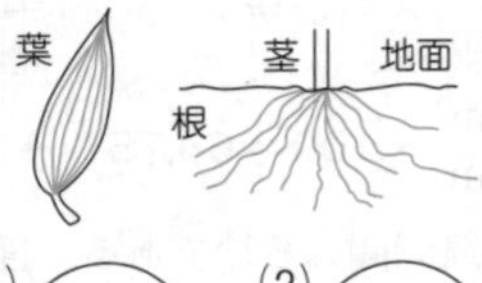

2 (1)

(2)

3

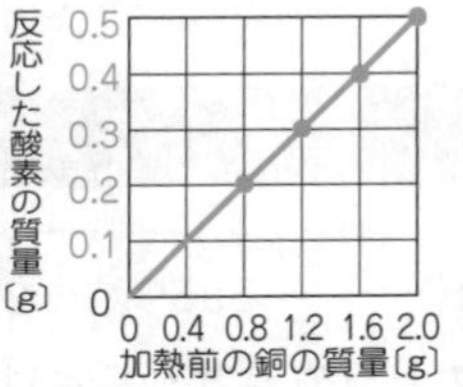

4

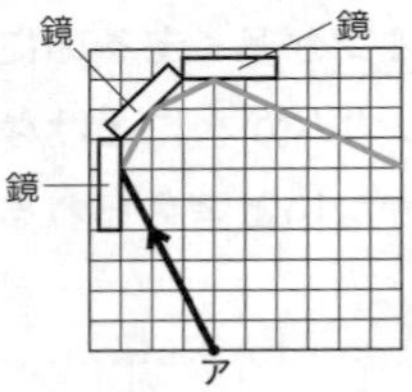

5

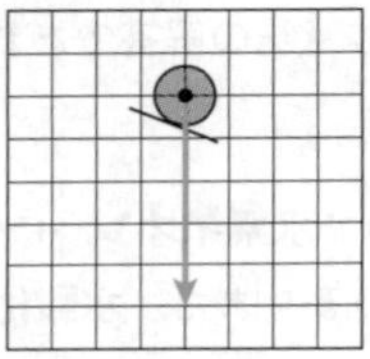

6

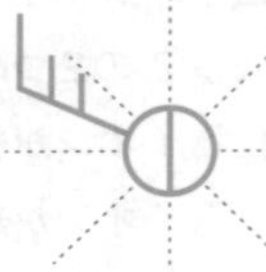

7

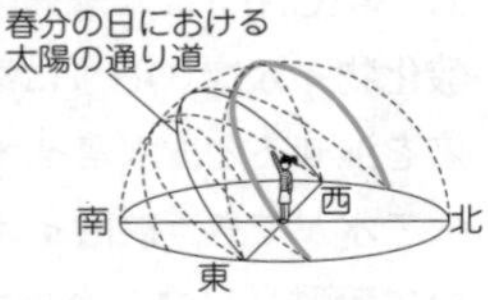

採点基準 **2** (2) と の位置が逆でも○。

解説

1 子葉が1枚なので**単子葉類**《たんしようるい》である。**単子葉類**の葉脈は**平行脈**で根は**ひげ根**である。

2 (1) Aの体の細胞の**染色体**《せんしょくたい》の数が半分になる**減数分裂**《げんすうぶんれつ》を行い，**生殖**《せいしょく》**細胞**をつくる。

(2) AとBから1本ずつ染色体を受けつぐ。

3 反応した酸素の質量＝酸化銅の質量－銅の質量

4 **入射角＝反射角**となるようにする。

6 雲量は6くらいなので**晴れ**。**風向**は風向計がさす向き（風がふいてくる向き）なので西北西。

7 夏至の日は，太陽は最も北寄りからのぼり，最も北寄りに沈む。また，天球上の太陽の通り道は，春分の日と平行になる。

36 記述問題

1 運動エネルギーや位置エネルギーの一部が熱や音などのエネルギーに変わるから。

2 地軸《ちじく》が地球の公転《こうてん》面に対して傾いたまま，太陽のまわりを公転している

3 光の速さより音の伝わる速さのほうが遅いから。

4 反応する酸素の質量には限度があるから。

5 生活していた範囲が広く，生存していた期間が短い。（24字）

6 マグマが地表付近で急に冷えて固まってできた。

7 はじめに出てくる気体には，三角フラスコの中にあった空気が多く混ざっているから。

8 消化酵素《こうそ》のはたらく体温に近い温度にするため。

9 火を近づけると，音を立てて燃焼《ねんしょう》する（爆発する）。

10 液体が突沸《とっぷつ》して（急に沸騰《ふっとう》して）飛び出すのを防ぐため。

11 ジャガイモBはジャガイモAと同じ染色体《せんしょくたい》（遺《い》伝子《でんし》）をもつので，ジャガイモAと同じ形質《けいしつ》になる。

12 変化…進化
理由…適した形質（形やはたらき）をもつものが多く生き残ったから。

13 名称…柔毛《じゅうもう》　理由…表面積が大きくなるから。

採点基準 正答例と同じ意味で条件を満たしていれば○。

解説

3 光の速さは約30万km/s，空気中を伝わる音の速さは約340 m/sである。

6 図のつくりは，**火山岩**の特徴である**斑状**《はんじょう》**組織**である。

11 **無性生殖**《せいしょく》では，子が親と**まったく同じ遺伝子**を受けつぐので，**形質が親とまったく同じ**になる。

37 実験・観察の操作の問題

1 手であおぐようにしてかぐ。
2 イ
3 投影板を接眼レンズから遠ざけた。
4 葉を脱色するはたらきがあるから。
5 エ
6 ろ紙のすきまより小さい水の粒子は通り抜けるが，デンプンの粒子は通り抜けることができないため。
7 A…ア　B…ウ

採点基準 **1**，**3**，**4**，**6** 正答例と同じ意味の解答であれば○。

解説

1 気体には**有毒**なものがあるため，直接かがずに，手であおぐようにしてかぐ。
2 薬包紙の質量もふくまれるので，一方の皿で薬包紙を使うときは，もう一方の皿にも置く必要がある。
4 葉の緑色を**脱色**して，ヨウ素液の反応を見やすくするための処理である。
5 細胞壁《さいぼうへき》どうしを結びつけている物質がとけ，細胞1つ1つが離れるので，細胞を観察しやすくなる。

38 仮説を立てて検証する問題

1 (1) CO_2　(2) 乱反射
(3) a…水　b…白くにごったまま
(4) 温度が高いほど短い

採点基準 **1** (3) (4) 正答例と同じ意味の解答であれば○。

解説

1 (1) **有機物**には**炭素**がふくまれており，燃やすと**二酸化炭素**が発生する。
(3) 胃腸薬が関係しているかどうかを調べるので，胃腸薬がある場合とない場合で同じ実験をし，異なる結果になることを確認する必要がある。
(4) 会話文に**仮説Ⅱ**は正しいと記されているので，「胃腸薬のはたらきの強さは，温度が高いほど大きくなる」ことの根拠を，実験結果の図5から読み取る。

39 日常生活に関係する問題

1 (1)

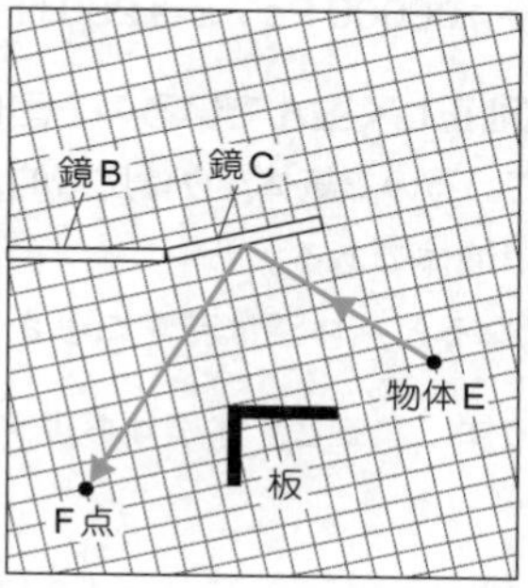

(2) 鏡にうつる範囲が広くなるようにする
2 地震で発生したエネルギーの一部が弾性《だんせい》エネルギーになるので，建物が受ける運動エネルギーが減り，ゆれは小さくなるから。
3 親の染色体《せんしょくたい》をそのまま受けつぐので，親と同じ形質《けいしつ》が現れる
4 (1) 250 N
(2) 容器内の空気がゴム板を押す力が，おもり，ゴム板，フック，糸にはたらく重力の和よりも小さくなったため。
5 (1) 液体…ウ　気体…イ
(2) 同じ質量の場合，液体にすると気体よりも体積が小さくなるので，より多くの量を貯蔵できる。

採点基準 **1** (2)，**2**，**3**，**4** (2)，**5** (2) 正答例と同じ意味の解答であれば○。

解説

1 (1) まずは，鏡Cにうつる物体Eの像の位置をかき入れる。鏡にうつる像は，**鏡の面に対して物体と線対称の位置**にできるので右の図のE′の位置になる。次に，像(E′)からF点に向かって直線を引き，その直線と鏡Cの表面との交点を物体Eと結んで，矢印をかき入れる。

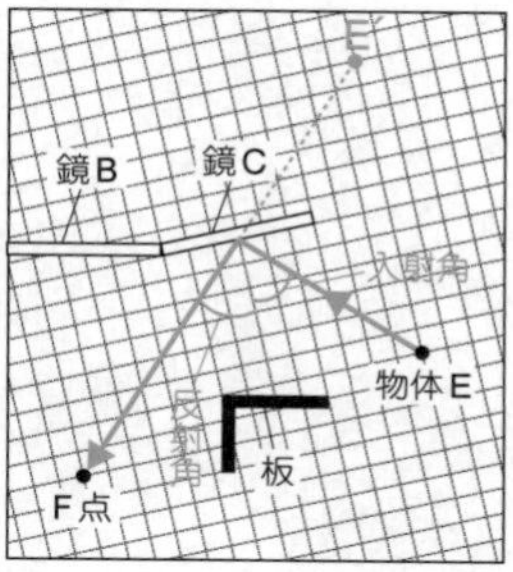

2 ゆれを起こす運動エネルギーの一部を**弾性エネルギー**に変換させることで，ゆれを小さくしている。

4 (1) $25\ \text{cm}^2 = 0.0025\ \text{m}^2$，また，$1000\ \text{hPa} = 100000\ \text{Pa}$なので，ゴム板が大気から受ける力を$x$とすると，

$$\frac{x}{0.0025\ \text{m}^2} = 100000\ \text{Pa} \quad x = 250\ \text{N}$$

5 (1) アは粒子が**規則正しく並んでいる**ので固体，イは**自由に飛び回っている**ので気体，ウは**比較的自由に動き回っている**ので液体である。

(2) 気体が液体になると，体積は非常に小さくなる。水素が気体から液体になると，体積はおよそ$\frac{1}{800}$になる。

Step3 入試にそなえる！

第1回 入試模擬テスト

1 (1) ウ (2) ① 柔毛《じゅうもう》 ② エ (3) ア

2 (1) ア (2) 胞子《ほうし》のう (3) エ

3 (1) 融点《ゆうてん》 (2) ウ

4 (1) 金，銀 (2) Cu^{2+}，Cl^{-}

(3) $0.25\ \text{cm}^3$

5 (1) 0.8秒 (2) ウ (3) イ

6 (1) ① 屈折《くっせつ》 ② 全反射《ぜんはんしゃ》 (2) イ

7 (1) 等粒状《とうりゅうじょう》組織

(2) 安山岩ができるときよりもゆっくりと冷える。

8 (1) ① 8 ② 銀河《ぎんが》 (2) G

採点基準 7 (2) 正答例と同じ意味の解答であれば○。

解説

1 (2) ② **脂肪酸《しぼうさん》**と**モノグリセリド**は，柔毛の壁を通り抜けたあと，再び結びついて**脂肪**となり，リンパ管の中に入る。そのあと，首の下あたりで太い血管（静脈）に入り，血液によって全身へ運ばれる。

2 (1) アはスギゴケのみの特徴，イはイヌワラビのみの特徴，ウは共通する特徴，エはどちらもあてはまらない。

(2) スギゴケもイヌワラビも**胞子《ほうし》**でなかまをふやし，胞子をつくっているところを**胞子のう**という。スギゴケでは，雌株《めかぶ》の先に胞子のうがついている。

3 (1) 固体を加熱して，固体が液体になるとき，**加えられた熱が固体が液体になるために使われるので温度が上昇《じょうしょう》しない**。このときの温度を**融点**という。

(2) パルミチン酸の沸点《ふってん》は350 ℃である。

4 (1) 金と銀は水にとけないが，砂糖と塩化銅は水にとける。

(2) **砂糖**は**非電解質《ひでんかいしつ》**なので電離《でんり》しない。**塩化銅**（$CuCl_2$）は水溶液の中で**銅イオン**（Cu^{2+}）と**塩化物イオン**（Cl^{-}）に**電離**している。

(3) 陰極に付着した金属は銅である。質量が2.24 g，密度が$8.96\ \text{g/cm}^3$なので，

$$\frac{2.24\ \text{g}}{8.96\ \text{g/cm}^3} = 0.25\ \text{cm}^3$$

5 (1) 0.2 s × 4 = 0.8 s

(2) a点からb点までは小球の位置の間隔が広がっているので速さが速くなっている。b点からは間隔が等しいので速さは変わらない(**等速直線運動**を行っている)。

(3) a点では，運動エネルギーは0であり，位置エネルギーのみである。e点がa点より低いことから，小球は，位置エネルギーに変換されていない運動エネルギーをもっている。力学的エネルギー保存の法則から，

a点での位置エネルギー＝

　e点での位置エネルギー＋e点での運動エネルギー

が成り立つので，e点での運動エネルギーはa点での位置エネルギーより小さくなる。

6 (2) 光が空気中からガラスや水の中に入るときは，**屈折角は入射角より小さくなる。**

7 (2) **安山岩などの火山岩《かざんがん》**はマグマが地表や地表付近で急速に冷やされてできるが，**花こう岩などの深成岩《しんせいがん》**は，マグマが地下深くでゆっくり冷やされてできる。

8 (1) ① **太陽系の惑星《わくせい》**は，**水星・金星・地球・火星・木星・土星・天王星・海王星の8個**である。

(2) **日食は，月が太陽をかくす現象**なので，太陽－月－地球の順に一直線上に並んだときに起こる。

第2回 入試模擬テスト

1 (1) ①  ② 

(2) エ (3) 胚《はい》

(4) 有性生殖《せいしょく》では両親の遺伝子《いでんし》が半分ずつ子に受けつがれ，子にはさまざまな形質《けいしつ》が現れる。無性生殖では，子は親と同じ遺伝子をもつため，親と同じ形質が現れる。

2 (1) 酸素 (2) イ，オ (3) 生態系《せいたいけい》

3 (1) エ

(2) 鉄が化学変化によって硫化鉄になったが，まだ反応していない鉄が残っているから。

(3) 11：7

4 (1) イオンの化学式…Na^+　化学式…H_2O

(2) ウ

5 (1) ア (2) エ (3) モーター (4) 電磁誘導《でんじゆうどう》

(5) イ

6 (1) 1400 J (2) 力…350 N　距離…4 m

(3) 280 W (4) 16 m

7 (1) 112 (2) 10時53分42秒

8 (1) ① 寒冷前線 ② 前線面 ③ イ

(2) 偏西風《へんせいふう》

採点基準 1 (1) ② ▮ と ▯ との位置が逆でも○。

1 (4)，3 (2) 正答例と同じ意味の解答であれば○。

解説

1 (1) ① **生殖細胞**をつくるときは**減数分裂《げんすうぶんれつ》**によって**染色《せんしょく》体《たい》の数が半分になる。**

② 雌《めす》と雄《おす》の生殖細胞の染色体が両方組み合わさって，**受精卵《じゅせいらん》**ができる。

2 (1) Eは，すべての生物が取り入れているので**酸素**である。

(2) AはEの酸素を出してもいるので，**光合成《こうごうせい》**を行える**生産者**である。

3 (1) **燃焼《ねんしょう》**するということは，酸素と結びつく(**酸化**)ということである。

(2) 鉄(Fe)は磁石によく引きつけられるが，硫化鉄(FeS)は磁石に引きつけられない。

(3) 試験管Cでは，鉄粉2.8 gがすべて硫黄と反応して，硫化鉄4.4 gができたと考えられる。よって，

硫化鉄：鉄＝4.4 g：2.8 g＝11：7

4 (1) 塩化ナトリウムは**電解質《でんかいしつ》**なので，うすい水酸化ナトリウム水溶液を加えるにつれて**ナトリウムイオン**(Na^+)がふえていく。また，**水素イオン**(H^+)と**水酸化物イオン**(OH^-)が結びついて**水**(H_2O)ができる。

(2) pH《ピーエイチ》が7ちょうどなら中性，それよりも小さければ酸性，大きければアルカリ性である。

5 (1) 電流の向きだけを逆にすると，磁界から電流が受ける力の向きも逆になる。

(2) 電圧が一定なので，回路全体の抵抗の値が小さいほど，大きな電流が流れてコイルの動きも大きくなる。ウは直列つなぎなので，回路全体の抵抗は，

$10\,\Omega + 10\,\Omega = 20\,\Omega$

エは並列つなぎなので，回路全体の抵抗の値をR〔Ω〕とすると，

$$\frac{1}{10\,\Omega} + \frac{1}{10\,\Omega} = \frac{1}{R} \qquad R = 5\,\Omega$$

よって，抵抗の大きさは，エ＜ア＜イ＜ウとなり，エのときコイルが最も大きく動く。

(3) 整流子によって，同じ向きに回り続けるようになっている。

(4) 磁界の変化によって電圧が生じる現象である。

(5) 棒磁石がコイルに近づくときと，通り抜けて遠ざかるときは，**磁界**の変化が逆向きである。

6 (1) $700\,\mathrm{N} \times 2\,\mathrm{m} = 1400\,\mathrm{J}$

(2) 力：$700\,\mathrm{N} \div 2 = 350\,\mathrm{N}$

距離《きょり》：$2\,\mathrm{m} \times 2 = 4\,\mathrm{m}$

(3) $1400\,\mathrm{J} \div 5\,\mathrm{s} = 280\,\mathrm{W}$

(4) 8本のロープで物体を支えるのと同じになるから，1本のロープにかかる力は$\frac{700}{8}$ Nである。

この力でロープを引くから，ロープを引く長さをxとすると，**仕事の原理**により，

$$\frac{700}{8}\,\mathrm{N} \times x = 1400\,\mathrm{J}$$

$$x = 16\,\mathrm{m}$$

7 (1) P波の速さ：$(140 - 56)\,\mathrm{km} \div 12\,\mathrm{s} = 7\,\mathrm{km/s}$

$56\,\mathrm{km} + 7\,\mathrm{km/s} \times 8\,\mathrm{s} = 112\,\mathrm{km}$

(2) P波の速さが7 km/sなので，140 km進むのに

$$\frac{140\,\mathrm{km}}{7\,\mathrm{km/s}} = 20\,\mathrm{s}$$

かかったことになるので，C地点に到達する20秒前が答えになる。

8 (1) ③ 図3で，9時～12時の間に**風向が北寄り**に変わり，**短時間に雨**が降り，**気温が急に下がって**，**湿度が急に上がっている**。

③